邱宇清◎编著

最新育儿知识1000问

ZUIXIN YUER ZHISHI 1000 WEN

陕西出版传媒集团
陕西科学技术出版社

图书在版编目（CIP）数据

最新育儿知识1000问/邱宇清编著．—西安：陕西科学技术出版社，2014.10

ISBN 978－7－5369－6254－5

Ⅰ．①最…　Ⅱ．①邱…　Ⅲ．①婴幼儿—哺育—问题解答　Ⅳ．①TS976.31－44

中国版本图书馆CIP数据核字（2014）第217069号

最新育儿知识1000问

出 版 者　陕西出版传媒集团　陕西科学技术出版社
西安北大街131号　邮编　710003
电话（029）87211894　传真（029）87218236
http：//www.snstp.com

发 行 者　陕西出版传媒集团　陕西科学技术出版社
电话（029）87212206　87260001

印　　刷　三河市南阳印刷有限公司

规　　格　710mm×1000mm　16开本

印　　张　27.25

字　　数　420千字

版　　次　2015年1月第1版
2015年1月第1次印刷

书　　号　ISBN 978－7－5369－6254－5

定　　价　29.80元

Foreword 前言

从小宝宝呱呱落地的那一刻起，他对这个世界的尝试与探索就开始了。新生宝宝的降临对父母而言如太阳出世，太阳的光辉带给他们喜悦，也带给所有初为父母者意外的忙乱。

养育出一个健康、聪明的宝宝，确实不是一件容易的事。很多新手父母在养育过程中都会存在各种各样的疑问，比如“宝宝生长发育都有哪些标准?”“宝宝饮食营养的特点是什么?”“要不要保存脐带血”“宝宝吐奶怎么办”“宝宝出湿疹了怎么办”“什么时候给宝宝添加辅食”……这一系列问题令新手父母们束手无策。

为了帮助广大父母走出育儿误区，更好地接受科学的育儿理念，我们特组织育儿专家精心编写了这本《最新育儿知识1000问》。本书以宝宝的成长年龄为主线，内容涵盖宝宝各年龄段的生理特点、科学喂养、护理技巧、智能训练、异常应对等方面的知识，千问千答，以帮助父母们解决疑难。

本书语言通俗易懂，趣味性强，并配有亲切生动、诙谐幽默的卡通图画，充分做到了知识性、科学性、系统性与实用性的完美统一，是一本真正适合中国家庭，实用、专业的育儿指南。每天阅读10分钟，宝宝健康又聪明。

最后，我们真诚地希望，当您翻开这本书的时候，能感受到与作者零距离的交流，也希望您能通过本书受到育儿方面的启迪，如此，我们将万分欣慰。

编　者

目录

CONTENTS

第一章 听到幸福的声音（0～1个月）

第二章

用微笑伴随宝宝成长（1～2个月）

第三章 细心呵护使宝宝感受爱（2～3个月）

目 录
CONTENTS

第四章 用爱抚与宝宝情感交流（3～4个月）

第六章 培养宝宝的良好习惯（5~6个月）

目录
CONTENTS

第七章 给予宝宝更贴心的关怀（6～7个月）

第九章

做好宝宝的第一任老师（8～9个月）

第十章 珍惜与宝宝的每一次交流（9～10个月）

第十一章 找到良好的双向交流方式（10～11个月）

第十二章 助宝宝迈出人生第一步（11～12个月）

目录

CONTENTS

第十三章 从婴儿期到幼儿期（1岁1～6个月）

第十四章 爸爸妈妈的“调皮鬼”（1岁7～12个月）

第十五章 向往自由自在的奔跑（2岁1~6个月）

CONTENTS

第十六章 捕捉儿童的敏感期（2岁7～12个月）

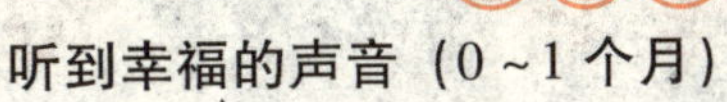

第一章

听到幸福的声音（0~1个月）

一、记录宝宝成长足迹

新生宝宝的颅囟是怎样的

宝宝出生以后，颅缝还没有长满，形成一个菱形空间，这是颅骨之间构成的间隙，此处无骨，只有头皮及脑膜，称为颅囟，俗称囟门。位于头前部的称为前囟，正常小儿一般到1岁左右闭合；位于头后部的称为后囟，正常情况下出生后3个月内闭合。如颅囟闭合过早，将使孩子脑的发育失去了良好的空间余地，这种情况最多见于头小畸形。反之，推迟闭合，作为家长，首先要考虑婴儿是不是患了佝偻病；其次，结合其他临床表现，还要考虑有无脑积水等疾病。观察颅囟还应注意它的张力。婴儿腹泻较重导致脱水时，颅囟往往是凹陷的；婴儿患脑炎或其他中枢神经系统疾病时，会因颅内压力增高而导致颅囟鼓起来。当发现这些情况时，均需要赶紧到医院就诊。一些老的观念认为颅囟不能摸，一摸婴儿就会哑，甚至有些家长因为不敢给婴儿洗此处，致使颅囟处皮肤形成一大块黑痂，这样做既没有科学道理，又不讲卫生。

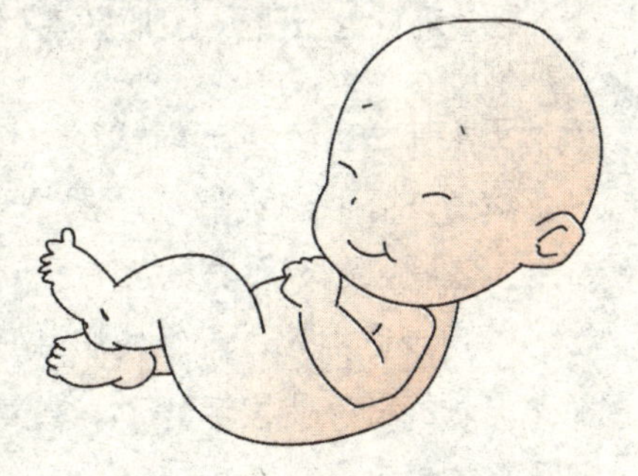

新生宝宝怎样排便与排尿

＊ 新生宝宝的排便情况 ＊

新生宝宝一般在出生后12小时开始排便。胎便呈深绿色、黑绿色或黑色黏稠糊状，这是胎儿在母体子宫内吞入羊水中胎毛、胎脂、肠道分泌物而形成的大便，3～4天后胎便可排尽。吃奶之后，大便逐渐转成黄色。一般情况下，喂牛奶的婴儿大便呈淡黄色或土灰色，且多为成形便，常常有便秘现象。而母乳喂养婴儿多是金黄色的糊状便，次数多少不一，每天1～4次或5～6次，甚至更多次。有的婴儿则相反，经常2～3天或4～5天才排便一次，但粪便并不干结，仍呈软便或糊状便。排便时要用力屏气，脸涨得红红的，好似排便困难，这也是母乳喂养儿常有的现象，俗称"攒肚"。

＊ 新生宝宝的排尿量 ＊

新生宝宝第1天的尿量很少，一般为10～30毫升。在出生后36小时之内排尿都属正常。随着哺乳摄入水分，宝宝的尿量逐渐增加，每天可达10次以上，日尿总量可达100～300毫升，满月前后每日可达250～450毫升。宝宝尿的次数多，这是正常现象，不要因为宝宝尿多，就减少给水量，尤其是夏季。如果喂水少，室温又高，宝宝会出现脱水热。

新生宝宝的呼吸是怎样的

正常新生宝宝在安静状态下呼吸不费力，呼吸运动较表浅，尤其在睡眠时，看上去好似"不喘气"的样子，所以常常不易观察。这里介绍两种观察新生宝宝呼吸的简单方法：

- 用少许棉絮，轻轻拉出几根棉毛放在婴儿鼻孔前，就可看到随着呼吸，鼻孔出入的气流使棉毛摆动，观察棉毛摆动的快慢和次数，即可知道新生宝宝呼吸的频率。
- 轻轻打开新生宝宝的包被，暴露出胸腹部，观察其呼吸时上腹部的起伏，也可以了解新生宝宝的呼吸变化。正常新生宝宝在安静时，每分钟呼吸40～45次。但新生宝宝的呼吸次数变化很大，如哭闹时呼吸加快，可达每分钟80次。由于新生宝宝的呼吸每时每刻都在变化，要了解其呼吸情况，最好在他安静时或入睡时数呼吸次数，才能获得较正确的数据。如果宝宝入睡时每分钟呼吸次数大于60次就要提高警惕，应注意观察有无其他症状，如发绀、吸吮力弱、哭声小等。若同时有上述表现，则提示新生宝宝可能得了肺炎，须及时去医院诊治。

新生宝宝的体温是怎样的

母体宫内体温明显高于一般室内温度，所以新生宝宝娩出后体温都要下降，然后再逐渐回升，并在出生后24小时内，达到或超过36℃。新生宝宝最适宜的环境温度称为中性温度。当环境温度低于或高于中性温度时，宝宝机体可通过调节来增加产热或散热，维持正常体温。当环境温度的改变，在程度上超过了新生宝宝机体调节的能力，就会造成新生宝宝体温过低或过高。环境温度过低时，新生宝宝会出现硬肿症。而环境温度过高时，新生宝宝通过增加皮肤水分蒸发而散热。当水分蒸发过度，体内有效血循环不足时，新生宝宝就会发生高热，这就是新生宝宝脱水热。

新生宝宝的视觉是怎样的

新生宝宝一出生就有视觉能力，34周早产儿与足月儿有相同的视力。父母和宝宝对视是表达爱的重要方式。眼睛看东西的过程能刺激大脑的发育，人类学习的知识85%是通过视觉而得来的。

新生宝宝70%的时间在睡觉，每睡2～3小时会醒来一会儿，当孩子睁开眼时，你可以试着让宝宝看你的脸，因为孩子的视焦距调节能力差，最佳视焦距是19厘米。还可以在20厘米处放一红色圆形玩具，以引起孩子的注意，然后移动玩具上下、左右摆动，孩子会慢慢移动头和眼睛追随玩具。健康的宝宝在睡醒时，一般都有注视和不同程度转动眼和头追随移动物的能力。

新生宝宝的听觉是怎样的

新生宝宝出生时究竟能不能听到声音，众人说法不一。大多数人认为能够听到，但是听力比较弱，只是在出生后3~7日开始出现明显的听觉。可以做个小实验：用一个小铃铛或是拨浪鼓放在新生宝宝耳边摇，他会以某种方式活动一下身体，皱一皱眉或者稍微转一下头，以表示听到声音了。科学家经过大量实验证实，新生宝宝不仅能够听到声响，而且偏爱柔和、缓慢、纯厚的声音，表现为安静、微笑；对于尖锐的响声则表现为烦躁。新生宝宝对有节律的声音更为敏感，此种声音似乎能产生一种安抚作用。有人分析可能是因为在胎内10个月，天天伴随听到的是与此一致的母亲有节律的心跳，其给予新生宝宝一种安全的感觉。

新生宝宝的嗅觉是怎样的

嗅觉是由挥发性物质发出的气体，作用于嗅觉器官感受细胞而引起的。在嗅觉中起作用的细胞位于鼻腔内，当有气味的气体接触鼻黏膜时，人们就能感受到各种气味。如果伤风、鼻炎使鼻黏膜发生炎症，嗅觉的感受性就会大大降低。人的嗅觉系统不如一些动物那样敏锐，但对人类的生存仍然提供了重要的信息。有毒的物质除了苦味以外，常会产生使人恶心的臭气，有害的细菌常常产生难闻的腐烂气味，这些都不同程度地起到警告信号的作用。新生宝宝出生时嗅觉系统已发育成熟了，因而对刺激性气味反应强烈。哺乳时，新生宝宝闻到乳香味就会积极地寻找乳头，并能对茴香、醋酸等怪味加以分辨。

新生宝宝的睡眠是怎样的

新生儿期是人一生中睡眠时间最多的时期，每天要睡16~17个小时，约占一天时间的70%。其睡眠周期约45分钟。睡眠周期随小儿成长会逐渐延长，成人为90~120分钟。睡眠周期包括浅睡和深睡，在新生宝宝期浅睡占1/2，以后浅睡逐渐减少，到成年仅占总睡眠量的1/5~1/4。深睡时新生宝宝很少活动，

平静、眼球不转动、呼吸规则。而浅睡时有吸吮动作，面部有很多表情，有时似乎在做鬼脸，有时微笑，有时撅嘴，眼睛虽然闭合，但眼球在眼皮下转动。四肢有时有舞蹈样动作，有时伸伸懒腰或突然活动一下。父母要了解孩子在浅睡时有很多表现，不要把这些表现当作婴儿不适，用过多地喂食或护理去打扰他们。新生宝宝出生后，睡眠节律未养成，夜间尽量少打扰，喂奶间隔时间由2~3小时逐渐延长至4~5小时，使他们晚上多睡白天少睡，尽快和成人生活节律同步。同样，父母精神好了，能更好地抚育宝宝成长。

新生宝宝的皮肤是怎样的

刚出生的新生宝宝皮肤呈浅玫瑰色，比较红润，表面特别是在关节的屈曲部、臀部带着一层油脂（又称胎脂），在出生后的3~4天，新生宝宝的全身皮肤可变得干燥，表皮逐渐脱落，1周后就可以自然落净。由于新生宝宝皮肤薄嫩，毛细血管丰富，保护功能不强，容易受伤，感染后容易发生脓疱疮、疖或其他病症。所以，凡是新生宝宝接触的皮肤用品，如洗澡用的毛巾、衬衣、尿布、盖被等，最好用柔软的棉布来制作，并保持清洁，以免损伤和污染新生宝宝皮肤。

在新生宝宝的臀部、腰、后背等还常可见到蓝绿色的色素斑，称为“儿斑”，这是黄种人的特征，会随着年龄的增长而逐渐消退。

二、关注宝宝的每一口营养

为什么说初乳十分珍贵

产后12天以内的乳汁称为初乳。初乳色黄略稠，含脂肪较少，免疫球蛋白A的含量比成熟乳多1倍，具有免疫功能的细胞也比成熟乳多1倍，所以它有增强婴儿抵抗疾病能力的作用。初乳能保护小儿娇嫩的胃肠道和呼吸道黏膜免受各种细菌、病毒等微生物的侵袭，对预防新生儿的感染具有重要作用。此外，初乳能很好地适应消化吸收能力差、需要能量少的初生婴儿。

然而我国有些地区长期以来一直认为初乳“没有营养”，而把它挤掉，不给孩子吃，甚为可惜。有些母亲，在产后1周内发现婴儿略有消瘦，虽经医生解释为生理性体重下降，但仍不放心，又听人说乳汁发黄是营养不够，于是便归罪于自己的乳汁太稀，而改用牛奶喂养。实际上，新生儿的生理性体重下降并不是发黄的初乳所引起的。有人将用初乳喂养的新生儿和用牛奶喂养的新生儿相比较，发现初乳喂养儿的生理性体重下降的程度比牛奶喂养儿低，体重恢复速度较快。因此，妈妈们一定要将初乳喂给孩子们吃。初乳十分珍贵，是其他任何营养品所不能及的。

为什么在哺乳前不宜进行喂养

很多妈妈第一次喂奶前，会给新生儿喂一些糖水或牛奶。近来的研究表明，哺乳前喂养没有必要，因为新生儿在出生前，体内已贮存了足够的营养和水分，足以维持到妈妈来奶，而且只要尽早给新生儿哺乳，少量的初乳就能满足刚出生的正常新生儿的需要。如果坚持进行哺乳前喂养，反而会给宝宝和妈妈都带来不利。对新生儿的危害是因吃饱以后，不愿再吸吮妈妈的乳头，也就得不到具有抗感染作用的初乳；而人工喂养又极易受细菌或病毒污染而容易引起新生儿腹泻，过早地用牛奶喂养也容易发生新生儿对牛奶的过敏等。对妈妈来说，推迟开奶时间也相应地使妈妈来奶的时间推迟，如新生儿再不把奶水吃完，妈妈更易发生奶胀或乳腺炎。

早产儿应该如何喂养

早产儿各器官的功能还不完善，生活能力薄弱，吸吮能力差，贲门括约肌较松弛，胃容量小，故比足月婴儿更易溢奶；肠道肌张力低，易腹胀，故喂养方面容易产生问题。那么早产儿应该如何喂养呢？

首先，应尽早让早产儿吃母乳，这样可以使其生理性体重下降时间缩短、程度减轻，低血糖的发生率减少。让早产儿早吸吮、勤吸吮，使母亲乳汁分泌增加。喂哺方法根据早产儿成熟程度而定。对出生体重较重、吸吮能力较强的早产儿，可直接进行母乳喂养。如果早产儿体重一般、吸吮能力差，可将母乳挤出用匙喂。体重较低、吸吮能力不全的早产儿，可用滴管或胃管喂养。母乳不足，可进行人工喂养。

其次，早产儿的摄入量随其出生体重及成熟程度而异，以下公式可供参考：最初10天每天摄入量（毫升）=［（出生实足天数+10）×体重（克）］/100。10天后每天摄入量（毫升）=（1/5～1/4）体重（克）。按上述公式计算的是最大摄入量，如果早产儿不能吃完，可根据其剩余的奶量，酌情进行静脉补液，以保证热量、蛋白质和水分的供给。

再次，每次喂奶的间隔时间因人而异。一般来说，体重在1000克以下的早产儿，每小时喂1次；1000～1500克的早产儿，每1.5小时喂1次；1500～2000克的早产儿，每2小时喂1次；2000克以上的早产儿，每3小时喂1次。

最后，由于早产儿是提早出生的，体内维生素和铁的储备量少，加上出生后生长发育比足月儿快，更容易发生营养不足。因此，早产儿在出生后2～3天内应额外补充维生素K_1和维生素C，出生后1～2周就应添加维生素D，出生后1个月开始补充铁剂，以防发生缺铁性贫血。

新妈妈该如何喂奶

母亲给婴儿喂奶时应该将婴儿抱紧，使孩子能体验及享受温情并听到母亲的声音和闻到母亲身上的气息。喂奶时应该采取坐的姿势，椅子高矮应合适，腿成90°，脚放平，这样母子都舒适。洗干净乳头后，用一手托住乳房，中指和食指分开挟住乳头，防止乳房堵塞婴儿鼻孔，有碍吸吮，影响呼吸，同时可以防止奶汁流出太急而呛入婴儿气管。先将一侧乳房吸吮空，再吸吮对侧1分钟，这样可以减轻乳房胀痛或溢乳，如果乳量不足，对侧吸吮时间可以延长。在喂奶时婴儿睡着了，可拉拉婴儿耳垂，抓抓脚心，轻轻拍醒婴儿后再喂。喂奶时不要逗婴儿笑，以免奶汁呛入气管。切记不要躺着给婴儿喂奶，一旦母亲睡着了，婴儿的鼻子很容易被母亲的乳房堵住而影响呼吸，也容易将奶汁流进婴儿的耳朵里引起中耳炎，甚至母亲翻身可能会把婴儿压伤或压死。每次喂完奶以后一定要将婴儿抱起伏在肩上，轻轻拍背使婴儿吃奶时咽下的空气从口中排出，然后平放在床上取右侧卧位，这样，乳汁容易进入胃肠道，防止溢乳。母亲喂奶要保持奶头的清洁。在喂奶期间母亲避免吃刺激性强和不易消化的食物。乳房胀痛时，可用热毛巾敷乳房，并在喂奶后挤出或用吸奶器吸出剩余的乳汁，以防发生乳腺炎。如乳头开裂疼痛，可用吸奶器将奶汁吸出后用奶瓶喂，局部涂清洁的植物油保护奶头。

怎样帮助宝宝打嗝

妈妈竖着抱起宝宝，轻轻地拍打宝宝的后背。5 分钟后，如果宝宝还是不能打嗝的话，也可以试试用手掌按摩宝宝的后背。让宝宝坐在妈妈的大腿上，然后再轻轻地拍打宝宝的后背。因为当宝宝坐着的时候，宝宝的胃部入口是朝上的，因此打嗝会比较容易。吸入胃中的空气，有时会夹在前后吸入的奶汁中，导致宝宝打不出嗝来。此时如果将宝宝的上身直立起来，将有利于宝宝打嗝。因此，妈妈可以将宝宝竖着抱起来，或者可以给宝宝垫高后背使其上身倾斜，保持 30 分钟左右。

哪些妈妈不适宜母乳喂养

尽管大力提倡母乳喂养，但仍然有一部分母亲不适宜母乳喂养：

- 患结核病的母亲，尤其是结核活动期，不宜自己照看孩子和喂奶，否则既有害婴儿健康，又不利于自身的康复。
- 患心脏病的母亲，喂奶会加重心脏负担。
- 患慢性肾炎的母亲，喂奶和照顾孩子会因过度劳累而使病情加重。
- 患癫痫的母亲，喂奶时发病会伤害婴儿。而且在服药期间，母亲乳汁中含有鲁米那、安定、苯妥英钠等药物成分，可引起婴儿虚脱、嗜睡、全身瘀斑等不良反应。
- 患肝炎的母亲，肝炎病毒可通过乳汁传播给婴儿，这不利于母亲自身的康复。
- 患糖尿病的母亲，应在病情稳定后，方可给婴儿喂奶。
- 甲状腺功能亢进的母亲，在服药期间不宜喂奶，以免引起婴儿甲状腺病变。

- 患乳腺炎的母亲应先就医，待乳腺变软、肿胀消退方可喂奶。
- 患急性疾病的母亲，在服用抗生素药物，如红霉素、磺胺类药等时，应暂停母乳喂养。

为什么人工喂养的宝宝要多补充水

人体的重量大部分是水分，年龄越小，体内水分比例越高。满1个月的婴儿体内水分约占体重的75%，早产儿占80%左右，成人占60%。由于新生儿体表面积较大，每分钟呼吸次数多，使水分蒸发量较多，而他们的肾脏为排泄代谢产物所需的液量也较多。因此，婴儿按每千克体重计算，所需液体较多，在第1周以后，新生儿每天需要液体量为每千克体重120～150毫升。人工喂养大多数是用牛奶，从牛奶的成分来说，所含矿物质即钙、磷、钾、氯等要比母乳中大3倍之多，这些矿物质吸收到体内后，为了保证体内矿物质的供需平衡，就要求肾脏排泄多余的矿物质。而婴儿的肾脏功能还没有发育成熟，换句话说，要让肾脏排出多余矿物质，就需要一定量的水分才能保证完成任务。水分不足，肾脏就完不成任务，如果勉强完成，就会使肾脏受损。所以，除了喂奶，千万不要忘记喂水。用牛奶喂养者或炎热夏季出生的新生儿，尤其要注意喂水。但喂水也不要过量，以免使婴儿心脏、肾脏增加负担。一般来说，母乳喂养的婴儿，在4个月以内只需少量喂一些水或果汁，而人工喂养的婴儿则应在2次喂奶之间喂1次水。到了炎热的夏季，婴儿最容易渴，除了喂奶外，还应多给一些水喝，使新生儿获得充足的水分。

什么是混合喂养方式

母乳喂养确有很多好处，但因为母乳量不足或哺乳妈妈因工作关系不能按时给婴儿哺乳时，需加喂牛奶或其他乳品、代乳品等，称为“混合喂养”。

混合喂养有两种方法：一种是补授法。每次先喂母乳，婴儿未吃饱，显得母乳不足，可再补充一定量的牛奶或其他乳品。但哺乳妈妈应坚持每次让婴儿将乳房吸空，以利于刺激母乳分泌，不致使母乳量日益减少。补充的乳量要按婴儿食欲及母乳量多少而定，注意一定不要过多，以免婴儿越来越少喝母乳而趋向喝牛奶。另一种方法是代授法。以乳品或代乳品代替 1 次或 3 次以上的母乳喂养。如果哺乳妈妈乳量充足却又因工作不能按时喂奶时，哺乳妈妈最好按时将乳汁挤出或用吸奶器吸空乳房，以保持乳汁分泌不减少。吸出的母乳冷藏保存，温热后仍可喂婴儿。但每日婴儿直接吸吮哺乳妈妈乳头的次数不宜少于 3 次。

切记不论母乳多少，一定不要轻易放弃喂母乳。婴儿每天或每次需补充的奶量，要根据婴儿的月龄、胃口大小和母乳喂养的情况确定。在最初的时候，可在母乳喂完后再让婴儿从奶瓶里自由吸奶，直到婴儿感到吃饱和满意为止，这样试几天，如果婴儿一切正常，消化良好，就可以确定每天该补奶多少了。以后随着婴儿月龄的增加，补充的奶量也要逐渐增加。若婴儿自由吸乳后有消化不良的表现，应略稀释所补充的奶或减少喂奶量，待婴儿一切正常后再逐渐增加。

如何配制鲜牛乳

鲜牛奶，人工喂养的婴儿可以选用。牛奶中蛋白质的含量比人乳多，但酪蛋白较多，在胃内形成的凝块较大，不易消化。牛奶所含脂肪以饱和脂肪酸较多，脂肪球大，又缺溶脂酶，消化吸收比较难。牛奶中含乳糖量较低，而且容易被细菌污染。因此，鲜牛奶需要配置，矫正其缺点，婴儿吃后才易于消化。配制时加水或米汤稀释均可，稀释的目的可使酪蛋白浓度降低，凝块变小，容易消化；另外要加糖，每 100 毫升的牛奶中加糖 5 ~8 克（约 1 小匙）以弥补稀释后能量不足；加热煮沸 3 分钟左右，以达到消毒目的。出生后 1 ~2 周的婴儿可用 2∶1 的奶，即鲜牛奶 2 份加水 1 份。以后随着婴儿一天天长大可增至 3∶1 的奶，即鲜牛奶 3 份加水 1 份，至生后 1 个月时可不稀释。

为什么宝宝不宜喝鲜牛奶

由于母乳不足或其他原因常常需要给新生宝宝喂代乳品，有的家长认为牛奶是天然的食品，只要有条件就应该首选鲜牛奶，其实这种做法是错误的。鲜牛奶虽然营养丰富，但却存在以下缺点：

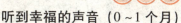

● 蛋白质总量偏高，各种营养成分比例不合适，不易消化吸收，同时缺乏牛磺酸。

● 脂肪颗粒大，不饱和脂肪酸含量低，不利于新生宝宝的吸收和利用。

● 矿物质含量过高，而配方奶粉在加工过程中对牛奶的成分进行了改造，调整了蛋白质含量及组成，加入了牛磺酸、不饱和脂肪酸以及各种维生素和微量元素，其成分更接近人乳，更适合新生宝宝食用。

● 鲜牛奶会引起约2%的新生宝宝过敏，导致急性哮喘，甚至还会造成猝死。另外，肠道过敏还会引起腹泻以及渗血。

● 鲜牛奶会增加新生宝宝胃肠道和肾脏的负担，影响其生长发育。所以，在采用混合喂养或人工喂养时应该首先选用配方奶粉或将鲜牛奶按一定比例稀释后喂养新生宝宝。

新生儿有牛奶蛋白过敏症怎么办

有的宝宝对牛奶的过敏反应较轻，在少量饮用时，不出现过敏现象。遇到过敏时，可试着停服牛奶2～4周，然后开始喂以少量牛奶，先喂10毫升，如未出现过敏现象，每隔几天增加5毫升。逐渐增加，找出不发生过敏反应的适用量，就可继续饮用不足的量再以其他代乳食品补充。

为什么不能给新生儿喂酸奶

新生儿的胃肠道非常娇嫩，如果受到酸或冷的刺激，就会出现呕吐、腹泻以及胃肠道功能紊乱，使新生儿的身体健康受到严重损害。因此，新生儿通常不要喂酸奶，特别是市场上出售的酸奶，更不能喂给宝宝，因为它不仅酸度大而且很凉。对于新生儿来说，理想的食物就是母乳，若母乳不足，可用牛奶或者是其他代乳品。

为什么不宜采取定时喂养

过去人们一直认为，从初生到7天内的新生儿应定时喂哺，要求每3小时喂哺一次。有的乳母为了在规定的时间哺乳，宁可让婴儿饥饿着拼命哭闹，非到3小时后才哺乳。其实这样定时喂养的缺点很多，婴儿饥饿时吃不到乳汁，饥饿感过了再喂就影响食欲。乳母乳房胀得厉害时不哺乳，就会反射性地使泌乳量减少。现代观点认为应当按婴儿需要哺乳，只要婴儿饥饿或母亲感到乳房中有乳汁就可以进行喂哺，随时需要随时喂哺，叫做按需喂哺。且要做到勤喂哺。一般来说，出生后第1～2天的早期新生儿，哺乳时间为每1～3小时哺乳1次，每天可哺乳8～12次。

哺乳初期应该注意什么

从出生后1周到半个月里，婴儿吸奶的劲头越来越大，所以母亲要特别注意保护乳头，不要让乳头破裂。在奶水充足时，可以让婴儿每次只吃一侧的奶，另一侧的乳房就可以休息1次。奶水不足时，作为临时补充，可以加用1次牛奶，让乳房休息1次。为了分泌足够的乳汁，妈妈要保证充足的睡眠时间，饮食方面绝不能节食，要多吃营养丰富的优质食物，口渴就多喝水或果汁。哺乳时，妈妈手边可以放一杯果汁，以便自己随时饮用。母亲还要保持心情愉快，大怒大悲都会影响乳汁的分泌。此外，妈妈在哺乳期要勤换衬衣，保持清洁。并且，内衣必须是棉质的、柔软的。

近满月时，喂奶的妈妈应注意什么

随着婴儿出生的天数增加，哺乳的妈妈有以下几个要注意的问题。

一是哺乳时，亲切地对婴儿说话。不要以为1个月的婴儿没有情感，其实，他们已经表现出和成人交往的愿望。情感交流，通常是以成人温柔的抚爱、微笑的对视、亲切的话语等方式来进行的。妈妈与婴儿的沟通和乳汁同样重要。

二是尽量让婴儿有一只手能自由活动，来触摸妈妈的乳房。这个举动能增加婴儿和妈妈的交流，促进婴儿的神经和动作发育。

其三，必须提醒哺乳婴儿的母亲，你吃的、喝的任何东西，都会经乳汁转给婴儿，因此，平日不要吃刺激性食物，如大蒜、辣椒、酒等。如果婴儿睡得不好，那么，母亲要避免喝茶与咖啡。当妈妈因不适去看病，要向开处方的医生说明自己在哺乳期，这一点很重要。

宝宝可以饮用豆奶吗

一般来说，婴儿不宜喝豆奶，因为饮用豆奶长大的孩子，成年后引发甲状腺和生殖系统疾病的概率很大。另外，婴儿体内只有5%雌激素受体，若与大豆中植物雌激素结合，就会使植物雌激素在婴儿体内积聚，如此一来，每天大量饮用豆奶的婴儿将来的性发育可能存在缺陷。

可以给新生儿喂米汤吗

米汤的主要成分是碳水化合物，一般100毫升米汤中含有10克左右的糖，如果用米汤喂养新生儿，仅满足了新生儿能量的需要，而其他方面的营养如蛋白质、脂肪供给不足，这将影响新生儿的正常生长、发育，最终导致营养不良等疾病。因此，不可只用米汤喂新生儿。

新生儿能吃麦乳精吗

麦乳精是由乳粉、炼乳、蛋粉、麦精为主要原料，加入一定量的砂糖、奶油、可可粉、柠檬酸、维生素等，经一系列复杂的工艺精制而成。其虽然含有多种营养成分，但作为母乳代用品，是不利于新生儿生长发育的。另外，麦乳精中含有一定量的可可粉，而可可粉易使小儿神经系统处于兴奋状态，久而久之，则会严重影响小儿神经系统的正常发育。所以，不可只用麦乳精喂新生儿。

能喂新生儿脱脂奶吗

脱脂奶粉是将全脂奶脱去部分脂肪，再将水分蒸发喷雾后形成的粉末。

如果按比例冲调成牛奶后，脱脂奶的脂肪成分仅为15%左右，即100毫升脱脂奶中含有15克的脂肪，而全脂奶的脂肪含量一般在35%以上。如果婴儿长期饮用脱脂奶，易患营养不良症。

三、全新的宝宝护理技巧

怎样护理新生儿的脐带

脐带是胎儿通过胎盘与母亲连接的纽带，是胎儿吸取母亲血液中营养物质和氧气的唯一通道，也是胎儿体内产生的废物运送给母亲代为排泄的唯一通道。新生儿一般3~7天内脐带残端在脐部皮肤与脐带交界处脱落。必须密切观察新生儿脐部的情况，每天仔细护理，保持脐部的清洁卫生。脐部护理应从新生儿出生24小时后开始，首先应认真洗净双手，然后将肚脐上的纱布打开，以左手捏住脐带，轻轻提起，右手用消毒棉棍3~4根蘸75%的酒精，围绕脐带根部进行消毒，将分泌物及血块擦掉，再用消毒纱布包好。如果脐带残端已干缩，可不用纱布覆盖，采用暴露方法，更有利于脐带脱落，以后每日护理1~2次。同时还必须勤换尿布，避免尿、便污染脐部。如果发现新生儿脐根部发红，有脓性分泌物和臭味，或者有出血，必须及时就医。有时脐部有少量褐色液体流出，一般只需用75%的酒精消毒，保持局部清洁，几天内就会变干。由于脐带内血管与新生儿血液直接相连，如果脐带感染，引起脐炎，细菌很容易进入血液，形成败血症，因此，应切实认真地做好新生儿脐部的护理，预防脐炎的发生。

新妈妈怎样保护新生儿的囟门

新生宝宝的头颅常有两个囟门，位于头前部的叫前囟门，位于头后部的叫后囟门，其中前囟门大于后囟门。前囟门一般在1~1.5岁时闭合，后囟门在出生后2～4个月便会自然闭合。有的妈妈把新生儿的囟门列为禁区，不敢摸不敢碰，也不敢洗，结果使囟门皮肤上形成很厚的痂，影响了皮肤的新陈代谢，甚至引发了脂溢性皮炎，对宝宝的健康十分不利。注意保护新生儿的囟门是对的，但及时清洗污垢也是一种保护的方法。给新生儿清洗囟门时动作要轻柔、敏捷，不能用手抓挠；要保证用具和水的清洁卫生，洗囟门时，水温和室温都要适宜。如果囟门有结痂，可用消毒植物油或0.5%金霉素软膏涂敷结痂上，24小时后再用细梳子轻轻梳几次即可除去。除去后要用温水、婴儿香皂洗净。新生儿的囟门平时不要用手按压，也不能用硬物碰撞，以防碰破出血和感染。

如何护理男宝宝的生殖器

当父母发现男宝宝阴茎出现一块突起时，不要误以为就是肿瘤，它可能是包皮过长的表征，这时必须特别注意清洁工作，以免积聚脏东西而形成包皮垢。

男宝宝的阴囊过大可能为阴囊水肿，父母可将灯光调暗，以手电筒照射肿胀部位，如果是透光则为阴囊水肿，正常的现象会在6～12个月大时恢复正常。男宝宝的阴囊下方要特别注意清洗。

如何护理女宝宝的生殖器

有部分女宝宝阴唇间会有白色乳状物，而阴道会出现白色黏稠分泌物或类似月经般的血丝，这是因为宝宝体内突然失去母体荷尔蒙所致，一般来说，会在1个星期左右消失。

新生儿一定要剃“满月头”吗

答案是否定的。新生儿的头皮很薄很嫩，抵抗力差，给新生儿剃头只要一不小心就会割破新生儿的头皮，而且新生儿的头皮上存有大量的金黄色葡萄球菌，头皮有破损时细菌侵入体内，并经血液传送到全身，会引起严重的菌血症、败血症，严重时可危及新生儿的生命安全。

怎样处理新生儿的油垢

有些新生儿，尤其是较胖的新生儿，头皮上会堆积着薄厚不匀的灰黄色的油腻状痂皮与鳞屑，有时可累及前额、眉间、耳后，很不容易洗掉，俗称胎垢，可持续数月，医学上称为脂溢性皮炎。一般不痒，对孩子的健康没有影响，但很难看。可用植物油（食用油）外敷于头皮上，约 2～3 小时后痂皮浸软，用湿毛巾轻轻擦去痂皮，再涂抹维生素 B_6 软膏。不要用肥皂洗，因为肥皂不仅洗不掉胎垢，还会刺激皮肤。也不要用手剥头上的胎垢，以免损伤头皮。胎垢不处理也没有什么坏处，一般在 3～4 个月后会逐渐消退。

为什么新生儿的睡眠时间有差异

新生儿之所以睡眠多，一方面是出于生长发育的需要，另一方面是新生儿的脑神经系统没有发育健全、大脑易疲劳所致。正常情况下，新生儿每天的睡眠时间会长达 20～22 小时，但也有些宝宝睡眠时间会稍短些。对于后者，只要精神状态很好，父母就不必担心。

新生儿宜采用哪种睡姿

正常情况下，大多数的宝宝采取仰卧睡觉的姿势，因为这种睡觉姿势能够使全身肌肉放松，对宝宝的心脏、胃肠道和膀胱的压迫最少。但是，仰卧睡觉的时候，因舌根部放松并向后下方坠，会影响其呼吸道通畅，因此，应该密切观察宝宝的睡眠情况。对于侧卧睡的宝宝，应适时调整左右方向，防止造成偏脸现象。新生的宝宝最好不要俯卧位睡，以防发生意外窒息。

另外，新生儿的头颅骨缝还未完全闭合，如果始终或经常朝着一个方向睡的话，可能会引起头颅变形。例如长期仰卧会使宝宝头形扁平，长期侧卧会使宝宝头形偏歪等。因此，新生儿的睡姿需要经常变换，有时仰卧，有时侧卧，以保证新生儿的头形均匀端正。

新生儿睡觉要用枕头吗

正常情况下，刚出生的宝宝是不需要枕头的，因为脊柱是直的，没有生理弯曲，宝宝在平躺时后背与后脑自然地处在同一个平面上，因此，刚出生的宝宝睡觉时不用枕头也不会使颈部肌肉紧绷而导致落枕。如果给宝宝垫上过高的枕头反而容易造成其脖颈弯曲，影响其呼吸功能，造成呼吸障碍，进而影响宝宝的正常生长发育。

为什么新生儿不宜睡软床

新生儿出生后，身体各器官都在迅速发育成长，尤其是骨骼生长飞快。新生儿、婴儿骨骼中含矿物质成分较少，有机酸较多，因此具有柔软、弹性大、不容易骨折的特点。但新生儿、婴儿脊柱的骨骼较软，周围的肌肉、韧带也很软弱，睡软床容易使脊柱和肢体骨骼发生弯曲或变形，这不仅影响形体美，而且更重要的是妨碍内脏器官的正常发育，对孩子的健康影响极大。

新生儿的睡眠黑白颠倒怎么办

由于新生儿大脑功能的发育还非常不完善，对白天和黑夜没有概念，因此经常会把“生物钟”弄错，出现日夜颠倒的现象。解决这个问题最好的办法就是：不要在白天刻意给宝宝营造安静的环境，做事不要轻手轻脚；也不要听见宝宝一哭就抱，一抱就喂，这样宝宝就会出现一喂就睡，宝宝自然就没有白昼与黑夜的区分了。

新生儿裸睡好吗

裸睡可以增强宝宝的抵抗力。宝宝进入梦乡之后，会自然地翻身、蹬腿，这些动作都会加速睡袋内的空气流动。穿衣入眠的宝宝对这些变化的感受是间接的，但裸睡的宝宝，他们的皮肤可以直接感受到各种不同的细微变化，对温度的改变可以及时做出相应调整。经常经受类似锻炼的宝宝对疾病的抵抗能力自然会增强。

经常抱着新生儿睡觉好吗

宝宝初到人间，从此时起就要使其养成良好的睡眠习惯，让孩子独自躺在舒适的床上睡觉，这样不仅孩子睡得香甜，而且还利于其心、肺、骨骼的发育。如果经常抱着孩子睡觉，孩子睡觉不沉，影响睡眠质量，醒后常不精神。抱着孩子睡，孩子身体不舒展，身体各部位的活动，尤其是四肢的活动就要受到限制，使其全身肌肉得不到放松休息，还不利于孩子呼出二氧化碳和吸进新鲜氧气，影响孩子的新陈代谢，也不利于孩子养成独立生活的习惯。

给新生儿洗澡前要准备什么

妈妈在给宝宝洗澡前应彻底洗净自己的手和指甲，然后准备下列物品：温水 1 盆，大浴巾 1 条，洗脸用软毛巾 1 条，温和的婴儿香皂、婴儿洗发精，消过毒的棉花球或棉花棒、海绵，婴儿乳液或油，婴儿爽身粉，干净的尿布和衣服。

给新生儿洗澡，什么样的水温最合适

首先将洗澡房间的温度调到 25～30℃，洗澡水水温控制在 38～40℃，即摸上去不烫手，或滴在大人的手背上感觉稍热而不烫手即可。大人也可以将肘部放入水中，以不烫而有温热感觉为宜。

何时给新生儿洗澡

新生儿最好每天洗 1 次澡，时间安排在上午喂奶之前或晚上睡觉之前进行。每天的洗澡频率也可随季节、宝宝个体情况及家庭条件稍做调整。如在

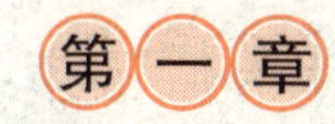
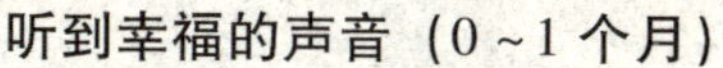

夏天，爱出汗的小宝宝可每天洗2次，到寒冷的冬季，条件有限的话，也可2～3天洗1次。

为了防止宝宝着凉，室内温度最好为28～30℃。小宝宝洗澡时间不超过10分钟，在水中3～4分钟。随着宝宝年龄长大，洗澡时间也可相应延长一些。

洗澡对新生儿有什么好处

经常洗澡不仅能保持新生儿的皮肤清洁，还可促进身体血液循环、增进食欲、有益睡眠以及促进新生儿的生长发育。洗澡是除母乳喂养之外又一次增强母子亲情的好机会，更重要的是洗澡时妈妈可以全面观察小宝宝的全身情况，有利于及早发现问题并进行处理。

哪些情况不宜给新生儿洗澡

由于新生儿抵抗力低，当患某些疾病时，则不宜洗澡。

- 发热、咳嗽、流涕、腹泻等疾病时，不宜洗澡。但在宝宝病情较轻、精神状况及食欲均良好时，也可适时地给宝宝洗1次，但动作一定要轻快，以防受凉而加重病情。
- 皮肤烫伤、水泡破溃、皮肤脓疱疮及全身湿疹等皮肤损害时，不应洗澡。
- 肺炎、缺氧等严重时，更不应洗澡，以防洗澡过程中发生缺氧等而导致生命危险。

怎样给不宜洗澡的新生儿进行擦洗

将室温调至30℃左右，水温调至40℃左右。让宝宝仰卧在安全宽敞的大床上，先用大浴巾包住。用棉毛巾蘸温水，挤干水分，然后擦洗宝宝的头部和脸部，再擦洗眼睛和耳朵，同时观察有无异常。打开浴巾露出宝宝的上半身，擦洗手臂、前胸及腹部，然后反转身体擦洗其背部。将宝宝上半身包住，打开下身擦洗其生殖器、臀部及腿足。最后用干棉毛巾擦干宝宝的全身，并迅速为其穿好衣服。

新生儿哭时妈妈该怎么办

- 喂奶：有时候宝宝哭是因为饥饿。
- 搂抱：宝宝感受到爱抚多会安静下来。
- 重新包裹：包裹不舒服时新生儿也会哭。
- 有节奏地轻拍：宝宝感到舒服时就不会再哭闹。
- 给宝宝可以吸吮的东西：比如将宝宝干净的小手放进他的嘴里。
- 分散注意力：如给宝宝一件东西让他注视。

为什么说新生儿的微笑很重要

一般来说，足月新生儿出生后第6周前后就可能出现满脸的微笑。其实，微笑就是测定一个孩子是否健康的晴雨表。所以说，新生儿的微笑是一个人正在健康发展的极好象征。当大人拥抱、抚摸并轻柔地呼唤和逗引孩子时，他会报以微笑。宝宝越早学会逗笑就越聪明。因为逗笑是宝宝的感觉系统与运动系统之间建立了神经网络联系，是形成条件反射的重要标志，是宝宝对大人的音容笑貌、逗引、爱抚做出的综合性的主动回报。孩子生病时，就会失去微笑，应注意并及时去看医生。

如何给宝宝选择尿布

选择尿布首先应注意的是，尿布的最里层一定要很柔软。宝宝皮肤的角质层很薄，如果尿布最里层不够柔软，会使宝宝的小屁股一直处于摩擦的状态，这样就很容易破皮，对皮肤会产生很大的伤害。此外，尿布的透气性也很重要。

因为如果尿布不透气，会令包尿布的地方比较潮湿，使宝宝屁股的角质层含水量很高，这样，外来的刺激就很容易渗透进宝宝的皮肤，造成严重的皮肤发炎现象。

如何为新生儿清洗尿布

用热水浸泡后清洗干净，大便后的尿布应先将大便除净后再用肥皂和清水洗净，然后再用开水烫一烫，达到杀菌的目的，也可以将洗净的尿布放在2%的硼酸水中浸泡，使尿布上的氨被中和，以便除去臭味。

怎样给宝宝的尿布消毒

清洗过的尿布，要在日光照射下晒干，这是消毒的必要手段。若是梅雨天气，也可用熨斗烫干，既可达到消毒的目的，又可去掉湿气，这样的尿布宝宝使用起来才会感到舒服。

怎样给宝宝换尿布

宝宝尿布湿了或脏了要及时更换，以免宝宝患上皮炎。更换尿布时，要将宝宝放在大毛巾上，取掉脏尿布，并用温水轻轻地由前向后清洗宝宝外生殖器部分，然后用软毛巾轻轻拍干。如果宝宝大便污染了尿布，将有粪便的部分折到尿布里面并去除脏污的尿布，用棉布或卫生纸轻轻擦净宝宝臀部，再用温和的肥皂水冲洗并拭干宝宝臀部，特别要留意将宝宝皮肤皱褶的地方拭干。

然后，将方形尿布叠成3~4层（宽度12~15厘米），一端平展地放在新生儿的臀部，另一端由两腿之间拉上至腹部。男婴应将阴茎向下压，防止小便渗入脐部。再将方形的尿布叠成三角形，放在长条形尿布下，三角形的两端覆盖在长方形尿布上，尖端由两腿之间拉上固定。

可以给宝宝长期使用纸尿裤吗

不要长期给宝宝使用纸尿裤，因为不少纸尿裤并不完全是纸质的，有的含有吸附作用的海绵和纤维层，长期使用会对宝宝的肌肤造成伤害。另外，新生儿的纸尿裤一定要选用优质的，而且使用时一定不要包得太紧。

为什么新生儿的衣服不宜用洗衣粉洗

洗衣粉的主要成分是烷基苯磺酸钠，这种物质进入人体以后，对人体中的淀粉酶、胃蛋白酶的活性有着很强的抑制作用，容易引起人体中毒。尤其新生儿的皮肤非常娇嫩，因此新生儿衣物不宜用洗衣粉洗。

四、宝宝的智能训练

新生儿有哪些与生俱来的能力

关于新生宝宝的基本技能，我们有必要了解一下。比如一些条件反射，眨眼和呼吸，都是与生俱来的；还有迈步反射和震惊反射，会被后天习得的动作所取而代之。此外，还有一些基本技能，如目标跟踪和吸吮动作，是比较复杂的，需要经过很多次练习才能掌握和熟练运用。

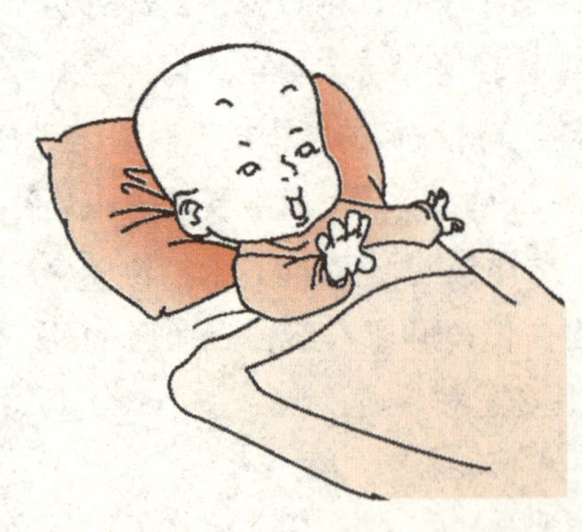

- 觅食：当用手指或者乳头触摸宝宝的脸颊时，他的头会随着转动。
- 握拳：当有物体接触宝宝的手掌时，他会握起拳头。
- 吸吮：宝宝能够有节奏地吸吮你的手指或乳头。
- 眨眼：当你在宝宝面前拍巴掌的时候，他就会眨眼。
- 惊吓：宝宝的头突然向后倒时，会伸腿、伸胳膊或弓起背。
- 潜水：在水中时，宝宝的肺部管道关闭，张嘴，睁眼睛，用手和脚来游动。
- 迈步：竖着抱起宝宝，他就会两腿张开，一只脚向前，做出踏步的动作。

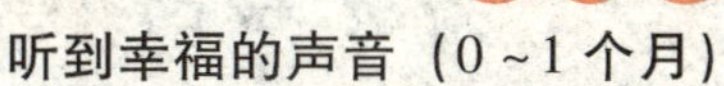

生活中哪些因素影响宝宝的智力发育

对孩子的智力开发应从新生儿期开始，了解影响儿童智力的几种因素很重要。

- 运动不足：运动可以促进血液循环和新陈代谢，增强大脑的血液供应，促进大脑神经细胞的开发和思维能力的发展。
- 睡眠欠佳：良好而充足的睡眠不仅有益于儿童的身体发育，而且对儿童智力的发展有良好的促进作用。
- 忽略早餐。
- 甜食过多。
- 大便秘结：大便量少而便秘，致使粪便及有毒物质在肠道内停留过久，毒物被大量吸收入血液循环，损害大脑神经细胞。久之，可导致儿童记忆力下降、注意力不集中、思维迟钝等智力发育不全的现象发生。

新生儿如何进行视力训练

为了发展新生宝宝的视力，首先，可以吸引孩子注意灯光，进行视觉的刺激，然后让孩子的眼睛跟踪有色彩或者发亮和移动的物体。可在房间里张贴美丽或色彩斑斓的图画，悬吊各种颜色的彩球和玩具。周围可见的刺激物越多，越能丰富新生宝宝的经验，促进其心理发展。

新生儿如何进行听觉训练

- 听音乐：妈妈在给宝宝喂奶时，将录音机或音响的音量调小，播放一段旋律优美、舒缓的乐曲。此活动在宝宝出生几天后即可进行。音乐可以训练听觉、乐感和注意力，陶冶孩子的性情。注意：不要给婴儿听很多不同的曲子，一段乐曲一天中可反复播放几次，每次十几分钟，过几周后再换另一段曲子。
- 对宝宝说话：宝宝清醒时，妈妈可以用缓慢、柔和的语调对他说话，比如“宝宝，我是妈妈，妈妈喜欢你”等等。也可以给宝宝朗读简短的儿歌，

哼唱旋律优美的歌曲。给婴儿听觉刺激，有助于宝宝早日开口学说话，并促进母子之间的情感交流。注意：对宝宝说话时要尽量使用普通话。

新生儿如何进行触觉训练

新生宝宝最敏感的部位是皮肤，如果用手轻摸孩子的脸，他会转动头部，寻找刺激源。通过触觉的训练，可以扩大孩子认识事物的能力，可以把粗细、软硬、轻重不同的物体以及圆、长、方、扁等不同形状的物体给孩子触摸，还可以让孩子体验冷热等温度的感觉，让孩子碰一碰那些没有危险的物体。这样通过多听、多看、触摸，在日常生活中发展孩子的智力和生活能力。

如何对新生儿进行动作训练

- 妈妈手持色彩鲜艳的玩具，最好是可摇响的，在距离孩子眼睛30厘米远的地方，慢慢地移到左边，再慢慢地移到右边。让小儿的头随着玩具做180°的转动。这是集动作训练、视觉训练和听觉训练于一体的综合训练。注意：妈妈在移动玩具时，应将玩具摇响。孩子的头能朝左朝右各转动90°，游戏即可停止。
- 将孩子置于仰卧位，家长握住宝宝的手腕，轻轻地缓慢拉起，孩子的头一般是前倾或下垂，特别是快满月时，每天可练习2～3次，有时宝宝的头可竖起片刻。以此锻炼他的颈部和背部肌力。

如何训练新生儿的语言能力

无声语言法：在宝宝情绪好时，母子面对面，相距约20厘米，孩子会紧盯着你的脸和眼睛，当你们的目光碰在一起时，和孩子对视并进行无声的语言交流。即做出多种面部表情，如张嘴、伸舌、龇牙、鼓腮、微笑等，逗宝宝发笑，培养无声语言能力。注意：宝宝在快乐的情绪中，各感官（眼、耳、口、鼻、舌、身等）最灵敏，接受能力也最好。过7～10天宝宝会笑出声音，从此就可以和宝宝有说有笑，逗他开心并笑出声来。

如何让新生儿了解周围环境

熟悉环境：出生后半个月起，每天可抱起片刻，沿着房间环视室内四周景象，一边看还可一边讲述室内的东西，使宝宝了解周围环境。通过视听，让宝宝了解周围环境。

如何与宝宝培养情感

◉ 抚摸皮肤：在婴儿觉醒或和婴儿说悄悄话时，配以轻轻的皮肤抚摸。抚摸部位可以是头发、四肢、腿、腹部、背部、足背、手背、手指等。每天至少5~6次，每次3~5分钟，即每天15分钟以上。以此发展触觉，促进生长，增进父母与婴儿的感情。注意，每天洗澡后一定要抚摸。抚摸婴儿前要洗手，剪好指甲，摘下手表等金属物。可隔一层衣服或用柔软的毛巾轻轻抚摸，以防损伤皮肤。

◉ 悄悄话：悄悄话促进母子感情。婴儿睡醒时，用缓慢、柔和的语调对婴儿讲些“悄悄话”。如：“噢，××（呼乳名）醒了，睡觉梦见妈妈了吗?”“××，我是妈妈，妈妈好爱你”等等。每天2~3次，每次2~3分钟。给婴儿听觉刺激，有助于婴儿早日开口说话，并促进母子之间的情感交流。注意：对婴儿说话，最好用普通话反复和婴儿说，有条件的，可以同时用外语说同样的话。这样可以让婴儿大脑贮存标准、丰富的语音信息，可促进语言能力的发展。

五、用心·呵护宝宝健康

如何防治鹅口疮

有些新生儿的口腔黏膜、牙龈、舌上会有外形不规则的白色斑点，就像凝结的奶块，不易擦掉，强行揩去易造成出血及发炎现象，严重者血点可充满整个口腔黏膜，影响吸吮，这就是我们通常所说的鹅口疮。这种病如果不及时治疗，斑点状霉菌会越长越多，可融合成片或连在一起，且厚度增加。不严重时新生儿无特殊不适，但随着病情加重，新生儿可表现出烦躁不安、进食减少，且因进食时疼痛而拒食等症状，严重的可扩散到咽喉，引起吞咽困难。若继续扩散可引起霉菌性肠炎或霉菌性肺炎，甚至全身性念珠菌感染。

治疗鹅口疮主要是在局部用药。先用淡盐水清洗患病局部，然后涂0.5%龙胆紫药水，或用制霉菌10万单位加甘油少许涂抹局部，每日2~3次，口服制霉菌素12.5万单位，每日2次，5~7天可治愈。在治疗期间不能使用抗生素，特别是广谱抗生素，否则不但不利于治疗，还可使病情加重。而要想预防本病，则建议用玻璃奶瓶代替塑料奶瓶，并且每天均应煮沸消毒。其中奶头可浸泡在4%的苏打水中10分钟左右，取出后用清水冲净，再煮沸10~15分钟。

喂母乳者，喂奶前妈妈必须先将手洗净，用消毒纱布擦奶头，这样可防止来自妈妈手及乳头的污染。要注意宝宝的清洁卫生，尤其是口腔卫生。给宝宝喂奶后要喂几口清水，以便清洗口腔。另外，在妊娠晚期如果妈妈白带增多并有异味时，应到医院检查，若是霉菌感染应及时治疗，以免宝宝在出生时被感染。

如何预防红臀

红臀（尿布疹）是新生儿易患疾病。新生儿皮肤薄嫩，每天尿、便次数多，臀部几乎处于潮湿状态，又带着尿布或纸尿裤，很容易淹臀。防止办法是：

- 勤换尿布。
- 大便后用清水冲洗臀部，用柔软的棉布沾干，不要擦。
- 选择柔软、棉质、吸水性强、透气性好的尿布。
- 忌使用塑料布，即使垫在尿布外也不行。
- 个别妈妈在尿布上放卫生纸，以免大便拉在尿布上，这很容易造成红臀。

新生儿病理性黄疸有哪些种类

新生儿病理性黄疸主要有以下几种：

＊溶血性黄疸＊

多由母子血型不合、新生儿败血症或新生儿出生后用某些药物，如大剂量的维生素 K_3、磺胺类、水杨酸、新生霉素、利福平等引起。

＊肝细胞性黄疸＊

由于肝脏发育不成熟，肝细胞内酶的活力较为低下，或者因为缺氧、感染等抑制了肝内酶的活力，或因先天性代谢性疾病、甲状腺功能低下等影响肝细胞对胆红素的代谢而产生黄疸。

＊阻塞性黄疸＊

由于胆道管发育畸形或炎症的阻塞，使胆汁淤于胆道，并反流肝内造成毛细胆管破裂，胆汁进入血液引起黄疸。

如何治疗新生儿病理性黄疸

病理性黄疸要及早治疗。一旦诊断为病理性黄疸就需要积极查找病因、及时治疗，如新生儿败血症应用抗菌药物控制感染，先天性胆道闭锁应及时手术治疗等。其次要积极进行退黄治疗，因为严重黄疸可以引起脑的损害。

如何防治新生儿感冒

尽管感冒是一种普通的疾病，但由于新生儿抵抗力差，若不及时处理，轻则由于鼻塞引起呼吸和哺乳困难，重则并发肺炎，故对新生儿感冒一定要积极防治。

预防新生儿感冒主要从护理入手，卧室要空气流通，禁止患感冒的人接触小儿，母亲如有呼吸道感染时，应少接触小儿，并在喂奶时戴上口罩。当有鼻塞影响吸吮时，可在喂奶前用0.25%～0.5%麻黄碱滴鼻；如伴有发热，要使用抗生素。

如何预防新生儿感染

新生儿抵抗力较弱，口腔、黏膜、皮肤以及脐带都是细菌入侵的门户，要注意预防感染。新生儿的住室、衣服、尿布都要保持清洁，加强新生儿的护理和合理喂养，尽量减少亲友的探望和亲抱。特别是患有感冒、肝炎、皮肤病、肺病的人，不要接触新生儿。如果母亲患了感冒，喂奶时要戴上口罩，以免传染给新生儿。

母亲没有良好的生活习惯，新生儿就容易发生感染。对产妇来说，要勤换内衣，勤修指甲，经常保持双手的清洁，大小便后要用肥皂把手洗干净。给新生儿沐浴、配奶及喂奶前都要把手洗干净。每次喂奶前，要先用煮沸的纱布或小毛巾把奶头揩干净，然后才给婴儿喂奶。新生儿的居室要经常打扫，减少灰尘等于减少室内的细菌数。室内通风也可以大幅度降低空气中的细菌密度。

如何防治新生宝宝脐疝

脐疝，就是所谓的“鼓肚脐”，是由于宝宝先天腹壁肌肉过于薄弱，加之出生后反复有使腹压增高的原因，如咳嗽、便秘、经常哭闹等，导致肠管从这个薄弱处突出到体表，形成一个包块，甚至会嵌顿在这个部位。

脐疝使肠管出现受挤压的症状，如呕吐、腹泻等，但脐疝很少嵌顿，一般在睡眠和安静的情况下突出的疝又会回到腹腔，突出到体表的包块就会消失。脐疝会随着宝宝年龄的增长，腹壁肌肉的发达，在1～2岁时自愈，有时甚至到了3～4岁，仍可有望自愈。但若脐疝太大，就容易被尿布和内衣划伤，引起皮肤发炎、溃疡，这种情况下应去医院接受治疗，如疝孔直径超过2厘米左右，无自愈的可能时，也应及早去医院做手术修补，应该根据自己宝宝的具体情况采取相应的治疗。

如何防治新生宝宝肺炎

新生儿肺炎是新生儿期的常见病、多发病，在新生儿感染性疾病中占首位，为新生儿死亡的重要原因之一。由于产生的病原不同，感染途径不同，新生儿肺炎可分为：

- 吸入性肺炎。由在胎内吸入胎粪、羊水，生后吸入乳汁或分泌物引起。
- 感染性肺炎。出生前母亲有感染性疾病通过胎盘传给胎儿，或生后与家庭成员中“感冒”的人接触引起发病。本症多见于未成熟儿，死于新生儿肺炎的病例中几乎一半为未成熟儿。

新生儿发生鼻塞怎样处理

新生儿鼻腔短而小，鼻道窄，血管丰富，与成人相比更容易发生炎症，引起鼻塞。如果鼻腔内鼻垢或鼻涕堵住鼻子，也可使鼻子不通气。新生儿只会用鼻子呼吸，一旦鼻子不通气，可造成呼吸困难。孩子不能很好地吃奶，情绪烦躁，张口呼吸。因此要注意孩子的鼻腔内情况。

鼻子不通气可以采取以下方法处理：将1滴乳汁滴在小儿鼻腔中，使小儿鼻垢软化后，用棉丝等软物刺激小儿鼻腔以促进小儿打喷嚏，利于分泌物的排出；或用棉签蘸少量水，轻轻插入鼻腔旋转清除分泌物。注意动作一定要轻柔，不要过深，切勿用力过猛损伤黏膜，造成鼻出血。对没有分泌物的鼻堵塞，可以采用温毛巾敷于鼻根部的办法，也能起到一定通气的作用。

治疗鼻子不通气，还可以用些促使鼻黏膜血管收缩的药物，但新生儿要慎用，一般实在非用不可时，一天最多只能滴1~2次，因为长时间用药可产生依赖性，造成药物性鼻炎。

如何处理新生儿产伤

- 产瘤：胎儿出生经过产道时，头部受压引起头颅变形和软组织内血液循环受阻，血液内的水分首先被挤到血管外面造成头皮软组织水肿，称之为“产瘤”。产瘤摸上去软绵绵的，手指按压会有凹陷性压痕。水肿在2~3天就迅速吸收，个别的要6~7天才消退。
- 头颅血肿：胎儿娩出时，颅顶与母亲骨盆相擦，骨膜下面血管受挫伤而引起出血，血流积聚于颅骨和骨膜之间即成头颅血肿。血肿部位在顶骨或枕骨骨膜下，不超越骨缝界限。约在4～10周内血肿逐渐被吸收，变小，并由边缘向中心变硬，然后变平到消失。

新生儿眼部分泌物过多怎么办

一般是因感染引起，可用氯霉素眼药水每日滴眼3～4次；若上下眼睑有小脓疮生长，可用红霉素眼药膏每日2～3次搽在眼睑上。待脓疱成熟可用棉签擦破，挤出脓后可每天涂上红霉素眼药膏，过几天可自愈。平时还应保持新生儿眼部清洁，新生儿用的毛巾，要用沸水烫过洗净。

宝宝发生低血糖怎么办

低血糖在新生儿期较为常见，特别是出生后头几天内能量的主要来源主要是糖，而在胎儿期，肝内储藏糖原较少，特别是低体重儿、早产儿、双胎儿，生后新妈妈如不提早进食，很容易发生低血糖。还有患有其他疾病的新生儿，如颅内出血、窒息、缺氧、新生儿硬化症、严重感染败血症等，也易发生。母亲患糖尿病或妊娠中毒症所生的新生儿更易发生低血糖。

低血糖可在生后数小时至1周内出现。开始时，手足震颤、嗜睡、对外界反应差、吮奶差、哭声弱，继而面色苍白、心动过速、惊厥、昏迷，若经静脉注射葡萄糖后症状会迅速消失。对低血糖的患儿，轻症可给白糖水或葡萄糖水口服，重者可给予葡萄糖点滴注射。

如何防治新生儿低血钙

如新生儿出现惊厥，用10%葡萄糖酸钙2毫升/（千克·次）缓慢静注，注射过程中要注意心率保持在80次/分以上，还要注意不使钙剂溢出静脉外，防止发生组织坏死和钙质沉着。惊厥停止后改为口服钙剂，服钙时间根据病情而定。口服氢氧化铝乳剂可减少磷在肠道的吸收。

如何防治新生儿麻疹

对麻疹的发热一般不需要急于退热，应该给予足够水分和易于消化、营养丰富的饮食。同时最好采用适当的中药治疗，中药治疗主要以清热、解毒、透疹为原则，常用药有桑叶、银花、连翘、蝉蜕、浮萍、葛根、升麻、紫草、牛蒡子等，亦可用西河柳、浮萍、芫荽等中药煮沸，用毛巾浸药液温敷患儿额面、四肢等部位，既可退热又可透疹。对体温过高的患儿可酌用小量退热剂，避免急骤退热而致虚脱。使用药物降温应使患儿体温维持在38℃左右，不可降得过低。对麻疹患儿不宜采用冷敷和酒精擦浴降温，以免刺激皮肤，影响皮疹透发。新生儿麻疹发热时，家长还应该注意做好皮肤护理，出汗要及时擦干，衣被不要过厚过暖。另外还要注意做好口腔护理，多饮水。

新生儿易发生感染的原因有哪些

- 新生儿的皮肤黏膜柔嫩、薄弱，皮下血管丰富，因此易于破损，细菌可乘虚而入。
- 新生儿初期脐部未愈合，细菌易从此处侵入体内。
- 新生儿的胃酸低，杀菌能力弱，细菌可在肠道中繁殖并侵入体内。
- 新生儿的免疫功能低下，一些免疫球蛋白不能通过母亲的胎盘传给新生儿，新生儿自身的免疫球蛋白还没有产生，故新生儿抗感染的能力差，易发生感染。

如何预防新生儿烫伤

由于新生儿体温调节中枢发育不健全，对外界温度的变化很敏感，所以很多妈妈在寒冷的冬天常常用热水袋帮助新生儿取暖。但如果保暖方法不当或水温过高，则容易导致新生儿烫伤。最好的方法是将室温提高，一般使室温保持在24~26℃最好，在这种温度下，不用保暖，新生儿亦能维持正常的体温。如室温低于20℃时，可用热水袋保暖，成人用手背试后不觉烫，用毛巾包好后放在两足部的棉被外。要经常查看热水袋是否漏水或水是否凉了，以便及时更换。

如何预防新生儿生痱子

- 新生儿居室既应注意保暖又不能过热；夏季居室应通风凉爽。
- 要让新生儿多翻身，避免皮肤受压过久而影响汗腺分泌。
- 新生儿的衣服要轻薄、柔软、宽大，以减少对皮肤的刺激。经常为新生儿洗澡，浴后为其扑上婴儿爽身粉。
- 新生儿外出晒太阳时，应避免在太阳下直晒，注意防暑。
- 饮食上，应多喝水，妈妈多吃青菜和水果，补充水分及维生素。
- 若出现痱子，可在洗浴后扑上痱子粉或涂炉甘石洗剂。忌用软膏、糊剂、油类制剂。

新生儿憋气是怎么回事

新生儿出生后2~20天常出现突然憋气现象，特别是早产儿或足月小样儿。主要表现为突然呼吸停止，面部发紫，四肢软弱无力。如憋气时间超过15~30秒钟，医学上称之为“呼吸暂停”。其原因主要是由于新生儿大脑发育不成熟，当遇到寒冷刺激或患肺炎等疾病时，就可发生憋气现象。由于憋气时肺内血氧交换停止，而导致体内缺氧，如缺氧时间过长，就可能发生生命危险。所以，一旦发现这种现象，如无医务人员在场的情况下，家长应立即采取人工辅助呼吸（将手放于小儿背部，然后按每分钟40次左右的频率轻托、轻放小儿或拍打小儿足底，以刺激呼吸，并注意保持室温在26~28℃）。如经过上述处理仍无好转或频繁出现憋气现象，应立即送医院治疗。

怎样给新生儿喂药

新生儿与儿童不同，不会因看见药就产生恐惧感，一般可用小匙喂入嘴内，喂时顺口腔面颊的一侧慢慢倒，这样不易咳呛。另一更好的方法是：先

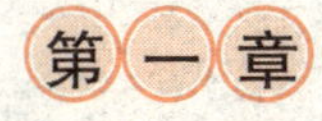

用空橡皮奶头放入新生儿口中，然后把所需要的药水倒入空橡皮奶头内，此时新生儿像吃奶一样。若一次吃的中药水很多，则可直接放在牛奶瓶内让新生儿吮吸。若是少量药粉，就把药粉直接放入口中（不必先用水溶），然后喂糖水或温开水。有的药粉特别少，不必饮水冲下。

给新生儿喂药时要注意什么

- 药物若味苦，可适当放糖以减少苦味。
- 喂药前不应喂饱奶，以免饱后拒食。
- 喂药时不能捏住新生儿的鼻孔强行灌入，以免使药物呛入气管。

六、打造聪明宝宝的亲子游戏

如何逗笑宝宝

方法：从宝宝出生第一天起，大人就可以同他逗笑。大人抱着宝宝，挠挠他的身体，摸摸他的脸蛋，用快乐的声音、表情和动作去感染宝宝。宝宝的目光渐渐变得柔和而不是刚开始那样紧张，眼角出现细小的皱纹，口角微微向上，出现快乐的笑容。这与宝宝即将入睡时颜面肌肉不由自主地放松的笑不同。妈妈可以从宝宝刚出生就培养他对英语的感受能力。妈妈可以一面用手摸摸宝宝的胸脯逗宝宝笑，一面说“Hi，Bobo！你好，宝宝！”“Good morning，Bobo！你早，宝宝！”“Laugh like I do，像我这样笑。”“Ha，ha，ha，Bobo，哈，哈，哈，宝宝。”“My nose tickles，我的鼻子痒痒。”“Your body tickles，你的身上痒痒。”“Tickly，tickly，挠痒痒，挠痒痒。”“Give me a sweet smile，给我甜甜一笑。”“That's rish！很好！”妈妈尽可能随便说些什么让宝宝高兴的话，做些逗宝宝笑的动作，只要能引起宝宝笑就可以了，要重复“Give me a sweet smile”这个重点句。

目的：养成逗笑的条件反射，建立第一条通过学习得来的神经回路，宝宝越早学会逗笑就越聪明。

怎样做抬眼练习

方法：出生后7～10天，宝宝的头部左右转动自如时，将宝宝俯卧床上，用一只手扶起宝宝的前额，另一只手在宝宝头侧摇动发声玩具，逗引宝宝抬眼观看。经过1～2周的练习，当摇动玩具时，宝宝不用大人手扶额部就会主动抬眼观看，有时下巴还会离开床面片刻。不必担心宝宝俯卧时会憋着，因为他已能自己转头把鼻子让开。但要注意宝宝入睡时不宜采用俯卧位。

还可以用以下的方法：大人躺在床上，让宝宝趴在自己身上，双手扶着宝宝的头同他说话，逗他笑。宝宝喜欢抬头看大人的脸，很快就能学会把头抬起来。

目的：经常练习俯卧，宝宝会把头抬得更高，并用肘部支撑把前胸抬起，为以后匍行及爬行做准备。

如何更好地和宝宝讲话

方法：宝宝情绪比较好时，妈妈可以用缓慢、柔和的语调对他说话，比如“××，我是妈妈，妈妈喜欢你”等等。也可以给宝宝朗读简短的儿歌，哼唱旋律优美的歌曲。此活动可在新生儿出生20天后进行。

目的：给婴儿听觉刺激，有助于宝宝早日开口说话，并促进母子之间的情感交流。需注意对宝宝说话时要尽量使用普通话。

怎样给宝宝听音乐

方法：妈妈在宝宝觉醒或给宝宝喂奶时，将录音机或音响的音量调小，播放一段柔和、舒缓的乐曲。这在宝宝出生几天后即可进行。

目的：音乐可以训练听觉、乐感和注意力，陶冶孩子的性情。需注意的是，不要给婴儿听很多不同的曲子，一段乐曲一天中可反复播放几次，每次十几分钟，过几周后再换另一段曲子。

如何和宝宝做鬼脸

方法：游戏一，家长要一边对着孩子吐舌头，一边观看宝宝的反应。注意吐舌头时，速度要比较慢，以便孩子能够清楚而完整地观察到吐舌头的全过程，并学习模仿，才能达到游戏的目的。游戏二，家长瞪着眼睛，使劲鼓起腮帮子，将宝宝的两只小手放在腮帮子两侧，轻轻地挤压腮帮子，然后往外吐气。游戏三，让宝宝抓住你的两个耳朵，当他抓到时，再对着他吐出舌头，做个鬼脸。游戏四，让孩子去摸爸爸或妈妈的鼻子，当他摸到鼻子时，使劲皱眉，缩紧鼻子上部的肌肉。

目的：为了培养宝宝的幽默细胞，爸爸妈妈可以试着与宝宝做一些“鬼脸小游戏”。需注意的是，和新生的宝宝做这个游戏时，父母应处于主导地位，重心在于吸引宝宝的注意，好让宝宝从这种游戏中获得一些愉快的体验，并尝试学习父母的动作。

怎样和宝宝一起玩拨浪鼓

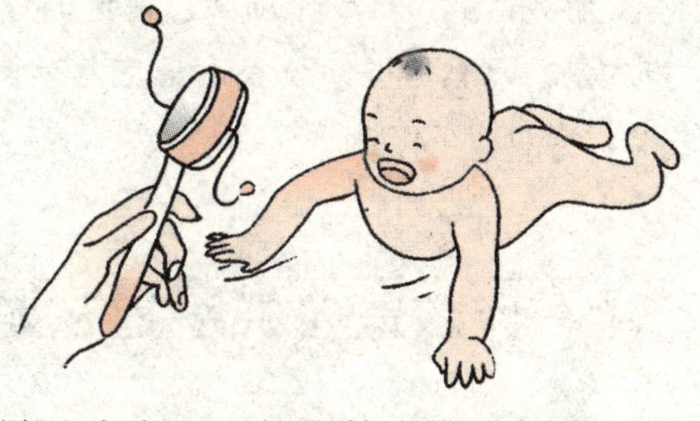

方法：在宝宝面前拿起拨浪鼓，轻轻摇晃几下，发出“咚咚”的响声，吸引宝宝的注意。拿起宝宝的小手，帮助他抓握住拨浪鼓，一边摇晃一边念儿歌：“拨浪鼓，咚咚敲，吓了宝宝一大跳；拨浪鼓，咚咚响，宝宝自己会敲响儿。”念“咚咚敲”的时候，轻轻摇晃拨浪鼓，然后停顿一下，说：“吓了宝宝一大跳。”看看宝宝的反应如何，再看要不要继续。继续念儿歌，念到“咚咚响”时，再次轻摇拨浪鼓，然后停顿一下，说：“宝宝自己会敲响儿。”

目的：帮助宝宝学习抓握，锻炼宝宝的灵活性和肌肉强度。需注意的是，小宝宝的耳鼓膜非常脆弱，因此摇拨浪鼓的时候，幅度不要太大，防止发出的声响太过刺耳。

怎样引导宝宝看悬挂的玩具

方法：在小儿的睡床上方约75厘米处悬挂一个体积较大、色彩鲜艳的玩具，如彩色气球。妈妈一边用手轻轻触动气球，一边缓慢而清晰地说："宝宝看，大气球！"或"气球在哪儿？"

目的：引导小儿用眼睛去看悬挂的玩具，训练宝宝逐渐学会用眼睛追随在视力范围内移动的物体。需注意的是，悬挂的玩具不要长时间固定在一个地方，以免宝宝的眼睛发生对视或斜视。悬挂的物品也不要过重或有尖锐的边角，以防不慎坠落时伤着宝宝。悬挂的玩具或物品还应定期更换花样。

"转头"游戏怎么玩

方法：妈妈手持色彩鲜艳的玩具，最好是可摇响的，在距离孩子眼睛30厘米远的地方，慢慢地移到左边，再慢慢地移到右边，让小儿的头随着玩具做180°的转动。

游戏目的：集动作训练、视觉训练和听觉训练于一体的综合训练。需注意的是，妈妈在移动玩具时，应将玩具摇响，孩子的头能朝左朝右各转动90°，游戏即可停止。

什么是"抓手指"游戏

方法：妈妈伸出大拇指或食指，放在宝宝的手心里，让宝宝抓握。等宝宝会抓以后，再把手指从小儿的手心移到掌的边缘，看小儿是否也能去抓。

目的：通过训练使婴儿从最初有意识地抓握到其最初的手脑协调能力。需注意的是，妈妈的指甲应该剪掉，以免刮伤婴儿。

第二章 用微笑伴随宝宝成长（1～2个月）

一、记录宝宝成长足迹

宝宝的听觉有怎样的变化

这个月的婴儿听觉能力进一步增强，对音乐产生了兴趣。如果妈妈不小心弄出很大的噪音，宝宝会烦躁，皱眉头，甚至哭闹。如果妈妈播放舒缓悦耳的音乐，宝宝会变得安静，会静静地听，还会把头转向放音的方向。妈妈要充分开发宝宝的这种能力，训练听觉。但宝宝毕竟小，对不同分贝的声音辨别能力差，不要播放很复杂、变化较大的音乐。

宝宝的视觉有怎样的变化

这个月婴儿仍然不能看清楚 30 厘米以外的物体，但密切关注 30 厘米以内的任何东西，能注视物体了，紧盯着物体，会朝着声音的方向和移动的东西看。喜欢看彩色的图画，相对于平面图形，更喜欢立体的人物图像。随着月龄的增长，孩子慢慢地能转向光亮，看得见活动着的物体和大人的笑脸等。将手掌慢慢逼近他眼前他就会眨眼了。这是孩子能看到一些物体的证明，这种眨眼叫做“眨眼反射”。

普通婴儿1个半月到2个月之间都会有这种眨眼反射。婴儿对颜色的分辨能力，大约在满月后就开始发达起来了，尤其是对白色和红色。

宝宝的感觉有怎样的变化

1个多月的宝宝，皮肤感觉能力比成人敏感得多，有时家长不注意，把一丝头发或其他东西弄到宝宝的身上，他就会全身左右乱动或者哭闹表示很不舒服。这时的宝宝对过冷、过热都比较敏感，会以哭闹向大人表示自己的不满。两只眼睛的转动还不够协调，对亮光与黑暗环境都有反应。1个多月的宝宝很不喜欢苦味与酸味的食品，如果给他吃，他会表示拒绝。

宝宝的语言有怎样的变化

1个多月的宝宝还不能用语言来表达，但已经有表达的意愿。当爸爸妈妈和宝宝说话时，你可能会惊奇地发现，宝宝的小嘴在做说话动作，嘴唇微微向上翘，向前伸，成O形。这就是想模仿爸爸妈妈说话的意愿，爸爸妈妈要想象着宝宝在和你说话，你就像听懂了宝宝的话，和宝宝对话，这就是语言潜能的开发和训练。尽量多和宝宝说话，开发宝宝语言学习能力。

宝宝的嗅觉有怎样的变化

宝宝在胎儿时期嗅觉器官即已成熟，新生儿依靠成熟的嗅觉能力来辨别母亲的奶味，寻找乳头和母亲。这个月的宝宝总是面向着妈妈睡觉，就是嗅觉的作用，他是在闻妈妈的奶香。

宝宝的动作有怎样的变化

1个多月的婴儿仰面躺着时，四肢的运动比新生儿时期协调多了，上肢可做画圆圈的动作，下肢踢蹬动作比刚满月时也更熟练了。1个多月的婴儿，在

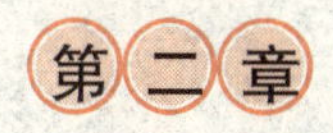

他清醒的时候，如果有人出现在他面前并且逗他，他能表示出兴奋的样子，挥动上肢，两腿乱蹬，呼吸急促。当妈妈和他说话时，他能两眼紧紧盯着妈妈的脸，有时还可以报以微笑。

宝宝的心理有怎样的变化

满 1 个月后，婴儿的表情丰富，对他发声打招呼，或是摸摸他的脸颊，他都会即刻有回应。到了 2 个月，婴儿会突然发出声音。这个时期的婴儿，被抱起来看到母亲的乳房时，嘴巴会自动张开，也会分辨奶瓶的形状，可以说是进入学习阶段了，这称之为条件反射现象，懂得被母亲抱起喝奶舒适，因此特别喜爱喝奶，人经常充满爱心地哺育，将有助于婴儿的心理发育。

二、关注宝宝的每一口营养

本月宝宝的营养需求是怎样的

这个月婴儿每日所需的热量仍然是每千克体重 100 ~ 110 千卡，如果每日摄取的热量超过 120 千卡，就有可能发胖。母乳喂养的宝宝，由于难以计算每日所摄入的热量数，可以通过每周测量体重。如果每周体重增长都超过 200 克以上，就有可能是摄入热量过多；如果每周体重增长低于 100 克，就有可能是摄入热量不足。

为什么本月不宜进行混合喂养

有的妈妈认为奶量不足了，就会给宝宝添加牛乳。由于橡皮奶头孔大，吸吮省力，奶粉比母乳甜，结果宝宝可能会喜欢上奶粉，而不再喜欢母乳了。其实给宝宝喂母乳可刺激奶量增多，如果经常喂宝宝牛乳，久而久之会使妈妈的乳汁分泌量逐渐减少，最终导致母乳不足，人为造成混合喂养。事实上，4个月以内的宝宝，最好是纯母乳喂养。混合喂养是几种喂养方式中最不好掌握的，要尽量避免。

为什么要定期更换奶瓶和奶嘴

奶瓶的使用是有期限的，塑胶的奶瓶品质较不稳定，使用一段时间后，瓶身就会因为刷洗和氧化，出现模糊的雾状及奶垢不易清除等情况，所以建议6个月左右更换1次。奶嘴属于消耗品，长期使用过后，会有变硬、变质等情形，且在清洗的过程中，也有可能使奶嘴变大，导致宝宝喝奶时发生呛奶危险，因此建议3个月左右更换1次。

哺乳后为什么要让宝宝侧卧

宝宝吃饱之后应竖着抱起并拍背，促使宝宝打嗝，排出吸入胃中的气体。再让宝宝右侧卧位睡，便于胃内容物从右侧的幽门进入十二指肠。可在宝宝背后垫上一个枕头或小被子固定体位。宝宝睡醒后有时身体会倾向背侧而成为仰卧；或者由于垫枕较高，身体倾向腹侧而成为俯卧。开始时这种转位是被动的，是由于侧卧时体位变动或枕头高低而决定的。有时宝宝会感到体位不适，或者侧卧很累，而活动身体，由于重心的改变而成为仰卧或俯卧。后来渐渐由无意到有意，向一方使劲，便使自己做90°翻身。

如何寻找最佳的喂养方案

妈妈应坚持母乳喂养。如母乳量足，婴儿食后有饱足感且生长发育迅速，仍按每天7~8次，定时进行喂养，完全可以不添加其他代乳品；倘若奶量不足，或母亲体力不支，或因其他原因，无法完全进行母乳喂养时，首先应当选择混合喂养。学会按需哺乳这个月的婴儿，基本可以一次完成吃奶，吃奶间隔时间也延长了，一般2.5~3小时1次，一天8~9次。但并不是所有的宝宝都这样，2个小时吃1次也是正常的，4个小时不吃奶也是正常的，一天吃

5次或一天吃10次，也并非异常现象。但如果宝宝一天吃奶次数少于5次，或大于10次，要向医生询问或请医生判断是否是异常情况。有些宝宝每天晚上要吃4次奶，妈妈可以试着后半夜停一次奶，如果不行，就每天向后延长，从几分钟到几小时，不要急于求成，要有耐心。

夜间喂奶有哪些需要注意的

婴儿还没有形成一定的生活规律，夜间需要母亲喂奶。夜晚母亲在半梦半醒之间给宝宝喂奶很容易发生意外，所以要特别注意。

- 不要让宝宝含奶睡觉。有些年轻的妈妈为了避免宝宝哭闹影响自己的休息，就让宝宝叼着奶头睡觉，这样会影响宝宝的睡眠，也不能让宝宝养成良好的吃奶习惯，而且还有可能在母亲睡熟后，乳房压住宝宝的鼻孔，造成婴儿窒息死亡。

- 保持坐姿喂奶。为了培养宝宝良好的吃奶习惯，避免发生意外，在夜间给宝宝喂奶时，也应像白天那样坐起来抱着宝宝喂奶。
- 逐步延长喂奶间隔时间。如果宝宝在夜间熟睡不醒，大可不必弄醒他，把喂奶的间隔时间延长一些。一般来说，新生儿期的宝宝，一夜喂2次奶就可以了。

为什么宝宝不宜多喝糖水

在新生儿期，一般不提倡用高糖的牛乳和水来喂养。因为新生儿吃高糖的牛乳和水，易患腹泻、消化不良，以致发生营养不良。另外，还会使宝宝患坏死性小肠炎的发病率增加，这是因为高浓度的糖会损伤肠黏膜，糖发酵后产生大量气体造成肠腔充气，肠壁不同程度积气，产生肠黏膜与肌肉缺血坏死，重者还会引起肠穿孔。临床可见腹胀、呕吐，大便先为水样便，后出现血便。新生儿若是母乳喂养，根本不需要喂糖水，因为母亲奶水里含有足够新生儿生理需要的糖类和水分。如果一定需喂水，可用小匙喂少量的白开水。新生儿若是人工喂养，也应注意牛奶、奶粉中糖分的配制比例。

酸奶和乳酸菌饮料的区别是什么

酸奶和乳酸菌饮料有很大的区别，在选购时一定要注意区分。相对来说，全脂的乳酸杆菌酸奶最适合宝宝日常饮用，而脱脂的乳酸杆菌酸奶适合宝宝腹泻时短时间饮用。由于酸奶容易变质，不宜久藏，因此一定要选购新鲜优质酸奶，现买现吃。在家庭中自制酸奶也要用新鲜牛奶现做现吃。另外酸奶不能烧煮加热，也不能用微波炉加热，否则酸结块，其中的乳酸杆菌也会被杀灭，失去原有的保健作用。因此酸奶只能冷饮，或放在温水中温热后饮用。

宝宝胃食管反流是怎么回事

由于宝宝的食管下端的括约肌功能不全，无法有效地阻挡胃内容物的反流，尤其是在喂奶后，胃内容量增多，压力增大，则更容易反流。对此，新妈妈一定要做好胃食管反流的防治。

对于溢奶频繁或伴有吐奶的婴幼儿，都应该合理选择体位、饮食和药物疗法。“体位治疗”是指当患儿睡眠时，适当抬高其头部，并使头部保持侧位；“饮食治疗”的要点是少量多餐，可增加喂奶次数，但每次不可喂得过饱(人工喂养儿可在牛奶中加入米糊，使奶汁黏稠)；“药物治疗”则以胃动力药物为主，需要在儿科医生指导下合理用药。

人工喂养需要哪些哺乳用具

人工喂养宝宝，需准备下面这些哺乳用具：

- 125 毫升奶瓶及 250 毫升奶瓶。出于不同需要，在家时建议使用容易消毒加热的玻璃奶瓶，外出时建议使用塑料奶瓶。
- 自然奶嘴、普通奶嘴、防塌陷的奶嘴。最好为橡胶质的，稍厚。
- 瓶刷。玻璃奶瓶可以选择尼龙材质的，而塑料奶瓶则可以选择海绵材质，以防划痕。
- 瓶夹。方便消毒时使用。

● 奶瓶清洗剂。宝宝的奶瓶和奶嘴在清洗时要特别注意，选用专门针对婴儿奶瓶的天然清洗剂比较好。

● 奶瓶消毒器。可选择能为奶瓶、奶嘴全面消毒的消毒锅，比较常用的是蒸汽式。

用玻璃奶瓶喂奶时要注意什么

玻璃奶瓶在倒入热开水时容易炸裂，最好买来后先放到锅里加水蒸煮一下，可以有效防止热胀冷缩造成的炸裂。

怎样正确使用奶瓶喂奶

● 在准备喂奶以前，应先把双手洗干净。

● 在事先消毒好的奶瓶中加入适量、温度合适的奶液。

● 喂奶前，将1滴奶液滴于手背上，试一下温度，以不烫为宜。切勿由成人直接吸奶嘴尝试，以免将成人口腔内的细菌带给新生儿。

● 喂奶时，让宝宝斜躺在妈妈怀里，将奶嘴塞入小嘴中时，倾斜奶瓶，将奶嘴中的空气排出，再喂。通常在10～20分钟内吃完奶。喂奶后需将新生儿抱起，头伏在妈妈肩上，轻拍背部，使空气排出，避免漾奶。

● 喂完奶后，应将奶瓶的剩奶由他人喝掉，不宜放入冰箱留待下次喝。

选择奶嘴时要注意什么

选择奶嘴应根据宝宝的食量而定。通常奶嘴分为小圆孔（慢流量）、中圆孔（中流量）、大圆孔（大流量）、十字孔（大流量）。一般来说，小圆孔奶嘴适合刚出生的宝宝使用。奶嘴还分为橡胶和硅胶两种质地。橡胶奶嘴的特点是有弹性，与母亲乳头接近，应1个月左右更换1次。硅胶奶嘴的特点是无橡胶气味，易吮吸，不易老化，耐热并且抗化学腐蚀，2个月左右更换1次即可。

怎样给奶瓶和奶嘴消毒

消毒方法有开水煮、药品消毒、熏蒸等，最常见的是用开水煮沸消毒。

● 消毒前应把奶瓶及奶嘴洗干净。喂完奶后立即用洗涤剂洗净奶瓶奶嘴，或用热水将奶瓶和奶嘴浸泡数分钟，再用奶瓶刷和奶嘴刷分别将奶瓶和奶嘴洗刷干净，最后用水充分洗干净。

● 通常可采用煮沸消毒法，将洗净的奶瓶放入消毒用的锅中，加冷水将奶瓶全部浸没，加盖煮沸后再煮5~10分钟。奶嘴的消毒应在水煮沸后放入，再煮2~3分钟后取出，放在已经准备好的消毒过的碗或专用盘中盖好。奶瓶、奶嘴消毒完后待其冷却，将锅中及奶瓶中的水全部倒去，然后盖上清洁的消毒纱布备用。

● 消毒过的奶瓶口和奶嘴部不能再用手去触及，否则前功尽弃，还要重新消毒。

三、全新的宝宝护理技巧

怎样给宝宝进行空气浴

宝宝满月后，有的家长仍然认为宝宝还小，怕受风寒，因此会长期关闭宝宝居室的门窗，更不敢把宝宝抱到室外接受新鲜空气。这样做是错误的。让宝宝适时接受新鲜空气，抱到室外去接受空气浴，不仅会使宝宝的皮肤得到锻炼，而且会增加抵抗力，减少和防止呼吸道疾病的发生，有利于身体健康。因此，宝宝出生后3周，就要逐渐与外界空气进行接触。在夏天要尽量把窗户和门打开，让外面的新鲜空气自由流通。在春、秋季，只要外面的气温在18℃以上，风又不大时，也可以打开门窗。

即使是在冬天，阳光好的温暖时刻，也可以每隔1小时打开一次窗户，以交换空气，让宝宝吸收新鲜空气，以利于其生长发育。

怎样给宝宝清洁口腔

有些母亲特别注意新生儿的清洁卫生，就像成人每天刷牙那样，也要给新生儿清洗口腔，其实是没有必要的，特别是专门为新生儿清洗口腔。不能用纱布、手帕、棉签等来擦洗口腔黏膜，因为这种做法很容易将口腔黏膜擦破而引起细菌感染。其实新生儿的口腔一般不需要特别清洗，因为新生儿口腔内尚无牙齿，而且口水的流动性大，可以起到清洁口腔的作用。要给新生儿清洁口腔的话，只要在给新生儿喂完奶后，再喂点温开水，将口腔内残存的奶液冲洗掉就可以了。个别的确实需要清洗时，可用干净的棉签，蘸上水轻轻涂抹口腔黏膜，但千万不能将黏膜擦破。

为什么说不能开闪光灯给宝宝拍照

婴儿满月后，父母大都要为孩子拍些照片留念。于是照相机的闪光灯便在新生儿眼前闪个不停。殊不知，强烈的电子闪光对婴儿的眼睛是十分不利的，即使是极为短暂的瞬间，也会影响孩子的视力。因为强烈的电子光束对婴儿的视觉细胞会产生冲击性损伤。这种损伤与电子闪光拍照时的距离有关，照相机距眼睛越近，损伤越大。为此专家们建议，对6个月以内的婴儿，要尽可能用自然光拍照，避免使用闪光灯。

搂睡对宝宝有哪些坏处

许多妈妈担心宝宝在睡眠中发生意外，常常搂着宝宝睡觉。这样做恰恰增加了发生意外的机会：

- 搂睡使宝宝难以吸收新鲜空气，吸入的多是被子里的污秽空气，容易生病。
- 搂睡容易使宝宝养成醒来就吃奶的坏习惯，不易形成定时喂养，因此影响了宝宝的食欲与消化功能。
- 搂睡限制了宝宝睡眠时的自由活动，宝宝难以舒展身体，会影响自身的血液循环，若妈妈睡得过熟，不小心奶头堵塞了宝宝的鼻孔，还可能造成窒息等严重后果。

为什么宝宝在夏天不宜裸睡

夏天气温高，许多妈妈便将宝宝衣裤脱光，让宝宝光着小身子躺在床上，以求凉爽。但宝宝体温调节功能差，容易使身体受凉，尤其是腹部一旦受凉，可使肠蠕动增强，导致腹泻发生。因此，即使在炎夏宝宝也不可裸睡，胸腹部最好盖一层薄薄的衣被或带上小肚兜。

宝宝大小便后该如何护理

每当宝宝大小便后就应当及时换尿布。因为大便中有细菌，小便中有尿素等物质，若不及时更换尿布则细菌分解、尿素产生氨，后者刺激皮肤导致皮炎。因此宝宝大便后妈妈一定要用温水将其臀部洗干净，由前向后擦干净，对女婴尤其应这样做，以避免逆行尿路感染。换下的尿布用肥皂洗干净，用清水漂净，最后用开水烫或在太阳下晒干供下次再用。为了防止婴儿尿液渗到床上，可以准备一些包布或棉垫，将橡胶布放在棉垫下面而不能直接接触皮肤。

怎样给宝宝剪指甲

给新生儿剪指甲时应先将平头剪刀用酒精棉球消毒。剪指甲应在新生儿熟睡时，指甲不要剪得过短，和指头平齐即可，以免伤及指甲内软组织。剪完后，要把剪后的指甲修剪光滑、平整，以免刺伤皮肤。剪完指甲后要给宝宝洗手。

妈妈可以给宝宝掏耳朵吗

一般情况下，不要为刚出生的宝宝掏耳朵，因为宝宝的外耳道皮肤非常娇嫩，一旦不慎就容易造成难以挽回的后果。如果宝宝外耳道积垢过多，可以到医院请专业人士进行处理。

可以给婴儿刮眉毛吗

眉毛的主要功能是保护眼睛，防止灰沙、尘埃进入眼睛，若刮去眉毛，就等于眼睛少了这一道“防线”，短时间内会对眼睛形成威胁，如果刮眉毛时不慎碰破皮肤，引起感染、溃烂，溃烂处结疤后眉毛无法再生。

如果眉毛根部受损伤，再生长时，就会改变形态与位置，而失去原来的自然美。况且，新生儿的眉毛一般在3～6个月时就会自然脱落，重新长出新眉毛来，因此完全没有必要给婴儿刮眉毛。

为什么不宜给宝宝用爽身粉

虽然爽身粉或痱子粉在干燥时能起到润滑、减小皮肤摩擦的作用，但爽身粉或痱子粉被汗液浸湿后，反而会增大摩擦，而且还会沾在皮肤上刺激宝宝稚嫩的皮肤，导致皮肤红肿甚至加速糜烂。另外，有的宝宝还可能对爽身粉中的某些成分过敏，反而会加重对皮肤的刺激。

要时刻给宝宝保暖吗

“小月孩喜热怕冷”的说法，其实是不全面的。保暖过分，会使宝宝的体温升高、出汗多，或出现脱水热；保暖不够，又会让宝宝受凉，严重的话会发生“硬肿症”，体温偏低或不升。因为这时的宝宝皮下脂肪单薄，汗腺发育不全，所以保暖能力和排汗、散热能力都较差，再加上大脑体温调节中枢发育不完善，都会使宝宝体温不稳定，容易受到环境温度的影响而发生变化。因此，对宝宝的保暖适度即可，既不能太热而出汗，又不能太冷而导致体温过低。

宝宝的衣柜中能放樟脑丸吗

在存放新生儿衣物的衣柜或纸箱内不要放樟脑丸。因为樟脑丸中含有挥发性强且具有一定毒性的化合物——萘，可经皮肤进入人体。萘一旦进入新生儿体内，可使酶缺陷（缺少葡萄糖-6-磷酸脱氢酶）的新生儿发生溶血，出现黄疸。如溶血严重，胆红素释放就较多，可将脑细胞染成黄色，发生"核黄疸"，使脑细胞受到破坏。因此，不要让新生儿接触沾染樟脑丸的衣物。已经沾染了樟脑丸的衣物要洗净晒干后再穿。

宝宝衣服该如何储藏

- 洗完的衣服一定要在日光下暴晒，然后再放入衣柜中，在给宝宝穿之前还要在日光下晒一会儿。
- 宝宝的衣服不要和大人的衣服一起洗或一起存放，以免出现细菌交叉感染。
- 要放在干燥而不是潮湿的地方，以免衣服发霉。
- 衣服如果有异味，一定要先行暴晒或清洗晾干后再给宝宝穿。

宝宝房间的温度以多少为宜

新生儿房间的温度太高会使其发热，出现脱水现象，太低又容易引起硬肿症，因此必须相对恒定。一般来说，夏天时宝宝的室内气温宜维持在23～25℃，而冬天时气温则宜维持在20℃以上。

宝宝的房间不能有一点声音吗

居室内保持环境安静，有利于母子很好地休息和睡眠，有利于妈妈更好地恢复产后的体力和精力。但是不能一丁点声音都没有。因为一些轻微的说话声、悦耳的音乐声还能够刺激宝宝的听觉发育。愉快的环境、轻柔的动作，以及亲切的说话声能够使宝宝感受到爱抚，有安全感。

为什么宝宝的房间不宜关门堵窗

全封闭的传统坐月子习俗不仅不科学，还容易产生危害。宝宝的房间不要关门堵窗，要保持良好的通风以及阳光的照射，但不能让新生儿直接吹风或被太阳直射。最好给宝宝选择朝南的房间，窗户最好开着或每天定时开几小时，但切记不可让宝宝吹穿堂风；拉开窗帘让阳光照射在房间里，可以杀菌以及保持房间充足的光线，还方便宝宝观察周围的事物。但不要把宝宝置于光线特别强烈的房间，否则会对宝宝的眼睛造成刺激。

夜间开灯睡觉对宝宝有哪些影响

有的妈妈为了方便照顾宝宝，夜间居室内通宵开着灯，这会影响宝宝睡眠，对宝宝的健康成长不利。宝宝虽然开始时无法分辨昼夜，但经研究表明，宝宝体内有一种自发的昼夜变化节律，当这种节律受到噪声、光线及其他外源性的因素影响时，宝宝的睡眠时间会缩短，体重增加会缓慢，进而影响到生长发育。

四、宝宝的智能训练

如何让宝宝进行俯卧练习

宝宝睡醒后活动时，可让他俯卧在床上，两臂曲肘在胸前支撑身体。大人在宝宝面前用温柔的声音和他谈话，摇晃着鲜艳的、带响声的玩具逗引他抬头。这样能训练宝宝抬头，可增强颈部和背部肌肉的力量，对呼吸、血液循环也有好处。趴着可以扩大婴儿的视野，使他能更好地熟悉环境，加深与家庭成员的密切关系。宝宝从低头俯视的最近距离到抬头所见到的远距离，会越看越远，由此能逐渐培养出宝宝观察事物的兴趣，进一步促进大脑的发育。

父母为什么要教宝宝唱儿歌

妈妈可以开始给孩子念些儿歌，最好每天反复念。这样可以在潜移默化中发展孩子的听觉和储存语言信息的能力，而且还可以初步训练孩子的节奏感。

数星星

天上小星星，一闪一闪眨眼睛，宝宝数星星，数来数去数不清。

逗一逗小宝宝，怀里抱……一逗他一笑，（挠痒）再逗他还笑，（挠痒）不逗他不笑，老逗他老笑。（挠痒）

如何对宝宝进行视觉刺激

在1个多月的时候，可在宝宝的摇篮上方悬挂可移动的鲜红色或橘黄色的气球或纸花等，让孩子醒来就能注视它们。妈妈隔一定的时间去摇动一下纸花和气球，以激起孩子的注意和兴趣，这是视觉刺激的好方式。这时候的孩子对鲜艳的色彩已有较强的“视觉捕捉”力了。只是妈妈要注意悬挂的物体不要长时间地固定在一个地方，以防宝宝的眼睛发生对视或斜视。大人也可将宝宝竖抱起，边让宝宝看在房间里布置着的鲜艳的图片或脸谱等，边与其说话，以训练宝宝的视觉感知能力。

如何对宝宝进行听觉练习

听觉是学习语言、运用语言的基础，听觉的发展对语言的发展有重要意义。要在日常生活中发展和训练宝宝的听觉。可在宝宝醒着时用亲切、温柔的语调面对面地和宝宝说话，吸引他听，还可定时给他听轻快、柔和的音乐，或母亲唱歌给他听。这不仅可以发展宝宝的听觉，还可从小培养孩子对音乐的兴趣。另外，还可以用哗啦棒、响圈等能发出响声的玩具训练孩子的听觉。大人可把玩具慢慢地移到各个方向去，让孩子寻找声源。由近及远逐渐移动，用各种发声体从各方向来训练宝宝的听觉。

如何帮宝宝练习俯卧和抬胸

婴儿的运动发育具有连续性，当宝宝能够俯卧抬头45°后，其颈部肌肉的力量也在不断增强，另外，其双臂的力量同样也在增强，宝宝会逐渐在俯卧的时候把头高高抬起，和床面大致呈90°角，宝宝的头部还可以稳定并自由地向两侧张望，这个时候也可以用玩具在不同的方向逗引宝宝去寻找。

怎样帮助宝宝练习翻身

- 让宝宝仰面躺在床上，妈妈轻轻握着宝宝的两条小腿，把右腿放在左腿上面，宝宝的腰自然会扭过去，肩也会转1周，多次练习后宝宝即可学会翻身。

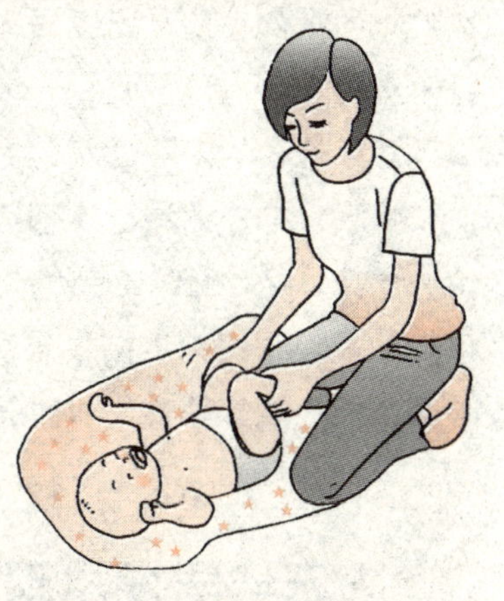

- 让宝宝侧身躺在床上，妈妈在宝宝身后叫宝宝的名字，同时还可用带声响的玩具逗引，促使宝宝闻声找寻，妈妈可以顺势将宝宝的身体转成仰卧姿势；待宝宝这一动作练熟后，再把宝宝喜爱的玩具放在身边，妈妈不断逗引宝宝去抓碰，宝宝可能会在抓玩具时顺势又翻回侧卧姿势，如果宝宝做得有点费劲，妈妈可轻轻帮一下。

- 待宝宝练熟了从仰卧变成侧卧后，妈妈可在宝宝从仰卧翻成侧卧抓玩具时，故意把玩具放得离宝宝稍远一点，这样，宝宝就有可能顺势翻成俯卧。但不要把玩具放到拿不到的地方，这样会使宝宝失去练习的兴趣，延长学会独立翻身的时间。

五、用心·呵护宝宝健康

为什么要定期给宝宝体检

健康检查的结果只能作为小儿生长发育的一个侧面，反映小儿当时的健康状况，即使当时体重和身长的数字稍低，也不能就此认为小儿发育迟缓、营养不好或有其他问题。只有通过定期多次的连续检查，对检查结果进行前后对比，才可以看出小儿生长发育和其他健康状况的动态变化，才能对小儿的健康状况做出较准确的评估。定期健康检查的次数和时间一般是：1岁以内查4次，分别在出生后3个月、6个月、9个月和12个月；1~3岁，每半年检查1次；3~7岁，每1年检查1次。如有问题，应根据医生要求增加检查次数。通常，在孩子出生后3个月内，就应带孩子到当地的儿童保健部门进行健康检查，为孩子建立一个健康档案。

健康检查的内容通常包括以下几个方面：询问小儿的生活、饮食、大小便、睡眠、户外活动、疾病等一般情况；测量体重、身长、头围等并进行评价；全身体格检查；必要的化验检查（如检查血色素）和特殊检查（如智力检查）等。根据检查结果向家长进行科学育儿指导和宣教，如如何进行母乳喂养、如何添加辅食、如何进行疾病预防等。

怎样早期发现克汀病

母亲应注意，在新生儿期，如果孩子黄疸持续不退，吃奶不好，反应迟钝，爱睡觉，很少哭闹，经常便秘，哭声与正常孩子不一样，声音嘶哑，便应请医生检查宝宝是否患有克汀病。如果延误诊断，到1~3个月时会发现更多的症状，例如舌大且常伸出口外，鼻梁塌平，脖子短，头发又干又黄，而且稀疏，皮肤干燥粗糙，肚子相对较大，这时便不可再耽误，一定要尽早请医生诊治。治疗克汀病，必须争分夺秒，早一天给孩子用上甲状腺素治疗，孩子的智力发育就要好一些。

宝宝打鼾的原因是什么

宝宝入睡后时而会发出微弱的呼噜声，这种偶尔的打呼噜现象不是病态。但如果宝宝每天睡觉都打呼噜，呼噜声较大，就应引起爸爸妈妈的重视，及时去医院检查，看宝宝是否有增殖体肥大。增殖体是位于鼻咽部的淋巴组织，当增殖体肥大时，在睡觉时便会打呼噜，除了打呼噜外，还表现为张口呼吸。由于空气不能通过鼻腔，达不到加温、湿润以及过滤的作用，这些宝宝容易患呼吸道感染。因此，当宝宝睡觉打呼噜时，应及早去医院诊治。

如何应对宝宝的“地图舌”

地图舌是指舌面上的舌苔厚薄不均，红白相间，形似地图。出现地图舌的宝宝大多数体质较弱，或者是与疲劳、消化不良、锌或B族维生素缺乏有关。地图舌是幼儿时期的常见病，但多数宝宝精神食欲正常，没有明显的不舒服表现。

如果发现宝宝出现了“地图舌”，大人应该采取以下措施：

- 若宝宝出现精神萎靡、食欲欠佳、头发稀黄等症状，应考虑宝宝是否有缺锌的可能，建议到医院做进一步的检查。
- 宝宝出现地图舌后，要特别注意口腔卫生，吃饭前后要漱口，晚上睡觉前用淡盐水漱口。
- 要让宝宝多吃新鲜的蔬菜、水果以及富含蛋白质的食物，如鱼，肉、蛋类、豆类等。
- 切忌让宝宝食煎炸、熏烤、油腻、辛辣、冷冻的食物。
- 让宝宝少吃零食。
- 要给宝宝适当补充B族维生素，必要时还要补锌。

宝宝出现湿疹如何护理

有的宝宝出生几周后，脸颊和眉毛上方会出现红色丘疹，这是婴儿湿疹，俗称“奶癣”，一般与宝宝体质过敏有关。对患湿疹的宝宝一般采用以下护理方法：

- 给宝宝洗脸洗澡时不要用肥皂刺激。
- 给宝宝穿清洁柔软舒适的衣服，枕头要常换洗，衣服被褥均要用浅色的纯棉布制作，不要用化纤制品。
- 妈妈应忌食辛辣刺激性食物，如辣椒、葱、蒜、酒等。
- 宝宝患湿疹严重时要及时请皮肤科医生治疗，家长不要随便给宝宝涂药，以免加重过敏。

有哪些影响宝宝听力的危险因素

影响听力的高危因素是指婴儿在出生前、后及出生过程中使听力受到影响的危险因素。常见的有：

- 耳聋家族史。
- 父母近亲结婚。
- 怀孕期尤其是早孕期感染风疹病毒、流感病毒等。
- 胎儿宫内窘迫，出生后窒息。
- 出生时体重低于1500克。
- 新生儿期患重度黄疸。
- 使用耳毒性药物：如链霉素、庆大霉素、卡那霉素等。
- 头颅外伤：如坠床、头部撞击等。

除了以上因素外，如果婴儿睡眠过分安静，不怕吵闹，对叫名字无反应，听力语言发育落后于同月龄婴儿，家长应带婴儿去医院进一步检查、监测。

为什么春季要重点预防小儿呼吸道感染

春季万物复苏，微生物开始繁殖增加，病毒细菌感染机会增多，加之气候干燥、多变，呼吸道黏膜功能下降，宝宝容易患呼吸道感染，要注意预防，注意与患病的儿童的隔离。春季开窗时间延长，要避免风直接吹袭宝宝。

宝宝发生便秘怎么办

这里向您介绍一个方便、经济、有效的办法，即每天清晨当婴儿醒来时，空腹喝 20 ~30 毫升凉白开水，喝后 30 分钟不管是否排便，都要坐盆 5 分钟，每天坚持下去，开始 1 ~2 天可配合用开塞露通便，效果会更好。以后大便恢复正常了，家长也要坚持在清晨给婴儿喝一点凉开水，以促进肠蠕动。若效果不佳，可在凉开水里加 1 ~2 勺蜂蜜。如果家长坚持此方法，便秘问题就可得到解决。

宝宝肛裂怎么治疗

宝宝肛门周围有红肿、大便带血丝或排便时哭闹明显，说明有肛裂。应首先治疗肛裂，治疗方法是每天用黄连素水坐浴 30 分钟，在排便前用棉签蘸香油或红霉素眼膏，涂抹在肛门周围及肛门内口处，目的是润滑肛门，以减少或避免婴儿排便时粪便通过肛门刺激黏膜而引起疼痛。如果排便没有疼痛感觉，婴儿会逐渐养成良好的排便习惯，慢慢地肛裂就会痊愈，婴儿排便也就规律了。

六、打造聪明宝宝的亲子游戏

“俯卧抬头”游戏如何进行

方法：让宝宝趴在斜躺着的大人胸腹部，大人双手放在宝宝头侧，呼唤宝宝的名字并帮其抬头看大人的脸，锻炼颈部肌肉。让宝宝俯卧床上，在宝宝头顶上方摇动玩具逗引宝宝抬头观看。出生后 30 天时宝宝的下巴可支在床上向上看，60天时下巴可离床3～5厘米抬头向上看。

目的：训练颈部肌肉，使之能支撑头部抬起时的重量。宝宝学会俯卧抬头之后能看到房间四周的布置，比仰卧时只看到天花板获得较宽广的视野。

“看图”游戏如何进行

方法：在室内墙壁四周挂上色泽鲜艳的图画，有人物、动物、水果、交通工具、花草树木等。画面要单一，重点突出。大人竖抱着宝宝看挂图。向他介绍：“看，红红的大苹果真好吃”“小弟弟在打球”“小汽车嘀嘀叫”或“猴子上树啦”。宝宝边听边看，你会发现宝宝脸上表情的变化。以后每当你抱着宝宝走到某幅他喜欢的图画前，宝宝会眉飞色舞、手舞足蹈，喜欢多看一会儿，离开时他会叫着让你停步。

目的：培养宝宝视分辨和视选择能力。宝宝对看过的图像有印象并产生记忆，到达右脑引起一种快乐的感受，面部出现快乐的表情，并通过脊神经引起四肢肌肉的手舞足蹈反应。每次看到这幅图或玩具都引起同样反应，神经通路即已建成。对其他挂图或玩具不能产生同样反应，说明宝宝有了明确的视分辨能力，或者已经形成条件性抑制，眼睛看到就避开。这种正面和反面条件反射的形成说明宝宝有了视选择能力。在此基础上宝宝会产生对人和对物的选择性喜爱和选择性躲避能力，为下个月认识妈妈打下基础。

婴儿操怎么做

月龄1个半月到两个半月的宝宝体操，应以按摩为主。

方法：让宝宝躺在体操台上，妈妈站在宝宝脚前，按下列顺序按摩5～6分钟。

- 臀部按摩，左右各4～5次。
- 腹部按摩，6～8次。
- 腿部按摩，左右各4～5次。
- 脊椎的反射运动，左右各1次。
- 让宝宝匍匐练习抬头。

- 练习爬，左右手交替爬行 8~10 次。
- 锻炼脊肌，上下 4~5 次。
- 锻炼脚部肌肉，左右各 4~5 次。
- 锻炼脚趾，左右各 4~5 次。
- 锻炼膝部关节，6~7 次。

目的：上述动作都是利用宝宝的反射动作，当宝宝没有做出反射动作时，不要勉强去做。

“蹬皮球”游戏怎么进行

方法：把一个直径 30 厘米的大球放在床尾让宝宝双脚自由蹬踢。有些大球内有铃铛，宝宝踢动大球时能弄响里面的铃铛，使宝宝更乐意用下肢把大球推来推去，让铃铛发出声音。如果大球内没有铃铛，可以换用一个大的纸口袋，里面放几块尿布使纸袋鼓起来，当宝宝蹬踢时会“哗哗”地作响。也可以用一个硬一点的塑料口袋，吹一些气，然后把口袋口打上结，放在宝宝的小床尾，让宝宝随意蹬踢，硬塑料袋也会作响。

目的：当宝宝感到自己的运动会发出声音，就会更愿意蹬踢，既能使宝宝高兴，又能锻炼身体，使下肢更加灵活。

游戏完毕后，一定要把大球、纸袋、塑料口袋等物收走，这样可以让宝宝睡眠的地方宽敞，也可以防止宝宝自己拿来玩，如果宝宝无意把塑料袋套在头上，自己想拉开时却把口拉紧，就有发生窒息的危险。有些妈妈用塑料口袋装上尿布放在宝宝床上，也应拿开，因为宝宝的手能拉物，也有出现意外的可能。

“看手”游戏怎么做

方法：用松紧带穿上彩色木珠做成鲜艳的手镯，替宝宝戴在手腕上，大人拉着宝宝的小手放在宝宝视线最佳距离。宝宝会好奇地看着这美丽又会活动的新玩具，使劲挥动，盯着它看。可以把手镯取下戴到另一只手腕上，或在另一只手腕上也套上小手镯。宝宝逐渐注意到自己会活动的双手，盯着看

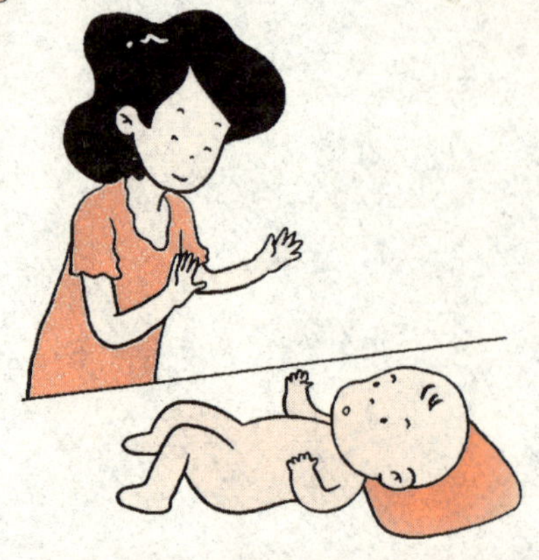

高高举起的手，也开始注意到妈妈活动的手。把橡皮手套洗净，开水煮沸1分钟后晾干，里面塞紧棉花，用小绳子吊在宝宝胸前。宝宝会盯着这只手，研究它的手指为何不动。妈妈可拉动手套中的一个手指放在宝宝手掌心，让他抓握。宝宝抓住一个指头，还想抓其他几个指头，一松开手什么也抓不着，宝宝会着急地咿呀喊叫，让大人来帮他抓到手指。宝宝会对手产生莫大的兴趣。

目的："看手"是手与眼协调的第一步。宝宝先发现自己的手，把双手放在眼前抓握玩耍，然后用手去抓握和够取眼前的玩具。手与眼的神经联系是将来发展一切技巧的基础。所谓"心灵手巧"就是这个道理。早期训练手与眼的协调十分重要。生后第1个月宝宝握物是物触手心引起的脊神经弧的反射，不用眼看，更不用脑想；第2个月眼看着手，如同看到玩具那样，还不会支配手的动作。宝宝想抓手套上的手指，自己不会去够，要大人将手指放入手心才能抓着，即手眼的神经回路还未接通。"看手"是让宝宝有够取的欲望，帮助神经回路衔接。

如何进行"放声笑"游戏

方法：经常同宝宝逗乐，做鬼脸让宝宝发出"咯咯"的笑声。大人自己经常笑出声音宝宝就会模仿而放声大笑。

目的：笑是社交所必需的，经常笑的人善于与人交往，所以要让宝宝经常笑，见人就笑，养成豁达乐观的性格。

第三章

细心呵护使宝宝感受爱（2~3个月）

一、记录宝宝成长足迹

宝宝的语言有怎样的变化

宝宝在有人逗他时，会发笑，并能发出“啊”、“呀”的语音，如发起脾气来，哭声也会比平常大得多。这些特殊的语言是宝宝与大人的情感交流，也是宝宝意志的一种表达方式，家长应对宝宝这种表示及时做出相应的反应。

宝宝的心理有怎样的变化

2~3个月的孩子喜欢听柔和的声音，会看自己的小手，能用眼睛追踪物体的移动，会有声有色地笑，表现出天真快乐的反应，对外界的好奇心与反应不断增长，开始用咿呀的发音与你对话。本月的孩子脑细胞的发育正处在突发生长期的第2个高峰的前夜，不但要有足够的母乳喂养，也要给予视、听、触觉神经系统的训练。每日生活逐渐规律化，如每天给予俯卧、抬头训练20~30分钟，宝宝睡觉的位置应有意识地变换几次，可让宝宝追视移动物，用触摸抓握玩具的方法逗引发育，可做婴儿体操等活动。

这个时期的宝宝最需要人来陪伴，当他睡醒后，最喜欢有人在他身边照料他，逗引他，爱抚他，与他交谈玩耍，这时他才会感到安全、舒适和愉快。总之，父母的身影、声音、目光、微笑、抚爱和接触，都会对孩子心理造成很大影响，对宝宝未来的身心发育，以及自信、勇敢、坚毅、开朗、豁达、富有责任感和同情心的优良性格的建立，会起到很好的作用。

宝宝的动作有怎样的变化

宝宝的双手从握拳姿势逐渐松开。这个月的宝宝开始会有目的地用手够东西，并能把放在他手中的玩具紧紧握住，尝试着把拿到的东西放到嘴里，但还不够准确，时常打在脸上其他部位。一旦放到嘴里，就会像吸吮乳头那样吸吮玩具，而不是啃玩具。手指可以伸展或握起，会把手放在胸前看着自己的小手。要给他喂奶时，他会立即做出吸吮动作。

当妈妈轻轻地托起宝宝后背时，宝宝会主动向前翻身。所以，往往是仅把头和上身翻过去，而臀部以下还是仰卧位的姿势。这时如果妈妈在宝宝的臀部稍稍给些推力，或移动宝宝的一侧大腿，宝宝会很容易把全身翻过去。

宝宝的听觉有怎样的变化

这个时期的婴儿已经能够区分语言和非语言，还能区分不同的语音，对音乐的感知能力也是父母难以想象的，这个月的婴儿已经能初步区别音乐的音高。父母应该了解宝宝听力发展的规律和具备的能力，父母不要在婴儿面前吵架，这种吵架的语气婴儿能够辨别出来，会表现出厌烦的情绪，对宝宝的情感发育是不利的。

多给宝宝听优美的音乐，和宝宝交谈时要用不同的语气、语速，提高宝宝的听力水平。

宝宝的视觉有怎样的变化

宝宝能看见活动的物体是在1个半月至2个月时。有些斜视的宝宝在8周以前可以自行矫正，双眼能一致活动。

宝宝的嗅觉有怎样的变化

这个月的宝宝嗅到有特殊刺激性的气味时会有轻微的受到惊吓的反应，慢慢地就学会了回避不好的气味，如转头。人类的嗅觉能力没有动物发达，这是因为生后没有特意训练嗅觉能力，使其逐渐萎缩的缘故。

宝宝的味觉有怎样的变化

能分辨母乳的味道，因此如突然喂奶粉，婴儿有时会坚持不喝，这表示婴儿的味觉已有长足的进展，所以要让婴儿改喝奶粉，必须趁早进行，以免多生枝节。而由第2个月起喂婴儿喝果汁，也正是这个道理。味觉是新生儿最发达的感觉，整个婴儿期也都非常发达。小婴儿对甜味表现出天生的积极态度，而对咸、苦、辣、酸的态度是消极的，是不喜欢的。

宝宝不喜欢喝白开水，而喜欢喝加糖的水，这是宝宝的天性。如果妈妈用奶瓶给宝宝喂糖水，再用奶瓶喂白开水，宝宝就不喝了；如果拿奶瓶给宝宝喂药，再拿奶瓶给宝宝喂水，宝宝也会拒绝奶瓶，因为他记住了奶瓶里的东西是苦的。当你把奶瓶中的糖水滴入宝宝的嘴里时，宝宝尝到了甜味，才会重新吸吮奶瓶。妈妈知道了这个道理，遇到这种情况就有办法应对了。

二、关注宝宝的每一口营养

本月宝宝的饮食重点是什么

婴儿这一时期生长发育特别迅速。每个婴儿的奶量因初生体重和个性的不同，各有差异。由于营养的好坏关系到婴儿今后的智力和体质，因此乳母一定要注意饮食，以保证母乳的质和量。由于婴儿胃容量增加，每次的喂奶量增多，喂奶的时间间隔也相应延长，大致可由原来的3个小时左右延长到3.5～4个小时。

这个月的婴儿消化道中的淀粉酶分泌不足，所以不宜多喂健儿粉、奶糊、米糊等含淀粉较多的代乳食品。为补充维生素和矿物质，可用新鲜蔬菜（如油菜、胡萝卜等）给孩子煮菜水喝，也可以榨果汁在两顿奶之间喂给孩子。

为什么要给婴儿多喂水

水是人体中不可缺少的重要部分，也是组成细胞的重要成分，人体的新陈代谢，如营养物质的输送、废物的排泄、体温的调节、呼吸等都离不开水。水被摄入人体后，有1%～2%存在体内供组织生长的需要，其余经过肾脏、皮肤、呼吸、肠道等器官排出体外。水的需要量与人体的代谢和饮食成分相关，小儿的新陈代谢比成人旺盛，需水量也就相对要多。

3个月以内的婴儿肾脏浓缩尿的能力差，如摄入食盐过多时，就会随尿排出，因此需水量就要增多。母乳中含盐量较低，但牛奶中含蛋白质和盐较多，故用牛奶喂养的小儿需要多喂一些水，来补充代谢的需要。总之孩子年龄越小，水的需要量就相对要多。一般婴幼儿每日每千克体重需要120～150毫升水，如5千克重的孩子，每日饮水需要量是600～750毫升，这里包括喂奶量在内。

宝宝营养过剩有哪些危害

摄入合理的营养，对宝宝的身体发育是十分有益的，然而如果摄入过多的营养，不但无助于宝宝的健康成长，还会给宝宝带来以下诸多疾病。

- 蛋白质过多。宝宝长期摄入蛋白质过多，可引起高脂血症。
- 脂肪过多。脂肪过多可导致宝宝发生肥胖病。
- 碳水化合物过多。碳水化合物长期摄入过多可致宝宝发生肥胖症，并导致心血管等疾患。
- 维生素A过多。如果大量摄入维生素A，连续3个月宝宝就可能发生中毒症状。
- 维生素D过多。每日大量服用维生素D，也可发生中毒症状。

- 维生素C过多。摄入过量的维生素C也有许多害处，可能造成腹泻、腹痛等。

为什么3个月以内的宝宝不能吃盐

宝宝每个阶段的饮食都有一定的忌吃食物。3个月内不要吃盐。3个月内的婴儿并非不需要盐，而是从母乳或牛奶中吸收的盐分足够了。3个月后，随着生长发育，宝宝肾功能逐渐健全，盐的需要量逐渐增加了，妈妈可适当给宝宝吃一点点。

宝宝多吃盐有哪些危害

婴儿的肾脏发育尚不成熟，排钠能力弱，如果吃的食物太咸，就会使血液中溶质含量增加。肾脏为了排出过多的溶质，就要汇集体内的大量水分来增加尿量。这不仅加重了肾脏的负担，也会导致身体脱水。由于小儿的肾脏排泄功能不全，不能排出体内过多的钠盐，可造成水钠潴留，久而久之便可导致高血压。

本月需要继续坚持母乳喂养吗

母乳喂养是婴儿喂养的最佳选择，一般健康母亲的乳汁分泌量常可满足4~6个月以内婴儿营养的需要。1~3个月的母乳喂养儿，随着母乳分泌量的逐渐增多，婴儿胃容量的逐渐增大，哺乳间隔时间可逐渐延长，从每2小时喂奶1次延长到每3~3.5小时喂奶1次。有的婴儿夜间不吃奶也不哭闹，母子生活趋于规律，婴儿也很少生病，因此是比较安定的时期。在婴儿满月前应提倡按需哺乳，以促进乳汁分泌。1个月后的婴儿，只要母乳充足，每次吸奶量逐渐增多，吸奶的间隔时间会自然延长，此时可逐渐采取定时喂养，但时间不能规定得过于刻板，否则会造成母亲精神紧张。一般情况下，2个月以内婴儿每隔3~4小时喂奶1次，一昼夜吃6~8次；3~4个月婴儿每日喂6次左右，以后渐减。

为宝宝补充铁元素的方法有哪些

婴儿出生3~4个月后，体内储存的微量元素基本消耗殆尽了，特别是铁已基本耗尽，仅喂母乳或牛奶已满足不了婴儿生长发育的需要。因此需要添加一些含铁丰富的食物。鸡蛋黄是比较理想的食品之一，它不仅含铁多，还含有小儿需要的其他各种营养素，比较容易消化，添加起来也十分方便。

一般可采用下面几种方法给孩子添加蛋黄：①取熟鸡蛋黄1/4~1/2个，用小勺碾碎，直接加入煮沸的牛奶中，反复搅拌，牛奶稍凉后喂哺婴儿。②取1/4~1/2个生鸡蛋黄，加入牛奶和肉汤各一大勺，混合均匀后，用小火蒸至凝固，稍凉后用小勺喂给婴儿。给婴儿添加鸡蛋黄要循序渐进，注意观察婴儿食用后的表现，可先试喂1/4个蛋黄。3~4天后，如果孩子消化很好，大便正常，无过敏现象，可加喂到1/2个，再观察一段时间无不适情况，即可增加到1个。

为宝宝补充钙元素的方法有哪些

补充需要量一半的钙：婴儿在6个月以内，每日需要钙600毫克，6个月以上的婴儿每日需钙800毫克。一般来说，婴儿从食物中（母乳、牛奶等）只能摄取到钙需要量的一半。例如母乳喂养的小婴儿，全部吃母乳，每100毫克母乳中含钙34毫克，即使每天能吃进700毫升母乳，钙的含量也不足250毫克。因此，为了满足婴儿骨骼、牙齿的正常发育和全身正常代谢的需要，还要另外补充宝宝需要量一半的钙。

给婴儿补钙的两个途径：一是在婴儿食物中添加钙，如市售的配方奶粉、婴儿营养奶米粉、奶麦粉等都含有钙，二是用钙剂补充。后者是目前普遍采用的方法。

为宝宝补充维生素E的方法有哪些

维生素E是一种抗氧化剂，它对氧自由基发生作用，起到清除氧自由基的作用，稳定细胞，因而有治疗生长痛的作用。维生素C也是一种抗氧化剂，适当应用也有裨益。维生素E剂量为每次5～10毫克，每日3次，一般2个多月的孩子不会再感到下肢疼痛。疼痛完全消失后再服用一段时间予以巩固。

为宝宝补充锌元素的方法有哪些

锌虽为微量元素，但参与很多重要的生理活动，与蛋白质、核酸及70多种酶的合成有关。婴儿期每日需锌3～5毫克，人乳中锌的含量高于牛乳，初乳含量尤高，鱼、肉、虾等动物性食物含锌丰富，故一般不易发生锌缺乏。乳母营养不足和未给婴儿按时添加辅助食品等，均可造成锌缺乏。缺锌影响婴幼儿生长发育，挑食的婴儿常可因锌缺乏而出现食欲减退，生长停滞。

缺锌的婴幼儿一般表现食欲差、生长慢、容易感冒，不少孩子还有反复的口腔溃疡和脂肪泻。在味觉敏感度的测定中发现锌缺乏的孩子，一半以上对甜、酸、苦、咸4种基本味觉都很不敏感。

缺锌还会给免疫功能带来不良影响，因此缺锌的孩子容易发生咳嗽、发热、腹泻、头疖等疾病。预防缺锌的关键是合理安排膳食。乳品一般锌含量不足，孕妇、哺乳母亲应注意营养的全面摄入，以及按时为婴儿添加辅食，这是预防婴儿缺锌的主要措施。要保证肉、鱼、蛋类动物性食物与粗粮、蔬菜的供给。

促进宝宝大脑发育的营养有哪些

人的大脑主要由脂类、蛋白类、糖类、B族维生素、维生素C、维生素E和钙这7种营养成分构成。脂质是胎儿大脑构成中非常重要的成分，胎儿大脑的发育需要60%的脂质。脂质包括脂肪酸和类脂质，而类脂质主要为卵磷脂。充足的卵磷脂是胎儿大脑发育的关键。胎儿大脑的发育需要35%的蛋白质，蛋白质能维持和发展大脑功能，增强大脑的分析理解及思维能力。糖是大脑唯一可以利用的能源。维生素及矿物质能增强脑细胞的功能。

为促进脑发育，除了保证足量的母乳外，还需要给母亲添加健脑食品，以保证母乳能为宝宝的发育提供充足的营养。常用的益智健脑食品有：动物脑、肝、血、鱼肉、鸡蛋、牛奶；大豆及豆制品；核桃、芝麻、花生、松子、各种瓜子；金针菇、黄花菜、菠菜、胡萝卜；橘子、香蕉、苹果；红糖、小米、玉米。

挤出的母乳能先存放再食用吗

挤出的母乳如何保存确实是个很重要的问题，如果保管不当，既造成浪费，又让宝宝患上胃肠疾病。通常，如果挤出的时间不长，冷藏保存就可以，但必须把冷藏的母乳在12小时内喝完，要是想较长时间地保存，如1周左右，则应该采取冷冻的方法。具体操作方法是，无论采取哪种方法，妈妈都应该先将手洗净，然后用清洁的手把母乳挤出，立即装入已消过毒的干净奶瓶中，或冷冻用的塑料袋里，盖上奶瓶盖。若是冷藏保存，可放进一直能保持4℃以下的冰箱中；若是冷冻保存，应把奶挤出后马上放进冷藏容器中，然后记录一下挤奶的时间、日期和奶量，以防记忆得不准确。

为了快速冷冻，应该把冷冻容器平着放进冷柜，若冷柜开闭频繁，最好放置在深处的专设地方。注意，不要把挤出的奶放进装有原先挤的奶的冷冻容器里，若未吃完，可以马上进行再次冷冻。解冻母乳时注意不要使用微波炉去加热，温度太高会把母乳中所含的免疫物质破坏掉。可以将装有冷冻母乳的容器放在盛有温水或凉水的盆里解冻，着急用时，可用流动的水冲。解冻后的母乳需在3小时内尽快食用，而且不能再进行冷冻。

判断宝宝缺乏营养的简易方法是什么

由于家长营养知识缺乏和宝宝的不良饮食习惯，往往会出现以下某些营养素缺乏的表现：倘若宝宝消瘦，食欲不佳，生长发育明显落后，表情淡漠，不活泼，可能是蛋白质和热能不足；如宝宝个头较小，骨骼牙齿发育不良，出牙晚，腓肠肌痉挛（小腿后面肌肉抽搐），则是由于缺钙所致；铁是合成血红蛋白的原料，若铁缺乏到一定程度就会产生缺铁性贫血，表现为面色、口唇、眼结膜、指甲苍白，烦躁，食欲不振，注意力不集中，有的还表现为异食癖（即吃我们日常不能吃的东西如纸张、煤渣子等）；若宝宝个矮，厌食，偏食，挑食，异食癖，反复发生口炎则可能是锌缺乏。

维生素 A 对维持皮肤和人体呼吸道和消化道的上皮组织的健康非常重要，当维生素 A 缺乏时，皮肤粗糙、脱屑，有时表现像鸡皮疙瘩，容易反复发生呼吸道感染，重者可出现夜盲症，甚至可造成失明；若宝宝夜惊、多汗、头部呈方形、肋缘外翻，甚至有鸡胸，O 形或 X 形腿，可能是由于缺乏维生素 D造成的佝偻病（当然缺钙也会促进佝偻病的发生）；维生素 B_2（核黄素）缺乏时可出现口角烂、口唇发炎、舌面光滑、视力模糊、见光流泪、皮脂增多、皮炎等；若宝宝常有牙龈出血，皮肤有出血点，鼻出血，甚至尿血等，可能与维生素 C 缺乏有关。

怎样调整夜间喂奶时间

对于这个月的宝宝来说，夜间大多还要吃奶，如果你发现宝宝的体质很好，就可以设法引导宝宝断掉凌晨 2 点左右的那顿奶，从而应将喂奶时间做一下调整，把晚上临睡前 20：00~22：00 这顿奶，顺延到晚上 23：00~24：00。宝宝吃过这顿奶后，起码在 4~5 点以后才会醒来再吃奶。这样，你基本上就可以安安稳稳地睡上 4~5 个钟头了，不会因为给宝宝半夜喂奶而影响休息。

刚开始这样做时，宝宝或许还不太习惯，到了吃奶时间就醒来，妈妈应改变过去一见宝宝动弹就急忙抱起喂奶的习惯，不妨先看看宝宝的表现，等宝宝闹上一段时间，看是否会重新入睡，如果宝宝大有吃不到奶不睡的势头，可喂些温开水试试，说不定能让宝宝重新睡去。如果宝宝不能接受，那就只得喂奶了，等过一阵子再试试。其实，从营养角度看，白天奶水吃得很足的宝宝，夜间吃奶的需求并不大。

总之，在掌握宝宝吃奶规律的基础上，应适当调整夜间吃奶时间，以保证休息，使自己能产生更多的奶，精神饱满地去哺喂宝宝。

三、全新的宝宝护理技巧

宝宝为何不宜穿得太多

婴幼儿对寒暖调节能力差，衣着起着辅助调节的作用。许多父母担心宝宝受凉感冒就过多地加衣保暖，岂不知婴儿穿太多，反而会引起感冒。俗话说，“要想小儿安，三分饥与寒”。孩子穿的衣服薄厚也应适宜。小孩新陈代谢旺盛，比大人怕热。

2 个月内的宝宝适当多穿一点是可以的，一般健康婴儿应该是 2 个月内跟大人穿一样，4 个月以后就要比成人少穿一件。但考虑到大人要干活，经常在动，而宝宝经常躺着，可以稍微加一点。如果穿太多出汗了，那么受风就很容易感冒了。有时宝宝打喷嚏不一定说明冷，有时就是因为出汗见风了，如果这时再继续加衣服就错上加错了。要摸宝宝后脖子判断冷热，如果那里出汗就是穿太多了。手脚稍微冷点是正常的，如果感觉很凉多加点衣服就好了。

宝宝为何不宜穿开裆裤

传统习惯中，父母总是让宝宝穿着开裆裤，即使是寒冷的冬季，宝宝身上虽裹得严严实实，但小屁股依然露在外面冻得通红。这样容易使宝宝受凉感冒，所以在冬季要给宝宝穿死裆的罩裤和棉裤，或带松紧带的毛裤。另外穿开裆裤还很不卫生。宝宝穿开裆裤坐在地上，地表上的灰尘垃圾都可以粘在屁股上。

此外，地上的小蚂蚁等昆虫或小的蠕虫也可以钻到外生殖器或肛门里，引起瘙痒，可能因此而造成感染。穿开裆裤还会使宝宝在活动时不便，如坐滑梯不容易滑下来，并且宝宝穿开裆裤摔、跌倒后容易受外伤。

穿开档裤的一大弊处是交叉感染蛲虫。蛲虫是生活在结肠内的一种寄生

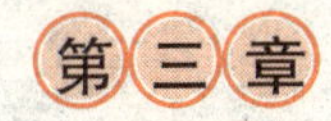

虫，在温暖的时候便会爬到肛门附近产卵，引起肛门瘙痒，宝宝因穿开裆裤可用手直接地抓抠，这样手的指甲里便会有虫卵，宝宝吸吮手指时通过手又吃进体内，重新感染。通过玩玩具，坐滑梯还可能使其他小朋友也受感染。蛲虫病的传染能力特别强。在家庭里，宝宝若和父母睡一张床，还会感染给父母。

要消灭蛲虫，全家人可能都得服阿苯达唑或甲苯达唑口服片；睡觉时要穿睡衣，将内衣裤、褥单等污染物煮沸洗净；不要让宝宝的手指直接去抓肛门，要将宝宝的指甲剪短，将手洗干净。最根本的办法是不要让宝宝穿开裆裤，以免引起不必要的受冻或其他疾病。

宝宝穿什么样的衣服合适

衣服要做得宽大些，便于穿脱，并有利于宝宝的活动和呼吸。活动后出汗较多，因此，内衣要柔软、透气，要经常换洗。衣服宜用棉布或棉织品制作，选择斜襟式样，并使用带子系扣，既柔软，也可随意放松。不宜使用拉链和纽扣，以免刮伤皮肤或纽扣脱落后被婴儿误食，发生意外。夏季，婴儿可只穿背心或短衣、短裤；春秋季节可穿棉布单衣裤，裤子最好穿背带裤，带子可长一些，以利于随着婴儿生长发育适当调整背带长度。上衣可以做成带小领子或娃娃领的。冬季穿棉衣，里面要有衬衣，以便勤换洗。冬季婴儿主要穿连脚裤，也可穿毛绒袜，以免脚心受凉，也可以穿开裆背带棉裤，并穿上鞋袜。

这个时期，婴儿流口水较多，常沾湿了胸前的衣服。不妨做2～3个布围嘴，以便随时洗换。注意换下的围嘴每次清洗后要用开水烫一下，并在太阳下晒干备用。出生前6个月的宝宝不必准备太多衣服，因其长得太快。半岁后可多准备些衣服，这时宝宝相对长得较慢些。

宝宝睡觉时蹬被怎么办

半夜里，很多婴儿将被子蹬掉，受凉后就可能引起感冒及其他疾病。但是有些婴儿就是喜欢蹬被，让爸妈很头痛。妈妈可以采取以下措施进行防范：

● 让婴儿保持舒服睡姿。有的婴儿睡姿不正，如果是因为仰卧或俯卧而引起的呼吸不畅，"憋得难受"会引起蹬被，不妨让婴儿右侧卧，睡姿正确，因憋气睡不着的事就不会发生了。

● 被子厚薄合适。婴儿所盖的被子要随季节更换，厚薄要与气温相适应。

● 室内温度适宜。除了寒冷天气要关紧窗户，平时室内窗户应适当打开通风，但婴儿床不应在空气对流的"风口"。

● 避免紧张刺激。睡觉以前别给婴儿讲紧张刺激的故事，否则，往往使婴儿睡不安稳而蹬被。

● 使用睡袋比较小的婴儿，不妨做一个宽松带拉链的睡袋，这样可以保证不会蹬被。

蚊帐对宝宝有何好处

宝宝房间最好采用蚊帐来防蚊虫，蚊帐对宝宝无伤害，且透风凉爽，也方便家人照看宝宝的睡眠或玩耍状况。蚊帐可略大于宝宝床，放在床栏外边，以免环绕在宝宝身上或碰了脸。蚊帐四周要掩好，压实，防止蚊子进入帐内，也可在大人床上挂蚊帐，宝宝睡眠和玩耍都可以在蚊帐内。

宝宝睡觉不喜欢关灯怎么办

有科学家研究表明，夜晚开着灯睡觉的宝宝，长大后眼睛近视的概率比较高。可见在开灯的情况下睡觉不好，一定要将这个习惯戒除。

● 先分析宝宝为什么一定要开着灯睡觉，如果宝宝胆小害怕，妈妈可以在宝宝睡后关掉灯。

● 如果宝宝认为看不见妈妈没有安全感，妈妈可以在关灯后用语言安慰宝宝，让宝宝感觉到妈妈的存在。

● 如果爸爸妈妈经常开着灯说话、做事，时间长了宝宝就会养成开灯睡觉的习惯，爸爸妈妈首先要改变自己的不良习惯，努力给宝宝营造一个良好的睡眠环境。

● 戒除这一坏习惯要慢慢来，循序渐进。比如，开始时可以用瓦数比较

小的壁灯，安置在宝宝床头比较靠下的位置取代平时很亮的光线，等宝宝睡着后将灯关闭。宝宝适应后，再尝试着先关灯后，再让宝宝睡觉。

“空调病”有哪些表现

主要表现为易疲倦，皮肤干燥，手足麻木，头晕，头痛，咽喉痛，胃肠不适，胃肠胀气，大便溏稀，食欲不振，婴幼儿经常腹泻，反复感冒，久治不愈，关节隐痛。

怎样避免“空调病”?

- 缩小室内外温差。一般情况下，在气温较高时，可将温差调到6~7℃左右，气温不太高时，可将温差调至3~5℃。
- 定时通风。每4~6小时关闭空调，打开门窗，令空气流通10~20分钟。
- 避免冷风直吹，特别是床等不宜放在空调机的风口处。
- 进入空调环境，应略增加衣物或用毛巾被盖住腹部和膝关节，因腹部和膝关节最易受冷刺激。
- 长期在空调环境中，应定时活动身体。
- 每日洗温水澡，揉搓全身。
- 不要在空调车内睡觉，因车内空间狭小，易出现缺氧，造成窒息。

如何给宝宝测量体温

当婴儿发热时，家长需要测量体温。婴儿一般测量腋下体温，因为腋下测温既安全又方便、卫生。测温前，家长先准备好体温表，用右手的拇指和食指握体温表的尾端，手腕快速向下向外甩动数下，将水银柱甩到35℃以下。甩表时不要碰到其他物品，以防将体温表碰碎。测温时解开婴儿的衣服，将体温表的水银端放在腋窝深处，使婴儿屈臂夹紧，5分钟后取出体温表。查看体温表度数时，手持体温表尾端呈水平位，使表上的刻度与眼平齐，背光慢慢稍转动体温表，便能清晰地看到水银柱的度数。婴儿的正常体温是36~37℃，超出37℃称为发热。38℃以下是低热，38~39℃是中等热，39℃以上是高热。

对于发热的婴儿，应每2~4小时测量体温1次；服退热药或物理降温后30分钟应测量体温，以观察婴儿体温的变化。测量体温时应注意体温表不能夹在内衣的外面，应紧贴腋窝皮肤，以防影响测温结果。此外，在婴儿刚喝完热水、过度哭闹后会使体温上升，吃冷饮、洗澡后会使体温下降。当遇到以上情况时，一般应等待20分钟再测体温。当腋窝有汗时要擦干再测体温。测完体温后，可用肥皂水或75%酒精清洗、消毒体温表，不能用热开水冲洗，以防损坏。

为什么宝宝适合睡木板床

婴幼儿最好能有个婴儿床，可确保婴儿的安全。婴儿床采用木板床为宜，因为人体的脊柱有3个生理弯曲，即颈曲、胸曲和腰曲，婴幼儿身体各器官在迅速发育或成长的同时，这些弯曲也逐渐形成。婴幼儿骨骼中所含有机物质较多，钙、磷等无机盐含量相对较少，因此具有弹性大、柔软、不易骨折的特点，睡木板床可使脊柱处于正常的弯曲状态，不会影响婴儿脊柱的正常发育。

现在城市中很多家庭用弹簧床代替了木板床，其实这样做对宝宝不利，因为婴幼儿脊柱的骨质较软，周围的肌肉、韧带也很柔软，由于臀部重量较大，平卧时可能会造成胸曲、腰曲减少，侧卧可导致脊柱侧弯，宝宝无论平卧或侧卧，脊柱都处于不正常的弯曲状态。弹簧床会使翻身困难，导致身体某一部位受压，久而久之会形成驼背、漏斗胸等畸形，不仅影响宝宝的体形美，而且更重要的是妨碍内脏器官的正常发育，对宝宝的危害极大。为了宝宝的健康不应让宝宝睡弹簧床。

怎样给宝宝洗脸

- 用纱布或小毛巾由鼻外侧、眼内侧开始擦。
- 擦净耳朵外部及耳后。
- 用较湿的小毛巾擦嘴的四周。
- 擦洗下巴及颈部。

- 用温毛巾擦腋下。
- 张开婴儿的小手，用较湿的毛巾将手背、手指间、手掌擦干净。

怎样给男宝宝清洗会阴

- 用纱布或毛巾（注意不是洗脸的毛巾和盆）擦拭大腿根、阴茎。将阴囊轻轻托起，清洁四周。
- 清洗阴茎动作要轻柔。不要推动包皮。
- 用左手握住宝宝的双脚，抬起宝宝的双腿。清洗屁股和肛门。
- 涂上护肤膏。
- 换干净尿布。

怎样给女宝宝清洗会阴

- 先用干净纱布清洁外阴，注意由里到外，由前往后擦洗。不要擦小阴唇里面。
- 清洁大腿根。
- 妈妈用左手握住她的脚向上抬腿，用纱布清洁肛门。
- 在宝宝的臀部涂上护肤膏。
- 为宝宝换尿布。
- 纱布只能用 1 次，也可以清洗煮沸消毒后再用。

如何留意宝宝的大便

宝宝的营养状况和消化吸收怎样，从宝宝的粪便就可观察和预测到。可以说，宝宝的粪便是预测宝宝健康状况的一个很好的凭据。吃不同的食物，会排不同的粪便。

一般来讲，吃母乳的宝宝的粪便呈鸡蛋黄色，有轻微酸味，每天排便 3 ~8 次，比吃配方奶的宝宝排便次数要多。吃配方奶的宝宝的粪便和吃母乳的宝宝的粪便相比，水分少，呈黏土状，且多为深黄色或绿色，每天排便 2 ~4 次，偶尔粪便中会混有白色粒状物，这是奶粉没有被完全吸收而形成的，不必担心。

母乳和配方奶混合吃的宝宝，因母乳和奶粉的比率不同，粪便的稀稠、颜色和气味也有所不同。母乳吃得多的宝宝，粪便接近黄色且较稀，而奶粉吃得多的宝宝，粪便中会混有粒状物，每天排便4~5次。懂得了这些，你就要注意观察宝宝每次排出的大便，发现宝宝粪便有异常，就要及时调理和治疗。

宝宝衣物怎样清洗是正确的

新衣服洗了才能穿，因为衣服从纺线、织布、印染、剪裁、缝制、熨烫、检验、包装、运输……数不清有多少沾了细菌的手摸过它。所以，彻底清洗，是对付新衣服上的浮色、脏物和游离甲醛的最好办法。洗涤婴幼儿衣物，不可与成人的衣服同洗，因为这样做会将成人衣物上的细菌传染到宝宝衣服上，稍不注意就会引发宝宝的皮肤问题，或感染其他疾病。

婴幼儿衣物在洗涤时，一定要用婴幼儿衣物专用洗涤剂，不能用增白剂、消毒剂等来清洗宝宝的衣物。用婴幼儿衣物专用洗涤剂以及其他洗涤剂来清洗婴幼儿的衣物时，一定要彻底漂洗，直到水清为止。否则，残留在衣物上的洗涤剂或肥皂对宝宝的危害，绝不亚于衣物上的污垢。洗完衣物后，要放在阳光下晾晒，这样可有效地杀菌消毒，还经济实用。

如何训练宝宝定时排便

大小便是天生的非条件生理反射。新生儿期，宝宝的排尿多无规律。随着宝宝的一天天长大，大小便次数减少，量增加。出生半岁以内的宝宝，每天大便3~4次，小便20次左右；半岁到1岁，每天大便1~2次，小便15次左右。但家长如果细心观察，宝宝排便的次数与进食多少、进水多少都有关系。多数宝宝在大便时会出现腹部鼓劲、脸发红、发愣等现象。尽早培养良好的大小便习惯，不仅会使宝宝的胃肠活动具有规律性，有利于宝宝皮肤的清洁，减少家长洗尿布的麻烦，而且可以训练宝宝膀胱储存功能及括约肌收缩功能。

因此，从2个月开始就应给婴儿把大小便。家长首先要注意观察宝宝的生活规律，一般在宝宝睡前、睡醒及吃奶后15~20分钟把大小便。把的姿势要正确，使婴儿两腿稍往外展，宝宝的头和背部靠在大人身上，而大人的身体不要挺直，宝宝3个月以内还不会反抗。同时给予其他条件刺激，如“嘘嘘”声诱导小儿解小便，“嗯嗯”声促使其解大便，使婴儿对排尿、排大便形成条件反射。刚开始时，宝宝不一定配合。每次把尿的时间没必要过长，也不可频繁地把尿，否则会造成婴儿对把尿的反感、哭闹以及尿频等现象。慢慢地定时加以训练，使宝宝形成定时排便的条件反射，养成良好的大小便习惯。

对宝宝很重要的安全问题有哪些

2~3个月的宝宝生活全部由家长照料，会有安全问题吗？当然有，并且大多数不安全因素是由家长照料不当引起的。比如：

- 妈妈在夜间给宝宝喂奶时一定要保持清醒，尽量能坐着喂奶，避免喂奶时，妈妈熟睡将宝宝鼻口堵塞造成窒息。
- 尽管小儿不会爬，也有坠床的危险，因此，婴儿睡觉的床要牢固稳当，床边要有护栏，避免坠床。
- 冬天用热水袋为婴儿保暖时，热水袋水温应在50~60℃为宜，并要用毛巾包裹好，不能让热水袋直接接触婴儿皮肤，以免烫伤。
- 用奶瓶给宝宝喂奶时，水温要适宜，过高会把宝宝的口腔黏膜烫伤，水温过凉则引起婴儿腹泻。
- 人工奶头的开口大小要适宜，若奶头开口过大，宝宝吃奶时容易引起呛奶，甚至窒息。
- 给宝宝喂菜水一定要新鲜，不能喂隔夜的菠菜水、白菜水等，以免菜水中的亚硝酸盐过多引起肠原性发绀（此病表现为突然出现的皮肤黏膜青紫，当缺氧严重时呼吸急促，甚至意识丧失、心力衰竭或死亡）。
- 宝宝用药一定要在专科医生指导下服用，避免过量或误服。

带宝宝户外活动，家长要注意什么

户外活动不但使宝宝呼吸新鲜空气，增强呼吸道的防御能力，进行空气浴，最主要的是让宝宝接触大自然中的景物，刺激宝宝的视觉、听觉、嗅觉能力，锻炼宝宝的体能。

◉ 户外活动时要注意安全，遇到有人带宠物时，要远离宠物，别人家的宠物对你的宝宝不熟悉，可能会有攻击行为。

◉ 最好不要把宝宝带到马路旁，过往的汽车放出的尾气含较高的铅，如果把宝宝放到小推车里，距离地面 1 米以下，正是废气浓度最高的地带，宝宝成了吸尘器，这对宝宝危害是很大的，与其这样，还不如让宝宝呆在家里。

◉ 要把宝宝带到花园、居民区活动场所等环境好的地方。要避免户外的蚊虫叮咬。在树下玩时要注意树上的虫子，可能会掉到宝宝身上，要注意观察，树上鸟粪、虫粪可能会掉到宝宝头或脸上。

四、宝宝的智能训练

如何促进宝宝的智力发育

婴儿期主要是运动、感觉、言语等能力的发展，并开始有了比较明显的无意注意和初步的记忆能力。开发婴儿的智力首先要注意对宝宝感知觉的训练，新生宝宝期就用光亮、红色气球等刺激视觉，用声音或音乐刺激听觉。妈妈应经常向婴儿说话以增进感情，促进婴儿大脑的发育，以后可给婴儿做被动体操，给予玩具抚摸刺激触觉。

婴儿虽不会说话，但有记忆，会做出反应，故随着月龄的增长应增加对婴儿的爱抚，与之谈话，教给人物或物体的名称等。从宝宝咿呀学语阶段开始，家长就可以循序渐进地训练孩子的语言能力。此时婴儿能注意大人说话的声色、嘴形，开始模仿大人发出的声音和做出的动作，这时主要是训练宝宝的发音，尽可能使其发音正确，对一些含糊不清的语言要耐心纠正。在训练宝宝发音及说话时，引导宝宝把语音与具体事物、具体人联系起来，经过多次反复训练，宝宝就能初步了解语言的意思。如宝宝在说“爸爸”、“妈妈”时，就会自然地把头转向爸爸、妈妈。再经过一段时间的训练，就有初步的记忆，看到爸爸妈妈时就能发出“爸爸”、“妈妈”的言语。

给以合理的外界刺激促进动作的发展。家长可在宝宝2~3个月时，在他小床的上空悬挂一些玩具，使宝宝双手能够抓到，这样就可锻炼他们手眼的协调能力。

婴儿的情绪和情感在发展，应多给予爱抚及亲切的面容，以培养良好的情绪和情感，父母和颜悦色、反复多次的爱抚语言还能促进宝宝大脑的发育。

如何提高宝宝的语言能力

婴儿从出生到3月龄仍是简单发音阶段，高兴时已会“咯咯”地笑或“哼”、“啊”、“哦”、“呼”地“讲话”，大人应随时进行引逗，使其逐渐发展到会发连续音节阶段。咿咿呀呀阶段正是为学话打基础的阶段，所以应经常和婴儿“对话”。

孩子睡醒或吃奶后大人就可用“哼”、“哈”的声音去引逗孩子“对话”。当他不甘寂寞哭闹时，大人应给他微笑；当他“哦呀”时，大人更应回之“哦呀”，这样聊七八分钟以训练孩子发音。提示：此项活动应每天多做几次。

如何训练宝宝的动作能力

本月的小婴儿主要是仰卧着，但已有了一些全身肌肉的运动，因此要在适当保暖的情况下使小儿能够自由活动。一般2个多月的小儿能从仰卧翻到侧卧，这时家长可训练宝宝翻身，如果孩子有侧睡的习惯，学翻身比较容易，只要在他左侧放一个有意思的玩具或一面镜子，再把他的右腿放到左腿上，再将其一只手放在胸腹之间，轻托其右边的肩膀，轻轻在背后向左推就会转向左侧，重点练习几次后，家长不必推动，只要把腿放好，并用玩具逗引，宝宝就会自己翻过去，以后仅用玩具不必放腿就能做90°侧翻。可用同样的方法帮助小儿从俯卧位翻成仰卧位。如果没有侧睡习惯，家长可让宝宝仰卧在床上，大人手拿小儿感兴趣的能发出响声的玩具，分别在小儿两侧逗引他，并亲切地对宝宝说："宝宝，看多漂亮的玩具啊！"训练小儿从仰卧位翻到侧卧位。小儿完成动作后，可以把玩具给他玩一会儿作为奖赏。小儿一般先学会仰俯翻身，再学会俯仰翻身，一般可每日训练 2 ~ 3 次，每次训练 2 ~ 3 分钟。

怎样对宝宝进行视觉能力训练

方法：挑选一个好天气，把婴儿抱到室外，让他观察眼前出现的人和物，如大树、汽车等等，并缓慢清晰地反复说给他听。这时的婴儿会手舞足蹈地东看西看，非常开心。

目的：发展视觉开阔眼界，对开发婴儿智力大有好处。注意，外出时间可由 3 ~5 分钟逐渐延长到 15 ~20 分钟。

如何训练宝宝的听觉能力

＊听声音＊

方法：将各种发声体如哗铃棒、八音盒、钟表、橡皮捏响玩具等，在婴儿视线内让婴儿听，并告诉他名称。待其注意后，再慢慢移开，让婴儿追声寻源，当婴儿辨出声源后，再变换不同方向。

目的：用多种发声体训练听觉辨别力和方位听觉。注意，选择音高、响度均不同的发声体。

＊转头＊

方法：妈妈手持色彩鲜艳的玩具（最好是可摇响的），在离孩子眼睛 30 厘米远的地方，慢慢地移到左边，再慢慢地移到右边。让婴儿的头随着玩具做 180°的转动。

目的：集动作训练、视觉训练和听觉训练于一体的综合训练。注意，妈妈在移动玩具时，将玩具发出声响。婴儿的头能朝左朝右各转 90°，游戏即可停止。

如何提高宝宝的社交能力

母亲抱婴儿照镜，在镜前安静地让他看一会儿，告诉他这是婴儿，那是妈妈。然后在镜前做一些动作，把婴儿的小手举起，摸摸镜子，再摸摸鼻子。开始婴儿双眼盯着镜子觉得奇怪，多看几回后他变得轻松甚至笑起来。家长应多让婴儿照镜，在镜中婴儿渐渐认识自己的模样，逐渐有了自我意识。

经常照镜子的婴儿会注意到自己的脸上的器官，较快学会认识它们。可以让婴儿玩一些打不碎的小镜子，你会发现婴儿在照镜子时有多种表情，他会对镜子笑，做鬼脸，同它说话，伸手到镜子后面摸那个同他一模一样的小人，玩镜子会使婴儿心情愉快。

如何对宝宝进行触觉能力训练

在给宝宝洗澡时，用手多触摸宝宝的皮肤。宝宝每天起床穿衣前和睡觉脱衣后，爸爸妈妈多触摸宝宝的身体。天气较暖时，可帮助宝宝做按摩操，增加与宝宝接触的机会。

五、用心呵护宝宝健康

什么是生理性夜啼

生理性夜啼的原因之一可能就是睡眠的黑白颠倒。如果孩子白天玩的时间长，夜里睡的时间就多，不会出现夜间哭闹现象。相反，如果白天睡得过多，夜里就很有精神，不愿意再睡，无人理睬就会哭闹不停，出现日夜颠倒。其他原因如饥饿、口渴、冷、热、尿布湿了、衣着不适和周围环境嘈杂也会引起孩子夜啼。生理性夜啼其特点是哭声响亮，哭闹间歇时精神状态和面色均正常，食欲良好，吸吮有力，发育正常，无发烧等，只要家长满足了婴儿的需求，或解除了不良刺激后，哭闹即止，孩子便会安然入睡。

宝宝可以服用阿司匹林吗

阿司匹林是小儿常用的水杨酸类退热药，它使末梢血管扩张、发汗而达到散热、降低体温的作用。而大量出汗使有效循环减少，容易引起虚脱。另外，阿司匹林在血液中可与胆红素结合，有引起新生宝宝黄疸的可能性。婴儿对此药物比较敏感，剂量也不易掌握，用量较大时刺激破坏胃黏膜屏障引起恶心、呕吐甚至胃出血，还可能抑制肝脏合成凝血酶，造成出血倾向。所以，婴儿发高热时最主要的是及早做出诊断，如需要降温尽量以物理降温为主，不能轻易使用阿司匹林，尤其是6个月以内的婴儿更不宜服用阿司匹林。

宝宝发生急症时如何处理

● 呼救。发现伤病情严重时，要立即呼救，请求周围的人及邻居帮助。呼叫急救车的电话号码统一为“120”。同时要注意以下几点：讲清楚发生了什么事情和伤病情的大致严重程度。讲清楚伤病者的姓名、性别、年龄。讲清楚地点，必要时告知行车路线。对方接话员明确终止对话时，再放下电话。

● 初步处理。没有特殊情况不要随意搬动受伤的儿童，能就地处理的尽量先处理再搬运。孩子触电时，要先切断电源再抢救。救护伤者的同时，还要注意保护自己（如防触电、防烧伤等）。受伤儿童要始终有人陪伴，不可将其单独留下。

● 抢救生命。如果伤者有大出血，要先立即止血，再救护其他伤病。如果有骨折，要尽量先固定，再搬运。如果出现休克，要及时给予抗休克处理。迅速检查神志、呼吸和脉搏，若神志不清同时呼吸停止或脉搏触摸不到，要立即使气道通畅，并做心肺复苏救护。确保没有生命危险后，再处理其他伤患，直至急救车到来。

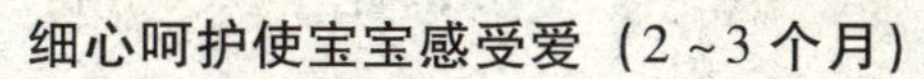

如何防治宝宝摩擦红斑

摩擦红斑主要为皮肤褶皱处的湿热刺激和互相摩擦所致。多见于肥胖婴儿。多发于颈部、腋窝、腹股沟、关节屈侧、股与阴囊的褶皱处。初起时，局部为一潮红充血性红斑，其范围多与互相摩擦的皮肤褶皱的面积相吻合。表面湿软，边缘比较明显，较四周皮肤肿胀。若再发展，表皮容易糜烂，出现浆液性或化脓性渗出物，亦可形成浅表溃疡。

预防：保持皮肤褶皱处清洁、干燥。

治疗：有红斑时，可先用4%硼酸液冲洗，然后敷以扑粉，并尽量将褶皱处分开，使局部不再摩擦。湿润时，可用4%硼酸液湿敷。糜烂时，除4%硼酸液敷外，可用含硼酸的氧化锌糊剂。有继发感染时，可涂以2%的甲紫或抗感染治疗。

为什么宝宝会消瘦

婴儿期的孩子体重监测曲线不上升，皮下脂肪逐渐减少，称为消瘦。孩子消瘦时，首先要从喂养上找原因。其一，食物的质和量是否合适？如果人工喂养采用鲜牛奶，有的孩子因食入的量过多，在2个月时牛奶中的蛋白质含量过高以及大分子的酪蛋白的含量过高，引起肝、肾负担过重。而快到3个月时肝、肾由于长期超负荷运转，就会疲劳，孩子表现食欲下降、消瘦。

对这些孩子，食物中要降低蛋白质尤其是酪蛋白的含量。可采用淀粉类的食物，如米汤、糕干粉稀释牛奶，也可换用奶粉喂养。其二，满3个月时是否及时地、合理地添加辅食？添加辅食的方法应循序渐进，由少到多，由1种到多种。还可以给些帮助消化的药物促进食物的消化。有的孩子大便不正常，经常腹泻或便秘，影响体重的增加。

正常母乳喂养儿的大便呈金黄色，软膏状，带酸味；牛奶喂养儿的大便呈淡黄色或土灰色，硬膏状，带白色奶瓣，较臭。每日大便次数有的1～2次，也有5～6次。但有的孩子排便次数一直较多，大便性状黄绿色、稀糊状，带不消化食物，这样的孩子也较瘦弱。如果孩子经常排稀便，排便次数多，称为腹泻。产生腹泻的原因除喂养外，可能为细菌或病毒感染，也可能有消化道的畸形或者其他外科情况。

有的孩子几天解 1 次大便，且大便性质干硬，排出困难，常出现便秘现象。由于干硬粪块擦伤肠黏膜而在粪块外面带血丝或黏液，并引起肛裂导致疼痛哭闹。常有这种现象的孩子精神、食欲不佳，腹胀，在左下腹可摸到活动硬块，也会导致消瘦。较常见的原因是奶量不足、水量不足及奶液中的糖量过少。消瘦除以上常见的原因外，消化系统有先天性畸形，如患唇裂、腭裂可影响孩子吸吮、吞咽，幽门狭窄时影响食物从胃进入小肠。患感染性疾病，如发热、肺炎、败血症、结核、肝炎时机体的消耗增加。各种疾病均会导致孩子消瘦，应及时诊治。

宝宝舌系带过短怎么办

舌系带过短，一般是在喂奶时发现婴儿吃奶裹不住奶头，出现漏奶现象，或者是婴儿接受体格检查时被医生发现的。有些粗心的父母直到孩子学讲话时，看到孩子发音不准特别是说不准翘舌音如“十”“是”等时才发现。但是，也有些是因家长特别娇惯孩子，使孩子讲话不清，这种情况经正确的语音训练大多能够纠正。舌是人体中最灵活的肌肉组织，可完成任何方向的运动。

在舌下正中有条系带，使舌和口底相连。如果舌系带过短就会发生吸吮困难、语言障碍等。若发现孩子在 6 个月以前就舌系带过短，应及时到医院做进一步检查，确诊后可立即进行手术。当孩子学说话时发现让孩子伸舌时，舌头像被什么东西牵住似的，舌尖呈“V”形凹入，舌系带短而厚等，就可以确诊。舌系带手术的时间最好是在 6 岁以前完成，这样既不影响孩子身心健康，又不影响孩子学习。

婴儿肠绞痛是怎么回事

婴儿肠绞痛并不是一种病，只是一种症状，随着宝宝的长大，神经生理逐步发育健全。大概在 3 个月左右，这样的情况就会慢慢减少，只有大约 30% 的宝宝要延续到 4 ~5 个月大时，这种情况才消失。一般接近满月的宝宝比较容易发生肠绞痛，典型的大概在 3 周的时候就会出现，高发期在 6 周。

一般的症状是：原本活泼的宝宝忽然变得尖声哭叫，每次发作的时间都差不多，特别是傍晚，甚至是黑夜，通常一个星期会有3次以上的啼哭。每次哭的时间会持续2～3个小时，连续3个星期都会出现类似的情形，宝宝哭的时候无论怎样安抚都不起作用。有的宝宝还会出现腹部鼓胀，脸色红胀，大多数的宝宝是因为哭的时候，吞进了空气到肚子里引起的腹胀，而不是因为腹胀不舒服才哭闹；这样的哭闹一般不会伴随发热、呕吐及腹泻的症状，哭一段时间后又会若无其事。

宝宝肠绞痛怎么办

宝宝哭闹的时候，特别是有腹绞痛的症状时，大人可以坐着，让宝宝趴在大人的手上或者腿上，轻轻压迫宝宝的腹部和背部；也可以做按摩，用湿毛巾或者温水袋敷在宝宝的腹部，这样会使疼痛有所减轻。如果无法判断宝宝腹痛产生的原因，最好的方法是带宝宝上医院，请医生做全面的检查。

宝宝手脚泛黄是病吗

有的宝宝明明肤色正常，却只有手掌和脚掌泛黄色，这称为“柑皮症”。如喝太多的橘子汁或吃太多的橘子、胡萝卜、番茄、木瓜都会引起这种症状，所以大可不必担心。

为什么婴儿会过敏

过敏就是体内的免疫系统对某种物质出现不合适的反应，假如婴儿具有过敏性异常的家族病史，那么他发病的概率就会非常大。过敏的症状有：发疹、恶心、呕吐、眼睛疼痛、发痒、鼻塞、流涕、咳嗽、昏厥、腹痛、腹泻。

婴儿过敏该怎么办

找出引发过敏症状的过敏原并将其根除，是治疗多种过敏性反应最为有效的治疗方法。例如家中尽可能保持一尘不染，或避免食用某种食物。过敏症状常用药物治疗，抗组织胺和类固醇类药物是最普遍的治过敏用药。有些过敏症状会随着时间的推移而日渐好转或消退。

婴儿为什么会得口角炎

维生素 B_2 缺乏症引起的口角炎生于一侧，或两侧兼有，但一侧较重，具体可见口角湿白、糜烂，张口时易出血，久之形成溃疡，并会受细菌感染。传染性口角炎多为链球菌与白色念珠感染，小儿口角受刺激容易擦破。特点是两侧口角黏膜及皮肤接界处除出现红色炎症外，口角黏膜和皮肤会肿胀、变厚、有痛感。病期反复可持续数星期。

婴儿得了口角炎怎么办

得了口角炎，可对症处理。如是维生素 B_2 缺乏，还会有其他表现，如舌炎，舌发干，有灼痛及刺痛，最后肿大为紫红色，表面光滑，形似牛肉，又叫牛肉舌，有时还伴有唇炎及阴囊炎。治愈口角炎除服用维生素 B_2 外，还应多吃绿叶蔬菜、蛋黄、肝、糙米、豆制品等。

六、打造聪明宝宝的亲子游戏

“毛毛兔”游戏怎么玩

方法：准备一个柔软的毛毛兔玩具一个，其他类似玩具亦可，妈妈先给宝宝看毛毛兔。妈妈先告诉宝宝：“毛毛兔跑喽！”然后，迅速地将毛毛兔藏在身后；躲过宝宝的视线，迅速地把毛毛兔放在宝宝的左侧，朝着宝宝的左侧对他说："毛毛兔在这儿呢！"将毛毛兔放回身后，再次躲过宝宝的视线，迅速地把毛毛兔放在宝宝的右侧，朝着宝宝的右侧对他说："毛毛兔在这儿呢！"反复2次。注意事项：让宝宝转头首先需要吸引住他的注意，因此一定要在游戏中配合能调动宝宝情绪的语言。让宝宝转头的幅度要量力而行，不可贪快求成，一切以宝宝舒服、愉快为准则。

目的：2～3个月大的宝宝，有的已经能够主动地转头了，通过一些游戏就可以提高宝宝身体的运动能力，增强空间认知能力，并且可以帮助宝宝体验愉快的情绪。

"寻找小鸭子"游戏如何进行

方法：准备一个能发声的橡皮鸭子玩具，其他能发出响声的玩具亦可；在宝宝精神好且空腹的情况下，让宝宝两臂屈曲于胸前方，俯卧在稍硬一点儿的床上。小心地把宝宝的左腿弯曲并放在右腿上；用你的左手握宝宝的左手，用你的右手指轻扶宝宝的背部；在宝宝身体左侧，捏响橡皮小鸭子，用声音吸引宝宝侧头注意；左手稍稍用力，促使宝宝主动地向右翻身；再帮助宝宝俯卧下来，换一个方向，重复以上动作。注意事项：游戏时动作一定要轻柔，一定要照顾到宝宝的头部；每次让宝宝俯卧时间不要太长，不要超过2分钟。

目的：只要爸爸妈妈适当地进行引导，宝宝的运动能力就会迅速得到提高。

如何引导宝宝发音、发笑

方法：用亲切温柔的声音，面对着宝宝，使他能看得见口形，试着对他发单个韵母a（啊）、o（喔）、u（呜）、e（鹅）的音，逗着孩子笑一笑，玩一会儿，以刺激他发出声音（快乐情绪是发音的动力）。注意事项：口形一定要做对，以免误导婴儿。

目的：培养宝宝的语言能力。

“找声音”游戏如何进行

- 妈妈用手拿着摇铃。
- 刚开始时，要在宝宝的眼前、背后、左侧、右侧发出声音，让宝宝竖起耳朵朝着妈妈发出声音的地方转过头去。
- 在宝宝看不到的地方发出声音。
- 当宝宝对声音的反应渐渐敏感时，听觉便有所发展。

注意事项：宝宝的听觉较视觉先发展。同理，若是以听觉的方式表达妈妈的爱，宝宝也会先感觉得到。在这个时期，对宝宝而言，听觉的训练比其他感官的训练要求得重要。

目的：通过音乐找物或找人，培养宝宝的听觉能力，进而提高视听能力。

“和宝宝打招呼”游戏如何进行

- 妈妈带宝宝照镜子，并拉着宝宝的手摸镜子。
- 然后妈妈对着镜子中的宝宝打招呼：“你好，宝宝。”并做招手动作，以逗引宝宝愉快地笑。
- 握住宝宝的小手对镜子里的宝宝打招呼：“你好啊！”宝宝这时一般就会发声。

注意事项：逗引宝宝说话的时间不宜太长，以保持宝宝情绪愉快、精力充沛为准。

目的：促进宝宝发音。

“交替唱歌”游戏如何进行

方法：父母各在宝宝的小床两边，妈妈向宝宝唱一首儿歌时，宝宝看着妈妈，爸爸向宝宝唱同样一首儿歌时，宝宝也会转头看着爸爸。然后两人轮唱一首歌但不宜交替太快，一定把一首歌唱完，唱歌时可以带表情有动作但不接触宝宝，使宝宝完全靠听觉来分辨爸爸和妈妈的声音。妈妈的声音高，宝宝熟悉，所以他会看着妈妈，爸爸的声音低，宝宝也熟悉，于是，他会转过头来看着爸爸。以后宝宝就学会听声音转头看着说话的人。注意事项：如果宝宝还不会分辨父母的声音，可以分别学习。先让妈妈抱着宝宝边走边唱歌，让宝宝听熟妈妈的声音。过一两天，爸爸抱着宝宝唱歌，让宝宝听熟了爸爸的声音，然后再做这个分辨声音的游戏。

目的：培养声音辨别能力。

“不倒翁”游戏如何进行

方法：婴儿在高兴时会手舞足蹈，这时，不妨将不倒娃娃放在孩子可以触摸到的地方，当孩子无意中触碰到时，会被不倒娃娃的摇晃和摇晃时发出的声音所吸引。经过几次体验后，婴儿就会将手的动作和有趣的声音联系起来，并发展成有目的的重复动作，最后将自己所做的事情与结果连接起来。

目的：只要轻轻一摸就会有所反应，这种玩具可促进婴儿对因果关系的认识，自信心和安全感也会慢慢从中培养起来。因此，这种玩具此时最适合。

“拍打吊球”游戏如何进行

方法：将吊挂玩具改成带铃铛的小球，妈妈扶宝宝的小手去拍击小球，球会前后摇摆并发出声音，吸引宝宝不断去击它。宝宝这时还不会估计距离，手的动作也欠灵活，经常拍空，好不容易击中，球又跑了，再想击中就十分困难。球的摇摆和铃声吸引着宝宝，这个游戏宝宝可以连续玩十几分钟。为了培养宝宝的英语语感，妈妈也可以对宝宝说：“Touch it？触摸它。”“Hit it？打它。”“Clap on！拍拍它。”“Try to catch it！试试抓住它！”注意每次玩时要改变小球悬吊的位置，今天在宝宝左边，明天偏右，后天居中，以免宝宝长时间注视引起眼睛内斜（对眼）。玩完后把小球收起来，防止宝宝盯着去看。

目的：练习拍击一个活动的目标，可进一步锻炼手眼协调能力。

“照镜子”游戏如何进行

方法：把宝宝抱至梳妆镜前，让宝宝观察自己的形象。宝宝笑时镜中的宝宝也笑；妈妈拉宝宝的手去摸镜子，镜中宝宝也照样伸手；妈妈做怪脸，镜中的妈妈也做怪脸；宝宝开始用头去碰镜子，用身体去撞，用脚去踢，在镜前做各种动作。妈妈可以告诉宝宝“这是宝宝，那是妈妈”，让宝宝认识自己的形象。让宝宝看可移动的小镜子，在小镜子中映出抓不到的玩具和自己看不见的东西。大人移动镜子，镜子映出的东西不断变化，会使宝宝惊奇不已。

目的：先让宝宝认识镜中自己的形象，看清楚自己身体的每一部位，也看到妈妈比自己高大，妈妈身上的每个部位都比自己大；再让宝宝从镜中看到不同位置的东西，引起宝宝探索外界的兴趣。

第四章 用爱抚与宝宝情感交流（3 ~4 个月）

一、记录宝宝成长足迹

本月宝宝的动作有哪些变化

3 ~4 个月的宝宝，头能够随自己的意愿转来转去，眼睛随着头的转动而左顾右盼。大人扶着宝宝的腋下和髋部时，宝宝能够坐着。让宝宝趴在床上时，他的头已经可以稳稳当当地抬起，下颌和肩部可以离开床面，前半身可以由两臂支撑起。当他独自躺在床上时，会把双手放在眼前观看和玩耍。扶着腋下把宝宝立起来，他就会举起一条腿迈一步，再举另一条腿迈一步，这是一种原始反射。

本月宝宝的情感有哪些变化

婴儿借着哭声、笑声吸引母亲的注意，让母亲关心自己，借着这一连串的关系，更加深了母子间的感情。3 个月时，婴儿还不会把母亲当作是一位特殊的人物看待。不过 3 个月后，婴儿就会对母亲表现出特殊的亲密，如果母亲不在身边，就会哭泣，看到母亲就会发出笑声。

本月宝宝的语言有哪些变化

3个多月的孩子在语言上有了一定的发展，逗他时会非常高兴并发出欢快的笑声，当看到妈妈时，脸上会露出甜蜜的微笑，嘴里还会不断地发出咿呀的学语声，似乎在向妈妈说着知心话。

本月宝宝的心理有哪些变化

3~4个月的孩子喜欢父母逗他玩，高兴了会开怀大笑，会自言自语，似在背书，咿呀不停。会听儿歌且知道自己叫什么名字。能够主动用小手拍打眼前的玩具。见到妈妈和喜欢的人，知道主动伸手找抱。对周围的玩具、物品都会表现出浓厚的兴趣。

本月宝宝的听觉有哪些变化

这段时期的婴儿，其听觉能力有了很大发展，已经能集中注意倾听音乐，并且对柔和动听的音乐声表示出愉快的情绪，而对强烈的声音表示出不快。听到声音能较快转头，能区分爸爸、妈妈的声音，听见妈妈说话的声音就高兴起来，并且开始发出一些声音，似乎是对成人的回答。叫他的名字已有应答的表示，能欣赏玩具中发出的声音。

二、关注宝宝的每一口营养

本月宝宝的饮食重点是什么

本月的婴儿已经进入断奶准备期，单纯的母乳喂养已经不能满足孩子生长的需要了。所以除了吃奶以外，要逐渐增加半流质的食物，为以后吃固体

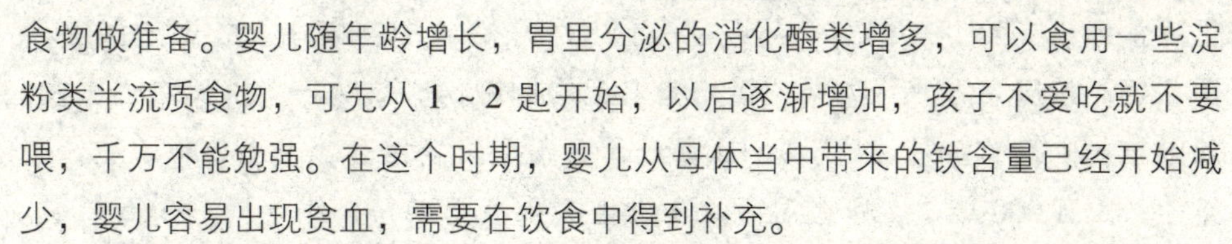

食物做准备。婴儿随年龄增长，胃里分泌的消化酶类增多，可以食用一些淀粉类半流质食物，可先从1～2匙开始，以后逐渐增加，孩子不爱吃就不要喂，千万不能勉强。在这个时期，婴儿从母体当中带来的铁含量已经开始减少，婴儿容易出现贫血，需要在饮食中得到补充。

因此要在辅食中注意增补含铁量高的食物，例如蛋黄中铁的含量就较高，可以在牛奶中加蛋黄搅拌均匀，煮沸以后食用。贫血较重的孩子，可由医生指导，口服补血药物等，千万不要自己乱给孩子服用铁剂药物，以免产生不良反应。另外在添加辅食的过程中，要注意孩子的大便是否正常以及有无不适应的情况，每次添加的量不宜过多，应该循序渐进地使孩子的消化系统得到适应。本月婴儿的食量差别较大。如果人工喂养，一般的孩子每餐150毫升就能吃饱了，而有些生长发育快的孩子，一次就可以吃200毫升。

为宝宝添加辅食的注意事项有哪些

无论是母乳喂养、人工喂养还是混合喂养的宝宝，随着机体的长大，活动量的加大，消化功能也渐趋成熟，对各类营养素的要求量也逐渐增加，因此，妈妈在给宝宝添加辅食时应注意以下几点：

- 在添加辅食的过程中，要仔细观察宝宝对哪种食物过敏，确定后就不要再给宝宝吃了。
- 遇天气太热，或者宝宝不舒服，例如：胃胀、呕吐、大便反常或其他情况，应暂停喂此种辅食，等肠胃功能恢复正常后，再从开始量或更小量喂起。
- 每次添加新的食物之后，要多注意观察宝宝的反应，密切注意其消化情况。发现宝宝身上出现红斑或腹泻严重，应该去医院检查。尤其不要随便给孩子用一些药物。

如何添加鱼肝油

鱼肝油中含有维生素A和维生素D，是婴儿生长发育所需要的营养素。除去经常晒太阳的母乳喂养婴儿在4个月以前可以不加鱼肝油外（有医学指征者例外)，其他婴儿最好从出生后半个月开始添加。加喂鱼肝油的量要合适，绝不是越多越好，如果超量，会引起蓄积中毒。对此广大家长必须重视。目前市售的浓缩鱼肝油每小瓶10毫升，每1毫升含维生素A 9 000单位，含维生素D 3 000单位，那么每瓶共含维生素A 9万单位、维生素D 3万单位。现在公认的婴儿预防佝偻病的维生素D剂量为每日400单位，即一般为每2个月服1瓶。

至于说每日吃几滴，那要看滴管的粗细，只要每月总量不超过，每日多点少点关系不大。现在也有将维生素A和D的每日用量放于1个胶囊内的产品，但价格较贵。当前市场上还可以买到强化了维生素A与D的牛奶，即1袋牛奶（250毫升）含维生素A 500单位、维生素D 150单位。一般来说，婴儿每天吃2袋强化维生素A、维生素D的奶，再加上晒太阳，可满足婴儿一天对维生素A和维生素D的需要，即使吃到4～5袋，也不致发生过量现象。

鸡蛋对宝宝有益吗

宝宝正处于生长发育的旺盛阶段，需要充足优质的蛋白质食物。鸡蛋是天然食物中含优质蛋白质的动物食品，其所含蛋白质最易被人体吸收利用。蛋黄和蛋清中所含蛋白质的营养价值很高，蛋黄中含有蛋类的全部脂肪，含较多的磷质和胆固醇，且脂肪呈乳融状，容易消化吸收。鸡蛋中含丰富的维生素A、维生素B_1、维生素B_2、维生素D等，蛋黄还富含铁、硫、磷等。

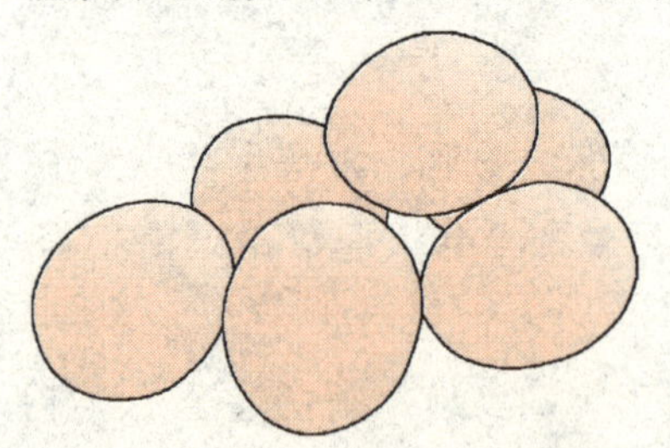

虽然鸡蛋中缺乏糖及维生素C，但仍是适合婴幼儿营养的较好食物，宝宝每天都应吃鸡蛋。宝宝每天吃鸡蛋要掌握好数量，通常每天吃1个即可。此外，还要吃肉、鱼、鸡、牛奶、豆类及豆制品等含蛋白质丰富的食物。如果宝宝其他蛋白质类食物摄入不足时，可以加一个鸡蛋来补充。注意不要因鸡蛋营养丰富就让宝宝多吃（1天不要超过2个），因为这样会影响吃其他食物，造成某些食物营养摄入不足。另外，宝宝食用鸡蛋宜采用蒸鸡蛋羹、煮鸡蛋（不宜煮老）等方法，以利于消化。

为何不能同时服用牛奶和钙粉

人工喂养婴儿到了3个月后便要开始加喂一些钙片或钙粉，以防止小儿缺钙，应当注意的是钙粉不能和牛奶一起喂。因为钙粉可以使牛奶结块，影响两者的吸收。有些父母为了喂孩子方便、省事，常喜欢把钙粉混合到牛奶中一起给孩子吃，这样的补钙方法是不科学的。

孩子发热拒哺怎么办

人体发热可引起胃肠功能紊乱，交感神经活动增强，消化酶的分泌减少。虽然食入量很少，但食物在胃肠内停留的时间很长。所以，孩子在发热时食欲减退，有时还肚子胀。怎么办呢？可以让孩子每次食入量少一点，多吃几餐。而且要吃一些稀释且清淡的有助于消化吸收的食品。在牛奶中加一些米汤或水，并注意给孩子多喂水，保证足够的液体供给。发热时体内水分消耗较多，如不注意给孩子喂水，一方面发热不容易退，另一方面，容易引起代谢紊乱。在补充水时，特别要注意补充些鲜果汁水或菜水等。

为什么1～4个月的婴儿不宜用米糊喂养

在我国的传统中，有喜欢给1～4个月的婴儿添加米糊喂养的习惯。新生儿期的唾液腺不发达，分泌唾液少，到3～4个月才发育完善，分泌适量的唾液。同样，婴儿肠道中淀粉酶也缺乏。4个月内的婴儿如食米糊，不易消化吸收，容易引起消化紊乱、腹泻、呕吐。因此，4个月以内的婴儿不能以米糊喂养。

三、全新的宝宝护理技巧

为什么3个月后要给宝宝睡枕头

随着月龄增长，3个月以后，婴儿脊柱开始弯曲，颈部开始向前，背部向后，躯干发育远比头发育得快，肩部也逐渐变宽。这时睡枕头可将头部稍垫高，使婴儿睡得更舒服些。同时头在枕头上也便于活动，头和肩保持平衡，所以适时使用枕头有利于婴儿的生长发育。

如何给宝宝选择合适的枕头

婴儿的枕头以高3厘米、宽15厘米、长30厘米为最合适。以松软不变形的物品为好，一般用谷子、蚕屎、鸭绒、饮后晒干的茶叶作枕芯，枕套多取棉布制品，外罩应经常换洗。

为什么宝宝会流口水

口水是人体口腔内唾液腺分泌的一种液体，含有丰富的酶类，是促进食物消化吸收的一个重要环节。那么为什么很小的新生儿不流，大人也不流。只有此时的婴儿才流呢？这与孩子此阶段发育特点有关。3个月以下的孩子，中枢神经系统和唾液腺发育未成熟，唾液分泌量很少，而成人呢，口腔唾液分泌与吞咽功能协调，多余的口水在不知不觉中就咽下去了。孩子到3~4个月的时候，中枢神经系统与唾液腺均趋向于成熟，唾液分泌逐渐增多，再加上到三四个月时有的孩子已长出了牙，对口腔神经产生刺激，使唾液分泌更加增多了。

婴儿口腔较浅，吞咽功能又差，不能将分泌的口水吞咽下去或储存在口腔中，口水就不断地顺嘴流出来，这是一种生理现象，不是病态。一般到2~3岁流口水的现象会自然消失，但有的孩子有口腔溃疡等疾患时，也可引起流口水，常伴有不吃奶、哭闹等现象，这时就要请医生给孩子看病了。

为什么不能给宝宝戴手套

有的妈妈为了避免宝宝抓脸或吃手，给宝宝戴上手套，其实这种做法弊大于利。手是人类智慧的来源。手的乱抓、不协调活动等都是精细动作能力的发展过程。宝宝通过吃手，进而就会开始抓握玩具、吃玩具，这种探索是宝宝心理、行为能力发展的初级阶段，是一种认知过程，也是一种自我满足行为，为日后手眼的协调打下了基础。可是如果给宝宝戴上了手套，就会妨碍宝宝口腔的认知和手的动作能力的发展。

宝宝生来就有握持的本领，因此可以经常让宝宝学习抓握东西或手指，以促使宝宝从被动抓握发展到主动抓握，有利于促进宝宝双手的灵活性和协调性，这对于开发宝宝的大脑智慧潜能有很大的好处。

宝宝睡觉出汗是怎么回事

宝宝发育良好，身体健康，无任何疾病引起的睡眠中出汗，是正常的生理性出汗。因为宝宝大脑神经系统发育尚不完善，而且又处于生长发育时期，机体的代谢非常旺盛，再加上可能被子过厚过热的刺激，只有通过出汗来蒸发体内的热量，调节正常的体温。病理性出汗是在宝宝安静状态下出现的，如佝偻病的出汗，表现为入睡后的前半夜，宝宝头部明显出汗。

由于枕部受汗液刺激，宝宝经常在睡觉时摇头与枕头摩擦，结果造成枕部头发稀疏、脱落，形成典型的枕部环状脱发，医学上称之为“枕秃”，是婴儿佝偻病的早期表现，只要及时补充维生素 D 和钙，佝偻病就可以得到控制，出汗也会自行停止。

可以给婴儿配置睡袋吗

宝宝出生后，随着年龄的不断增长，手脚活动也开始有力、灵活，夜间睡觉踢被褥是常有的事，给父母带来很多麻烦，宝宝也常因为踢被子而受凉生病。因此，为了解决这个问题，可以让宝宝睡在睡袋或睡袍内。睡袋或睡袍一般应选用比较松软、保暖的材料，还要便于洗涤而不用拆缝。宝宝睡在里面既舒适又保暖，妈妈也不用再担心宝宝踢被子而受凉生病了。

哪几类衣服不宜给宝宝穿

- 化纤类衣服容易产生静电，在干燥的季节会导致宝宝的皮肤干燥和不适。
- 高领毛衣容易引起宝宝颈部瘙痒或荨麻疹，尽量避免给宝宝穿。
- 不宜给皮肤过敏的宝宝穿羽绒服，以免引起皮疹或呼吸系统问题。
- 宝宝的骨骼比较纤细，不适合穿套头衫，以免引起意外发生。穿开衫是最好的选择。
- 有扣子的衣服不要给宝宝穿，硬扣子会硌伤宝宝的皮肤，还有可能让宝宝吸到嘴里造成危险。

给宝宝选择内衣有哪些小窍门

- 一摸：布料是否柔软，尤其是腋下、手腕等处，选择时不妨放在自己脸颊旁感觉一下；袖口、裤腰的松紧是否舒适。
- 二看：特别白，甚至白得发蓝的内衣，往往含有荧光剂（一种有漂白作用的化学物质），虽然看起来衣服比较洁白，比较挺，不易起皱，但对宝宝的皮肤有害，因此，不能盲目以为“白”就是好。
- 三闻：如果闻起来有一种不舒服的味道，就很可能残留甲醛或其他化学添加剂。
- 四想：婴儿内衣虽小，种类却不少，长的、短的、袍状的、蛙型的，日常穿的、睡觉穿的，林林总总非常多，选择时要考虑到不同的功效。

比如长袍状内衣，下摆较宽松，适于会爬之前尿布换得频繁的婴儿，只要掀起下摆就行了；蛙型内衣更方便宝宝蹬腿，并能避免髋关节脱臼；偏扣型内衣可有效呵护小婴儿的娇气的小肚子，非常实用。

怎样抱孩子

婴儿到了3～4个月时，就不满足于整天躺在床上了，迫切希望有人能抱着他，使其视野开阔，看看外面精彩的世界，而且还可以锻炼孩子颈部及肢体的肌肉，以及增加父母与孩子之间的感情。怎样抱孩子才算正确，才能使孩子感到舒适并且使其肢体得到锻炼呢？通常有3种姿势。

- 横抱式：一面抱一面轻轻摇晃。家长将孩子的头枕在一侧胳膊肘上方，前臂和手托住其背、臀部，另一手从内侧托起孩子双下肢腘窝处。这个姿势孩子很舒适，而且孩子的脸与父母的脸挨得很近，有利于感情的交流。
- 直立式：双手臂环抱住孩子的臀部及下肢，让孩子的头靠着大人的肩膀。这种姿势孩子的视野最广，他可以看到更多的人和景物，而且上身可以左右转动，活动度更大，有利于锻炼其背部肌肉。
- 坐势：让孩子两腿跨在大人的髋部，大人两手从孩子腋下穿过托住其腰背部，这个姿势可以锻炼腰背部肌肉，有利于其早日独立坐稳。而且可以温柔地和他逗着玩，讲讲话，利于情感的交流。

以上3种姿势可视不同场合交换使用。

怎样带宝宝进行日光浴

所谓日光浴就是晒太阳。由于日光中的紫外线能使人体皮肤中的7-脱氢胆固醇转变成为维生素D3，而维生素D3能改善体内钙磷代谢，有助于骨盐沉积，所以经常晒太阳可以预防佝偻病，增强小儿体质。

具体做法是：夏季应在8：00～9：00或16：00～18：00进行，避开太阳直射的时候；而冬季则应在11：00～14：00之间进行；春、秋季无明显时间限制。最好在无大风、气温不低于22℃时，抱出户外；当气温超过33℃时，就不要将婴儿直接抱在阳光下晒，可以在阴凉的地方间接地接受散射或反射

的阳光。气温低于22℃时，就不要到户外去，可以在向阳的房间，将玻璃窗打开，抱着婴儿坐在窗前晒太阳。

进行日光浴时，要经常交换婴儿的体位，使婴儿身体的各个部位如胸部、腹部、四肢都均匀地受阳光照射。每部位晒1～2分钟，每次总共照射30分钟左右。注意不要让阳光直接照到孩子的头上尤其是眼睛，可以戴个小白帽穿白色背心以免影响宝宝的视力。

本月的宝宝可以进行体育锻炼吗

婴幼儿的组织器官和生理功能发育不完善，对外界环境的适应能力和对疾病的抵抗能力较差。进行必要的身体锻炼不仅有助于改善和提高机体的生理功能，增强体质，从而提高宝宝对外界环境的适应能力以及对疾病的抵抗力，而且还能促进智力发展以及良好个性的培养。所以许多家长在孩子满月后即开始进行身体锻炼。

如果有的婴儿到了三四个月还未开始，建议尽快开始对孩子进行身体锻炼。其实，身体锻炼简单易行，就是充分利用自然界的空气、阳光和水对孩子进行锻炼。这些活动本来在婴儿满月后就可以进行，到了4个月就可以做婴幼儿体操。

宝宝进行锻炼有哪些注意事项

进行锻炼时应当注意以下几方面。

- 锻炼要因人而异，不能强求一致，体质弱的孩子锻炼项目不宜过多，时间也不要过长，总之，锻炼项目和锻炼时间适中为宜。
- 锻炼要循序渐进，有计划有步骤地进行，运动量由小开始，由易到难，由简单到复杂，锻炼的项目可逐渐增加。

◉ 锻炼要持之以恒。妈妈每天坚持用一定的时间，在愉快的心情下，在活泼轻快的乐曲声中和宝宝一起锻炼。如果因故中断，间隔时间短时可继续按原计划锻炼，若时间长要从头开始。

◉ 锻炼过程中要细心观察宝宝的反应，正常情况下宝宝的表情是很惬意，会发出“咿——、啊——”等愉快的声调，或对着你“咯咯”地笑出声。如果宝宝大声地不停地哭闹不安，面色发白或者口唇发紫，皮肤上出现皮疹等，则应马上停止锻炼，及时采取措施。

如何为宝宝进行体格锻炼

◉ 开窗睡眠：注意宝宝的床不要放在穿堂风吹过的地方，也不要离窗太近。室温不能太低，最低不能低于14℃，在睡前及起床穿脱衣服时要把窗户关上，以免着凉。在大风大雨以及宝宝生病时不要开窗。开窗睡觉有利于空气的流通，也增加宝宝对寒冷的抵抗力。

◉ 户外散步：每天在一个适宜的时间，抱着宝宝或让宝宝坐在推车里到院子里、花坛边，到有花有草有树的地方走一走，呼吸一下新鲜空气，让温暖的阳光晒一晒，看一下外面的新鲜事物。散步时要选好时间，夏秋季宜在上午9：00前或下午16：00后，这时太阳较弱，不会把宝宝娇嫩的皮肤晒坏。开始时每天1次，以后每天1~2次，散步时间从开始每次10分钟，习惯后可至1小时左右。

四、宝宝的智能训练

如何训练宝宝的语言能力

3~4个月的宝宝已经有了咿呀学语的能力，这时候，父母有意识地与宝宝进行互动，能够为宝宝以后学说话打下坚实的基础。当宝宝在喃喃自语的时候，妈妈要及时地予以回应。虽然这时候宝宝只是咿咿呀呀，但是妈妈最好根据自己的理解让宝宝得到回应；父母还可以在宝宝要睡觉时或者与宝宝一起玩耍时给宝宝唱一些儿歌。通过反复不断的努力，能够让宝宝的大脑得到良好的刺激，进而提升其语言能力。

如何训练宝宝的认知能力

3～4个月的宝宝，早上睡醒后，很快就能完全清醒过来，而且马上就要起床，好像新的一天有很多事等待他去做似的。的确，由于感觉的发展和对身体控制能力的提高，面对这丰富多彩的世界，你的小宝宝需要你倾注更多的爱和时间，陪他读一读周围世界这部活“书”。父母要有计划地教宝宝认识他周围的日常事物。

宝宝最先学会认的是眼前变化的东西，如能发光的、音调高的或会动的东西，像灯、收录机、机动玩具、猫等。认物一般分两个步骤：一是听物品名称后学会注视，二是学会用手指。开始你指给他东西看时，他可能东张西望，你要吸引他的注意力，坚持下去，每天至少5～6次。通常学会认第一种东西需要用15～20天，学会认第二种东西需要用12～18天，学会认第三种东西需要用10～16天，也有1～2天就学会认识一种东西的。这要看父母是否能敏锐地发现宝宝对什么东西最感兴趣。宝宝越感兴趣的东西，认得就越快。要一件一件地学，不要同时认好几件东西，以免延长学习时间。

如何训练宝宝的社交能力

＊抚摸妈妈的脸＊

妈妈要经常俯身面对孩子，朝他微笑，对他说话，做种种面部表情，与此同时，拉着孩子的手摸你的耳朵，摸你的脸，边拍边告诉他“这是妈妈的脸”，然后发出阵阵好玩的声音，使孩子高兴，并对你的脸感兴趣。然后，和宝宝同时照镜子，看孩子的反应。

＊做藏猫游戏＊

用毛巾把你的脸蒙上，俯在孩子面前，然后让他把你脸上的毛巾拉下来，并笑着对他说："喵。"玩过几次之后，宝宝会把脸藏在衣被内同大人做"藏猫"游戏。让他喜欢注视你的脸，玩时有意识地给予不同的面部表情，如笑、哭、怒等，训练小儿分辨面部表情，使他对不同表情有不同反应。

如何训练宝宝的动作能力

＊用手撑起方法＊

让宝宝趴在床上或铺有草席或地毯的地上，在宝宝头侧用不倒翁或有声音的玩具逗引。宝宝先用肘撑起，大人把玩具从地上拿起来，逗引宝宝抬起上身。宝宝会把胳臂伸直，胸脯完全离开床铺，上身与床铺成90°。有时宝宝的一个胳臂用手撑，另一个胳臂用肘撑，身体不平衡，歪向肘撑的一侧，从肘撑的一侧翻滚成仰卧。此时宝宝并不是有意地做180°翻身，是无意地因重心不稳而偶然翻过去的，这种过大的翻动如同跌倒一样会使宝宝感到不安。所以如果宝宝只用一只手去支撑身体时，大人可以帮助他将另一只手也撑起来，使身体重心平衡，才能巩固俯卧双手支撑的练习，使宝宝感到安稳和愉快。目的：宝宝俯卧用手撑起时，头可以看得更高更远，使宝宝的视觉开阔。这种姿势不但可以练习颈肌，还可以练习上肢和腰背的肌群使之强健，为以后匍行和爬行做好准备。注意要让宝宝有安全感。

＊拉坐方法＊

小儿在仰卧位时，家长握住小儿的手，将其拉坐起来，注意让小儿自己用力，家长仅用很小的力，以后逐渐减少，或仅握住家长的手指拉坐起来，宝宝的头能伸直，不向前倾。每日训练数次。目的：训练运动能力。注意拉起时动作不要太快以免拉伤婴儿韧带。

宝宝智商与运动有着怎样的联系

人们常说"生命在于运动"，其实智力的发展也在于运动。运动包括大运动和精细动作。坐、爬、站、走、跳等属于大运动；手的动作如抓握玩具、捏小物品、搭积木、画画等属于精细动作。运动可以使宝宝变得动作协调、反应灵敏、健康活泼。宝宝通过运动来感知周围的世界，通过在运动中的不断尝试和调整来掌握一个动作（如爬、走）。运动时，大脑不断接受外来的刺激信息，根据这些信息做出判断，并发出调整的指令使动作更协调，如此反复，促进了脑细胞的发育，使婴幼儿的反应和判断能力逐渐增强，记忆力加强，认知能力得到发展，从而促进了智力发育。所以说，运动与智力密切相关。在婴幼儿期，由于脑细胞功能的可塑性，运动与智力发育的关系更为密切。

如何掌握宝宝情商的发育特点

较高水平的情商有助于孩子创造力的发挥，它是所有学习行为的根本。研究表明，要预测孩子在幼儿园、学校表现的标准，不是看小孩子积累了多少知识，而是看其情感与社会性的发展。一般来讲，高情商的孩子有以下特点：

- 自信心强。自信心是任何成功的必要条件，是情商的重要内容。自信是不论什么时候有何目标，都相信通过自己的努力，有能力和决心去达到。
- 好奇心强。对许多事物都感兴趣，想弄个明白。
- 自制力强。即善于控制和支配自己行为的能力，有时是善于迫使自己去完成应当完成的任务，有时是善于抑制自己不当行为的发生。
- 人际关系良好。指能与别人友好相处，在与其他孩子相处时积极的态度和体验（如关心、喜悦、爱护等）占主导地位，而消极的态度和体验（如厌恶、破坏等）少一些。
- 具有良好的情绪。情商高的孩子活泼开朗，对人热情、诚恳，经常保持愉快。许多研究与事实表明，良好的情绪是影响人生成就的一大原因。
- 同情心强。指能与别人在情感上发生共鸣，这是培养爱人、爱物的基础。

如何培养宝宝的自理能力

应通过婴儿的社会行为着手发展和培养婴儿的自我服务意识，如在3个月婴儿喝水或吃奶时，把婴儿的小手放在奶瓶上，让他触摸，帮助婴儿开展早期的感知活动，这是生活自理能力的最初培养。要从婴儿阶段起重视宝宝自我服务意识的培养，鼓励其进步。婴儿自己动手的意识是很可贵的，如果这时阻止他的主动意识，将影响学龄前及学龄期的动手能力，导致学习困难。

五、用心·呵护宝宝健康

什么是百白破防疫针

百白破预防针也叫做百白破三联疫苗，是由百日咳菌苗、白喉类毒素、破伤风类毒素组成的三联疫苗。它能提高婴儿对百日咳、白喉、破伤风疾病的抵抗能力，免遭其害。为什么百白破预防针要连用3次呢？这是因为在婴儿接种了百白破疫苗后，身体里就产生了对百日咳、白喉、破伤风的特殊抵抗力，这在医学上把它称作抗体，这些抗体就可以抵抗这些疾病。婴儿体内抗体的多少与抵抗疾病的能力有关，抗体不足同样达不到预防的目的。百白破三联疫苗在第1次使用时必须连续注射3针才能有效（每隔1个月注射1针，即生后3、4、5个月连续注射3次）。因此，当婴儿注射第1针时，不会有效，注射两针后效果也不好，只有按照规定连续注射3针后，才会产生足够的抗体，才能有效。此外，这些抗体只能维持一定的时间，不能终生存在，所以小儿在1岁半和6岁时还要进行加强注射。为了婴儿不染上传染病，家长一定要根据保健医生的要求，按时进行预防接种，万万不可遗漏。

为什么预防肥胖要从小开始

在人的生活水平不断提高和各种营养品不断诞生的今天，一些家长往往不注意孩子营养的均衡，因而造成“小胖子”也越来越多。这些肥胖的小儿到成年后各种疾病的隐患也就越多。什么样的程度才叫肥胖呢？医学上通常把儿童超过同龄同身高正常体重20%的症状称为肥胖症。过多的脂肪不仅对机体是一个沉重负担，对心理也会造成一定程度的损害。肥胖的小儿不爱户外活动，在小儿群体中易成为同伴们取笑的对象。随着年龄的增长，容易在心理上产生压力，出现自卑感，形成孤僻的不良性格特征。到成年后还会给生理健康带来许多隐患。如高血压、糖尿病、动脉粥样硬化、冠心病、肝胆疾患及其一系列与之密切相关的疾患。肥胖小儿由于脂肪组织过多，皮肤皱褶加深，若护理不当容易因局部潮湿引起皮肤糜烂或产生疖肿。此外，小儿肥胖与遗传有关。父母中1人肥胖，孩子出现肥胖率约为40%。若父母双方均肥胖者，小儿肥胖可达70%。预防肥胖对有肥胖家族史的孩子尤其重要。

预防肥胖有哪些方法

预防方法主要有：坚持母乳喂养至少4个月。最好6个月前不喂固体食物。合理喂养。营养品种多样化，均衡热量摄入，按照月龄需要喂养，保证正常生长发育为好。1~3岁期间饮食需要有规律，不要用哺喂的方法制止非饥饿性的哭闹。

小儿生长发育阶段需要大量蛋白质供应，对于肥胖孩子要减少其动物性脂肪和糖类的摄入，注意及早锻炼身体，多活动。

宝宝多汗是病吗

自汗、盗汗，中医认为是由于人体阴阳失调、腠理不固而致汗液外泄失常的一种病症，自汗是指在清醒状态下汗液溢出比正常儿童增加的现象，盗汗是指入睡后出汗明显增多的现象。宝宝汗症多因宝宝脏腑娇嫩，形气未充，腠理不密，又为稚阴稚阳之体，因而较成人易出汗。尤其是宝宝体虚或病后常自汗，汗出如珠，应及时治疗，否则易引起面色苍白无华，形体消瘦，少气懒言，精神疲惫等症状。盗汗和自汗都会直接影响宝宝的健康，严重者可延缓生长、发育。中医治疗此证，多按脾胃阴虚和脾肾亏来辨治。脾胃阴虚型的特点是：患儿舌红、口唇红、夜间盗汗、消化不良，还常常有啼哭不止的现象。脾肾亏损型的特点是：患儿面色苍白、口唇淡、指纹色淡、盗汗、自汗、营养不良、消化不好、饮食不香等。

宝宝接种疫苗后出现发热怎么办

接种疫苗后发热，该如何鉴别是疫苗所致，还是疾病所致呢？首先要排除疾病所致的发热，疾病可以是接种前就感染的，也可以是接种后感染的。如果是疾病所致，检查可见阳性体征，如咽部充血，扁桃体增大充血化脓、咳嗽、流涕等症状。疫苗所致发热没有任何症状和体征。如果既有疫苗反应，也有感冒发热，症状就会比较重，体温也会比较高。接种多长时间发热，与接种的疫苗种类有关，疫苗接种后的发热一般不需要治疗，会自行消退。

为什么要留意宝宝心脏杂音

对大多数宝宝来说，心脏杂音是心脏成长形状不规则的结果。这种称之为“功能性”的声响可由医生用听诊器测出，没有必要做进一步的测验或治疗。通常当宝宝心脏发育完成后，杂音也就自然消失。如果宝宝已经到了心脏发育完全期仍然有心杂音，这就需要做进一步的检查、追踪、治疗。

什么是小儿脑震荡

婴儿脑震荡不单单是由于碰了头部才会引起，有很多是由于人们的习惯性动作，在无意中造成的。比如，有的家长为了让孩子快点入睡，就用力摇晃摇篮，推拉婴儿车；为了让孩子高兴，把孩子抛得高高的；有的带小婴儿外出，让孩子躺在过于颠簸的车里等。这些一般不太引人注意的习惯做法，可以使孩子头部受到一定程度的震动，严重者可引起脑损伤，留有永久性的后遗症。小儿为什么经受不了这些被大人看做是很轻微的震动呢？这是因为婴儿在最初几个月里，各部的器官都很纤小柔嫩。尤其是头部，相对大而重，颈部肌肉软弱无力，遇有震动，自身反射性保护功能差，很容易造成脑损伤。

宝宝撞到头后，什么情况应该去医院

宝宝撞到头是很常见的现象，大多数情况下，你不用担心！不过，如果你的宝宝失去了知觉，那么则需要加倍留意了。要知道，有时候即使是很小的撞击，也会造成大脑损伤。一般来说，当宝宝撞到头后的一两天出现下面的情况时，就应该马上带他去医院。

- 一直有头痛、头昏或呕吐的现象。这些症状都不应该持续出现。
- 白天似乎出奇的困或晚上很难被叫醒。宝宝撞到头后的第一晚，要把他叫醒几次，以确保宝宝没有伤到大脑。
- 协调性、心智能力或力量方面出现问题，比如胳膊、腿无力，发音不清，意识模糊或视力受损等。

如果宝宝出现抽风该怎么办

- 全家人不要慌乱，不要用力拍打摇晃孩子，也不要把孩子搂在怀里。而应赶紧把孩子平放在床上，不要枕枕头，把孩子头（面部）歪向一侧，使口腔分泌物能流出来，不至于呛到气管里，也不要用手去掏孩子嘴里的污物。
- 用勺子把柄或筷子缠上纱布放在孩子上下牙之间，以免咬伤舌尖。
- 用手捏患儿的人中、合谷、涌泉等穴，使其惊厥停止。
- 一旦发生窒息，必须马上清理呼吸道分泌物，进行人工呼吸或口对口呼吸。
- 如果家中有氧气袋，可给孩子吸氧气。
- 当孩子发热时，先将衣服脱掉，但要注意把肚子盖好，用酒精进行物理降温，切不要把孩子裹起来给孩子发汗。等情况稍微稳定后立即送往医院，去医院途中也要尽量使孩子呈侧卧位，注意不要用头巾或被子把脸捂住，要保持呼吸道通畅。到医院后不要忙乱，尽快把病情经过向医生说清楚，如什么时间开始的，抽了多长时间，什么部位抽动，有没有发热等。这些情况有助于医生对孩子病情的诊断，在医院里遵医嘱进行治疗。

六、打造聪明宝宝的亲子游戏

“好朋友碰一碰”游戏如何进行

- 让宝宝的左手碰右脚，宝宝的右手碰左脚，或者双手同时碰双脚。
- 在游戏时，你可以跟宝宝说：“我们的手和脚是好朋友，一起来碰碰！”
- 这个游戏大多数宝宝都喜欢，可以每天做 2 ~ 3 次，天天坚持。注意，宝宝在一岁以前，别看宝宝不能表达自己的思想，但这时候他是一块拥有超强吸收力的“海绵”，你给他多少，他都能吸收进去，而且还能激发出他小小身体里蕴藏的巨大能量。所以父母应多花时间让宝宝在游戏中不断开发智力。

目的：让宝宝开心，更有利于提高宝宝手脚协调能力。

“一起看画片”游戏如何进行

方法：经常给婴儿看一些色彩鲜艳的卡通画片，妈妈可边看边给婴儿讲解。例如，妈妈抽出一张画有一朵红花的画片，然后握住婴儿的小手指，指点着画片模仿婴儿的一问一答：“这是什么呀?”“红花。”“红花下面是什么?”“绿叶。”“红花有几个花瓣呀?”“（握住婴儿的手指一瓣一瓣地点）一瓣，两瓣，三瓣。知道啦，红花有三个小花瓣。”这时，婴儿会高兴地咯咯笑起来，自己用小手指在画片上点来点去，嘴里咿咿呀呀的，模仿刚才妈妈教的动作。注意，当婴儿模仿妈妈的动作指点画片时，妈妈一定要对婴儿的“说话”做出反应，表扬他，称赞他，和他一起说。

目的：训练语言能力，同时增强婴儿对语言的理解能力。

"逗逗飞"游戏怎么玩

方法：让婴儿背靠在妈妈怀里，妈妈双手分别抓住他的两只小手，教他把两个食指尖对拢又水平分开，嘴里同时说"逗逗——飞"，如此反复数次。还可以分别对其余四指对拢又分开玩此游戏。注意事项：动作要轻缓。

目的：锻炼婴儿的小肌肉，同时可以训练婴儿的手眼协调能力和语言动作协调能力。

怎样让宝宝和小朋友一起玩

方法：请一些2~5岁的小朋友来家里玩。小朋友们看见小婴儿，会觉得非常惊奇和喜爱；小婴儿看见这么多喜欢他的小哥哥、小姐姐，也会高兴得手舞足蹈，忙不迭地和他们哦啊"谈话"。注意，时刻观察婴儿的行为，以免互相误伤。

目的：经常请小朋友来和婴儿一起玩，可以培养婴儿合群、开朗活泼的好性格。

"听音找物"游戏如何进行

方法：家长敲响玩具（铃、鼓），小儿注意倾听，然后走到房子的一角敲，用语言跟小儿说："这是什么声音?""听听声音，在哪里?"这时注意小儿的视线，是否朝着有声音的地方注视，若未注视，重复敲，直到他注视为止。注意事项：在此基础上，多给孩子倾听周围的声音，如给孩子听能发出悦耳声音的玩具（如小铃铛、八音盒、带音响的玩具等），甚至听昆虫和鸟类的啼鸣声，各种交通工具的声音等。当周围发出音响时，观察孩子的反应。

目的：听音找物或找人，通过发展视听提高适应能力。

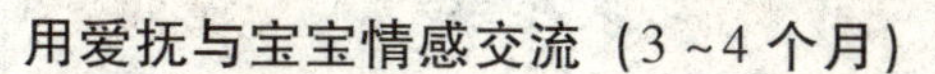

“左右侧翻”游戏怎么玩

方法：用玩具在宝宝左右两侧逗引，使宝宝熟练地向左右随意侧翻。出生后90天之前，宝宝先学会向一侧翻身，以后他会熟练而且主动地向习惯的一侧翻身，有时不用逗引也会自己将身体翻过去变换体位。这时大人要有意识地在他不熟练的一侧逗引，让他练习翻身。可将一侧腿搭在要翻身侧的腿上，用玩具逗引并扶着他的肩朝要翻的一侧转动，使宝宝向不熟练的一侧翻身。宝宝有了侧翻的经验，练几次之后不用帮助就能自己翻过去。

目的：熟练地向两侧翻身是为下月作180°翻身做准备。

什么是“抱大球”游戏

方法：把一个直径30厘米的大球吊起在宝宝双手能够得着的高度。先让宝宝双手抱住大球，然后提起宝宝的双腿，让腿也能够到大球。宝宝的腿较短，能用手一起抱着大球。一些大球内有铃铛，宝宝推动大球时能打响里面的铃铛，因此宝宝很愿意用四肢把大球推来推去，让铃铛发出声音。如果大球内没有铃铛，你可以另外把铃铛挂在吊大球的绳子上，也能在大球被推动时打响。不过要挂得结实，否则掉下来会打伤宝宝。如果宝宝的四肢不能同时抱大球。可以先让宝宝用双手去抱，玩熟练后把球拖到脚够得着处，再用双脚练习踢球，渐渐把球向腹侧移动，让宝宝的脚渐渐上举，最后达到四肢都能同时抱球，把球弄响以取乐。

目的：有利于提高宝宝四肢的协调性。

怎样进行“抓特务”游戏

方法：在小澡盆中给宝宝洗澡，将一些玩具放在澡盆里，一些浮起，一些下沉。将漂浮的玩具如小鸭子摁进水中，等鸭子又浮起来时，对宝宝说：“呀，小鸭子会游泳。”捞起沉在盆底的玩具，如陀螺，又扔进水中，待陀螺又沉入盆底时说：“呀，陀螺不会游泳。”让宝宝也试试。

目的：通过训练，让宝宝思考，接触规律，了解哪些东西会漂浮，哪些会下沉，从而提高宝宝的思维能力。在游戏时要注意时间，不要让宝宝着凉。

“摇啊摇”游戏如何进行

宝宝的脖子稳固后可以进行这种快乐的游戏。扶住宝宝手肘及肩膀，将卧躺的宝宝扶起来，一边唱摇啊摇，并凑近脸对着他笑，宝宝一定非常高兴。宝宝被拉起来的时候，身体会有悬空的感觉，此时正是他训练平衡感的时机。

“钻隧道”游戏怎样玩

方法：找一个长纸箱，做成“隧道”，在“隧道”中铺一个垫子，并把一个玩具放在“隧道”的另一头，让宝宝钻过去拿到玩具。对宝宝来说，“钻隧道”是一个非常神秘且令人激动的游戏，人忽然不见了，又忽然出现了，就像变魔术一样。

目的：这个游戏可以提高宝宝的爬行能力，进而锻炼宝宝膝盖、上臂以及胸部的肌肉。

“注视小物”游戏如何进行

方法：在洁白的餐巾或纸巾中央放一粒红色的糖豆或其他东西。宝宝会注意地看这粒小东西，看它不会动、不会叫，就伸手去摸，用手去拨弄，把它抓起来放入口中。大人要注意他的动作，不让他抓到手中，以免放入口中吞下或噎着。

目的：观察宝宝能否注意到这粒糖豆，看看他的手眼协调是否良好。宝宝拨弄糖豆时手掌动作不准确，抓起糖豆是用五个手指把糖豆拨到掌心，常常抓不准，容易掉下来。只要能拨弄糖豆就说明宝宝手眼协调能力良好。

第五章 激发宝宝快乐的细胞（4 ~5 个月）

一、记录宝宝成长足迹

本月宝宝的听觉和视觉有怎样的变化

这时期孩子在听觉方面也有很大的发展，听到声音后能很快地将头转向声源，能区分妈妈和其他人的声音，对母亲的语言有明确的反应，对他自己的名字也有所反应。喜欢听音乐，能表现出集中注意听的样子。

宝宝的视觉 4 ~5 个月时，婴儿头眼协调能力好，两眼随移动的物体从一侧到另一侧，移动 180°，能追视物体，如小球从手中滑落掉在地上，他会用眼睛去寻找。喜欢明亮的颜色如红、橙、黄色，特别是红色的物体最能引起婴儿的兴奋与注意。这时候孩子的视力可达到 0. 1，能注视较远距离的物体，如街上行人、车辆等。对这一月龄的孩子可以用选择观看法来检查视力发育是否正常，这是一种筛查的方法，可以早期判断孩子的视力发育情况。家长可以带孩子去儿童保健部门进行这方面的检查。

本月宝宝的触觉有怎样的变化

这个月宝宝能够抓近处的玩具，妈妈可以抱起宝宝，将拨浪鼓等玩具放在他一侧手边的2.5厘米处，让宝宝尽力去抓取玩具，可以训练宝宝的触觉能力，练习指端掌根的抓握能力。这个月的宝宝已开始用手探索世界，任何能拿到的东西他都要拿来看看，所以这个月家长要尽量让宝宝拿更多的小东西。

本月宝宝的语言有怎样的变化

这个时期的孩子在语言发育和感情交流上进步较快。高兴时，会大声笑，声音清脆悦耳。当有人与他讲话时，他会发出咯咯咕咕的声音，好像在跟你对话。此时孩子的唾液腺正在发育，经常有口水流出嘴外，还出现把手指放在嘴里吸吮的毛病。

本月宝宝的动作有怎样的变化

4个月的孩子做动作的姿势较以前熟练了，而且能够呈对称性。抱在怀里时，孩子的头能稳稳地直立起来；俯卧位时，能把头抬起并和肩胛成90°角；拿东西时，拇指较前灵活多了；扶立时两腿能支撑着身体。

本月宝宝的记忆力有怎样的变化

4~5个月的宝宝记忆力逐渐增强，他知道去寻找掉到地上的玩具。不过当新的玩具出现在他眼前时，他会很快忘掉刚才正在玩的玩具。

二、关注宝宝的每一口营养

是否开始为断乳做准备了

宝宝长到这个月，开始对乳汁以外的食物感兴趣了，即使本月以前完全采用母乳喂养的宝宝，到了这个时候也会开始想吃母乳以外的食物了。比如，宝宝看到成人吃饭时会伸手去抓或嘴唇动、流口水，这时就可以考虑给宝宝添加一些辅食，为将来的断乳做准备。这个阶段的宝宝，一般每4小时喂奶1次，每天吃4～6餐，其中包括一次辅食。每次喂食的时间应控制在20分钟以内。在2次喂奶的中间要适量添加水分和果汁。这个月辅食的品种可以更加丰富，让宝宝适应各种辅食的味道。

宝宝不喜欢吃牛奶该怎么办

有不少母亲想用日常家里现有的食物做断乳食品，但各种断乳食谱中几乎都少不了牛奶。可是一直吃母乳的宝宝却不爱喝奶粉和鲜奶。这时母亲完全没有必要着急，因为牛奶并不是必不可少的。补充其他的动物性蛋白食物也完全可以，如鱼肉、鸡蛋等。有些超市出售的现成婴儿食物中也含有牛肉及鸡肉。母亲可以经过几次尝试后，找出宝宝最喜欢吃的食物，然后继续喂下去，不久婴儿就什么食物都能吃下了。

何时开始给宝宝添加辅食

宝宝4个月时，就可以开始吃辅食了。但此时，母乳尚不能完全被其他食品代替。只要还有母乳，妈妈即使上班后也要每天坚持喂宝宝3次，不足的次数再用母乳化奶粉或牛奶替代。总共喂5次，同时要观察宝宝的大便情况。可在两次喂奶之间开始添加辅食，如蛋黄，研碎后用小勺喂；水果泥，将水果切碎碾成泥后用小勺喂。此外，还需要给宝宝继续服用浓缩鱼肝油滴剂及果汁水。人工喂养的宝宝，每天喂奶5次，每次1瓶。并要同时开始添加辅食，如蛋黄、水果泥等。

宝宝辅食的喂养方法是什么

给4～5个月的宝宝喂辅食，一定要耐心、细致，你要根据宝宝的具体情况加以调剂和喂养。除了要按照上一讲介绍的由少到多、由稀到稠、由细到粗、由软到硬、由淡到浓的原则外，还要根据季节和宝宝的身体状态添加。如发现宝宝大便不正常，要暂停增加，待恢复正常后再增加。另外，在炎热的夏季和身体不好的情况下，不要添加辅食，以免宝宝不适。想让宝宝能够顺利地吃辅食，有一个技巧，就是在宝宝吃奶前、饥饿时添加，这样宝宝就比较容易接受。另外，还要特别注意卫生，宝宝的餐具要固定专用，除注意认真洗刷外，还要每日消毒。

喂饭时，你不要用嘴边吹边喂，更不要先在自己嘴里咀嚼后再吐喂给宝宝，这种做法极不卫生，很容易把疾病传染给宝宝。喂辅食时，要锻炼宝宝逐步适应使用餐具，为以后独立用餐具做准备。不要怕宝宝把衣服等弄脏，让宝宝手里拿着小勺，你比划着教宝宝用，慢慢地宝宝就会自己使用小勺了。

宝宝辅食添加的原则是什么

这个月龄的婴儿的主食仍应是母乳或牛奶，此时的辅食只能作为补充食品让婴儿练习吃，以习惯和适应奶以外的食品，为断奶做准备。千万不要让婴儿吃过多的辅食而减少母乳或牛奶的量。婴儿辅食应根据小儿的营养需要和消化能力合理添加，要遵循以下原则：

- 从少到多，从少到多使婴儿有一个适应过程，如添加蛋黄，宜从1/4个开始添加，5～7天后如无不良反应可增加到1/3～1/2个，以后逐渐增加到1个。
- 由稀到稠，如从乳类开始到稀粥，再增加到软饭。
- 由细到粗，如从菜汤到菜泥，乳牙萌出后可试喂碎菜。
- 由一种到多种，习惯一种食物后再加另一种，不能同时添加几种辅食。
- 循序渐进，在婴儿健康、消化功能正常时逐步添加。另外，喂食辅食不宜在两次哺乳之间，否则就增加了饮食次数。

由于婴儿在饥饿时较容易接受新食物，在刚开始添加辅食时，可以先喂辅食后喂奶，待婴儿习惯了辅食之后，再先喂奶后加辅食，以保证其营养的需要。

宝宝辅食添加步骤有哪些

● 喂水果从过滤后的鲜果汁开始，到不过滤的纯果汁，再到用勺刮的水果泥，到切的水果块，到整个水果让宝宝自己拿着吃。

● 喂菜从过滤后的菜汁开始，到菜泥做成的菜汤，然后到菜泥，再到碎菜。菜汤煮，菜泥炖，碎菜炒。

● 喂谷类从米汤开始，到米粉，然后是米糊，再往后是稀粥、稠粥、软饭，最后到正常饭。面食是面条、面片、疙瘩汤、饼干、面包、馒头、饼。

● 喂肉蛋类从鸡蛋黄开始，到整鸡蛋，再到虾肉、鱼肉、鸡肉、猪肉、羊肉、牛肉。慎重对待市场上的婴儿辅食，如果母乳不足，宝宝又不吃牛奶，那就只有添加辅助食品了。

一天先添加20~30克的米粉，观察宝宝大便情况，如果拉稀，就减量，或停掉，或换加米汤、肉汤面等。市场上还有婴儿吃的小罐头、鸡肉松、鱼肉松等半成品。向4~5月龄的宝宝喂食这些半成品，并不是最好的辅食添加选择，妈妈自己做辅食，才是最佳选择。如果实在没有时间，那就等到下个月，或半岁以后再添加这些半成品。4~5月龄还是用奶类喂养宝宝，这反倒是安全的。辅食添加不当，导致宝宝腹泻，达不到增加营养的目的，反会让宝宝丢失掉原有的营养，很不值得。

本月宝宝的辅食包括哪三类

在这个月，宝宝辅食添加品种有：

● 固体食物。如粥、烂面、小馄饨、烤馒头片、饼干、瓜果片等，以促进牙齿的生长并锻炼咀嚼吞咽能力，还可让宝宝自己拿着吃，以锻炼手的技能。

● 杂粮。可让宝宝吃一些玉米面、小米等杂粮做的粥。杂粮的某些营养素高，有益于宝宝的健康生长。

● 动物性食物。如可以给宝宝吃整只鸡蛋，还可增添肉松、肉末等。以上饮食又可分为五类，即母乳、牛乳或配方奶等乳类，粮食类，肉、蛋、豆制品类，蔬菜、水果类及油脂类。以下是宝宝一天的饮食安排，能够保证宝宝的营养均衡，可供参考：06：00～06：30母乳、牛奶或配方奶250毫升，饼干3～4块；09：00～09：30蒸鸡蛋1个；12：00～12：30粥1碗（约20克）加碎菜、鱼末、豆腐；14：30～15：00苹果或香蕉1/2～1个（刮泥）；15：30～16：00母乳、牛奶或配方奶200毫升，面包1小块；18：00～18：30烂面条1碗（约40克），加肉末加碎菜；20：00～21：00母乳、牛奶或配方奶220毫升。

蛋黄泥的做法与喂法是什么

蛋黄中含铁量较高，宝宝也较易接受。将鸡蛋煮熟后剥出蛋黄，将蛋黄放在碗里用勺子研碎即可。5个月的婴儿先每日1/3小勺，可用温开水或橙汁稀释喂婴儿。注意不要直接用蛋黄泥喂婴儿，蛋黄泥太干，容易噎着婴儿。如无消化不良或减少牛奶量等情况发生，两周后可适当增加蛋黄至1/2个或肝泥至1勺。蛋黄泥喂得过早会使婴儿胃中积食，出现食欲下降、不思牛奶等症状，妈妈要引起注意。一旦给婴儿喂食蛋黄后出现这样的情况，可以先停喂蛋黄；如婴儿的食欲还是没改善，可以先饿婴儿一天，等他很饿、急于进食时再开始喂牛奶。蛋黄中铁的吸收率仅为3%，要增高吸收利用率可以与维生素C同服，维生素C可使铁的吸收率提高4倍。蛋黄不宜与各类辅食及奶类同时吃，以免谷类的植酸及奶中有机物干扰铁的吸收。

怎样为宝宝制作肝泥

将鸡肝或猪肝煮熟后，取一小块放碗里用勺子研碎。动物肝最好是鸡肝，因为鸡肝质地细腻，味道比别的肝类鲜美，婴儿容易接受，也容易消化。猪肝相对比较硬，即使捣碎成泥后还会有硬颗粒，吃起来口感不如鸡肝，也容易出现积食。放少许煮熟的酱油拌匀，用粥汤或牛奶将肝泥调成糊状喂婴儿，也可加入粥中。注意不要直接用肝泥喂婴儿，肝泥由于质地较干，容易噎着。喂肝泥后婴儿如果出现与喂蛋黄后一样的积食症状，处理方法同上。

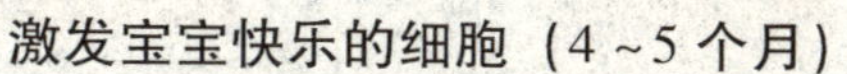

宝宝何时可以吃盐

食盐在膳食中是必不可少的调味品，如果没有食盐，各种饭菜将没有味道，会严重影响食欲。食盐也是体内钠和氯的主要来源，钠和氯是人体内必需的无机元素，起调节生理功能的作用。钠、氯在体内吸收迅速，排泄容易，约 90% 以上从尿中排出，少部分从汗液排出。健康儿童排出量与摄入量大致相等，多食多排，少食少排，使体内钠、氯含量保持相对稳定。

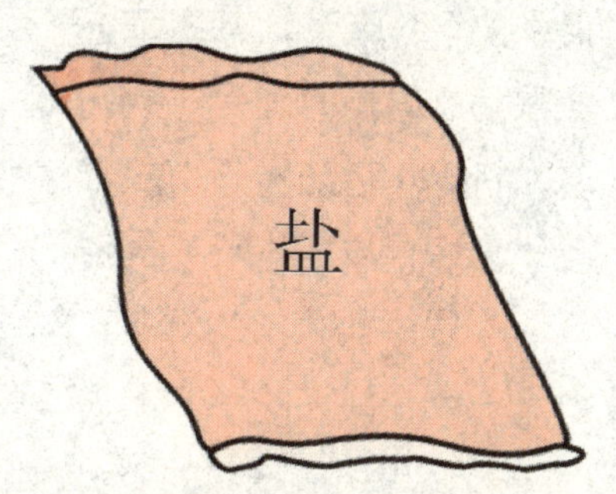

但 6 个月以内婴儿，尤其是怀胎不满 8 个月的早产儿，肾脏滤尿功能低，仅为成人的 1/5 以下，不能排泄过多的钠、氯等矿物质，应避免吃咸食。一般小儿 6 个月后，肾脏滤尿功能开始接近成人，此时在逐渐添加的辅食中，可酌量给予咸食。6 个月前，婴儿的食物以乳类为主，逐渐添加少量乳儿糕、米粉等副食品。这些食品内均含有一定量的钠、氯成分，可满足小儿对钠、氯的生理需要，所以不必担心不吃咸味会对小儿有什么不利。

食盐摄入过多会加重肾脏负担，肾脏长期负担过重，也有引起成年后患高血压的可能。如肾脏有病变，过量的食盐更会引起机体水肿。因此，小儿的食品不宜过咸，仅以满足其食欲感即可，不能以成人口味作为标准来衡量咸淡。健康小儿食盐的用量一般掌握在每天 2.5 ~5 克，6 个月左右初食咸味时，量宜更少。

喂宝宝喝饮料好不好

有些父母喜欢给孩子喝甜果汁等饮料代替白开水给孩子解渴，其实是不妥当的。饮料里面含有大量的糖分和较多的电解质，喝下去后不像白开水那样很快就离开胃部，而会长时间滞留，对胃部产生不良刺激。孩子口渴了只要给他们喝些白开水就行，偶尔尝尝饮料也最好用白开水冲淡再喝。

喂宝宝喝牛奶有哪些注意事项

◉ 喂奶的次数：人工喂养与母乳喂养不同，必须有一个合适的喂奶次数，如果不规定喂奶的间隔与次数，必将出现不良后果。母乳喂养提倡“按需哺乳”，人工喂养则要定时哺喂。以一个体重5千克婴儿为例：5千克体重每日需牛奶550毫升，将这550毫升牛奶分成7~8次喂哺，每次约为70毫升。每次喂奶的间隔时间为3~4小时，在两次喂牛奶的间隔期，应当给婴儿喂些开水，将200毫升水分次在喂牛奶的间隙喂给婴儿。夜间，为了妈妈和婴儿都能休息好，应当停喂1次奶。

◉ 喂牛奶之前的准备：将牛奶、奶具消毒，牛奶装入奶瓶后，将瓶中的奶滴一点在成人的手背上，如果不感到烫手，就可以喂婴儿了。

◉ 使用奶瓶喂养的姿势：喂牛奶时应奶嘴低，瓶底高，使牛奶没过奶嘴部位，避免将空气喂进婴儿胃里。

◉ 喂奶后的处理：每当喂完牛奶，要将婴儿抱起来，轻轻地靠在妈妈的肩上，用手轻轻地拍拍婴儿的背部，帮助婴儿排出吸进的空气。

◉ 牛奶量的调整：如果婴儿喂奶后间隔的时间不长就哭闹，可以适当地增加一些牛奶量；相反，如果婴儿吃不了计算出的牛奶量，可以少喂一些牛奶。对人工喂养的婴儿，要定期测量体重，根据体重来调整奶量，也是不错的方法。

为什么宝宝的辅食不宜以米面为主

母乳喂养儿不易发生肥胖，但开始添加辅食后，如果数量上不加限制，尤其是不限制米面类辅食，宝宝很快就会变得肥胖起来。添加辅食后，宝宝每天体重增加超过20克，或10天体重增加200克以上，就要考虑辅食品种的选择是否有问题。如果婴儿特别喜欢吃辅食，就要以肉蛋、果汁、汤类为主，不要以米面为主。主食上尽量让宝宝吃母乳，辅食则多吃水果和蔬菜。添加辅食的时间、品种、次数、多少，是自制还是购买现成的，都要具体情况具体分析。如果妈妈要上班，祖辈或保姆看护宝宝，他们不会制作辅食，自然应该购买现成的。即使是全职妈妈，制作辅食也会占用大量时间，宝宝户外活动或妈妈陪宝宝玩的时间就不可避免地减少了。不如购买现成的辅食，妈妈仅做少量简单的辅食。

给宝宝添加辅食有什么好处

● 补充母乳或婴儿配方奶粉中营养素的不足：随着婴儿的生长发育对营养素的需要量增加，仅靠母乳或牛奶不能供给所需要的营养素，母乳的分泌量减少，婴儿体内的铁、锌的储存量减少，因此乳制品以外的辅助食品的添加非常重要。

● 增强消化功能：添加辅助食品可增加唾液及其他消化液的分泌量；增强消化酶的活性；促进颌骨的发育和牙齿的萌出，增强消化功能；训练婴儿的咀嚼能力和吞咽功能。

● 确立良好的饮食习惯：断奶期是婴儿对食物形成第一印象的重要时期。在辅助食品的选择以及制作方法方面，要注意营养丰富、易消化和卫生。如方法应用得当，是婴儿将来养成良好饮食习惯的基础。

● 促进神经系统均衡发育：及时添加辅助食品将有助于婴儿神经系统发育，刺激味觉、嗅觉、触觉和视觉。通过添加辅助食品，使婴儿学会用匙、杯、碗等食具，最后停止母乳和奶瓶吸吮的摄食方式，逐渐适应普通的混合食物，最终达到断奶的目的。

如何让宝宝愉悦地接受辅食

● 示范如何咀嚼食物：当宝宝将食物用舌头往外推时，爸爸妈妈可以示范给宝宝看如何咀嚼食物吞下去。不妨再多试几次，让宝宝有更多的学习机会。

● 勿喂太多或太快：按宝宝的食量喂食，喂食的速度不要太快，喂完食物后，应让宝宝休息一下，不要有剧烈的运动，也不要马上喂奶。

● 品尝各种新口味：常常吃同一种食物，会令宝宝倒胃口，饮食有变化才能刺激宝宝的食欲。在宝宝原本喜欢吃的食物中，加入新的材料，分量和种类均由少而多，便可增加食物摄取的种类，找出更多宝宝喜欢吃的食物。

◉ 隔一段时间再尝：如果宝宝对某一种食物感到讨厌，可能只是暂时性不喜欢，可以试着隔一段时间再让宝宝吃吃看。

◉ 适当地顺其自然：如果宝宝真的不喜欢某些食物，就试着找出营养成分相似的替换食物。对宝宝而言，辅食是新鲜的东西，目前不接受的食物以后可能会接受，因此妈妈要有耐心多尝试一些。只要宝宝健康、活力良好，且生长情形符合宝宝健康手册上的生长曲线图，即使有时吃得少点也无须担心，顺其自然就好。

三、全新的宝宝护理技巧

什么时候适宜给宝宝用围嘴

从第4个月起，宝宝就要开始长牙了，由于宝宝的唾液分泌增多且口腔较浅，加之闭唇和吞咽动作不够协调，宝宝还不能把分泌的唾液及时咽下，所以会流很多口水。这时，为了保护宝宝的颈部和胸部不被唾液弄湿，可以给宝宝戴个围嘴，这样不仅可以让宝宝感觉舒适，而且还可以减少换衣服的次数。围嘴可以到婴儿用品商店去买，也可以用吸水性强的棉布、薄绒布或毛巾自己制作。

值得注意的是，不要为了省事而选用塑料及橡胶制成的围嘴，这种围嘴虽然不怕湿，但对宝宝的下巴和手都会产生不良影响。宝宝的围嘴要勤换洗，换下的围嘴每次清洗后要用开水烫一下，最好能在太阳下晒干备用。

为什么不宜给宝宝盖得太厚

父母总担心宝宝受凉，给宝宝盖的被子大多都比较厚重。其实，4个月以后的宝宝正处于生长发育的旺盛期，代谢率高，比较怕热；加上神经调节功能不成熟，很容易出汗，因此宝宝的被子总体上要盖得比成人少一些。如果宝宝盖得太厚，感觉不舒服，睡觉就不安稳；而且，被子过厚过沉还会影响宝宝的呼吸，为了换来呼吸通畅，宝宝会使劲把被子蹬掉，结果宝宝夜间长时间完全盖不到被子，就容易受凉。

因此，给宝宝盖得太厚反而容易让宝宝蹬被子受凉；少盖一些，宝宝会把被子裹得好好的，蹬被子现象也就自然消失了。除少盖一些让宝宝舒服外，还要注意睡觉时别让宝宝穿太多衣服，一层贴身、棉质、少扣、宽松的衣服是比较理想的。

过分逗弄宝宝有哪些坏处

婴儿白白胖胖，招人喜爱，有的大人喜欢和婴儿玩，逗得孩子“咯咯”笑，有的甚至被逗得笑个不停。有资料表明，过分逗笑孩子会造成孩子暂时缺氧窒息，引起暂时性脑贫血，也会造成孩子口吃或痴笑，严重的也可造成下颌关节脱臼。况且，过分逗弄孩子，时间久了，孩子就不自己玩，而习惯由大人逗弄他。开始逗孩子是为了快乐，以后却成了永无止境的苦差事。所以，逗孩子要适可而止。

宝宝出牙的顺序是怎样的

4～6个月的宝宝开始出牙了。人的一生有两副牙齿，出生后长出的第一副称乳牙，到6岁左右换牙，换牙时生长的牙齿是恒牙。乳牙长出的时间因人而异，有早有晚。一般6个月开始出牙，也有的宝宝4个月就开始出牙，或9～10个月才开始出牙。通常最先长出的是下切牙（下门牙），然后长出4颗上切牙，多数小儿到1岁时即已长出4上2下6颗切牙和上下4颗乳磨牙

（板牙），乳磨牙长得离切牙稍远，为将来长出的尖牙（虎牙）留下空位。第1乳磨牙长出后，中间又有几个月停顿，接着长出位置紧靠第1乳磨牙的上下4颗尖牙，一般是于2～2.5岁时长出，最后长出第二乳磨牙。出牙的数目一般是月龄减4～6。

怎样才能保护好宝宝的牙齿

对4～5个月的宝宝来说应注意以下两方面：

- 要从小培养宝宝的好习惯，如在睡眠前不要吃带糖分的食物。因为糖类食物在口腔细菌的作用下，发酵产生酸性物质，这种物质腐蚀乳牙，使乳牙脱钙形成龋齿。
- 要从小培养宝宝的正确睡眠姿势，有的宝宝睡眠喜欢偏向一侧，这样会使正常颌骨发育受到影响，会形成一侧大一侧小，影响牙齿的发育。此外宝宝叼奶头睡觉、吮指等坏习惯，都会引起牙齿排列不齐，从而影响牙齿的正常发育。

为什么家长不宜制止宝宝哭

婴幼儿大脑发育不够完善，当受到惊吓、委屈或不满足时，就会哭。哭可以使孩子内心的不良情绪发泄出去，通过哭能调和人体七情。所以哭是有益于健康的。有的家长在孩子哭时强行制止或进行恐吓，使孩子把哭憋回去。这样做使孩子的精神受到压抑，心胸憋闷。长期下去，会精神不振，影响健康。当孩子哭时，家长要顺其自然。孩子哭后就能情绪稳定，就喜笑如常了。

如何培养宝宝正确看电视

让婴儿看电视，会引起一些人的反对，怕对婴儿的视力有不良影响。其实，如果看电视的方法正确，对婴儿还是有很多好处的。可以发展婴儿的感知能力，培养注意力，防止怯生。4～5个月的婴儿已有了一定的专注力，而且对图像、声音特别感兴趣。这时，不妨让婴儿看看电视，但看电视的时间不要超过2～10分钟。看电视的内容要有选择，一般来说婴儿喜欢看图像变换较快、有声、有色、有图的电视节目，如儿童节目、动画片、动物世界，甚至一些广告节目等，这些节目都可作为婴儿看电视的内容。但要注意，每次看电视可选择1～2个内容，声音不应过大，过于强烈，以使婴儿产生愉快情绪，而且不疲劳。

宝宝的鼻涕该如何清理

婴儿的鼻腔较狭窄，鼻窦尚未发育成熟，鼻腔黏膜又特别敏感，容易出现流鼻涕、鼻塞等现象，所以在打过喷嚏、接触到冷空气或哭过后，常常会有流鼻涕的现象而导致鼻塞。更何况婴儿鼻黏膜和成人一样，每天都会有正常的分泌物。有时会干燥变硬成块，阻塞住婴儿狭窄的鼻腔，伴随每次呼吸，造成婴儿的鼻腔内有鼻塞声。婴儿若鼻塞可能会整晚睡不好。

如何清理宝宝的鼻涕呢？

- 如果可以直接看到鼻内的阻塞物或分泌物，取婴儿用棉签先蘸点水或婴儿油润剂后，深入鼻孔内（勿超过2厘米）将此分泌物取出。切忌深入鼻腔过多，鼻腔内黏膜很脆弱，勿盲目清除，以致造成伤害，轻轻地将鼻涕擦干净即可。
- 使用温热的毛巾在鼻子上施行热敷，鼻腔会比较通畅，同时黏稠的鼻涕也容易水化而流出来。
- 最方便、最有效的办法是使用婴儿用吸鼻器。
- 使用棉签时，因为婴儿会乱动，小心勿让棉签伤及鼻黏膜。
- 冬天使用暖气或电热器取暖时，要注意空气太干燥的问题，婴儿的鼻子会不舒服，室内需要加湿。
- 婴儿会利用打喷嚏的方法，将鼻腔内的异物清除，当突遇冷空气时也会引起打喷嚏，这是正常现象，不必担心。
- 如果鼻腔原本不通畅，呼吸费力，喘气不顺，在吃奶时，因为口腔被奶嘴堵塞住，所以呼吸更加困难，婴儿会表现出烦躁不安、脸色发暗、鼻翼扇动及胸部凹陷等症状。

◉ 呼吸不通畅伴有发热、咳嗽及活力不佳等症状时，表示有其他健康问题。鼻涕的颜色转变为黄色黏稠状时，可能有细菌或病毒感染，甚至化脓，此时需要立即就医。

如何教宝宝正确使用儿童车

婴儿仅变换室内环境还不够，还要让婴儿接触更多的外界环境。从自然环境中接受丰富的信息来促进宝宝身心发展。另外，这个月龄的婴儿已能自己翻身，两手喜欢到处抓摸东西，并将抓到的物品放进嘴里。因此，无专人照料或一时疏忽，就可能发生危险。

解决以上问题的方法是准备一辆儿童车。儿童车的式样很多，应选择可以放平，使婴儿躺在里面，拉起来也可以使婴儿半卧斜躺在小车里，也可以让婴儿坐在车里。最好车上装有一个篷子，刮风下雨也不怕了。车子的轮子最好是橡胶的，推起来不至于颠簸得太厉害，否则对婴儿的大脑发育不利。婴儿车尽量不要在那些高低不平的路上推，因为这样车子会上下颠簸，左右摇摆，不但推的人费劲，婴儿也很难受。另外，孩子坐在车里，要比推车人低得多，离地面很近，很容易呼吸到地面上的灰尘。所以，为了孩子的身体健康，家长推着小车散步时，要到车少、地平、环境优美的地方去。

怎样帮助宝宝坐起来

4 个月的婴儿，可练习坐，小儿能坐起来很重要，小儿独坐后，眼界开阔了，可接触许多未知物，有利于小儿感知觉的发育，另外，小儿能独坐后，脊柱开始形成第 2 个生理弯曲，即胸椎前突，对保持身体平衡有重要

作用。让宝宝仰卧在床上，妈妈双手夹住宝宝的腋下，轻轻地将宝宝拉坐起来，再轻轻地放下去，边说“宝宝坐坐，宝宝能干”等，练习多次后，家长只需稍用力帮助，并且逐渐减少用力，宝宝就能借助妈妈扶的力量自己用力坐起来。

5 个月时，可练习靠坐，将宝宝放在有扶手的沙发上或小椅子上，让宝宝靠坐着玩，以后慢慢减少他身后靠的东西，使宝宝仅有一点支持即可坐住或独坐片刻。一般在 6 个月左右，宝宝可开始独坐，刚开始独坐时，宝宝可能协调不好，身体前倾，此时坐的时间不宜长，慢慢延长每次坐的时间，直到能稳定地坐。

宝宝吵夜怎么办

许多家长问大夫：孩子晚上不睡觉，但也没有其他不适的症状，这是怎么回事，怎么办呢？其实，人类昼出夜寝的习惯是在长期的生活中形成的，是一种普遍的生活习惯。如果你有意识地培养自己白天睡觉的习惯，那么，到了晚上就不会发困。孩子也不例外，如果睡够了，不管在什么时候醒来，都显得很精神。当然，如果在夜间醒来，就会扰得大人不得安宁。睡眠既然是个生活习惯，就可以调节，这需要母亲有意识地训练自己的孩子，养成良好的睡眠习惯。但有的宝宝到了该睡觉的时候就是不睡，不该睡的时候却大睡，而且每天都这样，就说明宝宝建立了睡眠习惯。要调整，但过程缓慢。

如何给宝宝洗手、洗脸

婴儿新陈代谢旺盛，容易出汗，手喜欢到处乱抓，又喜欢放到嘴里，因此需经常给婴儿洗手洗脸。给 4 个月以内的婴儿洗手、洗脸时，要注意避免孩子的皮肤受损伤。水温不要太热，以和体温相近为宜。婴儿要有专用的脸盆和毛巾，脸盆要定期用开水烫一下，洗脸毛巾要定期放到太阳下晒。给婴儿洗手、洗脸时动作要轻、快，不要把水弄到婴儿的眼、耳、鼻、口中。

四、宝宝的智能训练

如何对宝宝进行语言能力训练

方法：教婴儿一些外语。当婴儿表现出“说话”的欲望时，大人要抓住时机，教婴儿说一些简单的词语，给婴儿一个良好的语言环境。如：妈妈指着自己说“妈妈”，又指着爸爸说“爸爸”。给婴儿看图片时，指着图片上的花说“花”，指着小鸟儿说“鸟”。在外面玩耍时，看见小狗就指给婴儿看，一边说“狗”，看见小树说“树”。注意事项：即使小婴儿这时还不会说这些词，但家长一定要持之以恒，并作为一种长期性的、经常性的教育任务来做。

目的：训练婴儿语言能力。

怎样提高宝宝的自理能力

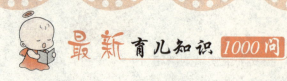

我们在走路时，若是不小心跌倒了，多会伸出手来防止脸和头部受伤。因此，当宝宝会坐之后就可开始进行向两侧跌倒的练习。首先，让宝宝坐下，然后一面发出声音、一面轻轻地推他的肩膀，此时他另一侧的手就会向下扶地，再以膝盖着地，然后头朝下地趴在地上。当宝宝躺下时切忌伸手去扶，只需在旁守护即可。

怎样提高宝宝的记忆力

＊ 寻找失踪的玩具 ＊

将带响的玩具从孩子眼前落地，发出声音，看看他是否用眼睛追随，伸头转身寻找。如果能随声追寻，可继续用不发声的绒毛玩具落地，看看能否追寻，如果追寻就将玩具捡来给他以示鼓励。

＊找铃铛＊

大人轻轻摇着小铃铛，先引起宝宝的注意。然后走到孩子视线以外的地方，在身体一侧摇响铃铛，同时问他“铃在哪儿呢”，逗他去寻找。当孩子头转向响声，大人再把铃摇响，给他听和看，让他高兴，然后当着他面把铃铛塞入被窝内，露出部分铃铛，再问“铃在哪儿呢”，大人用眼示意，如果宝宝找到，就抱起亲亲以示表扬。

如何对宝宝进行爬行训练

训练目的：有节奏地爬，可以锻炼肌肉。训练方法：铺上毛毯，让孩子在上面仰卧。

- 胳膊伸直，抬起、放下，一上一下交替进行。①抬起、放下的角度，以孩子能承受的程度为限。②让孩子握着大人的大拇指，慢慢地上下动作。习惯以后，可左1次、右1次，连续做3次；然后，右1次、左1次，再连续做3次。

- 两腿同时弯曲。①把两手放在膝盖下的小腿肚上，使左右两腿同时弯曲，贴到腹部。然后拉回，使两腿自然伸直。②支撑大腿做2～3次，然后夹住脚脖子反复做2～3次。

- 把肩支撑起来，挺起胸脯。①让孩子俯卧，两肩挺起，把身体支撑起来。②头尽可能抬起来，慢慢地把身体支撑起来。

- 翻身。①让孩子侧卧，握着腿向前翻转。脸朝下后，再向同一方向翻转，起来后脸朝上。②然后向反方向翻转，习惯以后，孩子自己就能自由翻转了。注意事项：此训练适用于4～5个月的婴儿。

怎样训练宝宝的认知能力

认知自己的名字。目的：开始叫宝宝的名字，也是一种刺激，刺激多了，就形成条件反射。4～5个月的宝宝，对叫他的名字已有反应，但还不是自我意识，只是跟叫别的物体一样。只有到了10个月后才最初认识到自我的存在和自身同外界的关系。为此从现在起就应加紧训练、强化，加快发展。方法：

大人轻轻指着宝宝的小鼻子说："你叫小×，你就是小×呀。"还可对着镜子里的宝宝说："那就是小×，是不是?"此项活动要经常进行，达到一叫小×，他就知道是他自己，逐渐认识到他和别的物体不一样。

怎样提高宝宝的社交能力

多和宝宝交流。目的：增强和亲人的交往，提高对食品的兴趣。方法：爸爸上班去了，一天都没在家。回到家里的第一件事，就是要和宝宝"说话"，交流情感，还要主动逗他玩或给他放音乐。时间长了，便建立起感情，以后爸爸回来后，还未主动对话前，宝宝看到后，便会主动发出笑声，并伴有四肢活动，表现出兴奋的样子。

同样，每天用固定的食具盛装食物喂宝宝，时间长了，特别是在他有饥饿感时，看到食物或食具，都会表现出兴奋的样子。家长还可在喂哺前穿插一些相关的语言，逗引宝宝，时间长了，只要听到声音他就会兴奋起来。也可练习给宝宝喂饼干吃，开始时最好是软一些的饼干，笑着对宝宝说："××，吃饼干啦!"边说边帮着将饼干放在宝宝的嘴边，宝宝会高兴地将饼干咀嚼后咽下，流露出兴奋的表情。

五、用心呵护宝宝健康

宝宝铅中毒的原因有哪些

目前，已有许多家长关注婴儿铅损害问题，在微量元素测查时希望检测铅含量。

铅对婴幼儿智力的损害是不可忽视的。即使经过驱铅治疗后血铅下降，但智力损害无明显恢复。以神经系统受损最严重，可导致婴儿烦躁不安、易冲动、腹痛、食欲下降、注意力不集中、性格改变、反应迟钝、智力下降、

记忆力下降等，严重者可出现铅中毒脑病，甚至死亡。

婴儿铅中毒的常见原因：

- 玩具及居室家具。许多色彩鲜艳的玩具和家具含铅量超标，如果婴儿玩过玩具、摸过家具后未洗手就拿食物，可随之吃入。
- 成人使用含铅化妆品、洗染剂。如果成人经常亲吻抚摸婴儿，可使铅进入婴儿体内。
- 环境中铅含量超标。如汽车尾气，婴儿较成人矮，吸入尾气最多；自来水的管道含铅量高，致使水污染等。
- 使用含铅的陶瓷、搪瓷制品盛装食物，食用含铅罐头、含铅松花蛋，均可使铅摄入人体。

宝宝头发稀疏是生病了吗

刚出生的宝宝头发稀只是一个暂时的生理现象。头发的多少是有个体差异的，有的新生宝宝头发稀疏，但到了1岁左右头发就会逐渐长出，2岁时头发就已长得相当多了，5～6岁时头发就会和其他宝宝一样浓密而乌黑，以后不会出现脱发的现象。由于宝宝头发稀疏，许多父母就不敢给宝宝洗头发，担心会使原本就稀少的头发脱落，造成头发更少。

实际上，在洗发过程中脱落的头发本身就是衰老而自动脱落的，倘若长期不洗头，就会使油脂、汗液等分泌物以及污染物刺激头皮，引起头皮发痒、起疱，甚至继发感染，这样反而使头发脱落。还有的妈妈以为将宝宝的头发剃光，便可加速头发生长，这种方法也不可取。个别妈妈盲目地在宝宝头皮上涂擦“生发精”、“生发灵”之类的药物，希望宝宝能长出浓密的头发，这类药物并不适用于婴幼儿稚嫩的头皮，甚至还会带来不良后果。

宝宝头发稀怎么办

- 勤洗头。经常为宝宝洗头，保持头发清洁卫生，使头皮得到刺激，才能促进头发生长。洗头时，必须选用婴儿专用洗头液，洗时轻轻按摩头发，不要揉搓头发，以防止头发纠结在一起，然后用清洁的温水冲洗干净。

● 勤梳发。为宝宝梳理头发时，选择使用橡胶梳子，这种梳子有弹性，很柔软，不会损伤宝宝的头皮。梳理时要按宝宝头发自然生长的方向梳理，不可强梳到一个方向。

● 营养充足。充足而全面的营养，对宝宝的头发生长非常重要。及时按月龄让宝宝多摄入蛋白质、维生素 A、B 族维生素、维生素 C 及富含矿物质的食物，这样可以通过血液循环供给发根，使头发长得更结实，更秀丽。

● 多晒太阳。适当的阳光照射和新鲜空气，对宝宝头发的生长大有裨益。紫外线的照射既有利于杀菌，又可以促进头皮的发育和头发的生长。

如何预防宝宝患缺铁性贫血

坚持母乳喂养。4 个月以后添加含铁丰富的辅食，如动物血、肝泥、蛋黄等。给孩子做辅食用铁锅，不用铝制品和不锈钢制品。人工喂养的孩子 2 周以后添加果汁和蔬菜汁。牛奶要煮沸。定期检查血红蛋白。

父母为什么要多观察宝宝的囟门

孩子在 1 岁半之内，头盖骨还没发育好，头部各块颅骨之间留有缝隙。位于头顶部中央靠前一点的地方，有一块菱形间隙，一般斜径有 2.5 厘米左右，医学学名叫“前囟”。用手摸上去有跳动的感觉，这是头皮下的血管中血液在流动，不是病态。有经验的人知道，孩子在生某些病时，囟门会发生变化，如吐泻严重、脱水的孩子会出现囟门凹陷的现象，如脑膜炎时颅内压增高，囟门可凸起。囟门一般在 1 岁半左右闭合，如囟门闭合过早，可能是脑发育不良、小头畸形。若囟门闭合过晚，则可能是佝偻病或甲状腺功能低下（呆小病）。

如何知道宝宝患有心脏病

小儿患有心脏病，一般多在 1 周岁以内便能发现。烦躁不安、哭声高尖、吮奶无力、呼吸急促、哭闹和活动时容易气喘、口唇发青等，这些都是先天性心脏病的主要表现。稍大点儿的孩子能诉说胸闷、心区痛、心慌，在活动时更为明显。病情严重的还可出现指甲、口唇、面颊呈暗紫色，医学上叫做发绀。有的孩子还可出现下肢水肿，杵状指（也叫“鼓槌指”，手指指端变粗，像打鼓的槌子）。

另外，先天性心脏病患儿还常有几种特殊的姿势：抱着时双腿不伸直，而是屈曲在大人的腹部；坐着时，爱把腿抬到桌面；站立时，下肢常保持弯曲姿势；走路时，走一段就想蹲下来休息片刻。因为这些姿势都有利于减轻心脏负担，改善缺氧状况。以上这些情况，在其他疾病中也可见到，所以要及时到医院就诊，进行心电图、超声心动图等检查。

如何及早判断宝宝是否患有肺炎

孩子患上感冒 2 ~3 天后出现持续性咳嗽、喘憋、呼吸困难、发热、吃奶不好，以至烦躁不安、鼻翼翕动、口周发青，这都是肺炎的症状。轻度小儿肺炎治疗效果很好，用抗生素治疗 7 ~10 天基本上就痊愈了。也有小儿在冬春季节得了腺病毒肺炎，临床症状较重，高烧 39 ~40℃ 持续不退，由于肺部大片炎症病变，呼吸面积减少，呼吸快而表浅，精神萎靡不进饮食，四肢凉，嗜睡，病情危重可合并中毒性脑病。

危重情况可持续 10 天 ~3 周，如有这种情况必须住院治疗。还有一种支原体肺炎，是由一种比细菌小比病毒大的微生物引起的肺炎，临床症状一般较轻。患病初期表现为频繁干咳，痰量逐渐增多，发热可低可高，稍大点儿的孩子能诉说头痛、嗓子痛，查血白细胞多数不高，用抗生素治疗效果比较好。

怎样预防急性口腔炎

急性溃疡性口腔炎是口腔内细菌引起的口腔黏膜急性炎症。小儿多见，小婴儿发病较重。

● 患儿表现：发热，体温高达 39 ~40℃；不愿吃奶，哭闹，不停地淌口水；口腔黏膜发红，舌头、颊部、唇内侧上牙膛等处可见大小不等的溃疡面。

颌部可以摸到肿大的肿块。

◉ 治疗办法：磺胺药或青霉素等消炎抗感染。吃维生素（B_1、B_2、B_{12}、C等）。高烧时用各种方法降温。生理盐水或淡食盐水漱口或清洗口腔，并涂抹紫药水、冰硼散（油）、锡类散或2.5%金霉素——鱼肝油软膏。嘴唇上有溃疡时忌用紫药水涂抹，可涂用磺胺软膏或其他抗生素软膏，以免结痂后继续形成溃疡。

◉ 护理要点：每天为宝宝清洗口腔，保持其清洁，有溃疡时可用双氧水或1∶2000高锰酸钾液蘸棉签擦洗溃疡面，然后用盐水冲洗干净并涂上各类抗生素软膏。多喂水或果汁等饮料，以保持口腔黏膜湿润，防止口腔内细菌繁殖。食物宜稀且不要太热，以免引起疼痛。

◉ 预防措施：平时注意保持宝宝的口腔清洁，减少细菌生长机会。加强身体锻炼，增加机体抵抗力。奶瓶、奶头、玩具等要保持清洁、定期消毒。

如何预防宝宝患传染病

4～5个月的婴儿外出的机会渐渐多起来，这样就会增加接触传染病的机会。尤其是此时从母体带来的抗体正逐渐减少和消失，而婴儿自身的免疫力尚未产生，所以比较容易得传染病。预防得传染的方法主要有：

◉ 按计划免疫的要求，及时进行预防接种，这样可以提高婴儿自身的免疫力，避免婴儿患传染病。

◉ 注意坚持合理的生活制度、正确的喂养和丰富的营养，不断提高婴儿本身的抗病能力。

◉ 在疾病流行季节，尽量不让孩子到人口稠密的公共场所去，避免甚至隔离与患有传染病的孩子（包括大人）接触。家中发现患者要及时隔离。

◉ 冬春季呼吸道的传染病较多，要加强体格锻炼，多到户外活动，注重合理营养，适时增减衣服，保持室内通风换气，以增强全身抵御疾病的能力；夏秋季消化道传染病较多，一定要坚持正确的喂养方法，注意饮食卫生，避免接触肠道感染的患者。

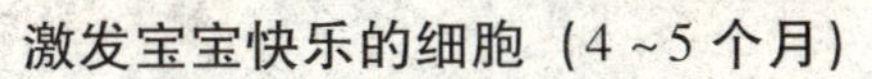

如何给发热的宝宝降温

宝宝发热时，如果父母来不及去医院就诊，可采取以下的暂时降温措施：保持空气流通，室温要适宜，房间的温度宜控制在25～27℃；可以用温水擦拭宝宝的前额或颈部、腹股沟，腋下等处；如果宝宝四肢及手足温热且全身出汗，就要脱掉过多的衣物，进行散热；要多给宝宝喝水，这样既可以防止宝宝脱水，又可以使体温降下来。当宝宝体温超过38.5℃时，应合理、适度使用退烧药，并及时到医院就医。

为什么宝宝的体温不稳定

婴儿体温调节中枢尚未完善，调节功能差，体温不易稳定。受凉时，婴儿没有颤抖反应，只是依赖一种称为棕色脂肪的物质产热。婴儿的体表面积按体重比例计算比较大，皮下脂肪又薄，很容易散热，造成体温过高，或盖得过多，又未补充足够水分，可使婴儿体温升高。所以要保持婴儿体温正常，就应让婴儿处在温度适宜的环境中，夏季要通风，多饮水，冬季要注意保暖。

六、打造聪明宝宝的亲子游戏

什么是“单手抓玩具”游戏

方法：给宝宝一个小玩具，他能稳稳握在手。他用5个手指和手掌心抓握小玩具，这种拿法称为“大把抓”。这时无论拿到什么东西都会和手一同塞入口内。“大把抓”是这个月婴儿的特点。5个指头几乎并拢，将东西紧贴手心。乒乓球大小的球体最容易抓住，妈妈怕他放入口中，要费很大劲才能把宝宝手中的东西取出来。

目的：让宝宝练习抓紧东西。宝宝对喜欢的东西抓得又快又紧，练习手眼协调、快速抓住东西的能力。这是在双手合抱吊起的物品之后，很快提高到单手够取和抓紧物品的能力。

“甜嘴巴”游戏如何进行

方法：用手指宝宝的小嘴巴，同时为宝宝念儿歌。

甜嘴巴

小娃娃，甜嘴巴，

喊妈妈，喊爸爸，

喊得爷爷笑掉牙。

目的：每天至少要给宝宝念1～2首儿歌，每首儿歌至少要念3～4次。应当结合宝宝的日常活动并配以固定的、丰富的表情和动作，使宝宝做到耳、眼、手、足、脑并用，更有效地学习和记忆。

“翻身180°”游戏如何进行

方法：先学从俯卧翻到仰卧，在宝宝俯卧时在其身后摆弄一个发声玩具。宝宝会转身来看，很自然地松开一只支撑的手。大人把发声玩具移到高处，宝宝的身体随着移动，当下肢也抬起来时就成仰卧。宝宝仰卧时，在宝宝任一侧放置玩具，诱使他侧卧。然后将玩具放到头顶的方向，诱使宝宝抬头去看玩具，身体渐近床铺最后翻成俯卧。

目的：让宝宝将左右翻身的办法联合起来，加上玩具诱导，学习翻身达180°。经常练习俯卧翻到仰卧，熟练后再学仰卧翻到俯卧，两者联合起来，为下个月作360°翻身做准备。要有视（玩具）、听（大人的声音）、触觉（大人牵拉）诱导的感觉，与运动结合训练，为继续翻滚、够取打基础。

如何玩“爬行”游戏

方法：让孩子趴下，用双手和膝盖支撑住身体，逗引宝宝把头抬到90°。

然后，嘴里一边喊着“小狗来了”，一边推动宝宝的一个膝窝儿，把这条腿推向其腹下，再把这条腿从腹下拉出来，然后按同样的方法推另一条腿。或者可以让宝宝俯卧在大床上，并在宝宝的前方放上玩具，逗引其伸手去抓，诱使宝宝用手臂支撑身体，学爬。游戏时妈妈要注意动作要轻柔，幅度要慢慢增大，如果宝宝玩此游戏还有困难，可延长至下个月。

目的：爬行游戏可以训练宝宝的颈部支撑力和全身平衡能力，锻炼宝宝膝盖、上臂和胸部的肌肉，同时又有助于其语言与动作的联系能力。

“藏猫”游戏如何进行

方法：妈妈把宝宝扶坐在腿上，爸爸用大手帕遮住自己的脸，然后突然探出头来叫宝宝的名字，逗宝宝发笑，反复几次，宝宝就会注意你常探出头的那一边。再将手帕放在宝宝脸上，看宝宝会不会把蒙在脸上的手帕抓下来与你藏猫儿玩；如果你先把蒙在自己脸上的手帕抓下来，逗宝宝笑，宝宝就会模仿你的动作。

目的：训练宝宝的模仿动作。

什么是“滚球”游戏

方法：做滚球游戏时，可以让宝宝趴着，先让宝宝触摸一下有铃铛的球，然后把球放在宝宝的手边滚动。接着，再从稍远的地方将球滚向宝宝，甚至从宝宝身边滚过。滚动的球就会引导宝宝移动整个身体追寻球的去向。或者妈妈或爸爸先抓住宝宝的脚，让宝宝的脚被动踢球。刚开始时，宝宝肯定不会踢，不是用脚从上面蹬踩球，就是用脚踝笨拙地碰球。

目的：训练宝宝腿部力量及踢的动作。

“小汽车，嘟嘟嘟”游戏怎么玩

方法：在宝宝房间，准备一个玩具汽车或画有汽车的图画册。爸爸或妈妈拿着玩具汽车或汽车图案，然后学汽车喇叭的声音“嘟嘟”，让宝宝模仿爸爸妈妈去发音。爸爸妈妈可以顺便教宝宝区分不同的汽车声音。例如“滴滴”等……有机会时，带宝宝听一下真实的声音最好。注意，条件允许时，可录下汽车喇叭的声音或从电视上让宝宝多听相关声音，会有意想不到的效果。

目的：提高宝宝对周围事物声音的模仿和认知能力。

什么是“寻宝大行动”游戏

方法：在宝宝房间或其他舒适的地方，准备小篓或纸箱，板栗、开心果、核桃、布娃娃等实物。妈妈或爸爸将实物装入小篓或纸箱，让宝宝随便抓出“宝藏”，爸爸妈妈顺便鼓励宝宝持续做下去。如果宝宝做得很轻松，可以让其抓出一类或其中1个爸爸妈妈描述的玩具，比如爸爸可以说“拿出1个毛茸茸的小玩具”等等。这样进行，乐趣多多。注意，爸爸妈妈的鼓励在游戏中应不间断，这对培养宝宝自信心很有帮助。还要有全程陪同，以防宝宝吞食实物。

目的：激发宝宝的动手能力，培养对实物的认知和区分能力。

第六章 培养宝宝的良好习惯（5～6个月）

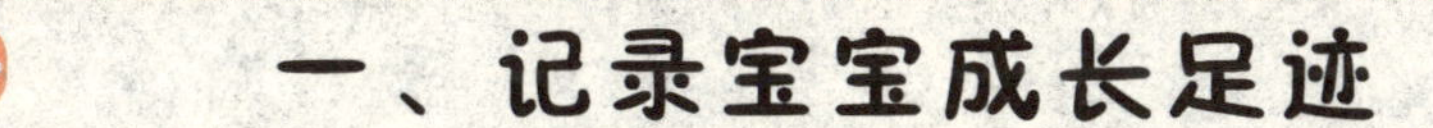

一、记录宝宝成长足迹

本月宝宝的心理发育有怎样的变化

5～6个月的宝宝心理活动已经比较复杂了，他的面部表情就像一幅多彩的图画，会表现出内心的活动。高兴时会眉开眼笑，手舞足蹈，咿呀作语；不高兴时会又哭又叫；他能听懂严厉或柔和的声音；当你离开他时会表现出害怕的情绪。情绪是宝宝的需求是否得到满足的一种心理表现。宝宝从出生到1岁，是情绪的萌发时期，也是情绪、性格健康发展的敏感期。父母对宝宝的爱、对他生长的各种需求的满足以及温暖的胸怀、香甜的乳汁、富有魅力的眼光、甜蜜的微笑、快乐的游戏过程等，都为宝宝心理的健康发展奠定了良好的基础。这个阶段是自尊心形成的非常时期，父母要引起足够的关注，对宝宝适时给予鼓励，从而使宝宝建立起良好的自信心。

本月宝宝的动作发育有怎样的变化

5个多月的婴儿，上肢力量更强了，当他趴在床上时，肘部可以伸直，利用手和胳膊支持身体重量，胸部和上腹部可以离开床面。把他扶成坐的姿势，

他自己能够独自坐，但有时两手还在前方支撑着。拿物品时，常常不再是两手去取了，会用一只手去拿。当一只手拿着一块积木时，再给他另一块，他会用另一只手去拿，如果你手中还有第3块时，他的眼睛还会盯着第3块。

当孩子仰躺在床上时，你用一块手帕盖在他的脸上，他会用手抓掉，按着他一只手时，会用另一只手去抓。对大人的脸非常有兴趣，你抱他的时候，他会用手指去戳你的眼睛，你若戴着眼镜，他首先去抓眼镜，还会抠你的鼻子和嘴，有时拉扯着大人的头发不松手。翻身较4个多月时灵活多了。

本月宝宝的语言发育有怎样的变化

5~6个月的宝宝，可以和妈妈对话，两人可以无内容地一应一和地交谈几分钟。他自己独处时，可以大声地发出简单的声音，如“ma”、“da”、“ba”等。妈妈和宝宝对话，增加了宝宝发声的兴趣，并且丰富了发声的种类。因此在宝宝咿咿呀呀自己说的时候，妈妈要与他一起说，让他观察妈妈的口形。耳聋的宝宝也能发声，后来正是因为他们听不到别人的声音，不能再学习，失去了发声的兴趣，使言语的发展出现障碍。

本月宝宝的视觉发育有怎样的变化

5个多月的孩子观察附近的环境的兴趣得到进一步提高，凡是他双手触及的物体，他都要用手去摸一摸，凡是他双眼所能见到的物体，他都要仔细地瞧一瞧（不过，这些物体到身体的距离须在70厘米以内），可见通常情况下，宝宝对于双眼见到的任何物体，都不肯轻易放弃主动摸索的大好良机。

本月宝宝的听觉发育有怎样的变化

这个阶段的婴儿，其听觉能力有了很大发展。4个月以后的婴儿已经能集中注意力倾听音乐，并且对柔和动听的音乐声表示出愉快的情绪，面对强烈的声音表示出不快。孩子到5~6个月时，听觉也更灵敏了，对很多声音都有反应，其中人的声音最能引起他的注意。在屋内有很多人讲话的情况下，他能够很快发现爸爸或妈妈的声音，并转过头去。叫他的名字已有应答的表示，能欣赏玩具中发出的声音。

二、关注宝宝的每一口营养

5 ~6 个月宝宝的喂养指南是什么

为了孩子的健康，希望做妈妈的坚持母乳喂养到 6 个月。如条件不允许可人工喂养，奶量不再增加，每天喂 3 ~4 次。每次喂 150 ~200 毫升。可以在早上 6：00，中午 11：00，下午 17：00，晚上 22：00 各喂 1 次奶。上午 9：00 ~10：00 及下午 15：00 ~16：00 添加 2 次辅食。

6 个月的孩子每天可吃 2 次粥，每次 1/2 ~1 小碗，可以吃少量烂面片。鸡蛋黄应保证每天 1 个，每日要喂些菜泥、鱼泥、肝泥等，但要从少到多，逐渐增加辅食。6 个月小儿正是出牙的时候，所以，应该给孩子一些固体食物，如烤馒头片、面包干、饼干等练习咀嚼，磨磨牙床，促进牙齿生长。

什么是断奶过渡期

这里所说的断奶过渡期并非指马上就要断奶，改喂其他食品。而是指给婴儿吃些半流质的糊状辅助食物，以逐渐过渡到吃较硬的各种食物的适应期。让婴儿从吃母乳或牛奶转成吃饭需要半年左右的时间，逐渐让婴儿从吃母乳或牛奶转成习惯于吃饭，这个过程应有一个喂易消化的软食的时期，即半断奶期。

妈妈为宝宝断奶应遵循哪些原则

确定适宜的开始断奶的时间；要选择婴儿健康的时候开始断奶，让婴儿在空腹时先吃断奶食品，然后再喂奶。开始吃断奶食品时，要选择婴儿消化功能好而母亲时间又比较充裕时进行。开始一天1种食品，逐步增加断奶食物的种类，不要强迫婴儿吃。调味品按成人一半以下的量为好，如果味道太浓会造成婴儿偏食的习惯。

要全面考虑食物的营养，补充一些奶里缺少的营养成分，还要注意各种营养素的配比，应该供给含不饱和脂肪酸（为神经发育、髓鞘形成的必需成分）和磷脂的食物，如蛋黄（含卵磷脂）、海鱼类（含不饱和脂肪酸和钙、磷、碘）、动物内脏（含磷脂和维生素B_{12}）等，还要考虑补充碘。

婴儿的手和食具等要求清洗干净，食品要新鲜、卫生。不要过多地给婴儿吃甜食。食品不要太热或太凉。要考虑婴儿的具体情况，不要生搬硬套。从开始断奶至完全断奶需经过一段适应过程，也就是用辅助饮食代替母乳，逐渐进行断奶。有些妈妈平时不做好给孩子断奶的准备，不逐渐改变孩子的饮食结构，而是用在乳头上抹黄连、清凉油等方法突然不给孩子吃奶，致使婴儿因突然改变饮食而适应不了，连续多天又哭又闹，精神不振，不愿吃饭，体弱消瘦，从而影响其发育，甚至发生疾病。给孩子断奶前要打好基础，慢慢改变孩子的饮食结构，让孩子养成吃辅食的习惯，最好从2个月起添加些辅食，使胃肠道消化功能逐渐与辅食相适应。

怎样防止宝宝豆浆中毒

豆浆的营养价值相当于牛奶，而价格却比牛奶便宜很多。豆浆所含的蛋白质在某些方面优于牛奶，因为豆浆蛋白质属植物性蛋白质，偏碱性，人体血液正常时是偏碱性的，符合人体的生理情况。生豆浆中含有可以使人中毒的、难以消化吸收的皂毒和抗胰蛋白酶等有害成分。这些有害成分，在烧煮至90℃以上时就被逐渐分解破坏，所以煮熟的豆浆可以放心食用。

有些家庭、食堂，烧煮豆浆时不加锅盖，当煮到80℃左右时毒素受热膨胀，形成泡沫上浮，造成假沸现象，此时，豆浆内皂毒素等有害成分尚未被破坏。吃了这种半生不熟的豆浆，就会发生恶心、呕吐、腹泻等食物中毒症状。为了预防豆浆中毒，煮豆浆时锅内不宜盛得过满，最好用有盖高锅（接口锅），这样既能确保烧熟，又能节约能源；已煮熟的豆浆中，不要再加入生豆浆，更不要用装过生豆浆而未经清洗消毒的容器装盛熟豆浆。

宝宝每日需要的热量是多少

小儿生长的特点是，年龄越小，生长发育越快。因此，这期间所需要的营养物质和水分相对于成人也较高。一般5～6个月的婴儿需要120千卡/千克；7～12个月的婴儿需要100千卡/千克。婴幼儿虽然需要的热量高，但他们的消化功能并不好，体内分泌的消化酶也不足。容易出现消化不良情况。如腹泻、呕吐以致造成脱水和酸中毒等。

为什么说嘴对嘴喂食不卫生

成人口腔里有许多细菌，通过嘴对嘴喂食，就会把细菌带给孩子。尤其是患肺结核、肝炎、伤寒、痢疾、口疮、龋齿、咽喉炎的人，更容易把病菌带给孩子造成传染。小儿的身体抵抗力弱，很容易因此而患病。另外，嚼过的食物势必妨碍孩子的唾液和胃液的分泌，降低孩子食欲和消化能力，自幼就造成了胃肠消化能力不强，阻碍了生长和发育。另外，经常嘴对嘴喂小儿，使小儿形成一种依赖性，并习惯成自然，不利于锻炼其咀嚼能力和使用餐具的能力，也不利于培养其独立生活能力。

宝宝可以吃别人的奶吗

最好不要让宝宝吃别人的奶，因为通过授乳也可感染一些病毒。除非特殊情况，如早产的婴儿出院时母乳已经没了，而这时其妈妈的姐妹有授乳能力，那么可以让宝宝吃她们的奶。另外，对于其宝宝在1～2个月内死亡的妈妈，也不可让别的宝宝吃她的奶，因为1～2个月死亡的宝宝有患先天性梅毒的可能。

半岁以内可以给宝宝喂果汁吗

半岁以内不宜多饮果汁。果汁的特点是维生素与矿物质含量较多，口感好，因此乐于为宝宝接受，但最大的缺陷在于没有对宝宝发育起关键作用的蛋白质和脂肪。如果喝很多果汁，由于果汁抢占了胃的空间，因而正餐摄入减少，而正餐（如母乳或牛奶）才有宝宝所需的蛋白质、脂肪，宝宝饮果汁可破坏体内营养平衡，导致发育落后的恶果。年龄越小，此种恶果越易发生。6个月以上者也要限制饮用量，以每天不超过100毫升为妥。

宝宝几天不进食对身体有损害吗

饥饿会影响宝宝的生长发育，短期饥饿会使宝宝体重下降，而长期饥饿会使宝宝身高受到影响。如果是患病时期，宝宝很可能胃口大减，但是不吃饭会使疾病更难痊愈。因此，爸爸妈妈首先要给宝宝补充足够的水分，再补充适量的维生素，同时想办法为宝宝补充蛋白质和碳水化合物。其他情况下不肯进食的宝宝也应该采取这个办法，但需要注意的是，不要强迫宝宝吃得太多，以免造成肠胃负担。过长时间不肯进食的宝宝需去医院就诊。

利于乳牙生长的食物有哪些

五六个月的宝宝正是开始出牙的时期，这时宝宝口腔内分泌的唾液中已含有淀粉酶，可以消化固体食物，可以给孩子一些手指饼干、面包干、烤馒头片等食品，让孩子自己拿着吃。刚开始时婴儿往往是用唾液把食物泡软后再咽下去，几天后，就会用牙龈磨碎食物，尝试咀嚼。此时的孩子多数还未长牙，牙龈会发痒，很喜欢咬一些硬东西，这有利于乳牙的萌出。如果没有硬食物可咬，他会咬玩具、咬衣服等。不要错过这一时机，及时给婴儿添加一些固体食物，会使孩子将来断奶后更容易接受其他食物，避免影响身体发育。这时给孩子添加的固体食物必须是易咬、易碎、易消化的，使婴儿初步养成咀嚼的习惯，不能单纯只喂糊类食品。多咀嚼还有利于孩子牙龈的发育，有助于将来长出一口整齐的牙齿，并能促进唾液的分泌，帮助孩子的肠胃消化吸收。

喂养过胖的宝宝要注意些什么

一般的宝宝不测体重没有关系，但明显肥胖的宝宝一定要坚持测体重。

每隔10天左右测1次，如果每次增加量超过200克以上，就是过胖，必须控制饮食。代乳食品如粥、米饭、面包可以照常给，牛奶量则必须减少，也可以把牛奶换成乳酸饮料。此外，如果可能的话，也可用150毫升的果汁、乳酸饮料等代替牛奶。

如果宝宝的体重每天增加30克时，不仅要用果汁代替牛奶，还要考虑是不是粥和米饭给多了，如果粥和米饭每顿吃2碗（儿童碗）以上，就应减量。注意减少牛奶量时，不能把过去每天吃的4次、每次200毫升的奶全部减掉，最好是保证每天仍给宝宝2次牛奶。如果把4次奶减少为2次，宝宝体重的增加仍然超出正常范围，辅食可照常喂，粥、米饭、面包的量则要减少。

妈妈暂停哺乳时如何保持乳汁的分泌

母乳含有丰富的营养素，又易消化吸收，故应当尽量保证婴儿能吃到母乳。在某些情况下，如小儿患病，或妈妈的工作关系，需要妈妈与宝宝暂时分开一段时间。在这样的情况下，会因为减少宝宝对母亲乳头的吸吮和对乳头周围神经的刺激，致母乳分泌量减少。为了避免乳量的减少，妈妈必须经常把乳汁用手挤出来，也可以用吸乳器吸出。可以将吸出的乳汁保存在4℃的冰箱里，继续喂养宝宝。在与宝宝分开的一段时间里，妈妈坚持每天挤出或吸出乳汁，直到母婴再在一起时，这样就可以保持有充足的乳汁喂养宝宝。

奶粉的正确保存方法是什么

奶粉应随吃随冲，最好吃多少配制多少，能一次吃完。如果调配好的奶粉一次吃不完，应放在低温阴凉处；或让其凉冷后，再放入冰箱内冷藏保存，喂哺时应重新加热。一般在0～10℃时可保存24小时，15～20℃时可保存6小时，30℃左右只能保存2～3小时。

三、全新的宝宝护理技巧

为什么本月宝宝的抗病能力开始下降

一般从生后5~6个月开始，由于婴儿体内来自于母体的抗体水平逐渐下降，而婴儿自身合成抗体的能力又很差，因此，婴儿抵抗感染性疾病的能力逐渐下降，容易患各种感染性疾病，如各种传染病以及呼吸道和消化道的其他感染性疾病，尤其常见感冒、发烧。

同样，因婴儿体内多种出生前由母体提供储备的营养物质已接近耗尽，而自己从食物中摄取各种营养物质的能力又较差，如果不注意婴儿的营养，婴儿就会因营养缺乏而发生营养缺乏性疾病，如婴儿缺铁性贫血、维生素D缺乏性婴儿佝偻病（俗称“婴儿缺钙”）等。

如何提高宝宝的抗病能力

要积极采取措施增强婴儿的体质，提高抵抗疾病的能力，主要要做好以下几点：

- 按期进行预防接种，这是预防婴儿传染病的有效措施。
- 保证婴儿营养。各种营养素如蛋白质、铁、维生素D等都是婴儿生长发育所必需的，而蛋白质更是合成各种抗病物质如抗体的原料，原料不足则抗病物质的合成就减少，婴儿对感染性疾病的抵抗力就差。
- 保证充足的睡眠也是增强体质的重要方面。
- 进行体格锻炼是增强体质的重要方法，可进行主、被动体操以及其他形式的全身运动。
- 多带宝宝到户外活动，多晒太阳和多呼吸新鲜空气。

如何改掉宝宝吸吮手指的毛病

父母应该想些办法来缓和孩子的这种心理紧张，想想孩子是否缺少感兴趣的玩具，是否自己没有多抱抱孩子，和他多说说话，是否孩子独自一人在童车里待的时间太久等；给孩子创造一个温馨、愉快的生活环境，多带孩子到自然界走走，让他接触较多的刺激，把精力用于探索外界感兴趣的事情上，要避免采取强制、简单、粗暴的手段。这样，孩子吸吮手指的习惯会渐渐消退。

宝宝被蚊虫叮咬怎么办

蚊虫叮咬可传播痢疾、乙脑、肝炎等多种疾病。夏季防止蚊虫叮咬，最好的办法就是挂蚊帐。蚊香的主要成分是杀虫剂，通常是除虫菊酯类，毒性较小。但也有一些蚊香选用了有机氯农药、有机磷农药、氨基甲酸酯类农药等，这类蚊香虽然加大了驱蚊作用，但它的毒性相对就大得多，一般情况下，宝宝的房间不宜用蚊香。电蚊香毒性较小，但由于婴儿新陈代谢旺盛，皮肤吸收能力也强，最好也不要常用电蚊香。

如果一定要用，尽量放在通风好的地方，切忌长时间使用。宝宝房间绝对禁止喷洒杀虫剂，婴儿如吸入过量杀虫剂，会发生急性溶血反应，器官缺氧，严重者导致心力衰竭，脏器受损，或转为再生障碍性贫血。采用纱门、纱窗和挂蚊帐等物理方法避蚊，是最有效且无副作用的好办法。

给宝宝洗头要注意什么

洗澡时用好一点的香皂给宝宝洗头。洗头时当心不要让水流进宝宝的耳朵和眼睛里去。对于皮肤差、身上长湿疹的宝宝，可用普通香皂洗。洗完头后，要将宝宝头发擦干，然后用梳子梳整齐。一般不用肥皂，每周可间隔使用1~2次婴儿洗发液，注意不要让水流到婴儿的眼睛及耳朵里。洗完后可用软的干毛巾轻轻擦干宝宝头上的水，用脱脂棉吸干耳朵，及时除去不慎溅入宝宝耳朵里的水。

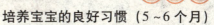

如何给宝宝清洗小屁股

- 给宝宝更衣的地方放些卫生纸或纸巾，可以立即做初步清理工作。
- 也可放些容易清洗的小湿巾来擦。
- 用棉花球蘸婴儿油来擦拭宝宝便后的小屁股。
- 用浴室梳洗台来换尿布，把宝宝放在一条毛巾上，拉起腿来，搁在盆边洗。

男宝宝也要经常洗屁股吗

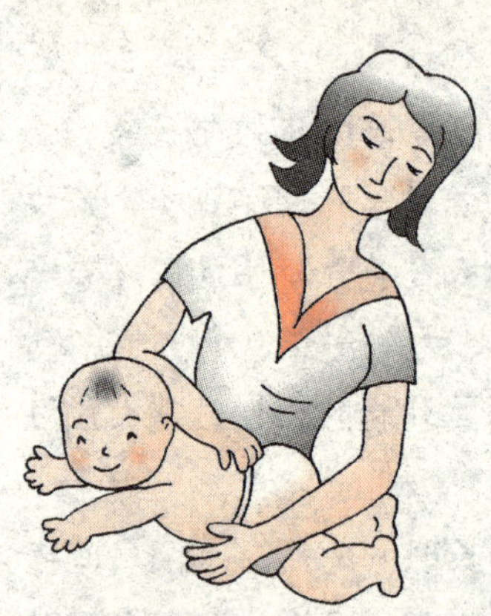

有些父母常常认为女宝宝要注意外阴卫生，勤洗屁股，而对男宝宝，家长就不那么重视了。实际上，这种观点是不正确的。婴幼儿期的男宝宝大多数有生理性包茎，如果不注意外阴部卫生，常有尿液残留，形成包皮垢。尿碱的刺激还容易并发包皮炎、龟头炎，而且易反复发作。若长时间不能自愈，只能选择手术治疗。

所以，男宝宝也要注意清洗外阴。在清洗时要把包皮尽量向上翻，但动作一定要轻柔，暂时不能翻起也没关系，不要强行去翻。包皮发炎时用黄连素水浸泡，然后再外涂红霉素眼药膏。慢慢地，随着年龄的增长，阴茎头会自然露出，生理性包茎也就消失了。

让宝宝趴着睡觉有什么好处

让宝宝趴着睡觉，能增强胸、颈、手腕的功能。宝宝的体重给床以压力，床的反作用力正好作用于宝宝的胸廓，这种压力实际上会起到一种按摩的作用。经过一定时间的锻炼，孩子的肺活量和呼吸肌的力量都会有一定提高。这不仅对预防呼吸道疾病有利，而且对宝宝胸廓、呼吸肌和肺的发育也是大有裨益的。另外，宝宝常常会溢奶和吐奶，让孩子趴着睡，脸朝向一侧，即使吐奶，也不至于因呕吐物吸入呼吸道而发生窒息的危险。

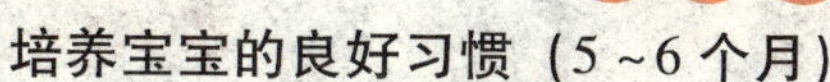

四、宝宝的智能训练

如何训练宝宝的独坐能力

- 让宝宝靠在枕头上坐起来，前面放几个宝宝喜欢的玩具。
- 当宝宝伸手去拿时，由于宝宝头太重其身体会前倾。这时宝宝自然会用双手支撑上身，使身体与床成45°，如同蛤蟆一样称为“蛤蟆坐”。
- 5~10分钟后，妈妈要及时帮宝宝改为俯卧位，以便能让宝宝得到休息。
- 1~2周后，宝宝就能从双手撑起变为单手撑起。再过几天，宝宝就能慢慢学会用双手去拿玩具。再之后，宝宝就能坐稳了。

如何训练宝宝的社交能力

- 伸双臂求抱：要利用各种形式引起宝宝求抱的愿望，如：抱他上街，找妈妈拿玩具等。抱孩子前，须向孩子伸出双臂，说：“抱抱好不好?”鼓励宝宝将双臂伸向你，让他练习做求抱的动作，做对了再将孩子抱起。
- 照镜子：继续照镜子玩，让他拍打、捕捉镜中人影，用手指着他的脸反复叫他的名字。再指着他的五官（不要指镜中的五官）及小手、小脚，让他认识。熟悉后，再用他的手，指点他身体的各个部位。

如何训练宝宝的认知能力

认知能力，这是一种抽象的学习行为能力，但是却是此月培养宝宝的重点。

- 如果宝宝经常吃手，可以让他吃，让宝宝品味到啃这些东西与吃饭的感觉不一样，从而进一步通过口腔感知认识自我。不过要注意宝宝手的卫生，经常为他清洗。

- 还可以通过不断变换宝宝的位置，给他丰富的感觉刺激，使他能从多方面来熟悉周围环境，获得不同的视觉经验。

- 或者利用音乐或发声玩具来吸引宝宝的注意力，训练他的听力，初步培养宝宝追踪声音来源的能力、感受声音远近的能力。

- 培养宝宝认知能力的方法还有很多，除了上面的这些方法，父母还可以创设游戏，有针对性的对宝宝进行训练。

如何对宝宝进行语言能力训练

在日常生活中大人要多叫婴儿的名字，逐渐使他确认自己的名字，并教他认识家庭成员，如妈妈、爸爸、爷爷、奶奶等。

- 模仿发音：与宝宝面对面，用愉快的口气与表情发出“wu-wu”、“ma-ma”、“ba-ba”等重复音节，逗引宝宝注视你的口形，每发一个重复音节应停顿一下给孩子模仿的机会。接着你手拿个球，问他“球在哪儿”时，把球递到孩子手里，让他亲自摸一摸、玩一玩，告诉他“这是球一球。”边说，边触摸、注视、指认，每日数次。注意发音与口形要准确。

- 叫名回头：宝宝早就能听到声音回头去看，但是能否理解自己的名字，此时可以进一步观察。带宝宝去街心公园或有其他孩子的地方，父母可先说其他小朋友的名字，看看宝宝有无反应，然后再说宝宝的名字，看他是否回头。当孩子听名回头向你笑笑时，要将他抱起来亲吻，并说“你真棒！”“真聪明！”以示表扬。以此让婴儿知道自己的名字，增强语言能力。

父母应在胎教时，即在妊娠第6个月时就为宝宝取名，每次呼唤都用同一个名字。经过孕期一个月呼名训练的婴儿会在出生3个月时知道自己的名字而回头。未经训练的婴儿可在5~7个月时知道自己的名字。切记要用固定的名字称呼宝宝，如果大人一会儿说“宝宝”，一会儿说“文文”，一会儿又说“闹闹”，经常更改名字，会使孩子无所适从，就会延迟叫名回头的时间。

如何训练宝宝的手眼协调能力

这个时候的宝宝手眼协调能力有所提高，会用手触及眼睛所看中的目标。可以将小球吊放在孩子前面，引诱宝宝除了拍打之外还要抓住它。还可以在小床周围稍高处挂上五颜六色带响声的玩具，如小铃铛、风铃等，用绳子一头拴玩具，另一头拴在小床边宝宝挥臂能碰到的地方，宝宝看到玩具就会自动挥臂，一挥臂就会碰到玩具。随着玩具的移动和发出响声，宝宝会很有兴趣地听、看，并不断挥臂去碰绳。除了训练手的协调能力外，还可以练习手眼协调能力。让宝宝坐在成人腿上，成人坐在桌子旁，把玩具放在桌子上逗引宝宝伸手去抓，成人不断从宝宝手中拿回玩具，并不断改变玩具的位置点，看宝宝是否能目测距离，指挥手去抓，是否能根据距离和角度调整手臂的伸缩长度和躯干的倾斜度。

如何进一步训练宝宝的爬行能力

婴儿学习爬行的好处有很多。当婴儿爬行时，他们的头、颈、手、臂、腿、脚和肘、腕、膝、踝关节，以及全身肌肉特别是腹肌与胸肌，都参加活动，这发展了全身的肌肉组织、骨骼系统，促进了血液循环、新陈代谢，加速了运动能力发展，直接促进大脑的发育，对协调眼、手、脚的活动有很大作用。婴儿在爬时可自由调整方向，往往在爬的同时，开始会自动坐起来，以后坐着和躺下就更为独立。

会爬后，婴儿可以兴致勃勃地去接近他感兴趣的人和事物，扩大了认识范围。爬还可以治疗受伤的大脑。美国费城研究所的医生们几十年来在治疗脑损伤性哑和说话困难的患儿时，用以爬为主的方法，结果表明，爬得越好，走得也就越好，学说话也越快，认字和看、读能力也越强。他们在调查阅读困难的患儿时，发现这些孩子大多数在婴儿时期缺乏爬的环境和训练。所以婴儿爬得越早、越多就越好。

如何对宝宝进行情感训练

由于宝宝对因果联系的理解还处在初级阶段，让宝宝形容自己的感受比较困难，你可以用简单的词给宝宝的各种情绪下个定义，让宝宝在头脑里认知一些“感情用词”。比如，如果没去成公园令宝宝十分失望，你可以跟他说：“你不高兴了，是吗?”如果喂宝宝吃饭他兴奋得手舞足蹈，你可以对他说：“宝宝是不是特别开心呀?”当宝宝因为玩不明白一些玩具而急得大发脾气时，你不妨告诉他：“这真是件令人沮丧的事儿。”渐渐的，宝宝就能认知一些情绪。在你耐心地鼓励下，他便能辨别哪些是正面情感，哪些是负面的，并对后者加以控制。

感知能力训练有怎样的重要性

感知在人作为个体发展的过程中有着非常突出的地位，它是人的生命存在后最早出现的认识方法和过程，是人认识世界的最原始方式，也是最低级的方式，是其他认知活动的基础。一切较高级的认知活动，如记忆、想象和思维等，都必须在感知的基础上才能产生和发展。

感知是婴幼儿认知活动的最基本的方法。婴幼儿所从事的各种认知活动，如观察图片、实物和大自然，玩积木、泥工和手工、拼板和插塑游戏，画画、认字和数数等，无不与感觉活动息息相关。感知水平的高低与一些创造性活动有关。感知活动促进了创造性活动，创造性活动又大大促进了感知水平的提高。观察发现，具有高成就的音乐家、画家、建筑师、作家、运动员等，无不具备高水平的感知能力，他们都具有在一瞬间敏锐、准确地把握住感知对象特征的能力，并有入木三分地加以表现的能力。而这种感知能力正是在婴幼儿时期打下基础的，并为终生享用。婴幼儿阶段是感知能力发展的关键时期，在这个阶段进行感知训练，可以收到事半功倍的效果。

因此，积极创造条件促进婴幼儿感知的发展，认真开发婴幼儿感知能力的训练，应成为早期智力开发的重要任务之一。

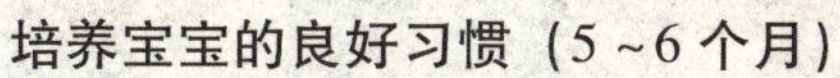

如何陪宝宝度过从躲避到接受的过程

出生后6个月前后的宝宝能区分生人和熟人，明显依恋妈妈，这是一种防御的本能。要让宝宝从躲避转变为接受生人，要容许宝宝自己去观察、探索。妈妈要谅解宝宝保护自己的意识，同时要逐渐让他能接受生人。来客人时妈妈抱宝宝去迎接客人，暂时不让客人接近宝宝，让宝宝有机会观察客人的说话和举止。适应一会儿后，妈妈再抱宝宝接近客人，这时只让客人同妈妈对话，偶尔看宝宝笑笑，不接触宝宝，使宝宝放松戒备。告别时只要求宝宝表示“再见”，客人并不接触宝宝。

第二次或第三次再见面时，客人可拿个小玩具递给宝宝，如果宝宝表示高兴，客人把手伸向宝宝，看宝宝是否愿意让客人抱一会儿。客人抱宝宝时妈妈一定不要离开，使宝宝感到可以随时回到妈妈怀抱。有过这种经历，宝宝就会从躲避到接受生人。如果不采取稳妥的步骤，让客人突然抱起宝宝，会使宝宝产生恐惧和害怕，以后就更加躲避生人并且难以纠正。依恋妈妈是正常的现象，让宝宝接受其他人要慎重并且有个过程，才能使宝宝顺利地进入社会。

如何训练宝宝的动作能力

＊ 直立训练 ＊

方法：两手扶着孩子腋下，让他站在你的大腿上，保持直立的姿势，并扶着小儿双腿跳动，每日反复练习几次，促进平衡感知觉的协调发展。

目的：训练直立能力，为走打下基础。

注意：直立时间不宜过长，防止累着婴儿。

＊ 靠坐训练 ＊

方法：将小孩放在有扶手的沙发上或小椅上，让小孩靠坐着玩，或者家长给予一定的支撑，让小儿练习坐，支撑力量可逐渐减少。

目的：训练靠坐能力。

注意：每日可连续数次，每次10分钟。

五、用心·呵护宝宝健康

经常捏宝宝的鼻子有什么危害

有些人见宝宝鼻子长得扁，或想逗宝宝笑，常用手捏宝宝的鼻子，其实这么做不利于孩子健康。因为幼儿的鼻腔黏膜娇嫩、血管丰富，外力作用会引起损伤或出血，甚至并发感染。幼儿的耳咽管较粗、短、直，位置比成人低，乱捏鼻子会使鼻腔中的分泌物通过耳咽管进入中耳，发生中耳炎。

宝宝的耳朵进入异物怎么办

宝宝在游戏时，将豆类、珠子、纽扣等异物塞进了耳道怎么办？如果异物塞进耳朵不深，家长应小心钩取，不要让孩子用手去抠，避免使异物进入更深处，反而不易取出。有时，昆虫也能飞进或爬入宝宝的耳朵，引起严重的耳痛和响声。此时家长必须镇静，千万不要因为孩子害怕、哭闹，自己也慌了手脚。可将患耳对着灯光，昆虫即可向亮处爬出。

亦可用植物油或烧酒、酒精等滴入耳内，将昆虫杀死，再用耳镊取出，或用冲洗法冲出。如家长实在取不出时，可速送孩子到医院处理。

布置宝宝的卧室要注意哪些问题

半岁以内的宝宝 1 天的睡眠时间在 15 ~ 20 小时，因此卧室是宝宝的主要生活场所。家长要注意卧室的整洁以及空气质量的纯净，不要随意乱放物品，每天早晨要定时开窗置换新鲜空气，除此之外，还有许多需要妈妈们注意的事情，那就是：

● 床架的高度要适当调低，床边摆放小块地毯，以防婴儿不小心从床上摔下来。

● 家具应尽量选择圆角，或用塑料安全角包起来，以免坚硬的家具角碰伤宝宝。

● 电线的布置以隐蔽、简短为佳，床头灯的电线不宜过长，最好选用壁灯，减少使用电线。冬天不要把电热器放在床前，以免衣被盖在上面引起失火。另外，夏天也不要把电扇直接放在床前吹。

宝宝不慎吞食异物怎么办

如宝宝不慎将异物吞食进气管，家长可站在宝宝的背后，搂住其腰，双手按腹部，迅速用右手大拇指的背部顶住上腹部（即横膈肌位置），左手重叠于右手之上，间断地向宝宝的胸腹部上、后方用力冲击性地推压，以促使气管异物被造成的气流冲出。倘若宝宝已因缺氧昏迷，无法站立，也可采取仰卧体位，用上述方法，在其胸腹部上进行冲击性推压。如果应用这种方法无效，就要迅速送至附近医院。医生会在气管镜的帮助下，用钳子将异物取出。

为什么不宜用微波炉给宝宝热奶

给宝宝热奶的时候，尽量用热水浸泡或者用专门的暖奶器加热，最好不用微波炉加热。因为微波是通过使食物分子激化而产热的，奶瓶并不会很烫，因而不好把握奶的温度。并且微波炉加热不均匀，很可能会出现瓶口部分的温度和瓶子中央的温度不同。

而宝宝的食道黏膜比皮肤更柔嫩，45℃左右就完全会造成烫伤。食道烫伤疤痕就会收缩，造成食道变狭窄，出现吞咽困难，宝宝就会拒绝喝奶。况且咽部是发音的部位，如果受到损伤还会影响到将来语言的发育。

为什么不能抱着宝宝喝热饮

宝宝的皮肤特别娇弱，即使是成人感觉不太热的液体也会把宝宝烫伤。

当抱着宝宝喝热的饮料的时候，由于宝宝天性好动又好奇，就会用小手来抓取杯子，或者虽然宝宝睡着了，老老实实躺在妈妈的怀里，还会有可能出现各种各样的意外情况，导致危险随时发生。比如，妈妈抱着宝宝的时候不小心绊了一跤，就会出于本能把杯子握紧，而杯子里面的热饮就会泼出来把宝宝烫伤。

因此，喝热饮的时候必须先把抱在怀里的宝宝放下。虽然杯子有盖，也不能因此而疏忽大意。

维生素 D 中毒是怎么回事

当前，随着知识的普及，人们对补充维生素 D 可以预防和治疗佝偻病及低钙血症已经有了一定的认识。但维生素 D 是一种脂溶性维生素，当摄入量超过机体需要量时，可在体内尤其是肝脏内储存。若长期摄入量过多，则可引起维生素 D 中毒。

因此，对于宝宝来说，适当补充维生素 D 是必需的，但是切记不可将维生素 D当作营养品而长期大量给宝宝服用，尤其是当孩子患有佝偻病而需要用维生素 D 治疗时，一定要在医生的指导下服用或注射维生素 D，切记不可自行加药。

宝宝健康的标准有哪些

宝宝是不是生病了，生病的宝宝是不是见好，可用情绪、食欲和精力三项标准来判断。

*** 情绪好 ***

宝宝身体好，情绪就会好，他会高高兴兴，遇到什么不如意的事一会儿就忘了，有什么不高兴一会儿就调整好了。如果宝宝有病，会哭，会烦躁。

*** 食欲好 ***

宝宝食欲好，即使有病，病情也不重。

*** 有精神 ***

宝宝精力充沛，该玩的时候玩得高高兴兴，该睡的时候睡得很香，对什么事都好奇。如果宝宝精神萎靡，很可能是生病了。

为什么宝宝不宜多喝止咳糖浆

小儿止咳糖浆是人们熟悉的一种家庭常备药，由于此药味甜，婴儿喜欢喝，一些年轻的父母也误认为小儿止咳糖浆既能止咳又无毒，多喝点好得快，常常过量地给婴儿喝，结果有的婴儿出现了不良反应，影响了婴儿身体发育和健康成长。任何药物都有其安全范围，小于最低用量则不能产生治疗作用，而超过极限就会出现不良反应，甚至发生药物中毒。小儿止咳糖浆中的主要成分是盐酸麻黄碱、氯化氨、苯巴比妥和桔梗流浸膏等药物。

小儿止咳糖浆服用过多，会出现盐酸麻黄碱的不良反应，如头昏、心跳加快、血压上升，还可出现大脑兴奋、烦躁和失眠等；苯巴比妥的不良反应是头昏、无力、困倦、恶心和呕吐等；氯化氨服用过量可产生恶心、呕吐、胃痛等胃刺激症状，另有口渴、头痛，并导致中毒性酸中毒、低钾血症等一系列不良反应。所以对于一般的咳嗽，应以祛痰为主，不要单纯使用止咳药，更不要过量服用止咳糖浆。

怎样护理出水痘的宝宝

水痘是小儿常见的轻度急性传染病，是由一种疱疹病毒引起的。多发生于6个月以上的孩子，冬春季节患病率高，尤其是在托儿所的孩子，常以接力形式流行患病，病毒传播途径是接触或呼吸道飞沫传染。患了水痘常有些低热，当日可见头部发际中、面部、身上有红色皮疹出现，一天左右这些皮疹大部分变为大小不等的圆形疱疹，内含透明液体，3~4天后疱疹逐渐结痂。由于陆续又有新的皮疹出现，所以呈现新旧同时存在的情况，病程一般需要10~14天。

大部分皮疹结痂脱落痊愈，不留瘢痕。孩子患水痘并不可怕，可得到终身的免疫。得水痘期间，要做好隔离工作，多让孩子休息，多喝水，给孩子吃些清淡的食品，不要吃鱼虾等刺激性的东西，要保持室内卫生，室内要常通风换气，不要给孩子洗澡，要勤换内衣。由于在皮疹期有严重的瘙痒感，因此要注意给孩子剪短指甲，以免孩子用手抓破皮疹，造成感染，留下瘢痕。

如何给宝宝喂药

刚出生的宝宝生病了，如何给宝宝喂药就成了一个大难题。这里介绍几种小窍门。

- 给新生儿喂药，可将药粉溶于少许糖水中，倒入奶瓶，让宝宝像吸奶一样服药。口服液多是苦的或微甜的，也可用少许糖水稀释后喂服。
- 片剂不好吞服，可研成粉末调服。若宝宝能吞服药片，嘱宝宝将药片放到舌根区，然后大口喝水，随吞咽动作将药片服下。丸剂可以揉碎，用温开水在小勺中化成汤液给宝宝喂服。
- 宝宝拒服较苦的汤药时，可固定头、手，用小勺将药液送到宝宝舌根部位，使之自然吞下，切勿捏鼻子，以防呛入气管。
- 服药时不可用可乐、牛奶、茶水等饮料送服。
- 服药时间一般以饭后2～3小时为宜，但驱虫的药物宜空腹服用。消食导滞的药物，宜饭后服。另外，如果有一些消炎类的药物本身对消化道有一定的刺激，可以在饭后40分钟左右再服用，既不会伤害胃肠，又不至于引起宝宝呕吐。
- 中药与西药须间隔半小时服。

六、打造聪明宝宝的亲子游戏

怎样和宝宝玩“叫名字”游戏

方法：用相同的语调叫孩子的名字。观察当叫到孩子的名字时他是否能回过头来，如能并现出笑容，那就表示他领会了。孩子如能准确听出自己的名字来，妈妈就要说：“唉！对啦！你就是××。宝宝真聪明。”同时把孩子抱起来，贴贴他的小脸。如果孩子对叫声没有反应，就要耐心地反复地告诉他：“××，你就是××呀。”

目的：让孩子知道自己的存在，又训练孩子对特定语言的反应。

怎样教宝宝认识物品

方法：在墙上挂上一排一图一物的彩图，抱着宝宝站在图前，当大人说到宝宝曾经认识的图中之物时，宝宝会伸手准确地拍在图上。只能要求宝宝拍中他最喜欢的一幅，不可能要求宝宝一下子记住许多幅。如果宝宝认识灯，当大人说到“灯”时，宝宝会伸手指（8个月后才会指）着灯的方向，如果宝宝认识花，当大人说到“花”时，宝宝会伸手去拍拍花。宝宝喜欢认花、猫、灯和汽车，这时能伸手拍中1～2种就算很好了。

目的：婴儿出生4个半月之后，如果会盯住看一种认识的东西，到现在也许能学会认第2种。不但会用眼去看，还会用手去拍，即能用眼和手去表达已经记住的事物。宝宝能记认1～2种东西或图画，表明宝宝已经建立手、眼和记忆联系的神经通路，即开始有了学习能力。

怎样教宝宝玩纸

方法：让宝宝坐稳在床上，把各种各样的纸，如广告纸、包装纸、玻璃纸、卫生纸，放在宝宝的面前。在宝宝注视下，妈妈抓着宝宝的手，辅助宝宝撕纸，一边说：“宝宝也来撕一撕”。让宝宝任意玩纸，撕纸，揉成团。宝宝在拿、揉、撕的过程中体验各种纸摸起来的感觉和撕起来的声音是不一样的。

目的：玩纸是一种重要的学习，手部特别是手指需要做出各种动作，反复的练习，这对培养宝宝的动手能力是一种基本训练。手的动作发育对宝宝脑部智力和神经系统的发育具有重要的意义。

“阻力”游戏如何进行

方法：这个年龄段内的孩子，喜欢把手中的东西往地上扔。妈妈可乘兴教宝宝懂一些简单的生活道理，在宝宝面前放一块积木、一张纸和一片羽毛，让宝宝分别扔出去。积木是重重地落在地上的，纸是飘了一阵才落到远处的，羽毛则在空中飘浮很长时间。让宝宝反复体验。或是拿一辆小汽车，让宝宝在玻璃桌面上开行。然后在桌面上铺上大毛巾，让宝宝把汽车放到毛巾上开。在桌面上不用怎么用力，汽车便飞速滑行，而在毛巾上任怎么用力，汽车也开不快。让宝宝反复体验。

目的：让宝宝从小积累关于空气阻力、摩擦阻力的体验，这样可为宝宝长大后从理论上理解这些物理概念打下基础。更重要的是，能做好宝宝探索周围世界的兴趣，从而促进其智力发展。

“自己玩”游戏如何进行

方法：用被子把宝宝“围”起来，或者把宝宝放在带围栏的小床上。在宝宝面前放上会发声的橡皮玩具、可以抱的布娃娃或其他小动物玩具，让宝宝自己玩玩具。或妈妈走过去，帮他把玩具弄出声响来，再把玩具放到不同的地方，逗引宝宝变换体位，抓握玩具。

目的：提高宝宝认识物体和寻找物体的能力，同时训练其手眼协调能力。注意，玩具上决不能有易掉落的活动金属物、小纽扣等。要让宝宝呈躺卧状，但也不要长时间保持这种姿势，避免脊柱弯曲。同时注意让宝宝拿东西时，学会把大拇指和其他四指分开。

什么是“传递积木”游戏

方法：宝宝坐在床上，妈妈给他一块积木，等他拿住后，再向另一只手递另一块积木，看他是否将原来的一块积木传递到另一只手后，来拿这一块积木。如果他将手中的积木扔掉再拿新积木，就要教他先换手再拿新的。注意积木要保持清洁，坚持经常擦洗。

目的：训练宝宝手与上肢肌肉的动作，提高用过去积累的知识解决新问题的能力。

“扶腋蹦跳”游戏如何进行

方法：大人坐位，将宝宝抱站在膝前，扶住宝宝双腋让其在膝上蹦跳，或者扶着宝宝站立桌上，播放节拍分明的儿童音乐，让宝宝快乐地跳跃。如果宝宝双腿能部分负重，双腿在蹦跳之时能部分伸直，扶持的力量可减轻。注意蹦跳的时间不宜过长，防止累着宝宝。

目的：让宝宝在快乐蹦跳时练习部分负重，锻炼下肢肌肉，为将来爬行和站立做准备。

如何与宝宝一起听音乐和儿歌

方法：可在5个月的基础上，继续定时用录放机或VCD给放一些儿童乐曲，提供一个优美、温柔和宁静的音乐环境，提高其对音乐歌曲的语言理解能力。可结合生活及活动，朗读一些简短的儿歌。如看到室内桌上摆的金鱼缸时，就可边看边配上儿歌。如“小金鱼，真美丽，游来游去在水里！”看到布娃娃玩具时，可以边玩边说：“布娃娃，我爱它，抱着娃娃笑哈哈。”对着镜子看到自己的耳朵时，可边指着镜子看耳朵，边说：“小耳朵，灵又灵，各种声音分得清”等等。注意游戏时应注意宝宝的情绪，如果厌烦了就要停掉。

目的：训练听觉，培养注意力和愉快情绪。

“坐飞船”游戏怎么玩

方法：在婴儿情绪愉快时，爸爸与婴儿面对面，扶婴儿腋下站立，然后把婴儿往上举过自己的头顶，反复几次。也可把婴儿从爸爸身体的左侧向右上方举，再从右侧往左上方举，反复几次。边举边说："宝宝坐飞船，飞船开喽！"以增进父子感情。注意不能将婴儿抛过头顶再接住，这样会增加婴儿患脑震荡的概率。

目的：培养宝宝的情感及社交能力。

"递玩具"游戏怎么玩

方法：妈妈给宝宝做示范，两只手分别握住两个玩具，然后对敲，发出好听的声音。宝宝也会学着做，这时妈妈再给宝宝第三个玩具，宝宝想要拿到更多的玩具，就会自己想办法，比如，扔掉手里的，去拿新的玩具；或者把一只手上的玩具先放下，拿起第三个；或者把左手玩具放到右手上，再拿第三个，等等。

目的：这个游戏可以锻炼宝宝手的灵活性及手眼协调能力。

第七章 给予宝宝更贴心的关怀（6～7个月）

一、记录宝宝成长足迹

宝宝的心理有怎样的变化

6～7个月的宝宝，在运动量、运动方式和心理活动等方面都有明显的发展。他可以自由自在地翻滚运动；如见了熟人，会有礼貌地叫人，向熟人表示微笑，这是很友好的表示。不高兴时会用撅嘴、扔摔东西来表达内心的不满。照镜子时会用小手拍打镜中的自己。经常会用手指向室外，表示内心向往室外的天然美景，示意大人带他到室外活动。6～7个月的宝宝，心理活动已经比较复杂了。他的面部表情就像一幅多彩的图画，会表现出内心的活动。高兴时，会眉开眼笑、手舞足蹈、咿呀作语。不高兴时会怒发冲冠、又哭又叫。他能听懂严厉或亲切的声音，当你离开他时，他会表现出害怕的情绪。

宝宝的听觉有怎样的变化

在这个阶段开始的时候，宝宝对于声音虽然有反应，但是他还不明白话语的意思。你也许会觉得宝宝已能领悟别人在叫他的名字，其实，那是因为他熟悉你的声音特征的缘故，才会做出他的响应。但是，到了这个阶段快要结束的时候，宝宝对于话语就会表现出选择性的反应，对于说英语或汉语的宝宝家庭来说，宝宝们的最初语汇几乎都是相同的，而且也是可以预料的语汇：妈妈、爸爸、再见以及宝宝等。

在这个阶段的前半时间里，宝宝对于话语本身并无显著的兴趣，他们只是对于自己玩弄出来的咯咯的声音感兴趣，同时对于你在和他接触时所发出的一些简单声音会有反应动作。可是，宝宝嘴里含有唾液所制造的声音和宝宝平常的声音并不一样。在这个时候，宝宝不论是单独一人，或和别人在一起，都是兴致勃勃地要弄口水声音（他会制造不同声音，同时也会改变声音的特性）。

宝宝的视觉有怎样的变化

这个时期，宝宝的远距离知觉开始发展。他能注意远处活动的东西。如天上飞的鸟等。看到这些，宝宝会长时间注视着，嘴里也不发出响声。好像在仔细倾听。宝宝这时有了一定的观察和倾听能力。这是宝宝观察力的最初形态。这时期的宝宝，对于周围环境中新鲜、鲜艳、明亮的活动物体都能注意到，有时也会积极地响应。宝宝对拿到的东西翻来覆去地看看、摸摸、摇摇，这是观察的萌芽。这种观察不仅和动作分不开而且可扩大宝宝的认知范围，引起快乐的情感，这对宝宝发展语言有很大作用。

宝宝的感觉有怎样的变化

这个时期的孩子已经能够区分亲人和陌生人，看见看护自己的人会高兴，从镜子里看见自己会微笑，如果和他玩捉迷藏的游戏，他会很感兴趣。这时的宝宝会用不同的方式表示自己的情绪，即用哭、笑来表示喜欢和不喜欢。宝宝的语言能发出“da—da”，“ma—ma”等双唇音，无意识。模仿咳嗽声、舌头卡嗒声或咂舌音，不是字。对熟悉的人发音。小儿能对自己熟悉的人以不同方式发音。如将对熟悉的人发出声音的多少、力量和高兴的情况与见陌生人相比有明显区别。

宝宝的动作有怎样的变化

这个时期的孩子会翻身，如果扶着他，能够站得很直，并且喜欢在扶立时跳跃。把玩具等物品放在孩子面前，他会伸手去拿，并放进自己口中。6个月的孩子已经开始会坐，但还坐不太好。宝宝的心理：7个月大的宝宝喜欢坐着玩儿，当大人扶着他站立时，他会蹦蹦跳跳，显得很高兴的样子。有时，宝宝会发出“爸爸”、“妈妈”等声音，当宝宝听到“爸爸”这两个字时，会把头转向爸爸。这一时期的宝宝喜欢玩水，喜欢咬东西和寻找大人当着他的面藏起来的玩具。宝宝还喜欢模仿大人拍手，喜欢大人陪他看图画，喜欢听“哗啦哗啦”的翻书声。

宝宝的表情有怎样的变化

现在，宝宝的表情越来越丰富，感染着周围的亲人。宝宝不高兴时，会在表情上有所反应，五官向一起皱，吭吭唧唧的，于是你能很快判断出宝宝不耐烦了。有经验的妈妈还能通过宝宝的表情，判断宝宝是要吃还是要拉、尿。有的妈妈还能通过眼神，判断宝宝是否要睡觉了。

二、关注宝宝的每一口营养

宝宝的辅食如何制作

- 蛋黄泥：取鸡蛋1个放在冷水中微火煮沸，剥去壳，取出蛋黄，加开水少许用汤匙捣烂调成糊状即可。可把蛋黄混入牛奶、米汤、菜汁中调匀喂食。适合6个月婴儿。
- 青菜粥：大米2小匙，水120毫升，过滤青菜心1小匙（可选菠菜、油菜、白菜等）。把米洗干净加适量水泡1～2小时，然后用微火煮40～50分钟，加入过滤的青菜心，再煮10分钟左右即可。

● 鱼泥：将鱼蒸熟，去皮去刺，再将鱼肉搅烂即可（6个月婴儿可添加）。

● 肝泥：将生猪肝用刀背横刮，刮取血浆样的东西即为肝泥，可加入粥内煮熟。或将猪肝去筋洗净，切成碎末，加少许酱油泡一会儿，在锅中放少量水煮开，将肝末放入，煮5分钟即可（还可用油炒熟）。混入牛奶、菜汁、米汤中调和喂吃（6个月婴儿开始添加食用）。

● 菜泥：蔬菜种类很多，可交替给婴儿食用。如胡萝卜，将其洗净后，用锅蒸熟或用水煮软，碾成细泥喂婴儿，每次约1满匙，1周喂1次即可。又如，将白菜洗净，切成细末，可煮熟烂或用少许植物油炒熟烂。

● 苹果泥：将1个苹果洗净，去皮，切成4瓣，去核，放入碗中，再放入蒸锅，蒸10～12分钟，用匙背磨成泥，并加入蒸过的水。做好的苹果泥1次只给婴儿吃一两匙，不要加糖。梨泥与苹果泥相同。

● 香蕉泥：将香蕉1个去皮，用匙背压碎成泥，加温开水稀释，再加糖、柠檬汁少许。

宝宝断奶后适宜吃哪些食物

● 可以开始添加含蛋白质的食物，如蛋黄、鱼、肉、豆腐等。切记此时不能喂蛋白，以免造成宝宝过敏。

● 食物的形态可从汤汁或糊状渐渐转变为泥状或固体。

● 增加五谷、根茎类的食物，可以增加稀饭、面条、吐司面包、馒头等。

● 纤维较粗的蔬果和太油腻、辛辣刺激或筋太多的食物仍然不适合喂宝宝吃。

宝宝断奶期间，爸爸要做什么

在断母乳过程中，减少宝宝对妈妈的依赖是顺利断母乳的关键。而减少对妈妈的依赖，爸爸的作用不容忽视。断母乳前，要有意识地减少妈妈与宝宝相处的时间，增加爸爸照料宝宝的时间，给宝宝一个心理上的适应过程。刚断母乳的一段时间里，宝宝会对妈妈比较依恋，这个时候，爸爸可以多陪宝宝玩一玩。刚开始宝宝可能会不满，后来就习以为常了。让宝宝明白爸爸一样会照顾他，而妈妈也一定会回来的。对爸爸的信任，会使宝宝减少对妈妈的依赖。

断奶期给宝宝喂食的方法有哪些

断奶期膳食的配方很重要，一般要求每餐均由多种营养素组成，使供给的热能、营养素比例平衡，符合婴儿的生理要求，有利于婴儿的健康。下面介绍混合膳食的配方：

- 一种主食：以谷类粥为主。
- 辅助食物：①植物或动物性蛋白质，如鱼、肉、豆类、蛋类、乳类等。②能供给矿物质和维生素的食物，如蔬菜、水果等。③供给能量的食物，如脂肪、动物油、植物油。以合适的比例配制成完善的平衡膳食，能保证婴儿每餐都能摄入各种符合机体生理要求的营养素。

宝宝断奶晚有什么不良影响

宝宝断奶过早，由于消化功能尚不完善，无法消化过多辅食，会引起消化不良、腹泻等疾病。但是宝宝断奶太晚也不好，因为母乳的营养不能满足宝宝生长发育的需要，会导致宝宝消瘦以及各种营养缺乏症。而且妈妈长期喂奶，会引起失眠、食欲减退、消瘦无力，甚至月经不调等妇科病。为了宝宝和妈妈的健康，宝宝断奶不宜太晚。

为什么夏冬两季不宜断奶

断奶时间如果正值炎热的夏天或寒冷的冬天可适当推迟，因为夏天气温高，人体的消化吸收功能比较弱，婴儿不容易适应其他食物，容易得肠胃病；

冬季断奶天气太冷，婴儿吃惯了温热的母乳，突然改变饮食，容易受凉，引起胃肠道不适。所以，春秋两季是最适宜的断奶季节，天气温和宜人，食物品种也比较丰富。

牛奶会增加婴儿肾脏的负担吗

牛奶与人乳不同之处就是牛奶中所含的电解质和蛋白质量均较人乳高。牛奶含的钙量较人乳高4倍，含的磷量高6倍，含的蛋白质量高3倍。婴儿喂了牛奶后，这些蛋白质和电解质均要经机体代谢后从肾脏排泄。婴儿尤其是新生儿肾脏功能不完善，要排泄这么多的蛋白质和电解质代谢的废物会增加肾脏负担，所以牛奶喂养的婴儿一定要加喂水。

为宝宝补充钙与磷的方法有哪些

足够的钙磷能促进骨骼、牙齿的生长和坚硬。婴儿体内的钙约占体重的0.8%，到了成年以后达到1.5%，婴儿每日约需钙600毫克、磷400毫克。婴儿缺乏钙磷，可患佝偻病及牙齿发育不良、心律不齐和手足抽搐、血凝不正常、流血不止等症。钙与磷摄入的比例是1∶1.5较为适宜。钙与磷过高或过低，都会影响其吸收。母乳中钙磷比例较为适当，故母乳喂养的婴儿患营养不良的佝偻病者明显少于人工喂养者。一般婴儿配方奶粉，钙∶磷=1.2∶1。维生素D能调节钙磷代谢，促进骨骼和牙齿的正常生长，对生长期的婴幼儿极为重要。所以说，维生素D摄入的多少也会影响到婴儿体内钙磷比例。我国婴幼儿的膳食容易缺钙，而磷不缺乏。婴儿6个月后添加辅助食物时应多选用大豆制品、牛乳粉、蛋类、虾皮、绿叶蔬菜等，用这些原料制成的食物如牛奶大米糊、牛奶玉米粥、鸡蛋面条、豆豉牛肉末儿、豆腐糕、鸡蛋羹、苋菜水等，均是良好的钙、磷来源。

为宝宝补充微量元素的方法有哪些

碘、铜、硒等微量元素补充方法：碘缺乏时可引起甲状腺肿大，引起"大脖子病"。孕妇缺碘会使胎儿生长迟缓，造成智力低下或痴呆，甚至发生克汀病（呆小病）。一般来说，碘来自海产品，海带和紫菜中含碘丰富。现在用碘强化食盐，发病率大大降低，成人每日需碘100~200微克，孕妇、乳母、婴儿应适当增加碘的摄入量。

铜与造血、婴儿发育有关。婴儿每天每千克体重需0.05~0.10毫克铜。一般来说，铜来自肝、牡蛎、肉、鱼、豆类、有壳果等，大多数动物性和植物性食品中都含有铜。长期腹泻、肠吸收不良以及因病不能进食采用肠道外供给营养时，可发生铜缺乏症。缺铜的婴儿主要表现为白细胞减少、贫血、面色苍白、厌食、腹泻、肝脾肿大及生长发育停滞。可口服1%硫酸铜液，每天1~2毫升。

硒是动物性食物的重要成分，其主要功能在于组成谷胱甘肽过氧化物酶，参与代谢，先天性愚型、克汀病、心肌病患儿中硒含量降低，而小儿患糖尿病时，硒含量升高。有报道说硒对致癌物起抑制作用。另外，钠、钾、氯、镁等也是人体不可缺少的矿物质，它们在体内与酶、激素、维生素、核酸等一起保持生命的代谢过程。

宝宝不宜食用的食物有哪些

此时的宝宝能够理解父母的一些话，模仿大人做一些事，会用手势加上发音表示自己的要求，尤其是看到大人吃东西，会表现出迫切的需要，这时父母就要清楚不是所有的食品都能喂给宝宝吃的。像瓜子、花生、糖果等小而滑、坚而硬的食品是不应该给宝宝吃的，因为虽然宝宝已长牙，但他的咀嚼功能毕竟还未发育好，粒状光滑的食品容易引起呛咳。宝宝的吞咽功能没有完善，因此食物很容易呛入气管发生意外。

如果父母不忍心拒绝宝宝的话，就要冒一定的风险，但从宝宝的安全角度出发是不值得这样做的。另外，汤圆、年糕、粽子等糯米制品比较黏，不易消化，不宜让宝宝食用。一些刺激性食品如咖啡、浓茶、辣椒不利于宝宝神经系统及消化系统的正常发育，也是不适合宝宝食用的。太甜、太油腻的食物营养价值低，宝宝吃后影响正常进食，最好也不要食用。总之，给宝宝选择的食品应该是营养丰富、易消化、口味不重的一些食品。

为什么宝宝不能只喝汤不吃肉

宝宝半岁多已经能吃些鱼肉、肉末、肝末等食物，但不少父母仍只给宝宝喝汤，不使其食肉，他们是低估了宝宝的消化能力，总以为宝宝小，牙齿少，没有能力去咀嚼、消化食物，也有的父母认为汤的味道鲜美，营养都在汤里。这些看法都是错误的，它限制了宝宝更多地摄取营养。鱼、鸡或猪等动物性食物煨成汤后，确实有一些营养成分溶解在汤内，它们是少量的氨基酸、肌酸、肉精、嘌呤基、钙等，增加了汤的鲜味，但大部分的精华，像蛋白质、脂肪、矿物质都还留在肉内。动物性食物主要的营养成分是蛋白质，蛋白质遇热后会变性凝固，绝大部分都在肉里，只有少部分可溶性蛋白质跑到汤里去了。

汤里含有的蛋白质只是肉中的3% ~12%，汤里的脂肪仅为肉中的37%，汤中的矿物质含量仅为肉中的25% ~60%。可以这么说，无论鱼汤、肉汤、鸡汤多么鲜美，其营养成分还是远不如鱼肉、猪肉、鸡肉的，如果宝宝只喝汤不吃肉，所获得的动物性蛋白质是很少的，不能够满足宝宝身体发育的需要，更影响宝宝神经系统的发育。因此，父母在喂宝宝汤的时候要同时喂肉。

6 个月以上的宝宝可以喂全蛋吗

婴儿从4 ~6 个月时已可以开始添加辅助食品，消化功能已逐渐适应，习惯能吃蛋黄了。随着月龄的增加，婴儿开始萌出乳牙，消化道中消化酶种类齐全，酶的活力增加，对食物的消化能力也增加，所以6 个月以上的婴儿可以吃全蛋了。同时，必须观察婴儿的粪便，了解营养素的吸收情况，如果大便正常，可保持每天吃一个鸡蛋。

为什么要让宝宝多咀嚼固体食物

正常的咀嚼功能对咀嚼肌和颌骨的发育起着生理性刺激的作用。充分的咀嚼运动，不仅使肌肉得到锻炼，同时对乳牙的萌出起到积极作用。如果小儿在乳牙萌出时及以后没有得到充分的咀嚼，咀嚼肌就不发达，牙周膜软弱，甚至牙弓与颌骨的发育增长也会受到一定的影响，口腔中的乳牙、舌、颌骨是辅助语言的主要器官，它们的功能实施又靠口腔肌肉的协调运动。可见，乳牙的及时萌生、上下颌骨及肌肉功能的完善发育，对婴儿发出清晰的语音、学会说话起了重要作用。所以，经常给孩子咀嚼固体食物，对孩子的语言、牙齿的发育极其有益。

如何给婴儿添加含铁的食物

6个月后婴儿可吃1个蛋黄做成的泥，肝泥可以吃2勺。动物肝脏和动物血含血色素铁，较蛋黄铁易吸收，吸收率达22%～27%，不易受谷物植酸和蔬菜中的草酸干扰。绿色蔬菜、有色水果和黑木耳都含铁，但不如血色素铁容易吸收。每周可以轮流补充动物肝、血各2次。

三、全新的宝宝护理技巧

怎样让宝宝主动配合穿衣

替宝宝穿衣服时，妈妈告诉宝宝“伸手”穿袖子，“抬头”把衣领套过头部，然后“伸腿”穿上裤子。经常给宝宝穿衣服，宝宝逐渐学会这种程序，大人不必开口宝宝就会伸手让大人穿上衣袖，伸头套上领口，伸腿以便穿上裤子。宝宝学会主动地按次序做相应动作以配合大人穿衣服，为下一步更主动地自己穿衣做准备。

穿衣时婴儿不配合怎么办

有些宝宝不主动配合穿衣服，就等着大人给穿，如果大人用布娃娃示范穿衣，宝宝就会有兴趣。妈妈说："宝宝，你看娃娃真懒，不会自己穿衣服。你做给它看，让它向你学习。"宝宝很乐意当娃娃的老师，他会努力做给娃娃看，从而学会主动伸手穿衣和主动伸腿穿裤。宝宝做好了要让他坚持下去，每次穿衣服时把娃娃放在前面，让娃娃看着宝宝怎样穿，宝宝会越来越熟练地自己穿上两只袖子。宝宝暂时还不会系扣，待2岁半前后会慢慢学会。

宝宝什么时候可以穿鞋

6个月之前的宝宝可以不用穿鞋，但是过了6个月之后，因为宝宝生长发育的需要。穿鞋能够促进宝宝多爬、多走，有利于宝宝运动能力和智能的发展，因此在这个时期，一定要给宝宝穿上一双合适的鞋子。

给婴儿穿什么样的鞋子好

让宝宝穿上鞋行走，对他来说是一种新的喜悦。为了增加宝宝这一喜悦，应为他选好鞋子。所选的鞋首先一定要合脚，不能太松，以免一走路就掉。可穿毛毡的婴儿鞋，因为可以系鞋带，不容易脱掉。为便于脚趾的活动，可选用鞋尖较宽、呈圆形的婴儿鞋。用帆布做的运动鞋，很难找到合脚的。如果小了，会使脚部受伤；若大了，走起来会脱落。用软皮革做的运动鞋，也很难选到合适婴儿的。

宝宝睡得不安稳是什么原因

如果发现宝宝夜间睡觉不安稳，父母不可忽视，应该检查以下问题：

- 居室的温度是否太高？宝宝穿的衣服或包的棉被是否太多？用手摸摸宝宝的身体，如果汗津津的，孩子的鼻尖、额头也有汗珠出现，这时就应该适当降低室内温度，或给宝宝适当减少衣物，让宝宝睡得更舒服些。

- 如果宝宝夜间不睡或睡眠较少，要注意观察宝宝白天是否睡得太足，如果是白天睡得多，则应限制宝宝白天的睡眠时间。
- 宝宝如果没有吃饱或吃得太多也会造成睡眠不安。
- 患低钙血症的宝宝常会出现睡眠不安的现象，表现为哭闹增加。

宝宝打鼾声大正常吗

宝宝入睡后偶有微弱的鼾声，这种现象并非病态。如宝宝每天入睡后鼾声都较大，则应引起家长的注意。这时应及时带宝宝去看医生，检查是否有增殖体肥大现象。增殖体是位于鼻咽部的淋巴组织，如果病理性增大，会引起宝宝入睡后的鼻鼾、张口呼吸等。增殖体肥大严重影响呼吸时可手术摘除。另一种情况为先天性悬雍垂过长，可以接触到舌根部，当宝宝卧位睡时，悬雍垂可倒向咽喉部，阻碍咽喉部空气流通，可发出呼噜声，也可引起刺激，发生咳嗽，可手术切除尖端过长的部分。

怎样给宝宝测体温

- 测腋温：测量前家长要先擦干宝宝腋下的汗，然后将体温计水银头那端由前方斜向后上方插入宝宝的腋窝正中，紧贴皮肤，然后把宝宝手臂紧靠胸廓，尽量使腋窝形成封闭的腔。
- 测口温：测量前不要给宝宝吃过烫、过冷的食物，若有进食，则需隔上半小时再测量。测量时要让孩子把体温计的水银头含在舌下，然后闭紧嘴唇，以防止外界空气进入口腔而影响准确性。需要注意的是口温测量适合大一些、懂事的孩子，太小的孩子容易将体温计咬破。
- 测肛温：让孩子侧卧，双腿屈起。家长在肛表的水银头上涂些润滑剂，如凡士林、菜油等，然后插入宝宝肛门2~4厘米。测量时家长应握住体温计。注意测量体温的时间是夏季3分钟，冬季5分钟。

一般来说，宝宝的正常口温在36.2~37.2℃，肛温比口温高0.5℃，腋温比口温低0.5℃。

孩子熬夜有什么危害

很多年轻父母有晚睡的习惯，他们的孩子从小也跟着大人熬到半夜，这样对孩子的健康成长不利，应加以纠正。生长激素分泌最多的时间是晚23：00到半夜之间，如果婴儿长期晚睡，将影响生长激素的正常生理性分泌，对婴儿的身心健康，尤其是对身高的增长将产生不良影响。经常熬夜的人，成人容易衰老，婴儿则表现为情绪不稳定。有的孩子还易患气管炎和鼻炎等疾病。

为了孩子的健康成长，父母应给孩子安排有规律的作息时间，保证孩子在各年龄阶段都有充足的睡眠时间，不能熬夜，让孩子从小养成良好的生活习惯。

带宝宝去户外有什么好处

太阳光照在人身上能刺激肾上腺的分泌，日光中紫外线具有很强的杀菌能力，可提高机体的免疫性，促进身体吸收食物中的钙和磷，使身体产生维生素D，促进骨骼的发育，有预防和治疗佝偻病的作用，紫外线还可以加快血液循环，刺激骨髓制造红细胞，防止小儿贫血。宝宝晒太阳要选择避风的地方，不要让阳光直接照射宝宝的头部和眼睛，可以戴上帽子，将脸和手露着。开始5～10分钟，随着孩子逐渐长大，晒太阳的时间可以逐渐延长，夏天可在树荫下进行。

新鲜空气可促进肌肉、血管和神经的紧张度，有利于新陈代谢，从而提高机体的免疫能力，增强小儿抗寒和耐寒的能力，减少呼吸道感染。每天可定时抱婴儿到户外（阳台、走廊）散步，开始时间略短，以后逐渐增加散步的时间。

什么是脚心日光浴

脚心日光浴就是在天气晴朗之日，脱掉婴儿的鞋袜，将其脚心朝向日光，每次持续 20 ~ 30 分钟。通过日光中紫外线对布满穴位的脚心进行刺激，促使全身的新陈代谢加快，提高受到刺激的各个内脏器官的工作效率，血液循环随之更为顺畅，人体所有器官的功能得以发挥到极致。特别是让那些体质本来就较虚弱的婴儿坚持做脚心日光浴，其体质的改善非常明显，对于孩提时代常见的化脓性感染、鼻炎、贫血、怕冷症以及低血压等多种病症都有较好的防治效果。

带宝宝外出游玩时需要准备哪些东西

带宝宝外出活动，特别是到较远的地方时，应事先准备好所需要的必备物品。以下必备物品清单可供参考。

- 衣物类：旅行包、备用衣服、内衣、帽子、袜子、鞋子、尿布、兜兜、护膝等。
- 饮食类：奶瓶、奶粉及其他食品、水壶、保温杯或普通水杯等。
- 安全类：脱脂棉毛巾、紫外线防晒霜、常用急救物品等。
- 其他：相机、玩具、驱虫药等。

四、宝宝的智能训练

如何训练宝宝的记忆能力

方法：让孩子看着把玩具小狗放在桌上，用手绢盖上，大人问："小狗狗呢？"孩子可能懂得被手绢盖着，用手扯开。如不懂，大人可帮他把手靠近手绢，让他拉开见到小狗。要多次训练，逐渐学会，一问便扯开手绢。以后当孩子面用碗把小玩具扣上，再问，是否知道是在碗下面而揭开，再反复训练。

目的：动动小脑筋，锻炼记忆力和判断力。注意，玩具要经常更换。在用碗扣时要用带把手的喝水碗（杯），孩子不断揭碗，还能促进手指小肌肉的锻炼，增强手指力量。

如何提高宝宝的视觉能力

宝宝到了第7个月之后，到室外的机会相应地多了起来，在进行室外锻炼的时候，完全可以与发展宝宝的视觉相结合。尽管家里有色彩鲜艳的图片、五颜六色的塑料玩具、明亮的镜子、幽默滑稽的脸谱、各种造型的小动物等，但是这些静止的东西看得久了就会使宝宝厌烦。而到了室外，情况就完全不一样了。比如小区院内的花卉、树木、流水，以及休闲的人们等等，这些活动着的情景对于刚刚接触外界事物的宝宝来说，真可谓是丰富多彩。这些目不暇接的新奇事物，一定会激发出宝宝极大的兴趣，并可在发展视觉的同时，使宝宝感知广阔的外部世界。

如何训练宝宝的语言能力

宝宝7个月时，有50%～70%的宝宝会自动发出“爸爸”、“妈妈”等音。尽管他们还不懂这是什么意思，但这却说明他们已进入了学习语言的敏感期，这是一个语言教育的契机，父母一定要珍惜，让宝宝多听多练。只要能抓住机会，不久便会感到宝宝主动叫“爸爸”、“妈妈”时的激动心情了。这段时间，妈妈应多给宝宝买一些构图简单，色彩鲜艳，故事情节单一，内容有趣的宝宝画报。在宝宝有兴趣时，指点画册上的图像，一边翻看，一边用清晰、缓慢、准确、悠扬的语调给他讲故事，同一故事，应反复地讲。

给宝宝讲故事，是促进宝宝语言发展与智力开发的好办法。无论宝宝是否能够听懂，妈妈一有时间就应声情并茂地讲给宝宝听，培养他爱听故事，并对图书感兴趣的习惯。但也有的小宝宝，无论妈妈怎么讲，他都不愿意听，也不爱看画册，这时，大人也无须着急，过一段时间再试试看。

如何训练宝宝的自理能力

继续前面的训练，巩固成果。继续让宝宝多与同伴交往，帮助他克服怯生、焦虑的情绪，引导他正确地表达情感。与同伴玩，是宝宝学习语言、培养交际能力和良好素质的重要途径。训练宝宝养成安静入睡、高兴洗脸的习惯，养成定时、定地点大小便的好习惯，学会蹲便盆，大便前出声或做出使劲的表示。

如何提高宝宝的听觉能力

方法：在宝宝的床栏杆上，在其手可碰到的地方，吊一些漂亮、会发声的玩具。妈妈可拉着他的手去触拉玩具，让他体会拉拉线，玩具会动，还会叮咚叮咚响的情趣。如此反复多次，孩子就会自己去触拉玩具，成功后，孩子会咧嘴咯咯大笑，且乐此不疲。

目的：训练听觉能力。

注意：为训练婴儿听力，还可以把表贴在婴儿耳边，并说："嘀嗒嘀嗒"，接着把表贴在自己耳边说："嘀嗒嘀嗒在哪儿呢？"如果婴儿表示出要把表放在耳边听的要求就可以了。这时，可让婴儿多听一会儿，再说："给妈妈听嘀嗒。"如果孩子把表送到你耳边，就说明他懂了。

怎样教宝宝练习连续翻滚

让宝宝在铺了席子或地毯的地上玩，大人把惯性车从宝宝身边推出一小段距离，让宝宝去够取。宝宝会将身体翻过去但仍够不着，大人说"再翻一个"，指着小车让宝宝再翻360°去够小车。练过几次之后，大人可把皮球从宝宝身边滚过，宝宝会较熟练地连续翻几个滚伸手把球拿到。经常练习就会使宝宝十分灵便地连续翻滚。

怎样锻炼宝宝的手指灵活性

大人在宝宝面前放一个能够拖拉的玩具，对宝宝说："这个玩具真好玩儿，你把玩具拉过来。"一开始，大人可以帮着宝宝把拖拉玩具的线拉过来，然后鼓励宝宝自己去用拇指和其他手指去捏取线，再帮着宝宝把玩具拉过来，以此锻炼宝宝的食指和其他手指的灵活性。

怎样锻炼婴儿的爬行能力

在爬行初始，婴儿只用手撑，腿不会使劲，甚至双足离开地面，手使劲撑身体还会向后退。这时大人帮助按住宝宝双脚，使宝宝的脚也撑在地上，宝宝再向前使劲，身体就会向前移动了。匍行时大人用毛巾将宝宝腹部兜住，提起，体重会落在宝宝的手和膝上，宝宝就能轻快地爬行了。练习几回后，宝宝就会自己将腹部提起，离开床铺，用手、膝爬行。

练习爬行对婴儿有什么好处

摸、爬、滚、打、蹦跳等是孩子行为的本能。爬行对婴儿来说是既安全又稳妥的健身活动。孩子爬行时，头颈抬起，胸腹部离地，以四肢支撑体重。孩子爬行可锻炼胸腹、腹背和四肢的肌肉，增进肌力，促进骨骼生长。据研究，会爬的孩子动作举止均灵敏、协调，活力强；爬得晚的或爬得少的孩子则多显呆板、迟钝，情绪低落。美国有关儿研所调研分析认为，鼓励并诱导孩子早爬行及多爬行，可有助于孩子大脑发育，启迪和开发孩子智力潜能，调控大脑对眼、手及足部的神经协调动作。因此，父母应尽早鼓励孩子学爬、多爬，并采用新颖多样、色彩鲜亮、孩子感兴趣的物体作"诱饵"，引诱孩子奋力向前爬，尽早爬出健美的身体和聪明的头脑来。

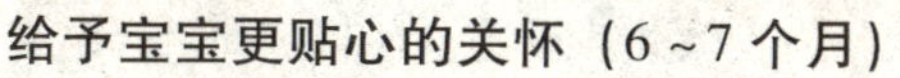

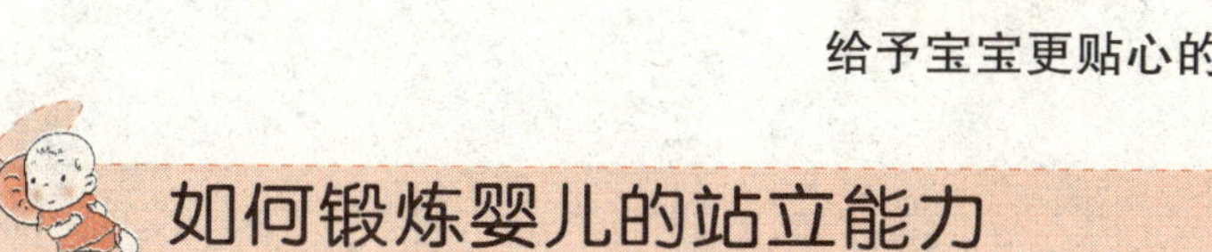

如何锻炼婴儿的站立能力

让宝宝抓住妈妈的大拇指，妈妈轻轻地把他从卧位拉到坐位。然后再拉他慢慢站起。每天练习几次，增强肩、胸的活动能力。等宝宝能站后，可以在床栏上挂些玩具，吸引宝宝站起来取玩具，妈妈在旁边帮忙和照顾，另外，可以让宝宝在床上站好，从旁边或前边轻轻地推他一下，使他失去平衡，再用另一只手准备扶住宝宝，避免他跌倒。

怎样让婴儿尽快地学会站

父母可将宝宝放在家中桌子前或是茶几前，最好选择高度与宝宝高度较适当者，再将宝宝喜爱的玩具放置在桌面上，让他站着玩玩具，借此训练他的耐力及稳定性。另外，仰卧起坐及蹬腿运动也非常适合，此阶段父母与宝宝应一起进行。

- 仰卧起坐：让宝宝仰躺，家长拉宝宝的双手让他坐起—站立—坐下—躺下，如此重复进行，可增强宝宝的肌力。
- 蹬腿运动：父母从宝宝腋下将其抱起，让宝宝在父母身上弹跳，如此可促进宝宝腿部的伸展。

怎样训练婴儿直立迈步

宝宝6个多月时，大人可双手抱在宝宝腋下，由大人帮助让宝宝在膝头或床上练习站立。每次练习1分钟左右，每天可练习1～2次。这样到宝宝8～9个月时就能在大人的扶持下站立，也可在大人的帮助下学习行走。扶走时，大人扶宝宝站起来后，让他学着迈步，学会后大人即不必帮助。大人站在宝宝面前，招呼宝宝过来。训练时间不可过长，以免影响宝宝下肢的发育生长。

五、用心·呵护宝宝健康

怎样护理出“水痘”的宝宝

水痘是小儿常见的轻度急性传染病，是由一种疱疹病毒引起的。多发生于6个月以上的孩子，冬春季节患病率高，尤其是在托儿所的孩子，常以接力形式流行患病，病毒传播途径是接触或呼吸道飞沫传染。患了水痘常有些低热，当日可见头部发际中、面部、身上有红色皮疹出现，一天左右这些皮疹大部分变为大小不等的圆形疱疹，内含透明液体，3~4天后疱疹逐渐结痂。由于陆续又有新的皮疹出现，所以呈现新旧同时存在的情况，病程一般需要10~14天，大部分皮疹结痂脱落痊愈，不留瘢痕。

孩子患水痘并不可怕，可得到终身的免疫。得水痘期间，要做好隔离工作，多让孩子休息，多喝水，给孩子吃些清淡的食品。不要吃鱼虾等刺激性的东西。要保持室内卫生，室内要常通风换气。不要给孩子洗澡，要勤换内衣。由于在皮疹期有严重的瘙痒感，因此要注意给孩子剪短指甲，以免孩子用手抓破皮疹，造成感染，留下瘢痕。

宝宝咳嗽该怎么办

婴儿呼吸道感染在日常生活中最常见。婴儿呼吸道感染时常出现咳嗽，这是机体为清除炎性分泌物而产生的保护性生理反射活动。气管内的炎性分泌物（即痰液）随气管内膜表面纤毛的摆动而向口咽部移动，引起神经冲动传入中枢导致咳嗽，并通过咳嗽排出体外，保持呼吸道畅通和清洁。婴儿的呼吸系统发育尚未成熟，咳嗽反射较差，并且不会有意识地咳痰和吐痰，加上支气管管腔狭窄，血管丰富，纤毛运动较差，痰液不易排出。

轻微咳嗽一般不必服用止咳药，如果一见婴儿咳嗽便给予较强的止咳药，咳嗽虽然暂时停止了，但气管黏膜上的纤毛运动功能受到抑制，导致痰液等物不能顺利排出而大量堆积在气管与支气管内，造成气管堵塞、缺氧，严重者还可发生心力衰竭等并发症。另外，肺内丰富的毛细血管网容易吸收毒素，又为细菌、病毒的生长繁殖提供了条件，使病情加重。

因此，咳嗽时要多使用化痰药或使用雾化吸入法稀释呼吸道分泌物，配合体位引流排痰，使其排出。有些婴儿的咳嗽是无痰干咳，剧烈的干咳不仅影响休息和睡眠，甚至引起肺气肿、咯血和胸痛等严重后果。此时，可在短期内应用镇咳药。镇咳药具有止咳、镇静与镇痛作用，偶有恶心、嗜睡现象，这种药不宜久服，以防成瘾。

胆道闭锁是怎么一回事儿

在宝宝发生的黄疸中，胆道闭锁是最严重的一种，它是由于先天性发育异常造成的胆道不通，从此引发的梗阻性黄疸。其特点是，黄疸随着宝宝的月龄增加而越来越重。如果是完全性梗阻，在出生五六个月时达到高峰，严重损害肝脏。一旦确定诊断，在治疗上唯一可以选择的就是进行外科手术。要适时把握手术时机，不要延误。

宝宝发生中耳炎怎么办

婴儿很容易得耳病，尤其是急性中耳炎。咽部的感染，牙齿疾病，以及呕吐物流进耳朵，都会引起中耳炎。患中耳炎早期，由于脓液还没有排出，往往看不出什么不正常。而此时却是疼痛最厉害的时候。小的孩子不会诉说，只能用哭闹来表示。这时家长可用手指轻轻地压耳朵前面的“小耳朵”，注意观察孩子表情，是否哭闹怕痛，用手自卫，或有其他不合作的表情。必要时到医院请医生用耳科反光镜检查一下，就可以确诊。一旦脓液排出，真相大白，疼痛也就减轻了，孩子也不哭闹了。所以中耳炎的早期要引起注意。当孩子有高热、又找不到原因时，别忘了查看一下耳朵。如有中耳炎，应及时找医生治疗，延误治疗有时可造成耳聋。

宝宝患鼻窦炎有哪些症状

鼻窦是位于鼻部周围、充满空气的腔室。所谓鼻窦炎就是鼻窦内壁的炎症，大多为感冒所引起的并发症，通常与细菌感染有关。有诸如流鼻涕或咳嗽等普通感冒症状，可能就是鼻窦炎的最初症状，而且这些症状可能会持续得更久些。患儿可能会出现的鼻窦炎症状有：

- 黄绿色的鼻涕。
- 面颊会出现肿胀感和疼痛，有时前额也会如此。
- 上排的后侧牙齿偶尔会严重疼痛。有些患有鼻窦炎患儿也可能持续发热。

怎样防治鼻窦炎

鼻窦炎的发病原因是因为鼻窦所产生的黏液含有细菌，鼻窦内壁的纤毛，可推动黏液经过狭窄的通道流到鼻腔和咽喉部。如果发生病毒感染，就会引起组织发炎，因而使气流受阻，结果鼻窦内黏稠积蓄，引起细菌繁殖。如果父母怀疑孩子患了鼻窦炎，应在24小时内带孩子去医院就诊。医生将检查孩子的病情，如怀疑是鼻窦炎医生将使用抗生素，经抗生治疗，感染通常在7天内消退。在家中，父母可让患儿服用扑热息痛溶液以减轻疼痛，并且给孩子补充足量的水。利用蒸汽可迅速减轻鼻塞的症状。保持家中空气湿度，对患儿也会有所帮助。

宝宝出风疹怎么办

风疹原称德国麻疹，属于一种轻度的病毒性感染，可以引起皮疹和淋巴结肿胀。其中有1/4的病例可不出现皮疹，所以感染很难被人发现，但血清学检查可证明已患过此病。现在由于有免疫接种，风疹已经很少发生。风疹的潜伏期为2～3周，发病后可出现如下症状：

- 轻度发热。
- 颈部和耳后淋巴结肿胀，个别的病例有全身淋巴结肿胀的表现，包括腋下和腹股沟淋巴结肿胀。
- 发病后2～3天出现非痒性皮疹，皮疹3天后消失。
- 有的孩子可出现关节疼痛。
- 少数病例并发有大脑的炎症和血小板减少性紫癜。如果孩子出现以上症状或扁平的皮疹，按压后不褪色的深红色斑点，并伴有剧烈的头痛、呕吐、乏力或嗜睡等症状，应马上与医生联系。医生将检查病儿，以确诊是否是风疹，可能还会取血样送实验室检查，测定该病毒的抗体。对于风疹，没有特异性的治疗方法。皮疹为细小、扁平的粉红色斑点，先出现在面部，然后扩散到躯干与四肢，随着皮疹的扩散，斑点可融合在一起。父母可给孩子服用扑热息痛，以降低体温，并给孩子足量的饮用水。孩子一般在10天左右完全恢复。患病后一般为终身免疫。

宝宝得了冻疮该如何护理

当宝宝要去户外时，一定要注意给宝宝保暖，如衣服是否防寒，特别是经常暴露的部位，可适当地涂抹护肤油以保护皮肤。若宝宝患了冻疮，要及时治疗，没有破溃时可在红肿疼痛处涂抹冻疮软膏或维生素E软膏，也可请中医师开一些草药煎洗，当有水疱和水疱破裂形成溃疡面时，最好请医生处理，家长就不要盲目地自行处理了。

宝宝得了肺炎怎么办

宝宝患了肺炎，需要安静的环境以保证休息，避免在宝宝的居室内高声说话，要定期开窗通风，以保证空气新鲜，不能在宝宝的居室抽烟，要让宝宝侧卧，有利于气体交换。宝宝的饮食应以易消化的米粥、牛奶、菜水、鸡蛋羹等为主，要让宝宝多喝水，因宝宝常伴有发热、呼吸增快，丢失水分比正常时要多。

婴儿荨麻疹要怎么护理

宝宝出现荨麻疹后，应先找原因，可能是宝宝对鱼、虾、蛋、奶等食物过敏；也可能是对青霉素、磺胺药、预防注射（疫苗）引起的过敏反应；还可能并发于细菌、病毒感染以及对花粉、灰尘、羽毛及被昆虫叮咬变态反应；还有的荨麻疹有家族性，宝宝属于遗传性过敏体质。家长应在医生指导下耐心地查找引起荨麻疹的原因，停服以及停用引起过敏的药物和食物；口服抗过敏药物（如扑尔敏、非那根、苯海拉明等）；外用炉甘石洗剂或0.5%石炭酸酒精止痒，以防宝宝搔抓皮肤，因抓破而继发感染时可涂抗生素软膏。

宝宝为什么要慎用紫药水

紫药水是临床常用的皮肤黏膜消毒剂，具有较强的杀菌及收敛作用，但使用不当，如使用浓度过高、涂抹面积过大、涂抹次数过多等，也会产生许多副作用。紫药水的毒副作用通常表现为全身反应和局部反应两种。前者可使婴儿出现烦躁不安、易激怒、哭闹、夜寐不宁，严重的可有流涎、音哑、吞咽困难、气促甚至呼吸困难；后者则表现为涂药周围皮肤潮红、瘙痒或皮疹，若涂于口腔可见牙龈、舌头、口腔黏膜潮红、溃疡，或出现灰白色斑块样病变，擦去斑块后局部有渗血创面，有的甚至出现舌体肿大、增厚等。

婴儿皮肤娇嫩，对外界刺激适应能力差，更容易出现问题。因此，婴儿最好不用或少用紫药水。必须要用时则应注意紫药水的浓度不可过高，应限于0.5%~1%，用药次数为每天1~3次，涂抹范围局限于病灶周围，使用时间一般不超过3天。此外，过敏体质及曾有过敏反应的婴儿不宜再用。

宝宝下巴抖动正常吗

婴儿出现下巴不自主地抖动，不伴其他症状，属正常生理现象。这是由于婴儿神经系统尚未发育完善，抑制功能较差。因此，寒冷季节应注意婴儿保暖，以免由于受冷而出现下巴抖动。

宝宝不吃也不喝是怎么回事

宝宝因不吃不喝造成大病的例子可说是很少。大人也有食欲好的时候和什么都不想吃的时候，同样，宝宝也有食欲不振的情形，而且每个宝宝不一定一次都能喝几十毫升的牛奶，食欲也有个人差异和日差。但必须注意的是，宝宝是否因为有疾病才没有食欲。精神、情绪的好坏，是否发热或一直抽抽嗒嗒地哭，这些都是判断的标准。有可疑的症状时，要立刻接受医生的检查。

宝宝在秋冬季腹泻怎么办

秋冬季宝宝发生腹泻时，主要症状有排便的次数及量明显地比平时多，或含水量大变为稀便或水便。如果出现急性腹泻时，最关键的是应该尽量避免出现脱水及电解质失衡。另外，在各种病毒的流行季节里，应该尽量让宝宝少出入各种人多拥挤的公共场合。

宝宝患急性胃肠炎有哪些症状

急性胃肠炎是由于饮食不当，或吃了细菌污染或腐败变质的食物引起的胃肠道病。该症状多发生在夏天。患急性胃肠炎的孩子，一般都有暴饮暴食或吃过不洁变质食物的病史。比如吃了变质的牛奶、馊菜、馊饭或是被污染过（苍蝇爬过）的饭菜。急性胃肠炎常见的表现有恶心、呕吐、腹痛、腹泻，有时发热、头痛。腹痛部位以上腹部及脐周围为主。腹泻的粪便为绿稀水，亦可有血或有黏液，严重的还可出现脱水、酸中毒，以致使得皮肤干燥、弹性差、手脚发凉、皮肤发花、两眼闭不拢、眼窝凹陷、呼吸深长、神志不清、脉搏细弱甚至休克。

宝宝是否需要定期做口腔检查

婴幼儿最常见的口腔疾病是龋齿。产生的原因可能有长期口含安慰物、喜欢咬唇、不正确咬合和咀嚼、牙齿萌发异常、口腔炎症。

如果定期检查牙齿状况，就会尽早发现：第一个检查方面，宝宝是否开始采取口腔清洁习惯，方法是否科学和正确；第二个检查方面，宝宝是否存在不良的口腔喂养习惯；第三个检查方面，宝宝是否有口腔发育的异常；第四个检查方面，宝宝是否有一些口腔疾病。

如果能尽早发现宝宝的口腔疾病，尽早治疗，避免治疗的复杂性和长期性，也避免宝宝遭受更多的病痛，你也可以节省更多的时间和金钱。定期检查，尽早发现口腔疾患。希望每个家长都能意识到这个问题，并能处理好这个问题。

宝宝高热惊厥的应急措施有哪些

高热惊厥是小儿较常见的危急重症，是中枢神经系统以外的感染所致。

- 高热惊厥的表现：高热（体温39℃以上）出现不久，或体温突然升高之时，发生全身或局部肌群抽搐，双眼球凝视、斜视、发直或上翻，伴意识丧失，停止呼吸1～2分钟，重者出现口唇青紫，有时可伴有大小便失禁。一般高热过程中发作次数仅一次者为多。历时3～5分钟，长者可至10分钟。

- 应急措施：①保持呼吸道通畅。应使患儿平卧，将头偏向一侧，以免分泌物或呕吐物将患儿口鼻堵住或误吸入肺，万不可在惊厥发作时给宝宝灌药，否则有发生吸入性肺炎的危险。②保持安静，不要大声叫喊，尽量少搬动患儿，减少不必要的刺激。③对已经出牙的宝宝应在上下牙齿间放入牙垫，也可用压舌板、匙柄、筷子等外缠绷带或干净的布条代替，以防抽搐时将舌咬破。④解开宝宝的领口、裤带，用温水、酒精擦浴头颈部、两侧腋下和大腿根部，也可用凉水毛巾较大面积地敷在额头部降温，但切忌胸腹部冷湿敷。待患儿停止抽搐，呼吸通畅后再送往医院。如果宝宝抽搐5分钟以上不能缓解，或短时间内反复发作，预示病情较为严重，必须急送医院。

如何防治婴儿脓疱病

家长常常可发现在婴儿的皮肤褶皱处，如颈部、腋下及大腿根部生有小脓疱，大小不等，脓疱周围皮肤微红，疱内含有透明或混浊的液体，脓疱破

溃后液体流出，留下像灼伤一样的痕迹，这就是脓疱病。

常见脓疱的致病菌是金黄色葡萄球菌或溶血性链球菌，这些菌在正常人身上都存在，但不发病。由于婴儿皮肤柔嫩、角质层薄、抗病力弱、皮脂腺分泌较多，如果不注意及时清洁皮肤，褶皱处通风不好，加上孩子哭闹时常常擦破脓疱，就会引起化脓，严重时还会引起败血症。对婴儿脓疱病重在预防。应勤洗澡、更衣，衣服应柔软、吸湿性强、透气良好，注意皮肤护理。一旦发生脓疱，及时以75%的酒精液消毒局部，再以消毒棉签擦去脓汁，不久就会干燥自愈。如果脓疱较多，婴儿发热、精神欠佳，则应请医生诊治，需要用抗生素进行全身治疗。

如何提高宝宝的抗病能力

一般从出生后7个月开始，由于宝宝体内来自于母体的抗体水平逐渐下降，而宝宝自身合成抗体的能力又很差，因此宝宝抵抗感染性疾病的能力逐渐下降，容易患各种感染性疾病，如各种传染病以及呼吸道和消化道的其他感染性疾病，尤其是感冒、发热。同样，因宝宝体内多种出生前由母体提供储备的营养物质已接近耗尽，而自己从食物中摄取各种营养物质的能力又较差，如果不注意宝宝的营养，宝宝就会因营养缺乏而发生营养缺乏性疾病，如宝宝缺铁性贫血、维生素D缺乏性小儿佝偻病等。因此，要积极采取措施增强宝宝的体质，提高抵抗疾病的能力。

主要应做好以下几点：

- 按期进行预防接种，这是预防传染病的有效措施。
- 保证宝宝的营养。各种营养素如蛋白质、铁、维生素D等都是宝宝生长发育所必需的，而蛋白质更是合成各种抗病物质如抗体的原料，原料不足则抗病物质的合成就减少，宝宝对感染性疾病的抵抗力就差。
- 保证充足的睡眠也是增强体质的重要方面。
- 进行体格锻炼是增强体质的重要方法，可进行主、被动操以及其他形式的全身运动。
- 多到户外活动，多晒太阳和多呼吸新鲜空气。

如何喂宝宝吃药

6个月以上的宝宝喂药比较困难，讲道理不容易讲通，采取硬办法往往下不了手，而且喂完后容易吐。宝宝嗓子小，药片或药丸直接吞咽有困难，必须弄碎成粉末。药粉放在匙内，略加些糖水，量不宜多，直接经口喂入。宝宝不合作时大人应夹住宝宝的双腿，抓住宝宝的手，将药水从宝宝口角处灌入。如宝宝不张嘴，可轻轻捏住宝宝的鼻子，一定要让宝宝把药吞咽下去后才能松手。药喂进去后可以给宝宝喝几口糖水，解解药味，也可冲洗口腔，使粘在口腔黏膜上的药末均入胃内。然后把宝宝的注意力分散，千万不要抱着宝宝摇晃，这样容易引起呕吐。中药量多些，可分为少量多次。可一次煎好，分成3次喂入。喂药应在两次进食的中间时候，中药和西药最好不同时喂，中间隔开半小时至1小时。

六、打造聪明宝宝的亲子游戏

“还玩具”游戏怎么玩

妈妈和宝宝面对面坐着，玩具放在身旁。妈妈一边缓慢而清晰地讲出每件玩具的名称，一边把玩具一样一样还给自己。如果宝宝一时搞不清，或者宝宝不愿意给，妈妈就把玩具拿去，并讲出那件玩具的名称。这项活动可训练宝宝听懂语言的能力和认物能力。

“说再见”游戏怎么玩

方法：爸爸、妈妈和宝宝在一起玩一会儿后，爸爸一边往外走，一边说“再见！”这时，妈妈不但要让宝宝招手和爸爸再见，而且自己也要招手说：

“再见!”这样，宝宝就会模仿着说“再见”了。爸爸再回到屋里，叫：“宝宝，爸爸回来啦。”妈妈教宝宝拍拍手，说：“欢迎，欢迎。”

目的：宝宝一时发不出“再见”的音，可教他讲“Bye-Bye”。这项活动除了语言训练外，还让宝宝从小储存“礼貌待人”的经验。

什么是“拉大锯”游戏

游戏时，你和宝宝相对而坐，你的双手握住宝宝手腕，让其前俯后仰玩拉大据的游戏，边拉边念：“拉大锯，扯大锯，姥姥家里唱大戏，接你来，你就去，你陪姥姥看大戏。”这个儿歌游戏每天可玩1~2次，每次3~5分钟即可。

“儿歌吃青菜”怎样唱

吃豆豆

宝宝乖，宝宝乖，
宝宝喜欢吃青菜，
绿菠菜，翠黄瓜，
胡萝卜，嫩白菜，
多吃青菜身体好，
多吃青菜长得快。

什么是“纸袋”游戏

方法：小朋友也会有无聊的时候。妈妈可以拿用过的纸袋陪他玩玩。纸袋只要摩擦碰触就会发出沙沙的声音，单单这样就足以让宝宝大感兴趣，如果在纸袋上开一个圆形的洞，就可以玩一些让宝宝兴奋的游戏了。玩的方法很简单，一面唱歌似地说：“会有什么东西跑出来呢?”一面从小圆洞口送出各式各样的玩具，然后收回去，再伸出另外一个玩具，在换玩具的空档内，一面说：“哎呀、哎呀，这次会是什么呢?”一面在袋子里面扭动手指，让纸袋发出沙沙的声音，然后从洞口伸出手来，或者抓住宝宝的手，或者丢出一个用手帕揉成的球来给宝宝，让孩子感受不同的变化和惊喜。

目的：平常看惯的玩具和妈妈的手，因为从洞里跑出来造成的视觉变化而成了新鲜的东西。心爱的玩具一个接一个地跑出来，有时候是惊喜，有时候吓了一跳，让宝宝尝试不同的心情起伏……只不过是一个纸袋，就能够让宝宝玩得很高兴了呢。

怎样和宝宝玩“小手巾”游戏

方法：所需要准备的是一条稍大的小手巾和妈妈的手，这样就可以玩像电动玩具的“打地鼠”游戏了。妈妈把手放在打开铺平的小手巾下面，一面缓缓扭动一面说：“哎呀、哎呀，手巾下面躲着什么？是什么？是什么？哇，你来抓抓看！”来邀请宝宝参加游戏。如果宝宝从手巾上瞄准妈妈的手想要抓的话，妈妈就不停地动来动去，一下在那里，一下在这里，让宝宝追追看。这样玩一会儿之后，再把食指和中指比成剪刀状，从小手巾上端伸出来，背着小手巾的壳像蜗牛一样，向左右滑动，滑动到宝宝手臂上忽然抓住他，说：“嘿嘿，吓你一跳吧，是妈妈的手啦。”一面和宝宝握手一面揭开谜底。

目的：培养宝宝的注意力及想象力。

怎样教宝宝认识身体部位

方法：如果宝宝会握手，告诉他“伸手”，他会将手伸出来同人握手，宝宝学会大人说“手”时伸手，就认识了身上的第一个部位。不过第一次学会之后如果不温习，过几天就会忘记，而且宝宝只会记住第一次认识的部位，并不会推广到其他人的部位。要经过反复练习，认识其他人的部位之后才算真正学会。宝宝认物只会认一词一物，他还缺乏概括能力，只认得第一次学会的某一件东西，不可能推广到这个词所包括的其他东西。妈妈可以用英语教宝宝认自己的身体部位，如：Nose，鼻子；eye，眼睛；ear，耳朵；mouth，嘴巴。“Show me your nose? 指出你的鼻子。”“Show me your hand? 伸出你的手。”“Show me your foot? 伸出你的脚。”“Clap on your stomach? 拍拍你的肚

子。”不必按顺序，如果宝宝喜欢拍肚子，就可以从拍肚子学起。

目的：让宝宝认识自己的身体部位，从最容易的做起，使宝宝有信心和有兴趣再学习其他部位。认部位和认物一样，是理解语言的记忆力练习。通过认物和认部位逐渐理解词意，理解词的综合概括，如灯，知道吊灯和台灯都是灯；娃娃的鼻子、自己的鼻子、亲人们的鼻子都是鼻子。这种能力再过1～2个月听多了自然就懂了，所以要常常用宝宝已懂了的词汇多指不同的物品，扩充理解词的范围。

什么是“坐墙头”游戏

方法：爸爸妈妈可以坐在地板上，将宝宝放在曲起的膝盖上。告诉宝宝：“我们开始唱歌啦！”小宝宝坐在墙头，笑呀笑呀笑笑笑。小宝宝掉下墙头，哭呀哭呀哭哭哭。随着儿歌的节奏抬起脚尖，以让宝宝有一种被弹起的感觉，当唱到“小宝宝掉下墙头”时，伸直腿让他“掉下来”。让宝宝感觉到“掉”的感觉和“掉”这个词的联系，加深其记忆。在进行这个游戏时，爸爸妈妈的动作幅度要适当，如踮脚或让宝宝“掉下来”都要轻柔缓慢，不要伤着宝宝。

目的：训练语言记忆能力。这个游戏是很好的情感联系形式，通过反复演练有助于宝宝体力的发育并增强其语言记忆力，有利于宝宝语言能力的提高。

怎样和宝宝“跳支舞”

方法：妈妈打开音乐，轻声问宝宝：“宝贝，可以和你跳个舞吗？”在宝宝的耳边哼歌，同时一只手托着他的头部，一只手抱着他的背部，随着音乐向前或向后晃动宝宝的身体。还可以一边跳一边称赞宝宝：“宝宝跳得真好！”曲子结束时，妈妈应该说：“谢谢宝宝陪我跳舞。”注意，音乐的音量不要过大；和宝宝跳舞时动作要轻柔。

目的：在音乐和动作中培养宝宝与人交往能力，同时培养其听力及乐感。

“动物聚会”游戏怎么玩

方法：可以在专门的宝宝的玩具房间里进行，也可以在卧室或者客厅里来玩这个游戏。准备一些玩具小动物，比如说玩具小马，玩具小熊，玩具小鸭子，玩具小猫，玩具小蛇，玩具小兔子等等。爸爸或妈妈先把准备好的小动物玩具摆放在一边，把小马拿给宝宝看之后就学着马叫的声音，或者模仿一下马奔跑时的叫声：然后再把玩具青蛙拿给宝宝看，学青蛙跳与“呱呱”叫；接着把玩具鸭子拿给宝宝看，学小鸭子摇摇摆摆地走和“嘎嘎”叫……注意事项：在游戏的过程中，还可以有意识地向宝宝灌输，哪些动物是危险的，哪些动物是安全的。

目的：可以锻炼宝宝的模仿能力、记忆能力、创造能力与创新能力，视听以及语言能力，这是一个锻炼宝宝综合能力的小游戏。

“小小指挥家”游戏怎么玩

方法：选择一首节奏鲜明、有强弱变化的音乐在室内播放。让婴儿坐在你的腿上，你从婴儿背后握住他的前臂，说：“指挥！”然后合着音乐的节奏拍手，并随着音乐节奏的强弱改变手臂动作幅度的大小，当乐曲停止时指挥动作同时停止，这样逐渐使婴儿能配合你的动作节奏。以后每当放音乐时，你一说“指挥”，他就能有节奏地挥动手臂，随着乐曲做不同的动作表情。注意，时刻观察婴儿，当婴儿表现出不愿再玩时要及时停止游戏。

目的：这个游戏主要训练婴儿的节奏感，理解动作与音乐节奏的配合并能培养良好的情感。

第八章 关注宝宝的每一次“探险”（7～8个月）

一、记录宝宝成长足迹

宝宝的语言有怎样的变化

在这个阶段，婴儿对声音越来越敏感，一听到别人的声音，自己也会发声回答，心情好的时候，就会独自一人叫喊，自得其乐。到了这个时期，婴儿不再以发声为荣，而逐渐发展成真正的语言，如果母亲能加以赞赏，婴儿就会愈感兴趣。大部分母亲在喂食断奶食品时都会说：“啊姆！”或者在洗澡时说：“好舒服！”换尿片时说：“好干净！”这些话对婴儿的语言都有莫大的帮助，即使尚无法了解其中意思，婴儿也会模仿，然后将语言与行为结合在一起，最后终能了解其中意义。

宝宝的睡眠有怎样的变化

一般来说，婴儿夜间睡眠在10～12小时左右，全日睡眠的时间为15～16个小时。婴儿很难晚间一睡就到天亮，常因尿湿尿布不舒服，或因饥饿夜间醒来哭闹，将湿尿布换了或吃些母乳、牛奶后，又能安然入睡。用牛奶喂养的婴儿，临睡前喂150～200毫升牛奶，夜间不会再要吃奶了。睡婴儿床的孩子，夜间有时醒来，只需母亲抱一下或稍拍两下身体，又会安静入睡，不必做特殊护理。要提醒母亲注意的是，有的婴儿夜间醒来时，会扶着婴儿床站起来，有坠落的危险。因此，婴儿床不应远离母亲床位，同时婴儿床应加适当护栏高度，以防意外事故的发生。在寒冷季节，也可母婴同床，将婴儿放在靠近墙壁的一侧，这样，一方面安全，另一方面也便于喂奶、换尿布，更重要的是能感知宝宝睡眠时的冷热，防止受凉。

宝宝的听觉有怎样的变化

7个多月的宝宝对于话语以及片语非常感兴趣，由于小宝宝现在日渐变得通达人情，所以，你会开始觉得他越来越招人喜欢。当他首次了解话语的时候，他在这段时间内的行为会顺从。慢慢地，你叫他的名字他就会反应出来；你要他给你一个飞吻，他会遵照你的要求表演一次飞吻；你叫他不要做某件事情，或把东西拿回去，他都会照你的吩咐去办。不过，你在这个时候还不能期望小宝宝和你说话，因为不足1岁的宝宝还不会说话。即使会说话，字数也很少。

宝宝的视觉有怎样的变化

7个多月的宝宝除睡觉以外，最常出现的行为就是一会儿探望这个物体，一会儿又探望那个物体，简直就像永远探望不尽似的。婴儿们只花费很少时间来探望自己的妈妈或其他的主要照顾者。他们会向窗外探望，他们会向远方游戏的孩子们探望。孩子在7个月以后对远距离的事物更感兴趣了，也观察得更细。对拿到手的东西会反复地看，更感兴趣。此时应常带孩子到户外去，让他看各种小动物、行人和车辆，看花草树木以及其他小朋友。

宝宝的动作有怎样的变化

这个月的婴儿的各种动作开始有意向性，会用两只手去拿东西。会把玩具拿起来，在手中来回转动。还会把玩具从一只手递到另一只手或把玩具放在桌子上敲着玩。仰卧时会将自己的脚放在嘴里啃。这个月的孩子不用人扶能独立几分钟。孩子手指的活动也灵巧多了，原来他手里如果有一件东西，再递给他一件，他会把手里的扔掉，接住新递过来的东西。现在他不扔了，他会用另一只手去接，这样可以一只手拿一件，两件东西都可摇晃，相互敲打。这时孩子的手如果攥住什么不轻易放手，妈妈抱着他时，他就攥住妈妈的头发、衣带。

宝宝的心理有怎样的变化

宝宝已经习惯坐着玩了，尤其是坐在浴盆里洗澡时，更是喜欢戏水，用小手拍打水面，溅出许多水花。如果扶他站立，他会不停地蹦跳。嘴里咿咿呀呀好像叫着爸爸、妈妈，脸上经常会显露幸福的微笑。如果你当着他的面把玩具藏起来，他会很快找出来。喜欢模仿大人的动作，也喜欢让大人陪他看书、看画，听“哗哗”的翻书声音。年轻的父母第一次听宝宝叫爸爸、妈妈的时候是一个激动人心的时刻。

7~8个月的宝宝不仅常常模仿你对他发出的双复音，而且有50%~70%的宝宝会自动发出“爸爸”、“妈妈”等音节。开始时他并不知道是什么意思，但见到家长听到叫爸爸、妈妈就会很高兴，叫爸爸时爸爸会亲亲他，叫妈妈时妈妈会亲亲他，宝宝就渐渐地从无意识地发音发展到有意识地叫爸爸、妈妈，这标志着宝宝已步入了学习语音的敏感期。父母们要敏锐地捕捉住这一教育契机，每天在宝宝愉快的时候，给他朗读图书，念念儿歌和绕口令。

宝宝的记忆有怎样的变化

到了这个月，宝宝开始认识谁是生人，谁是熟人。生人不容易把宝宝抱走。为了培养宝宝的记忆能力，本月你可以给宝宝买些婴儿画册，让宝宝认识简单的色彩和图形，在画册上认识人物、动物、日常用品，再和实物比较，以帮助宝宝记忆看到的东西。

二、关注宝宝的每一口营养

本月宝宝在饮食方面需注意什么

这个月的婴儿可试着每天吃3顿奶、2顿饭了。一向吃母乳的婴儿，应逐渐让婴儿习惯吃各种辅食，以减少吃母乳的次数。主食以粥和烂面条为宜，也可吃些撕碎的馒头块，副食除鸡蛋外，可选择鱼肉、肝泥、各种蔬菜和豆腐。吃牛奶的孩子，每日奶量不应少于500毫升。副食每日的参与量为：

鸡蛋1/2~1个。鱼肉1/2两（25克）。肝泥1/3两（17克）。

豆腐1/2两（25克）。鱼松1小匙（5克）。蔬菜1两（50克）。西瓜1块。饼干若干。

注意婴儿的饭菜应该现吃现做，不要吃隔顿的剩饭菜。

保护宝宝眼睛的食物有哪些

- 多吃点养肝明目的食物：①猪肝：能补肝、养血、明目，每100克猪肝含维生素A 8700国际单位。可用猪肝100克，枸杞子50克，共煮熟，食肝喝汤。②羊肝：味甘苦，性凉，能益血、补肝、明目，尤以青色山羊肝最佳。可用羊肝做羹，肝熟放入菠菜，打入鸡蛋，食之。③山药：既可粥食，又可做菜，还能蒸吃。④青鱼：鱼中佳品，滋肾益肝，对视物模糊效果较佳，可常做菜食之。⑤蚌肉：味甘咸，性寒，滋阴、养血、明目，可炒食或煮汤。⑥鲍鱼：虽称做鱼，其实是一种单壳贝类，其营养和药用价值都非比一般，其壳称石决明，有平肝明目之效。用时研末儿，同猪肝共煎，有益于眼。
- 常食富含胡萝卜素的食品。胡萝卜素是维生素A的前身，在人体内能转变成维生素A。维生素A有维持眼睛角膜正常，不使角膜干燥、退化，以及增强在无光中视物能力等作用，此类食品主要有青豆、南瓜、西红柿、胡萝卜、绿色蔬菜等。

● 多吃富含维生素 B_2 的食物。维生素 B_2 能保证视网膜和角膜的正常代谢，若缺乏，则易出现流泪和眼发红、发痒等症状。一般来说，瘦肉、扁豆、绿叶蔬菜含维生素 B_2 较多，应多吃一点。

● 常吃富含维生素A的食品。因为维生素A缺乏，可致角膜干燥、怕光、流泪，重者眼睛结膜变厚，甚至夜盲或失明。鸡蛋黄、羊奶、牛奶、黄油、猪油、肝脏、苋菜、菠菜、韭菜、青椒、红心白薯以及水果中的橘子、杏子、柿子等含维生素A较多，可多食之。

● 其他含有维生素C的食物对眼睛也有益，因此，应该在每天的饮食中，注意摄取含维生素C丰富的食物，比如，各种新鲜蔬菜和水果，其中尤其以青椒、黄瓜、菜花、小白菜、鲜枣、生梨、橘子等含量较高。上述一些食品对保护小儿眼睛非常有效，要多吃一些，尤其是眼功能差时更要注意。而辛辣、太热、肥腻之食，不利于眼睛，最好少食。

宝宝断奶后的饮食原则是什么

断奶后必须注意为孩子选择质地软，易消化并富于营养的食品，最好为他们单独制作。在烹调方法上要以切碎烧烂为原则，通常采用煮、煨、炖、烧、蒸的方法，不宜用油炸。有些家长为了方便，只给孩子吃菜汤泡饭，这是很不合理的，因为汤只能增加些滋味，里面所含的营养素极少，经常食用会导致营养不良。

有的家长以为鸡蛋营养好，烹调方法又简便，每天用蒸鸡蛋作下饭菜，这也不太妥当。鸡蛋固然营养价值较高，孩子也很需要吃，然而每天都用同样方法制作，时间久了，会使孩子感到厌烦，影响食欲而产生拒食的现象。进餐次数以每天4~5餐最好，即早、中、晚3餐，午睡后加1次点心。如小儿较弱，食量少，也可在9：00左右加一次点心。至于每餐的量，应特别强调早餐“吃得饱”，因为小儿早晨醒来，食欲最好，应给以质量较好的早饭，以保证小儿上半天的活动需要。

午饭量应是全日最多的一餐，晚餐宜清淡些，以利睡眠。那么，每天各种食品应吃多少呢？下面的量可作参考：

● 蔬菜。应以绿叶菜为主，每天至少占50%。一开始为50～75克，以后随着宝宝日渐长大，量应增到100克。豆制品每天25克左右，以豆腐和豆腐干为主。鸡蛋每天1个，煮、蒸、炖、炒嫩蛋均可。肉、鱼、脏腑类每天50～75克，不同品种，轮换使用。

● 豆浆或牛奶。每天500毫升，1岁半以后可减到250毫升。

● 粮食。每天的主食为大米、面粉，共需100克，随着年龄的增长渐增。

● 水果。此项食品可根据家庭情况灵活掌握，如条件许可，作补充部分的蔬菜量。但并非吃了水果就不必吃蔬菜，因为它们的营养价值是不同的。

● 油、糖。一般每种每天10～20克即足。

为什么要让宝宝吃些猪肝

猪肝除了含有较丰富的蛋白质外，还含有较多的铁质和维生素B_2，经常食用可以预防缺铁性贫血、口角炎等症。但是猪肝有些腥味，宝宝如果不太喜欢吃，这就需要在烹调上下点工夫，去其腥味，变不好吃为好吃。

为婴儿制作猪肝泥有2种方法：一是将生猪肝横剖开，或剥去外皮，用刀刮下如酱样的猪肝泥；二是先把猪肝煮熟后，再剁成细碎泥状，然后加葱、姜、黄酒等，用少量油炒，可去腥味，烧好后加些味精提鲜。如果宝宝还是不肯吃，可用7份猪肝泥和3份肉糜一起炒，也可去掉猪肝腥味。对婴儿来说，每星期能吃上1～2次猪肝，能预防营养缺乏症。

因此，更要强调烹调方法。采用猪肝与其他动物食品混烧，如猪肝丁和咸肉丁、鲜肉丁、蛋块混烧，或猪肝炒肉片等，宝宝们大多喜欢吃。将猪肝制成白切猪肝片或卤肝片，在宝宝进餐的时候，洗净手一片一片拿着吃也是个好方法。

如何调动宝宝的食欲

把食物放入嘴里，凭味觉就知道是什么味道，这个能力早在婴儿一出世就具备了。有人做过实验，出生仅2小时的婴儿已经能分辨出味道，对微甜的糖水表示愉快，对柠檬汁表示痛苦。4～5个月的婴儿对食物的任何改变都会出现非常敏锐的反应，可见，这个月龄的婴儿就更不在话下了。舌头上有“味蕾”，凭这个感觉器官就可分辨出食物酸、甜、苦、辣等味道。豆腐、蒸蛋、动物血虽然全都是柔软的东西，但是，可凭味觉来判断食物的不同。所以，婴儿完全有能力凭自己的喜厌来选择食物。

对于他喜欢吃的，合口味的食物会咀嚼得津津有味；不喜欢的，没有好味道的，哪怕再新鲜、再有营养的食物，照样不受欢迎。因此，父母在给孩子准备吃的时候要注意色、香、味，以便调动孩子的食欲，提高吃的兴趣。同样是豆腐，如果是放在香味浓的鸡汁里煮和放在开水中煮，味道就不同。强调食物的色、香、味，当然不是提倡在食物中加入调味品，婴儿吃的食物最好是原汁原味，新鲜的食物本身就有它的香味。适当加些盐、醋、料酒、酱油来提高色香味也是可以的，但是糖精、人工色素不要加。

怎样给宝宝制作果汁

当宝宝肚子饿的时候，或者散步后嗓子干渴的时候，以及洗澡之后可以用汤匙给宝宝喂饮用水或稀释的果汁。开始的时候可以仅仅一汤匙，逐渐地增加用量。当宝宝对食物产生兴趣后，就可以进入断乳食物阶段。

梨汁

【原料】小白萝卜1个，梨1/2个。

【做法】将白萝卜切成细丝，梨切成薄片。将白萝卜倒入锅内加水烧开，用小火炖10分钟后，加入梨片再煮5分钟，然后过滤取汁即可饮用。

苹果汁

【原料】苹果1/3个，水1/2杯。

【做法】先将苹果洗净，去皮，放入榨汁器中榨成苹果汁。倒入与苹果汁等量的水加以稀释。将稀释后的苹果汁放入锅内，再用小火煮一会儿即可。

甜瓜汁

【原料】甜瓜1个，水1/2杯。

【做法】将黄甜瓜洗净后去皮，去除子和瓤后切小块。装到盘子里，用小匙挤压成汁。用等量的凉开水稀释。将稀释后的果汁放入锅内，用小火煮一会儿即可。

宝宝临睡前可以吃米粉糊吗

可以在半岁以上的宝宝晚上入睡前喂小半碗稀一些掺奶的米粉糊，或掺半个蛋黄的米粉糊，这样可使宝宝一整个晚上不再因饥饿醒来，尿也会适当减少，有助于母子休息安睡。但初喂米粉糊时要注意观察宝宝是否有较长时间不思母乳的现象，如果有，可适当减少米粉糊的喂量或稠度，不要让它影响了母乳的摄入。

可以喂宝宝吃鱼泥吗

选质地细致、肉多刺少的鱼类，如鲫鱼、鲤鱼、鲳鱼等，可用刺大易去掉的鱼肚部分。先将鱼洗净煮熟，去鱼皮，并取鱼刺少肉多的部分去掉鱼刺，将去皮去刺的鱼肉放入碗里用勺捣碎，放少许盐搅拌。再将鱼肉放入粥中或米糊中，即可喂婴儿。

由于鱼泥比蛋黄泥和肝泥更不易被婴儿消化，所以最好等婴儿7个月以后再考虑喂给，过早或过多喂婴儿鱼泥也会导致不消化和积食，一般开始时可先每日喂1/4勺试试。

为什么说面食最好蒸或烙

把面粉做成馒头、面包、包子、烙饼等食物时，营养素丢失得最少；而做成捞面时，大量的营养素，如一半左右的维生素 B_1、维生素 B_2 和1/4烟酸就会随面汤流失。油炸制成的面食，如油条、小油饼等由于油温过高，维生素几乎全部被破坏。因此制作面食时最好采用蒸或烙的方法，面条尽量做成汤面，不要炸面食。尤其是玉米粉，维生素含量本身就低，最好做成玉米粥、小窝头，既有宝宝喜爱的颜色和香味，吃了又容易消化。

如何喂食能促进宝宝乳牙的萌出

7~8个月的婴儿正处于乳牙萌出的时期。这个年龄阶段除添加饼干、烤馒头片、烤面包干等促进牙齿萌出的食物外，还要防止维生素D缺乏性佝偻病。应让婴儿经常晒太阳，进行户外活动。饮食中增加含有维生素D较多的食物，多吃含有钙质的食物，如豆制品、虾米等，必要时补充维生素D制剂及钙片。常用的钙剂有盖天力、葡萄糖酸钙、乳酸钙。一般来说，婴儿牙齿的数量应为月龄减去4~6。如果出牙的数量相差较大的话，可找儿童保健医生咨询或进一步检查。另外婴儿出牙有不舒服的表现，如爱哭，流涎，喜咬东西，低热，甚至食欲下降，但这些现象待牙齿萌出后就会消失。

可以给宝宝制作彩色果汁吗

虽然喝白开水是最好的补水的方式，也不是说别的水不能喝，为了满足孩子喜欢甜味，喜欢漂亮颜色的要求，我们还可以为宝宝自制一些果汁。比如，用糖腌成的草莓水、西瓜汁、橘子汁、乌梅汁等。在夏天，还可以给孩子做些防暑饮料，如绿豆汤、冬瓜汤等等。

宝宝出牙时不肯吃东西怎么办

出牙的宝宝在吃奶时，常变得浮躁不定。由于宝宝牙齿破龈而出时，其吸吮的乳头碰到了牙龈，使牙床疼痛而表现出拒食现象。咬嚼可以减轻牙床的疼痛，尤其是咬嚼冰冷的东西。可以把凉一点的香蕉、胡萝卜、苹果，还有消过毒的、凹凸不平的橡皮牙环或橡皮玩具等，拿给宝宝咬。但不管让宝宝咬什么，都必须是在宝宝坐立的情况下，并有大人在旁看护才行，以免发生危险。

当宝宝烦躁不安而啃咬东西时，大人不妨将自己的手指洗干净，帮宝宝按摩一下牙床，刚开始因为摩擦疼痛，宝宝可能会稍加排斥，不过当宝宝发现这样做疼痛减轻了以后，很快就会安静下来，并愿意让大人用手指帮他们按摩牙床。

出牙期的宝宝吃什么最好

在喂食的类别上，开始可以谷物类（如米粥或软面条等）为主食，配上蛋黄、鱼肉、碎菜或胡萝卜泥等辅食即可。不过要经常变换花样和配些碎水果。在具体喂法上，仍然要以母乳为主，每天 3~4 次，辅食每天 1~2 次，即最好保证每 4 小时喂一次母乳和逐渐增加辅食。

怎样培养宝宝不随便吃东西的习惯

要培养宝宝养成能吃的东西可以放进嘴里吃，不能吃的东西不能放进嘴里吃的习惯。如果宝宝把不应该吃的东西往嘴里放，要轻轻拉住宝宝的手，明确地说这个东西不能吃。要让宝宝知道食品可以吃，花不能吃，树叶不能吃，玩具不能吃。在 7~8 个月时期的婴儿，完全能够培养起自己用手拿食品放进嘴里，但是不能吃的东西，绝对不能放进嘴里的习惯。7~8 个月培养宝宝好的行为模式比较容易，家长一定要掌握好这个时机。

三、全新的宝宝护理技巧

为什么宝宝爱抓衣服、揪头发

在宝宝的发育进程中，手的探索动作的发育是一个重要方面。宝宝会不断地寻找、抓握周围的物体。本月的宝宝会比较准确地抓住玩具，但因其伸展肌发育不完善，所以宝宝一旦抓住物体后就不会随意放开。所以当妈妈抱住他时，他的手刚好够到妈妈的头发、衣领，这些细长的物体正好适合他的抓捏的需求。父母们可多给宝宝一些各种形状和软硬度合适的玩具，多给他们抓握和捏的机会，让他们的探索活动顺利发展。

为什么说逗笑宝宝要有尺度

许多父母都喜欢逗孩子，却不知道过分逗有害无益，轻者会影响婴儿的饮食、睡眠，重者可能伤及孩子的身体。

- 宝宝进食时不宜逗乐。婴儿的咀嚼与吞咽功能尚不完善，如果在他进食时与之逗乐，不仅会影响婴儿良好饮食习惯的形成，还可能将食物误吸入气管，引起窒息甚至发生意外。如果婴儿在吃奶时把奶水误吸入气管，还会发生吸入性肺炎。

- 宝宝临睡前不要逗乐。睡眠是大脑皮层抑制的过程，婴儿的神经系统尚未发育成熟，兴奋后往往不容易抑制。如果婴儿临睡前过度兴奋，往往迟迟不肯睡觉，即使睡觉，也会睡不安稳，甚至出现夜惊。

- 不要抛举宝宝。有些父母为了让孩子高兴，喜欢将婴儿向上抛起，然后再接住，孩子大都爱玩这种游戏，往往要求家长反复地抛举。如果成人稍不留心或十分疲劳，便很有可能失手，摔坏孩子，造成终生遗憾。因此，最好不要采取抛举这种形式逗引婴儿。

- 不要用手掌托婴儿站立。孩子扶着会站以后，一些家长常常喜欢用一只手托住孩子的双脚，让其站立在自己的手掌上。这种做法是很不安全的。虽然家长的另一只手可做保护，但婴儿一旦突然失去平衡，家长往往措手不及，后果不堪设想。

给宝宝用洗发用品时应注意什么

随着科学的发展，各式各样的洗发用品琳琅满目，层出不穷。用起来香味飘溢。不知道大家注意到没有，任何洗发用品都有含碱性化学物质。有的人对某种化学物质过敏，当使用这种洗发液时就会出现痒感。有的人洗发时不小心，把洗发水弄到眼睛里，结果出现眼睛疼痛、流泪、怕光、不敢睁眼等症状，检查眼睛时可发现角膜损伤，进一步发展将影响角膜的透明度，出现混浊，影响视力。

所以在使用这些物品时，千万不要弄到孩子眼内，如不小心弄进眼内，要立即用清水冲洗干净，以免化学品长时间刺激眼组织，引起眼损伤。如遇到此情况时，应上医院治疗。

如何训练宝宝坐便盆

不要强调孩子坐便盆，孩子不愿坐就起来。坐过5~7分钟不排便，就不要坐了。每次坐盆时间不要太长，孩子久坐便盆可能发生脱肛。每天最好在同一时间让孩子坐盆大便，养成习惯。孩子坐不稳时，要由妈妈扶着。训练孩子坐盆，家长要有耐心。

独睡对宝宝有什么好处

让宝宝独睡不但有利于他们的成长，还有利于家庭的和谐。

- 有利于宝宝的睡眠质量。如果宝宝与父母同睡，特别是夹在大人中间，虽然照顾上方便一些，但却会给宝宝的健康带来一些损害。比如大人睡眠时呼出的二氧化碳会整夜弥漫在宝宝周围，使宝宝得不到新鲜的空气，进而出现睡眠不安、做噩梦及夜里啼哭等现象，如果与大人一个被窝，大人身上的病菌容易传染给宝宝。因此，让宝宝独自睡觉有利于他的健康。
- 有利于从小培养宝宝的内心独立性。内心能否独立是婴幼儿能否正确认识自我的一项重要指标。研究表明，宝宝的独立是从形式到内容的，所谓形式是看得见摸得着的行为方式，而内容则是宝宝的内心。让宝宝适时与父母分床，有助于其独立意识和自理能力的培养，并可促进其心理成熟。
- 有利于促进夫妇关系。许多家庭都因为增添了宝宝而使整个家庭生活的重心转移到了宝宝身上，因此夫妻之间的沟通、交流及相互关心比起以前少了许多。尤其是妈妈，一到晚上就要哄宝宝入睡，遇到难缠的宝宝还要哄好长时间，待宝宝入睡后早已困倦不已，长期下去势必会影响夫妻感情。

- 避免宝宝形成恋父或恋母情结。如果长时间不和父母分床睡觉，宝宝有可能滋生恋母或恋父情结，导致宝宝日后缺乏自爱、自律，甚至形成性识别障碍。

如何唤醒熟睡的宝宝

随着宝宝一天天长大，父母应该开始注意培养宝宝逐渐形成一定的生活规律，比如最好在固定的时间按时叫醒熟睡中的宝宝。但是，如何叫醒宝宝才不会让他感到不舒服呢？你可以试试以下几个小窍门：

为宝宝换块新尿布；用手指在宝宝的口唇周围轻轻移动；握住宝宝的小腿，轻柔地上下移动；按摩宝宝的手或脚；将宝宝抱起，看着宝宝的眼睛和他说话，同时用一只手揉宝宝的耳垂或轻拍背部，或用手指沿脊柱轻轻按摩；用一条温湿毛巾擦宝宝的额头。

为什么要注意观察宝宝的呼吸

呼吸是人体最重要的生命指标。人在婴幼儿阶段由于肺功能发育不完全而发生呼吸障碍或出现呼吸暂停的情况比较常见，有时虽然未造成死亡等严重后果，但是对婴幼儿的身体健康和智力发育有着不可忽视的影响。人体通过呼吸系统摄取氧气，呼出二氧化碳；通过消化系统摄取食物的营养。二者缺一不可，前者尤为重要，因为呼吸时刻不能停止。

科学研究表明，新生宝宝特别是早产儿，由于其自身的生理特点，呼吸暂停经常发生，在睡眠状态下的发生率为50%（婴幼儿的睡眠时间是成人的两倍多），如果呼吸暂停时间过长，又得不到及时救治，便会造成死亡；较短时间的呼吸停止，虽不至于死亡或伤残，但人脑缺氧会造成部分脑细胞受损，脑细胞是不可再生的，这样势必影响婴幼儿将来的智力发育。有关调查显示，意外伤害造成的死亡位居我国儿童死亡原因的首位，对于婴幼儿来说，呼吸暂停或窒息死亡是一个重要“杀手”。

为什么宝宝不宜与猫一起玩耍

在宝宝很小时，家里最好不要养猫，如果一定要养的话，尽量避免孩子和猫接触。因为宝宝与猫一起玩耍可引起许多疾病，对宝宝健康不利。有的猫身上常常寄生真菌，当宝宝的表皮有损伤，或有搔抓性皮肤病，或皮肤多汗及潮湿时，真菌易侵犯小儿的皮肤，使小儿头部、面部、颈部、胸部等身体各部位长癣，如不及时医治，病程延长，可自身反复传染或传染他人。有的猫消化道感染寄生虫，最多的可达 10 种，这些寄生虫都可以通过皮肤接触、口腔等途径进入人体，其中肝吸虫和旋毛虫较多见。

有的猫身上有跳蚤，当它咬人吸血时，可将鼠疫或斑疹伤寒等病原体传染人体，使孩子得病。猫的爪子很锋利，当宝宝被猫抓伤或咬伤后，可引起全身性感染，称“猫抓病”。猫抓后经数日或数周的潜伏期，受抓部位皮肤处出现血疹、疱疹或脓疱，持续 1 ~ 2 周后消退，不留瘢痕，再经数日或数周，受伤附近的淋巴结肿大、压痛，有的可以化脓，伴有全身症状，如高热、乏力、全身疼痛、食欲欠佳。有时还能引起狂犬病、出血热、破伤风等，可危及生命。因此，为了宝宝的健康，家里最好不要养猫，有猫时不要让宝宝接触猫，更不要与猫一起玩耍。

四、宝宝的智能训练

如何训练宝宝的语言能力

婴儿从 7 ~ 8 个月时开始进入“动作”语言期，渐渐理解语言，能按照成人的吩咐做出相应的动作。如“欢迎阿姨”，婴儿就会拍手；“跟爸爸再见”，婴儿会抬起一只胳膊摇摇手。家长可抱孩子坐在腿上，翻开小画书，用书上的语言，边读边用手指：“小羊吃草”，“小熊玩球”，或者讲简单的故事，经常反复，强化记忆，逐步扩大对语言的理解力，边讲边问：“小羊呢?”让宝宝用手指。美国的儿科医生给患者开的处方上，除了写上检查、治疗处理外，还常常会看到“读书给孩子听”的字样。让书成为孩子一生的良师益友，伴随他成长。

如何训练宝宝的自理能力

学拿小勺，用杯喝水不仅是一种自我服务能力的培养，同时也是对外界兴趣的培养，过去宝宝只依靠着妈妈的乳房、奶瓶，而现在却要让他知道杯碗中的世界是更丰富多采的。当然宝宝不可能一下子便学会用手、用杯碗等。大人可循序渐进，一开始可让宝宝玩些塑料杯、碗等，并教他学着大人的样子喝水。之后可在杯子里倒入牛奶，鼓励他喝，一段时间后，为了增加宝宝的兴趣可改换一些形状颜色不同的杯子，并变换杯中的食物，如牛奶、菜汤、果汁等。长期使用奶瓶会改变宝宝口形，影响牙齿生长。所以应尽早给宝宝使用杯子喝水、喝奶。开始由成人帮助扶着杯子或碗，再由宝宝和成人一起扶。

吃饭时，宝宝有可能来夺勺子，这正是学用勺子吃饭的契机。开始时他还分不清凸凹面，快到1岁时就会装满勺子、自己喂食。学用勺子的方法如下：从2把勺到1把勺：先让宝宝右手持勺学吃，妈妈用另一把勺喂饭。可左右手用勺：开始宝宝持勺不分左右手，没有必要迫使他纠正，两手同时并用有助于左右大脑发育。要有耐心，宝宝开始用勺子不够熟练，会弄得手、脸、衣服到处都是饭，甚至摔碎碗杯。这时不要斥责，更不能因此让他失去兴趣。一定要多给宝宝机会，相信宝宝的能力，相信宝宝会逐渐熟练并掌握这些技巧。

如何训练宝宝的心理承受能力

宝宝现在已经能够感受爸爸妈妈的语气，也会看父母的表情了，开始有独立活动的意愿。在这个时候，你要巧妙地让宝宝知道什么是不应该做的，什么是不能吃的，也有不能满足他要求的时候。这是训练宝宝心理承受能力，分辨是非的开端。当你告诉宝宝这样不行，这个不能放到嘴里时，要同时用动作表现出来，如摇头、摆手、很严肃的表情。让宝宝逐渐理解，你在告诉他这个事情是不能做的，是错误的。但这时的宝宝还是很难理解不能做的含义。你不要使用带有惩罚性质的办法，应逐步让宝宝有承受能力，但不是要伤害宝宝。

如何训练宝宝的手眼协调能力

方法：让宝宝坐在你的腿上，两肘搁在桌面上，在桌上的盘子里放一个有盖的透明的杯子，里面装有彩色糖丸。先摇动杯子发出柔和的响声，并让宝宝看到糖丸在杯中跳动以引起宝宝玩的兴趣，再打开盖子（让他发现糖丸），把糖丸倒在盘子里，告诉他“这是糖”。你边说边示范把一粒糖丸从盘里捡起放进杯子里（要用“慢动作”），放进几粒后，让他用拇指和食指捏起糖丸，再放进杯子里。开始你可以手把手教他，稍熟练后让他自己把糖丸放进杯子里后再加盖摇一摇，发出有趣的声音。

目的：训练拇指、食指配合捏物的灵活性和手眼协调能力。注意玩时一定要有大人细心观察，防止宝宝吞食糖丸或发生呛噎、窒息。

怎样提高宝宝的社交能力

＊“谢谢”、“再见”＊

方法：爸爸给婴儿玩具玩或东西吃时，妈妈在一旁要讲“谢谢”，并要引导婴儿模仿点头或鞠躬的动作以表示“谢谢”。当家里有人要出门时，你一面说“再见”，一面挥动婴儿的小手，向要走人表示“再见”。反复训练，使他一听到“谢谢”就鞠躬或点头，一听到“再见”就挥手。

目的：掌握语言，发展动作，培养礼貌习惯。注意不可半途而废，必须经常训练。

＊交朋友＊

方法：户外活动时，可以让宝宝和其他婴儿相互接触，看一看或摸一摸别的婴儿，或在别人面前表演一下婴儿的本领，或观看别的婴儿的本领。也可让婴儿和其他同龄婴儿在铺有席子的地上互相追随爬着玩，或抓推滚着的小皮球玩，或和大一些的婴儿在一起玩，看他是否更喜欢和较大的婴儿在一起玩。

目的：锻炼社会交往能力。注意如果婴儿出现抓别人脸或抢别人的玩具等行为时，要制止他。

五、用心·呵护宝宝健康

宝宝乳牙晚萌怎么办

由于疾病原因导致的乳牙晚萌可以找医生检查，然后对症治疗。由于缺乏营养素而导致的乳牙晚萌，则应加强日常饮食调整，对因治疗。

如何预防小儿消化不良

预防小儿消化不良的方法是：对婴儿要尽量给予母乳哺养，不要在夏季让孩子断奶。喂奶要定时，一次不可喂得太多，两次喂奶中间要让孩子喝点白开水。如果奶汁不够吃，可喂些米汤、面汤、鸡蛋糕等容易消化的食物。断奶以后的孩子，要切实搞好饮食卫生，不要让孩子吃剩饭、剩菜和不清洁的食物。夏天晚上要给孩子盖好肚子，防止受凉。

宝宝腹泻怎么办

有的医书主张小儿腹泻应禁食，轻症者禁食4～8小时，重症者禁食8～12小时。经科学研究表明，腹泻小儿虽然肠道营养物质吸收有障碍，但并不是完全不能吸收，肠道中有食物可以加快肠道正常功能的恢复，促进水分的吸收。腹泻小儿营养吸收已经减少，倘若再禁食，必然使营养缺乏更加严重。对腹泻小儿关键不是禁食，而是正确的饮食。世界卫生组织根据科学实验和临床实践规定，小儿腹泻时：

- 吃母乳的宝宝，照常吃母乳，不必限制。

● 吃牛奶的宝宝，仍可吃牛奶，但需要把牛奶用水稀释1倍再喝。

● 不吃奶的患儿，可多喂些易消化的稀淀粉类食物，如大米粥、汤面等，不要吃生冷、坚硬、油腻、刺激性大以及不易消化的食物。平时没有吃过的食物，不要在腹泻时吃。

肺炎和气管炎有什么区别

任何呼吸道感染疾病的常见症状都是发热、呼吸加快和咳嗽。那么宝宝患呼吸道感染到底是肺炎还是气管炎呢？可以通过数呼吸次数和看胸部凹陷这种简易的方法加以鉴别。7~8个月的宝宝每分钟呼吸次数不超过50次。如何查看胸部凹陷呢？当患儿吸气时，胸壁的下部内陷即为胸凹陷；但若只有肋间或胸部上方软组织的内陷则不是胸凹陷。当宝宝呼吸次数每分钟不到50次，有咳嗽，可诊断为气管炎，只要在家中加强护理，吃些药就可以了。如果宝宝的呼吸次数超过每分钟50次，但无胸凹陷，则说明是轻度肺炎，需要到医院给予抗生素治疗；如果宝宝呼吸次数超过每分钟50次，且有胸部凹陷，说明宝宝患有重度肺炎，应立即送医院治疗。

婴儿身体检查包括哪些内容

为了解婴儿生长发育情况，为了早期发现尚未被家长注意到的各种异常情况，并及时予以处理，婴儿出生后应该定期进行健康检查。一般1岁以内婴儿应该接受3~4次健康检查。检查的内容主要包括以下几个方面：

● 测量体重、身长。体重是反映婴儿近期营养状况的敏感指标，每次检查都应测量体重，半年或1年测量1次身高。

● 全身系统检查。及早发现佝偻病、贫血、营养不良的早期体征，及时予以治疗。

● 检测末梢血红蛋白含量。协助诊断有无贫血，确定贫血的程度。一般1年检测1次。如果在体检中怀疑婴儿贫血，可随时检测婴儿的血红蛋白含量。

● 健康咨询。利用每次体检的机会，保健医生可以了解家长在喂养、护理婴儿方面存在的问题，及时给予指导。家长可以通过向医生咨询，学到科学育儿知识，如何时添加辅食，何时断奶，怎样在喂养过程中开展早期教育等。

通过定期健康检查，既使家长获得了科学育儿知识，也提高了家长对婴儿的自我保健意识。家长能自觉地与医生配合，早期发现异常情况，及时就诊，使婴儿得到及时治疗，对促进婴儿身心健康成长是极为重要的。

宝宝患病的早期信号是什么

在婴儿平日的一些表现中，往往可发现一些患病的先兆，只要细心观察是不难发现的：

- 大便干呈羊屎状。正常小儿的大便为软条便，每天定时排出。若大便干燥难以排出，大便呈小球状，或2~3天1次干大便者，多是肠内有热的现象，可多给菜泥、鲜梨汁、白萝卜水、鲜藕汁服用，以清热通便。若内热过久，小儿易患感冒发烧。

- 食不好，卧不安。如果小儿饮食过量，或吃了生冷食物，或吃了不易消化的食物，都会引起小儿肚胀不舒服，往往还使小儿在睡眠中翻动不安、咬牙等。

- 鼻中青，腹中痛。中医认为小儿过食生冷寒凉的食物后，可损伤脾胃的阳气，导致消化功能紊乱，寒湿内生，腹胀腹痛。而腹内寒湿痛可使面部发青，小儿见于鼻梁两侧发青，父母要引起注意。

- 舌苔白又厚，腹中积食多。正常情况下，小儿舌苔薄白清透，淡红色。若舌苔白而厚，呼出气有酸腐味，一般是腹内有湿浊内停，胃有宿食不化，此时应服消食化滞的药物，如小儿化食丹、小儿百寿丹、消积丸等中药。

- 手足心热，常有病痛。正常小儿手心脚心温和柔软，不凉不热。若小儿手心脚心发热，往往是要发生疾病的征兆，要注意小儿精神和饮食调整。

- 口鼻干又红，肺胃热相逢。若小儿口鼻干燥发热，口唇鼻孔干红，鼻中有黄涕，都是表明小儿肺、胃中有燥热，注意多饮水，避风寒，以免发生高热、咳嗽。要想小儿安，常保三分饥和寒。饥不是要小儿饿肚子，寒不是要小儿受凉，而是指饮食要适量，不偏食，并根据季节变化调整饮食和增减衣服。否则吃得过饱，或出汗过多，都使小儿抵抗力下降，引起疾病。

为什么要及时注射麻疹疫苗

麻疹疫苗是麻疹病毒活疫苗的简称，接种后可预防婴儿发生麻疹。接种时间为出生后8个月。为什么要在婴儿出生后满8个月时才接种麻疹疫苗呢？这是因为新生儿可通过胎盘从母体中获得麻疹抗体，使婴儿具有暂时的抗麻疹能力，但出生后8个月左右麻疹抗体逐渐消失，为了预防麻疹的发生，必须在母体抗体消失后，进行麻疹疫苗的接种，才可使免疫获得成功。

否则，在抗体消失前接种麻疹疫苗，母体抗体可将疫苗病毒中和，使疫苗产生的抗体减少，影响免疫效果。因此，心急的妈妈千万不要认为疫苗接种越早越好，提前接种反而会适得其反。如果婴儿在接种疫苗之前已患过麻疹，就不需要再接种麻疹疫苗了，但千万不能将婴儿得的风疹或宝宝湿疹或药物疹等误认为是麻疹，因为婴儿出疹子疾病很多，出疹子不一定都是麻疹，这时应请医生诊断一下。麻疹疫苗的免疫效果好，持续时间也长，在婴儿7周岁时应再加强免疫一针。接种麻疹疫苗后一般反应轻微，只有5%～10%的婴儿于接种后6～12天发生短暂的发热，但体温不超过38.5℃，并出现皮疹，持续2天即消退，往往不易被发现，婴儿的精神、食欲均不受影响，也不会出现流泪、咳嗽等症状。皮疹仅见于胸、腹、背部，皮疹消退后无脱屑，皮肤上也不留褐色斑。

因此，也不必进行处理。对鸡蛋蛋白有过敏史的婴儿应慎重使用麻疹疫苗，以防止发生接种后的过敏反应，在发热、疾病的急性期应暂缓接种，注射丙种球蛋白后至少1个月才可接种麻疹疫苗，而接种麻疹疫苗后2周才可注射丙种球蛋白，以防止丙种球蛋白中的抗体减轻麻疹疫苗的作用。

为什么宝宝慎用止咳糖浆

宝宝呼吸道感染时，最常见的症状是咳嗽。当宝宝咳嗽时，家长不要滥用止咳糖浆。咳嗽是人体呼吸道为免受外来刺激的一种保护性动作。就像吃饭时，饭粒呛入气管内，会引起阵阵咳嗽，最终将饭粒咳出来一样。患气管炎或肺炎时也是这样，通过咳嗽，可将气管、支气管以及肺内的病菌以及组织破坏后的产物排出体外，以免这些有毒物质在体内存活，让呼吸道保持通畅和清洁。因此，这种有痰的咳嗽对人体是有益的，做家长的不必为孩子咳嗽过分着急。但有些孩子的咳嗽是无痰的干咳，反复剧烈的干咳会影响孩子的休息和睡眠，甚至能使肺组织撕裂和肺血管破裂，发生肺气肿、咯血和胸痛等，故干咳对患儿是不利的，需要积极止咳治疗。

对于一般的咳嗽，应以祛痰为主，不要单纯使用止咳药，更不要过量服用止咳糖浆。目前我国生产的小儿止咳糖浆大多含有盐酸麻黄素、氯化铵、苯巴比妥等药物成分，服用过多都会有副作用，尤其盐酸麻黄素服用过多，孩子会出现头昏、呕吐、心率加快、血压上升、烦躁不安甚至休克等中毒反应，因此，不要给孩子滥用止咳糖浆，否则对小儿的健康有害。要按医生的吩咐给孩子服药。

必须服用止咳糖浆时，应注意以下几点：

- 糖浆剂含糖量达80%时，患有脓疮、化脓性疖肿等皮肤感染者慎用。因服糖浆后，血糖浓度升高，从而加速感染部位葡萄球菌的生长繁殖，导致皮肤感染加重。
- 不宜饭前服，因糖可抑制消化液分泌，使胃有饱胀感而影响食欲。
- 睡前不宜服，因为糖遗留在口腔内产生酸性物质，从而刺激牙齿，使其脱钙，形成龋洞。
- 止咳糖浆要按剂量服用，不要过量服用，以免中毒。

宝宝倒睫是怎么回事

倒睫也叫睑内翻，是婴儿常见的一种眼病，占婴儿眼病的第二位（第一位是急性结膜炎），尤其是肥胖的婴儿发病率较高。倒睫主要发生在下眼皮的中间内侧1/3处，大多由内眦赘皮引起，有些婴儿是因为眼皮内的眼轮匝肌过度发育或睑板发育不全。倒睫的主要症状是下眼睑上的睫毛倒向角膜表面生长，婴儿睁眼、合眼时，睫毛会扫到眼球（从侧面看容易发现），常引起眼睛怕光、流泪、发红、疼痛，有异物感。婴儿不会说话，往往用小手揉眼睛，如不及时矫正，睫毛经常扫到眼球上，会使角膜混浊而影响视力。

因此，婴儿倒睫需要及时纠正。妈妈可在每次给婴儿喂奶时，用大拇指从婴儿鼻根部向下、向外轻轻按摩婴儿的下眼皮，使婴儿的下眼皮有轻度外翻，让睫毛离开眼球。每次按摩5～10分钟。按摩的次数多了，向里倒的睫毛会慢慢矫正过来。为了减轻眼睛的刺激症状，防止感染，平时可滴些眼药水，以起到预防感染和润滑的作用。记住，如果婴儿的倒睫很严重，两三岁了还不好转，就要到眼科动手术，不要误认为这是小毛病而不治疗。

六、打造聪明宝宝的亲子游戏

怎样和宝宝一起找玩具

方法：把婴儿熟悉的几件玩具或物品放在他面前，先说出玩具的名称，再把它拿起来给婴儿看或摸，然后放进一只小篮子或小盘里；放完后，再边说边把玩具一件件从篮子里拿出来；从中挑出几件，隔一定距离放在他面前，说出其中一件的名称，看他是否看或抓这件玩具。当面把一件玩具藏在枕头底下（开始可藏一只能自动发声的玩具，如闹钟），或者将玩具熊或娃娃用被子盖住大部分，露出小部分，让他用眼睛寻找或用手取出，找到后将玩具给他继续玩作为鼓励。

目的：这是为了让婴儿理解语言，认识物品，训练记忆力和解决简单问题的能力。注意，藏起玩具时要有意让婴儿看到，促进继续游戏的兴趣。

什么是“骑大马”游戏

方法：让婴儿面对妈妈骑在妈妈膝头，妈妈将双腿有节奏地上下颤动，一边颠一边说：“骑大马，呱嗒嗒，一跑跑到外婆家，见了外婆问声好，外婆对我笑哈哈。”

目的：培养婴儿的语感和节奏感，还可以引起婴儿欢乐的情绪。注意，可反复地玩，婴儿很感兴趣。

如何引导宝宝用姿势表示语言

方法：宝宝最先学会“抓挠”，即用手掌轻轻张合，表示给人玩耍；另一些宝宝最先学会“谢谢”，双手拱起上下活动表示谢谢或同人拜年。宝宝模仿用动作表示语言的方式各有不同，因为大人做的示范不同，只要开始练习就一定能学会。

目的：让宝宝学习用动作表达自己的意愿和情绪。7～8个月的宝宝发音能力有限，不可能用声音去表达，但可以用动作和表情表示自己喜欢或不喜欢，要还是不要。让宝宝学会用姿势答话，引起宝宝同人交往的愿望。

怎样和宝宝玩“扶物坐起”游戏

方法：宝宝在摇篮车上最容易扶栏坐起，因为小车上的栏杆易于抓到而且高度适宜。有时推着小车带宝宝到户外玩耍时，本来宝宝是躺在车里的，在大人未注意时宝宝已经坐了起来。如果前方的挡板未扣好，宝宝为了够取吊起来的玩具就会从前方跌出车外。因此要做好宝宝随时坐起的准备，只有坐起来才看得远，宝宝会努力撑物坐起的。宝宝也会扶着椅子的扶手、沙发的扶手或用床上被垛支撑而自己想法坐起来。旧式的小竹车也有利于宝宝练习自己坐起，宝宝躺在小车上较容易抓住两侧的栏杆坐起来。

目的：鼓励宝宝自己扶栏坐起，用自己的力量改变体位，扩大视野。通过扶栏坐起可以锻炼胳膊的力量，也可以锻炼腰和腹肌的力量。同时会使宝宝产生自信，学会用自己的力量去改变自身的状况。

什么是“连翻带滚”游戏

方法：让宝宝在铺了席子或地毯的地上玩，大人把惯性车从宝宝身边推出一小段距离，让宝宝去够取。宝宝会将身体翻过去但仍够不着，大人说

“再翻一个”，指着小车让宝宝再翻360°去够小车。练过几次之后，大人可把皮球从宝宝身边滚过，宝宝会较熟练地连续翻几个滚伸手把球拿到。经常练习就会使宝宝十分灵便地连续翻滚。

目的：宝宝用连续翻滚的办法来移动身体，够取远处的玩具，不必依靠大人帮忙，宝宝感到兴奋和自豪。连续翻滚使宝宝动作灵敏，是全身活动协调的结果，还能为匍行及爬行做准备。

什么是“小鸡小鸭到我家”游戏

方法：在宽敞的客厅为佳，准备一段长长的毛线或彩带，宝宝的小鸡小鸭玩具。爸爸或妈妈把软软的毛线或鲜艳的彩带绑在玩具上，让宝宝一边拉着玩具爬，一边模仿小鸡或小鸭的叫声“呷呷”“叽叽”。也可以让宝宝一直爬呀爬，妈妈或爸爸可以在旁边跟着模仿小动物的声音，顺便引导宝宝正确地爬下去。注意，因为是刚刚开始，宝宝发音不会很准确，但是妈妈不要着急，要在一旁耐心纠正。

目的：在玩耍的同时培养宝宝理解发音与练习发音，促进宝宝声带的发育，加快宝宝语言的发展。

怎样教宝宝玩“小小彩笔”游戏

方法：任何地方均可，准备一支彩笔。妈妈伸出一个手指，最好在手指上用彩笔写上“1”，对着宝宝说“1”，依此类推。注意，妈妈发音时要慢，要清晰，多次重复效果才好。

目的：让宝宝简单学会“1、2、3”，强化数的概念。

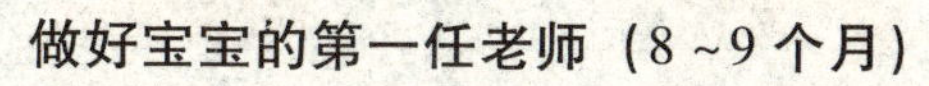

第九章 做好宝宝的第一任老师（8～9个月）

一、记录宝宝成长足迹

宝宝的心理有怎样的变化

到目前为止，宝宝“喜新厌旧”的速度在加快，他们特别需要新的刺激，遇到感兴趣的玩具，宝宝会试图把玩具拆开看看里面的结构，有时会将玩具扔到地板上，并拿它撞击地板，或者用别的东西去击打它。对于体积比较大的物品，宝宝知道一只手是拿不动的，需要用两只手去拿，并能准确找到存放喜欢的食物或玩具的地方。

刚出生时给宝宝洗澡他会非常快乐，像重温在妈妈体内的感觉。现在宝宝开始害怕水，他会很不情愿地进入水中。对穿衣服的兴趣在增强，喜欢自己脱袜子和帽子。现在是培养宝宝独立性的好时机，从现在开始，你就应该随时随地让宝宝做一些力所能及的事情，培养他的自理能力，也促进宝宝摆脱依赖父母的心理。

宝宝的语言有怎样的变化

从这时期开始，婴儿不仅模仿自己的声音，同时也会模仿别人的声音。

如果跟婴儿说话、唱歌，婴儿就会注视对方的嘴，如果是一句简单的话，婴儿就会加以模仿。每当婴儿有要求时，就会发出声音吸引成人注意，当他想喝牛奶或改变身体位置时，也会发出不同于哭泣的声音，其实他是想以语言表达，只是不会说罢了！此时期的婴儿经常会向成人发出“ma、ma”或“ba、ba”的声音。

宝宝的动作有怎样的变化

8～9个月的宝宝能够坐得很稳，能由卧位坐起而后再躺下，能够灵活地前、后爬，能扶着床栏杆站着并沿床栏行走。会抱娃娃、拍娃娃，模仿成人的动作。双手会灵活地敲积木，会把一块积木搭在另一块上或用瓶盖去盖瓶子口。

宝宝的视听有怎样的变化

这时期婴儿的视觉范围越来越广了，视线能随移动的物体上下左右地移动，能追随落下的物体，寻找掉下的玩具，并能辨别物体大小、形状及移动的速度。能看到小物体，能开始区别简单的几何图形，观察物体的不同形状。开始出现视深度感觉，实际上这是一种立体知觉。听觉也越来越灵敏，能确定声音发出的方向，能区别语言的意义，能辨别各种声音，对严厉或和蔼的声调会做出不同的反应。

随着婴儿坐、爬动作的发展，婴儿的视野也越来越开阔。他能灵活地转动上半身，上下左右地环视，注视环境中一切感兴趣的事物。家长可以走出家门带他出去看蓝天白云、鲜花青草、来往人群、汽车等等，促进他的视听能力的发展，同时又可以培养他的观察能力。

二、关注宝宝的每一口营养

米面食品如何搭配

喂养面食的做法花样比较多，可以经常变换。用米、面搭配使膳食多样化可引起宝宝对食欲的兴趣。

从营养角度分析，面粉的蛋白质、维生素 B_1、维生素 B_2 和尼克酸的含量都比米要高，而且不同粮食的营养成分也不全相同，如用几种粮食混合食用，可以收到取长补短的效果。所以，每天的主食最好用米、面搭配，或不同的品种搭配。

怎样让宝宝愉快地进餐

有的宝宝总是不好好吃饭，你可以试试以下方法：你自己先吃。用夸张的方式吃饭，表现出很喜欢食物的样子。如果他认为你喜欢，可能也想尝尝。

喂宝宝时，将一汤匙的食物放入他嘴里，同时拉抬起汤匙，他的上嘴唇就会将汤匙清干净，这样也有助于让食物留在他口中。让他双手忙碌。有些宝宝伸手想自己拿汤匙，有些喜欢将液体倒在高脚椅的托盘上，有些喜欢让食物掉到地上。喂宝宝时，让他自己拿只汤匙。使用能附着在托盘上的碗盘，这样它们就不会移动。

如何防止宝宝吃零食时被噎住

这个月的宝宝大多已开始吃辅食了，此时，家长应注意食品安全问题，那些硬、圆、滑的食品如花生、果冻等最好不要给宝宝吃，否则很容易发生因婴儿不会吞咽而造成窒息的危险。

宝宝吃苹果有什么好处

苹果中含有大量有机酸如鞣酸、凝酸等成分，具有很好的收敛作用，果胶、纤维素具有抑制和消除细菌毒素的作用，所以能止泻；而纤维、有机酸又可刺激肠道使大便松软而通畅，所以苹果既可止泻又能通便。

无论宝宝发生了便秘还是腹泻，都可以请苹果来“帮助”。针对具体原因采取的做法是：

● 小儿腹泻：先将苹果用开水洗净，放入沸水中煮5~8分钟，削皮，用勺刮成泥，1岁以下婴儿每次30~50克，日服3~4次。也可取鲜苹果1个，洗净，加水3碗，煎煮成2碗，以汁浓为佳，每天1剂，不拘时间频频饮之，适用于小儿水泻、久泻属脾阴不足者，但对积滞水泻者无效。

● 肠功能紊乱所致的泄泻：把1个苹果（带皮）切成八九块，放一大碗水，用小火煮。等苹果烂了，连果带汤吃下，每天早晚各吃1次。此方法可治疗成人泄泻，尤其是小儿泄泻的常用辅助方法。不过，对感染性泄泻无效。

● 慢性腹泻、神经性结肠炎、肠结核初期：用苹果干粉15克，空腹时温水调服，每日2~3次，效果更佳。

● 水痢腹泻：用适量苹果，水煮半熟连汤吃下也有良效；可将苹果去皮与洗净的胡萝卜切碎共煮成泥，每日300~500毫升，共分3~4次服。

● 小儿便秘：取香蕉半根，苹果半个，分别将香蕉和苹果刮成泥，将2种果泥混合，加入少许儿童蜂蜜，放入锅中，隔水蒸3分钟即可。

如何增加宝宝钙的摄入

钙是人体骨骼发育不可缺少的重要元素。这个时期的宝宝骨骼发育较快，对钙的需求量较大，但由于饮食搭配不当，很难满足钙需求，所以宝宝在这个年龄时，仍应补充钙剂。下面介绍几种含钙较多的食物，或者能促进钙吸收的食物：

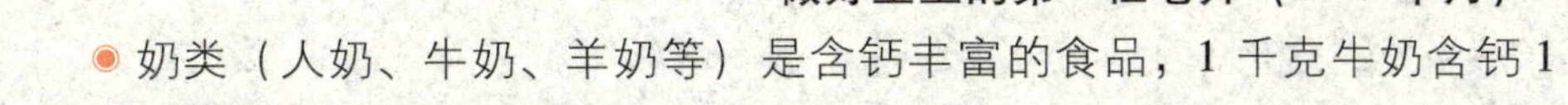

◉ 奶类（人奶、牛奶、羊奶等）是含钙丰富的食品，1千克牛奶含钙1克，对婴儿来说吸收率也高。

◉ 肝、蛋黄、鱼、肉及豆类，含有丰富的维生素D，可促进钙吸收。鱼肝油中含有维生素A和维生素D，是补充维生素D，促进钙质吸收的理想食品。婴儿服用以浓缩鱼肝油为好，忌脂肪过多。

◉ 海产品：如海带、紫菜、小虾皮等，含钙非常丰富，可以煮给婴儿吃，虾皮可以炸了吃。

◉ 蔬菜中的菜花、豆类等含钙也多。蚕豆如能连皮吃，更能提高钙质的吸收。

◉ 糖醋排骨是补充钙的好食品。各种骨头汤中的钙质并不丰富，但如能加点醋熬汤，则可使骨中的钙溶解在汤中。

◉ 鱼类的钙质主要在骨中，如果将鱼炸酥，让幼儿连骨吃下，可增加钙质。以上介绍的各种含钙丰富的食物，只要调配得当，除去那些影响钙质吸收的因素，制成味道鲜美的主副食给婴幼儿吃，就可以使婴幼儿获得充足的钙质，用不着加吃钙片。

如果发现孩子有缺钙的早期表现，需要补充钙质时，可以让他们吃些葡萄糖酸钙片，同时还需添加鱼肝油或维生素D，以促进钙质的吸收，注意在孩子补钙时，不要给孩子吃过多含有草酸的食物，如菠菜、葱头、茭白等，否则会影响钙的吸收。

本月母乳与牛奶喂养有哪些注意事项

在这个阶段，有的母亲乳汁仍很充足，于是孩子贪恋母乳而对辅食不感兴趣，也有些母亲乳汁不够，但孩子仍喜欢长时间躺在母亲怀里，漫不经心地吸着流量很少的母乳。这样既满足不了孩子所需的营养，也保证不了孩子的活动时间，且母乳中的铁含量不足很快造成营养失调或缺铁性贫血。

最好将母乳喂养改为每天2～3次，如果一次哺乳不能使孩子吃饱，可改为喂完米粥、面条后再哺乳。尽量不在白天哺乳，而在早晨起床时、晚上临睡前和夜间醒来时各喂1次。这样，孩子白天有更多的活动时间，母亲也免去了夜间起床喂牛奶的不便。随着辅食的品种及数量增加，牛乳吃得少了，

一般每日约需500毫升，分2次喂。

有的孩子不习惯牛乳作正餐，愿意吃完辅食后再吃100毫升左右牛乳，也未尝不可，必要时夜间醒来时喂50～80毫升，使孩子尽快继续入睡。

强化食品该如何选择

● 应以每日基本定量摄入的主食或主要辅助食品为首选载体，如乳类、豆代乳品、米粉及其他纤维类制品等，简单地说，就是选择小儿每天都吃的东西为强化食品的载体，例如，缺碘地区可用碘强化食盐。

● 要补充当时、当地摄入不足，在食物中缺乏的营养素，因全国各地区营养素缺乏是不均衡的，如高氟地区就不适于饮用含氟强化水，所以，家长在选用时一定要了解所处环境的情况。

● 强化剂的剂量必须合理，应根据我国营养学会推荐的各营养素的每日供给量，计算平均每日摄入不足的部分作为强化量，缺什么补什么，缺多少补多少。太少达不到强化目的，太多则造成营养素不平衡甚至中毒。家长在使用时，必须细看食品所标强化剂的品种和剂量。

● 家长应了解小儿每日基本定量摄入的食品（即天天吃的食品，包括主副食）之中强化剂的种类、剂量。必要时要计算出总摄入量，与标准供给比较，以防止摄入过多或过少。

含铁量高的食物有哪些

铁是人体内必需的微量元素之一，有着重要的生理功能。成人每千克体重含铁量为35.8～89.5毫摩尔，小儿每千克体重含0.525～1.074毫摩尔。小儿由于生长发育快，体重和血容量增加迅速，必须每日从食物中摄取铁15～18毫克。我们日常的食物中多数含铁量较少，有的基本测不到，有些含铁食物不利于吸收。一般食物铁的吸收率为1%～22%，所以很容易引起铁缺乏性疾病。

如下几种食物含铁量（每100克食物含铁量）较高：动物血含铁量最高

约340毫克，吸收率也最高，为10%~76%；动物肝如猪肝含铁25毫克，牛肝含9.0毫克；猪瘦肉中含2.4毫克，吸收率为7%；蛋黄含铁量亦较高，但吸收率仅3%。其他含铁较高的食物有：芝麻50毫克；芥菜12毫克；芹菜8.5毫克；紫菜33.2毫克；木耳185毫克；海带150毫克；小米6.7毫克等，应根据不同饮食情况混合食用。

已证明维生素C、肉类、果糖、氨基酸、脂肪可增加铁的吸收，而茶、咖啡、牛乳、蛋、植物酸、麦麸等可抑制铁的吸收，所以膳食中应注意食物合理搭配，以增加铁的吸收。

宝宝如何食用豆制品

豆制品含有丰富的植物蛋白，且质地柔软，无特殊味道，可做出多种多样的美味食品，是这个时期婴儿可选用的理想食品原料。

但要注意，用时要先从少量开始，观察其消化情况，如无不良情况发生，则可逐渐增加进食量。

绿豆腐

【原料】碎豆腐2大匙，绿叶菜（如菠菜）煮后研成的菜泥1大匙，鸡汤（或肉汤）少许。

【做法】将碎豆腐放在鸡汤中上火煮，同时加入菜泥混合，然后加入少量盐，煮片刻停火，滴几点香油即可。

红白豆腐

【原料】碎豆腐1大匙，鸡肉末2小匙，煮后切碎的胡萝卜、白萝卜各1大匙，鸡汤（或肉汤）1/2杯，白糖1/2小匙，酱油、淀粉各适量。

【做法】把豆腐放热水中煮后切碎，然后放入锅内，并将胡萝卜、白萝卜、鸡汤、鸡肉末都放入锅内与豆腐一起煮，把淀粉加水调匀后倒入锅内，用勺子搅拌均匀，停火。

蛋黄和菠菜是补血佳品吗

宝宝的血红蛋白在10～11克/升为轻度贫血，医生通常采用食物纠正，即让妈妈给宝宝多吃一些含铁丰富的食物，鸡蛋和菠菜总是被妈妈认为是最佳补血品，于是一个劲儿地让宝宝吃，但现今发现，这些食物的补血效果并不是最理想的。鸡蛋含有少量的铁，每个鸡蛋大约为2毫克，但它在肠道往往与含磷的有机物结合，吸收率较低，仅为3%；菠菜中含铁量也并不是植物中最高的，低于豆类、韭菜、芹菜的含铁量。菠菜还含有大量的草酸，容易和铁结合而生成肠道不易吸收的草酸铁，吸收率仅为1%。

因而，只吃蛋黄和菠菜补血并不够。动物食品中猪肝、鱼、猪瘦肉、牛肉、羊肉等，以及植物食品中的豆类、韭菜、芹菜、桃子、香蕉、核桃、红枣的含铁量都很高，并且动物性食品和豆类在肠道的吸收率也较高。妈妈在为宝宝补血时，应选择含铁量丰富，吸收率又高的食物。如果单吃蛋黄和菠菜不会得到最好的疗效。

宝宝需要补充赖氨酸吗

动物性蛋白质含有的氨基酸种类和比例与人体需要最为接近，因此称它为优质蛋白质。植物性蛋白质所含的氨基酸种类和比例就没有那么齐全及适宜。例如小麦、大米、玉米和豆类（除黄豆外）等。宝宝的生长发育迅速，尤其需要优质蛋白质，可宝宝的消化道尚未成熟。缺乏消化动物性蛋白的能力。主要食物还是以谷类为主，因此单吃谷类容易引起赖氨酸缺乏。

唯一的办法就是把食物进行合理的搭配，如小麦、玉米中缺少赖氨酸，就可添加适量的赖氨酸，做成各种赖氨酸强化食品，这样，可以显著地提高营养价值。宝宝吃了添加了赖氨酸的食品，如吃了经赖氨酸强化的乳糕，身高和体重明显

增加，确实对生长发育有帮助，但因此有些父母就以为宝宝吃得越多越好。

必须提醒的是，给宝宝添加赖氨酸必须适量，否则，长期食用会适得其反：出现肝脏肿大、食欲下降和手脚痉挛，甚至造成宝宝生长停滞并发生智能障碍。因为赖氨酸吃得太多，会增加肝脏和肾脏的负担，造成血氨增高和脑损害。

如何给宝宝添加肉末

取一小块儿猪里脊肉或羊肉、鸡肉，用刀在案板上剁碎成泥后放碗里，入蒸锅蒸至熟透即可。也可从炖烂的鸡肉或猪肉中取一小块儿，放案板上切碎。将蒸熟的肉末或切碎的熟肉末取一些放入米中煮成肉粥，或将熟肉末加入已煮好的米粥中，用小勺喂宝宝。

由于肉末比蛋黄泥、肝泥和鱼泥更不易被宝宝消化，所以最好到宝宝8 ~9个月后喂给。开始喂肉末时妈妈要仔细观察，注意宝宝的大便和食欲情况，看有无不消化或积食现象，有积食可先暂停喂食肉末。

喂宝宝吃水果要注意哪些问题

吃水果要注意食用时间，既不主张在餐前吃，也不主张在饱餐之后吃。食用水果的最佳时间应在两餐之间，或是午睡醒来后，这样，可让宝宝把水果当做点心吃。食用水果时要与体质相宜。如舌苔厚、便秘、体质偏热的宝宝，最好给吃寒凉性水果，如梨、西瓜、香蕉、猕猴桃、芒果等，它们可败火；而苹果、荔枝、柑橘吃多了却会引起上火，因此不宜给体热的宝宝多吃。消化不良的宝宝应给吃熟苹果泥，而食用配方奶便秘的宝宝则适宜吃生苹果泥。有些水果食用要适度。如西瓜在夏日吃起来清凉解渴，是最佳的消暑水果，尤其在宝宝发热、长口疮、身患暑热症时，但也不能过多食用，特别是脾胃较弱、腹泻的宝宝。因此，爸爸妈妈在给宝宝选购水果时，最好对宝宝常吃的水果品种性质有一定的了解，一是有利于宝宝的营养和消化吸收，二是方便喂食。

怎样减少宝宝食物中营养素的流失

精米、精面的营养价值不如糙米及标准面粉，因此主食要粗细搭配以提高其营养价值。淘大米尽量用冷水淘洗，最多3次，并不要过分用手搓，以避免大米外层的维生素损失过多。煮米饭时尽量用热水，有利于维生素的保存。吃面条或饺子时也应连汤吃，以保证水溶性维生素的摄入。各种肉最好切成丝、丁、末、薄片，容易煮烂，并利于消化吸收。烧骨头汤时稍加醋，以促进钙的释出，利于小儿补钙。要买新鲜蔬菜，并趁新鲜洗好、切好，立即炒，不要放置过久，以防水溶性维生素丧失。注意：要先洗后切，旺火快炒，不可放碱，少放盐，尽量避免维生素被破坏。烹调肉菜时应先将肉基本煮熟，再放蔬菜，以保证蔬菜内的营养素不致因烧煮过久而破坏太多。

如何为宝宝选择正餐之外的点心

身体健康的宝宝，是可以在正餐之间喂些点心的。适合宝宝吃的点心有以下几种：

- 卫生的、新鲜的豆沙包、果酱面包、奶油面包等。注意，必须是卫生程度高并且新鲜的，不新鲜的点心不可喂给宝宝吃。
- 长度在1厘米以内的小糖块。
- 点心吃完后要让宝宝喝点茶水或凉开水，以便漱口，以防龋齿。

三、全新的宝宝护理技巧

如何预防宝宝发生意外伤害

8~9个月的宝宝多数能抓住东西站起来，但双脚又不能完全站稳，往往

由于手未抓牢而出现跌倒的现象，大多数孩子均有这样的经历。为此，应在坚硬的水泥地上铺草席或地毯，给孩子穿上袜子和不滑的鞋。活动区周围的栏杆要牢固，应经常检查学步车、婴儿床上的栏杆，保证牢固和安全。

8～9个月时，孩子会再次出现“嘣手指”现象，随手拿起玩具或日用品就往嘴里放，故家中樟榔丸、糖衣药丸以及易吞食的小玩具，都要放在确保孩子拿不到的地方。抽屉、柜门要上锁，避免孩子将放在这些地方的刀、剪之类锋锐物体拿来玩，造成意外伤害。应像7～8个月那样，给孩子创造一个无忧无虑、自由爬行、玩耍的安全环境。

同时，还要对孩子进行安全教育，当孩子接近危险物或将不能吃的东西放进嘴里时，要用严肃的表情和严厉的声音告诉孩子“不能吃！”“危险！”等，并亲自立即制止孩子的这种危险动作。反复强化几次，孩子就知道了哪些东西不能摸，哪些东西不能吃。

如何防止宝宝坠床

婴儿随着年龄的增长，本领越来越大，从抬头到翻身，从自己坐到能够自己爬，相当多的10个月婴儿能抓住扶手等物站起来了。这时，婴儿的视线也扩大了，看到了许多从未见过的东西，别提有多神气啦！不过，随着活动范围的扩大，随之而来的跌碰的危险也增多了。

婴儿在床上转来转去滚爬，一不注意就会摔下床来，轻者哭一下，哄哄就好了；重者磕破皮肤，碰了脑袋；更有甚者，摔得没了气，虽然急送医院抢救过来，也落下了呆傻的毛病，好端端的孩子成了终生残疾！这种意外伤害的发生是完全可以避免的。

怎样预防呢？婴儿的床不宜离地面过高，床外侧要加护栏（栏杆的高度以婴儿不致跌下为宜）。婴儿睡觉后一定要检查栏杆是否用插销固定好。婴儿与大人同床时，则让其睡在里边，大人有事离开时，一定要在婴儿旁边靠近床的外侧用被子等物挡好，以避免坠床事故的发生。

如何对宝宝进行大小便训练

8～9个月时，与上个月相比，更习惯用便盆了，但是，说排便训练成功还为时过早。在婴儿喂养过程中添加了辅食，可能会出现大便的干稀、次数与规律的改变等情况。一般来说，8～9个月的婴儿大便每天1～2次，也有的2天1次。大便较干结的孩子，要花较多时间才能排出大便。所以，看到孩子有排便的特殊表情时，也来得及为孩子做好坐便盆的准备。

每次坐盆的时间约5～10分钟，不宜太长，太长易造成脱肛。每天坐盆的次数也不宜太多，更不要在坐盆时，让孩子进食或玩玩具，以免形成不良习惯。但要特别注意，排便时一定要专人照看，以防跌倒。

8～9个月的婴儿仍不能有意识地控制排尿动作，多数孩子小便都愿意坐便盆。通常，坐盆时间安排在喝水后10～15分钟，或睡醒后立即坐盆，多会成功。坐便盆有助于母亲观察孩子大小便的颜色、质地、有无排虫等情况。这里还应提醒注意一种使年轻父母感到困惑，甚至惊慌失措的“怪”现象，这就是有时孩子解出的小便呈白色混浊，母亲常为此感到紧张。其实，这是因孩子喝水较少，尿液中盐分过多，尿酸盐排出体外后，在尿中沉淀所致。适量给孩子喂些开水，这种现象就会自然消失。

宝宝不会攀附站立怎么办

8个月的婴儿有50%，10个月的婴儿有90%会攀附站立。会步行的婴儿，9个月有50%，11个月有90%。如果不会步行，也不能说有问题，专家认为这也许是婴儿发育较慢，如果骨关节没有异常，可能是其他因素。

例如一个整天躺在床上的婴儿，其站立、步行当然比较缓慢。此外，胆小的婴儿，尽管其他发育十分顺利，也可能不敢用脚先走路，这时候如果给予某些自信，也许会突然跨出步伐。

怎样教宝宝学走路

- 热身训练，进一步增加身体的平稳感。妈妈让宝宝扶着栏杆站好，自己则在一旁用玩具引逗，使宝宝的身体往妈妈这边摆动，当宝宝摆过来靠近妈妈时，再换到另一侧这样做。但经过2～3次引逗，必须让宝宝能拿到玩具，否则宝宝不会再有信心和兴趣训练。妈妈和宝宝面对面站着，等宝宝站稳后拉住宝宝的双手，妈妈稍用力并慢慢地往后退，促使宝宝不由自主地向前迈步。这样练习一段时间后，如果宝宝走得较稳当，可用单手拉住宝宝练习，继之只让宝宝拉住一个手指迈步。但妈妈的手必须随时随着宝宝身体的前后左右摆动而移动，以免扭伤小胳膊小腿的关节。

- 独走自如训练，先练短距离走。让婴儿靠墙壁站稳，妈妈离开 1 米远，用语言、手势和玩具鼓励婴儿往前迈步走，婴儿可能会有些紧张，往往会不太平稳，很快就跨到妈妈跟前，然后又很兴奋。当婴儿短距离走得较好时，妈妈可逐步加长训练距离，一点一点让婴儿练习往前走。如果怕婴儿突然摔倒，影响练走的兴趣和信心，也可让婴儿往前走一步，妈妈便向后退一步，而且不断地后退，这样同样可加长行走距离。

- 在做加长训练时，必须注意保护好婴儿，以免造成摔伤。婴幼儿上肢桡骨头的上端还未发育完全，加之关节臼又很浅，稍加用力拉拽，便很容易使桡骨头上端从臼中脱出，造成桡骨头半脱位，妈妈拉拽婴幼儿，必须注意动作不要生硬。可以为婴儿学习走路创造一些条件，如准备学步车、围栏、小推车、可推拉的玩具等，也可让宝宝扶着竹竿学步。有的婴儿由于平衡能力还不够，走起路来可能东倒西歪的，还经常摔倒，或是用脚尖走路，两条小腿分得很开，这都没有关系，婴儿走得熟练了就会好的。一般情况下，到了 15 个月婴儿就会走得较自如了。

怎样保障宝宝在室内的安全

- 孩子会爬以后，他活动的范围大了，本领也大了，他会攀爬，会扶着栏杆移动。这时他还不懂得什么会对他造成伤害，不知道保护自己，为了孩子的安全，父母应做到以下几点：

- 如果有条件，空出一个房间或角落，让孩子玩耍。

- 组合式家具要固定好。除去柜子等家具上能使孩子攀爬、抓、跳的把手等。
- 室内楼梯应加护栏。
- 桌、椅、床要远离窗子，防止孩子爬上窗子。
- 孩子的床栏应高过婴儿的胸部，小推车的护栏也要高些。
- 注意卫生，把孩子爬的场所打扫干净，因为孩子不光会爬，还会把东西放进嘴里啃。
- 不要让他一个人独自四处爬。
- 窗户要有护栏，不要让孩子上阳台。
- 不要让孩子上厨房和餐厅，特别是有热菜、热汤时。
- 桌子上不要放桌布，以免他拉下来，让桌上的东西砸着他。
- 把热水瓶放到孩子碰不到的地方。
- 不要给他筷子、勺、笔等，以免他放到嘴里的时候摔倒。
- 收好药品、洗涤用品。
- 电源电器要安全。

为什么睡前不宜给宝宝吃东西

宝宝入睡前，不仅大脑神经处于疲劳状态，而且胃肠消化液分泌减少。如果在睡觉前给宝宝吃东西，会使胃肠道的负担加重，不仅不利于食物的消化和吸收，同时还影响宝宝的睡眠质量，宝宝会因饱胀难受而睡不安稳。因此，睡前不要给宝宝吃东西。

怎样教宝宝主动配合穿衣

替宝宝穿衣服时，妈妈告诉宝宝“伸手”穿袖子，“抬头”把衣领套过头部，然后“伸腿”穿上裤子。经常给宝宝穿衣服，宝宝逐渐学会这种程序，大人不必开口宝宝就会伸手让大人穿上衣袖，伸头套上领口，伸腿以便穿上裤子。宝宝学会主动地按次序做相应动作以配合大人穿衣服，为下一步更主动地自己穿衣做准备。

单掌托高宝宝有哪些危害

在婴儿能够扶站以后，许多大人喜欢用单个手掌托高婴儿，这种做法非常不安全。虽然在举高过程中，大人的另一只手可做保护，但宝宝一旦突然失去平衡，很容易发生不该发生的意外。再说，即使在宝宝失去平衡过程中，大人可及时抱回婴儿，但突然的变故也会让宝宝受到惊吓，以后变得胆子更小，不利于孩子的健康成长。

男宝宝能穿有拉链的裤子吗

有些爸爸妈妈为了方便男宝宝排小便方便，就给宝宝穿上有拉链的裤子，其实这其中存有很大的潜在危险。从医院数据得知，每年都有大量男宝宝在小便时或小便后，将外生殖器的包皮嵌到拉链中，造成极大的痛苦。而且遇到这种情况时，爸爸妈妈最好不要自行处理，送到医院局部麻醉后才能让宝宝减轻一些痛苦，否则硬生生将皮肉从拉链中扯出来，是很残忍的事。因此，为了宝宝的安全，请不要给男宝宝穿带拉链的裤子。

冬天怎样给宝宝洗衣服

在冬天，即使宝宝只穿过一次的衣服也要认真洗。虽然看起来没有脏，可是由于婴儿的新陈代谢快，衣服上会粘附上皮脂，所以内衣之类即使宝宝只穿过一次也要洗，放在太阳底下晾干，当然，冬天用干燥机也可以。为了不至于太费电，可以在白天将衣服先晾了以后，最后将快干的衣服用干燥机烘干。

干燥机是必需的。自从宝宝出生以后，干燥机就能派上用场。薄的内衣一下子就能干，感觉湿一点的五分钟也就干了，尤其在冬天，干燥机是不可缺少的家电。

伞式衣架晾婴儿的内衣最合适。有的家里阳台非常小，没有晾孩子衣物的地方，妈妈非常苦恼。伞式衣架的长度晾婴儿的内衣是最合适的。

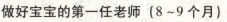

冬天给宝宝洗衣服有哪些小窍门

● 巧用熨斗。冬天晾衣服经常晾了一天也不干，尿布或内衣之类湿着就给宝宝穿上宝宝会不舒服，所以可以用熨斗把衣服或尿布弄干。

● 放在空调的风口吹干，还可以替代加湿器。洗好的衣物放在外面晾，经常晾不干，所以不得不放在屋里晾，但要尽可能放在空调能够吹到的地方，这样还可防止房间干燥，一举两得。

● 多为宝宝准备一些内衣，这样就不怕没有衣服换了。然后根据天气预报，如果第二天是晴天，可以早点起来洗衣服，这样当天有可能就会晾干。

为什么宝宝在睡前不宜洗头

大多数家庭把给宝宝洗澡的时间安排在晚上睡觉前，顺便也就把宝宝头发也洗了，宝宝常常湿着头发睡觉。有的妈妈以为宝宝的头发短少，洗发后很快会自然风干。

其实，宝宝的生长速度很快，头发也会很快由短少变得浓密，头发并不是很快就能干的。而中医认为，湿发睡觉容易患头痛，有碍身体健康。所以，睡觉前最好不要给宝宝洗头，如果要洗，一定要等到头发完全干了再让宝宝睡觉。

四、宝宝的智能训练

怎样对宝宝进行情感培育

● 妈妈先做“再见”、“谢谢”、“好呀”等动作给宝宝看，然后，推着宝宝的手让他模仿。

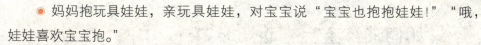

◉ 妈妈抱玩具娃娃，亲玩具娃娃，对宝宝说“宝宝也抱抱娃娃！”“哦，娃娃喜欢宝宝抱。”

◉ 妈妈把苹果递给爸爸，爸爸说“谢谢”；爸爸把饼干递给妈妈，妈妈说“谢谢你”。“宝宝把苹果给妈妈，好吗？”若宝宝不会，妈妈轻轻取过来，然后说：“谢谢，宝宝真乖！”注意：对婴儿来说，把东西交给别人，就像东西被抢一样。

本游戏让宝宝知道把东西交给别人，别人会很高兴，而交出去的东西又会回到自己手里。如果宝宝不愿意交出东西，也不用勉强。

怎样对宝宝进行智力培育

* 认识表情 *

方法：当孩子做得不对时，大人可表现出不高兴的神色来制止他。比如，孩子要往嘴里塞不该吃的东西时，大人可表示严肃或皱起眉头板起脸来，看他能否看出你的表情而停止。相反，当他做对某件事时，大人在表情上加以表扬、肯定。

目的：此月龄的婴儿一般能看懂大人的面部表情，为此要适时加以强化，让婴儿较敏感地知道大人表情上的晴天阴天，达到令行禁止，为今后的教育、训练打下良好基础。

提示：要慢慢训练，让婴儿逐渐增长这方面的能力。

* 拆纸包 *

方法：当着孩子的面，把玩具小狗狗用纸包起来，然后问孩子：“小狗狗呢？”“把小狗狗找出来。”婴儿会翻弄纸包，或者撕破纸包把小狗狗找出来，于是他很高兴。慢慢地还可当着孩子的面把包好小狗的纸包打开，让他看清是如何打开的，久而久之，孩子不再撕破纸包而是像大人那样打开纸包。

目的：训练感知能力，理解语言能力，锻炼手指的小肌肉活动能力，激发孩子做游戏的兴趣，开动小脑筋。

提示：还可包小食品，打开便可让他吃，不过要讲究卫生。

如何训练宝宝的动作能力

*** 悬吊 ***

让孩子两手紧握母亲的大拇指，站立起来，然后按这一姿势把孩子吊起来。这可以强化肩部组织，扩张胸廓。

*** 屈伸 ***

把婴儿的两脚托起来，用力向上推，使两腿用力屈伸。然后，单腿屈伸，左右交替反复进行；单腿屈伸时容易扭转，但不易向上移动。

*** 爬高 ***

让孩子弯腰，用手掌和膝盖支撑全身，脸朝下匍匐前进。开始时，妈妈可把手放在孩子腹部，帮助他向前爬；不过，要尽早让他自己爬。这种游戏可以训练交替运动感觉。

*** 站立摇晃 ***

让孩子站起来，一只手轻轻地扶着他前后或左右摇晃，另一只手防止孩子失去平衡摔倒。

*** 一起走步 ***

拉着孩子两手，让他直立站在妈妈的脚背上。然后，喊着说着和孩子一起走步。注意事项，此训练适用于8～10个月的婴儿。

如何开发宝宝的语言能力

*** 学词音、词义 ***

方法：8～9个月的孩子不但要教他听懂词，而且该教他听懂词义，家长要训练孩子把一些词和常用物体联系起来，因为这时小儿虽然还不会说话，但是已经会用动作来回答大人说的话了。比如，家长可以指着电灯告诉孩子说：“这是电灯。”然后再问他：“电灯在哪?”他就会转向电灯方向，或用手指着电灯，同时可能会发出声音。这虽然还不是语言，但对小儿发音器官是一个很好的锻炼。

目的：为模仿说话打下基础。注意家长还可以联系吃、喝、拿、给、尿、娃娃、皮球、小兔、狗等跟孩子说简单的词语。

＊念儿歌、讲故事、看图书＊

方法：每晚睡前给宝宝读一个简短、朗朗上口的故事，最好一字不差，一个记住了，再换别的以便加深宝宝的印象和记忆。图书对宝宝来说是一种能打开合上的、能学说话的玩具，因此宝宝非常喜欢大人陪着他看图书，听大人给他讲书中的故事。

图书画面要清楚，色彩要鲜艳，图像要大，文字大而对话简短生动，并多次重复出现，便于宝宝模仿。每天坚持念儿歌、讲故事、看图书，并采取有问有答的方式讲述图书中的故事，耳濡目染，宝宝就会对图书越来越感兴趣，对宝宝学习语言很有帮助。喜欢读书，对他的一生都具有重要的意义。

目的：帮助婴儿学习语言。注意这么大的孩子的注意力集中时间很短，一般几十秒到1分钟。只有孩子有兴趣，很高兴，才能与他一起念儿歌、讲故事、看图书，否则就没有意义了。

如何提高宝宝的感觉能力

选择一首节奏鲜明、有强弱变化的音乐播放。婴儿坐在你的腿上，你从他背后握住他的前臂，说：“指挥！”然后合着音乐的节奏拍手，并随着音乐的强弱，变化手臂动作幅度的大小，当乐曲停止时指挥动作同时停止，逐渐使婴儿能配合你的动作节奏。

以后每当放音乐时，你一说“指挥”，他就能有节奏地挥动手臂。这个活动训练婴儿的节奏感，锻炼动作与音乐的配合。

多些鼓励和表扬有哪些好处

8~9个月的宝宝是喜欢接受表扬的宝宝，因为一方面他已能听懂你常说的赞扬话，另一方面他的言语动作和情绪也发展了。他会为家人表演游戏，如果听到喝彩称赞，就会重复原来的语言和动作，这是他能够初次体验成功欢乐的表现。而成功的欢乐是一种巨大的情绪力量，它形成了宝宝从事智慧活动的最佳心理背景，维持着最优的脑的活动状态。它是智力发育的催化剂，它将不断地激发宝宝探索的兴趣和动机，极大地助长他形成自信的个性心理特征，而这些对于宝宝成长来说，都是极为宝贵的。

对宝宝的每一个小小的成就，你都要随时给予鼓励。不要吝啬你的赞扬话，而要用你丰富的表情、由衷的喝彩、兴奋的拍手、竖起大拇指的动作以及一人为主、全家人一起称赞的方法，营造一个“强化”的亲子气氛，这种“正强化”的心理学方法，能使宝宝健康愉快地成长。

如何让宝宝学会独立玩耍

方法：宝宝自己学抓东西或者玩一些捏响玩具时，妈妈可在旁边打毛衣、看报，干点自己的事，但不陪他玩。以后，妈妈有时在屋里转转，有时上厨房或别的房间，让宝宝一会儿看见、一会儿又看不见妈妈，宝宝仍能安心地玩，因为他知道妈妈在家，只要有需要，随时可唤妈妈回来。宝宝独自玩时可以详细地观察玩具的外观，试着用不同的办法去摆弄它，或者将几种东西摆在一起。宝宝把注意力集中在玩具上，双手不停地活动，手眼的协调能力逐渐提高。妈妈可以记录宝宝自己玩的时间，从两三分钟逐渐延长到20~30分钟。

目的：学会独立玩的宝宝能通过自己的感官观察和感知外界事物，将兴趣从依恋妈妈转移到外界，为将来离开妈妈进入社会打好基础。

五、用心·呵护宝宝健康

本月如何进行预防免疫

产后8~9个月，妈妈泌乳量逐渐减少，基本上都用配方奶或牛奶喂养婴儿并添加辅食。婴儿从母体得到的抗体减少，易感染传染病，故应接种麻疹弱毒疫苗。患过麻疹的宝宝不必接种。正在发热或有活动性结核的宝宝、有过敏史的宝宝（尤其是对鸡蛋过敏）禁用。注射丙种球蛋白的宝宝间隔1个月后才可接种。

宝宝生病了，该吃药还是打针

吃药还是打针应根据病情及药物的性质、作用来决定。有些病口服用药效果好，如肠炎、痢疾等消化道疾病，药物通过口服进入胃肠道，保持有效浓度，能收到很好效果。还有一些药只能口服，不能注射，如咳嗽糖浆等，所以家长不能只迷信打针。药物被口服之后，大部分都能够被身体所吸收，经过血液循环运送到全身而发挥作用。

通过打针注射给药，药物吸收快而规则，所以有些病是打针效果好。但是打针痛苦大，还有可能造成局部感染或损伤神经（虽然概率很小），反复打针，局部会有硬结，肌肉收缩能力减弱，少数发生臀大肌挛缩症，还得要进行手术治疗。所以，孩子有病，能口服药的应尽量口服为好。

如何预防流行性腮腺炎

流行性腮腺炎是腮腺炎病毒引起的一种以儿童、青少年为主要对象的急性呼吸道传染病，多见于冬春季。临床特征为单侧或双侧腮腺肿大、疼痛、发热，也可波及附近的颌下腺、舌下腺及颈部淋巴结。并发症可见睾丸炎、卵巢炎、胰腺炎、心肌炎、脑炎。腮腺炎病毒是后天获得性耳聋的重要病因之一，此种耳聋往往是不可逆的。对腮腺炎的治疗更为重要的在于预防并发症。

腮腺炎减毒活疫苗是控制腮腺炎流行的有效方法，接种对象为8个月龄以上腮腺炎易感者。接种该疫苗一般无局部反应，在注射6～10天时少数人可能会发热，一般不超过2天。目前，我国已有麻疹、流行性腮腺炎、风疹三价疫苗，注射1次可同时预防3种传染病。常见的接种反应是在接种部位出现短时间的热感及刺痛，个别受种者可在接种疫苗5～12日出现发热或皮疹。

如何防治宝宝牙齿畸形

正常的双尖牙在咀嚼面上有2个尖，如果在2个尖的中央多长出一个又高又细的小尖，称为“畸形中央尖”。畸形中央尖最好发的牙位是下颌第5颗牙，而且往往是对称出现在左右两侧。中央尖内部有一个小腔和下面的牙髓腔相通。当有中央尖的双尖牙长出来以后，牙面和上面的牙齿接触，中央尖很容易被磨损或者被折断。这样，中央尖内的髓腔暴露出来，与外界相通，成了牙髓感染的通道。

牙髓感染，将引起根尖周炎、根尖脓肿等，严重的可以使牙根停止发育。如果发现宝宝长出的牙齿是畸形中央尖，应该尽早到医院去，口腔科医生将会为宝宝治疗。一般的处理是分次将中央尖磨低，1次磨低一点，1个月左右磨1次，逐渐地磨除，不断地刺激牙髓组织，在中央尖腔的顶部有新的牙本质形成，新的牙本质可以封闭牙髓腔，不使其外露。如果中央尖已经被折断，出现了明显的牙髓炎症状，或者感染已经蔓延至牙根部，则应该马上到医院治疗。早期可以进行牙髓治疗或者根管治疗。如果根尖破坏得严重，反复治疗效果不好，可能就要拔除患牙了。

宝宝多生牙的防治措施是什么

正常人的牙齿是有一定的数目和形态的。凡是在正常数目额外长出的牙，医学上称为多生牙。多生牙的数目可以是1个也可以是多个，以1～2个最为多见。多生牙的危害在于它占据了正常牙在牙列中的位置，正常牙受到多生牙的排挤，只好从牙床的旁边长出来，形成错位，造成牙齿排列不齐，甚至形成双层牙。

对于多生牙的处理应该是及早拔除。但有的多生牙在生长的早期没有引起人们的注意，等发现时它已经长在牙列中了，如果这个牙齿的形态、大小基本正常，且在牙列中排列得还算整齐，牙齿的咬合关系也没有出现异常的情况，可以保留这个多生牙，但是这种情况比较少见，一般的多生牙还是应该尽早拔除的，以利于其他牙齿的正常萌出。

怎样防止宝宝形成“八字脚”

造成“八字脚”的主要原因是由于宝宝缺钙（即维生素D缺乏性佝偻病），此时宝宝的骨骼因钙质沉积减少、软骨增生过度而变软，加之宝宝已开始站立学走路，变软的下肢骨就像嫩树枝一样无法承受身体的压力，于是逐渐弯曲变形而形成“八字脚”。另外，不适当的养育方式也可能导致“八字脚”的发生，如打“蜡烛包”、过早或过长时间地强迫宝宝站立和行走等。

为防止宝宝发生“八字脚”，首先要防止宝宝发生缺钙现象。因此你要及时增加宝宝饮食中的钙质物质，如豆制品等；另外，让宝宝多晒太阳和适当服用维生素D制剂来预防。如宝宝有佝偻病的可疑症状时，则要到医院进行检查和治疗。

夏季如何预防手足口病

夏季气温炎热，是多种疾病易发的时节，如手足口病、暑热症等，都可能在夏季侵袭抵抗力弱的宝宝。这些疾病容易引发高热，而且来势凶猛，如果你能及早预防，或在家就做到及时观察和护理，宝宝的这一个夏天就能过得无忧无虑。手足口病是一种发疹性传染病，引起该病的元凶是肠病毒。病毒感染率可高达80%左右，只是多为隐性传染，大多数可以自愈，但病情严重的时候也可能导致病毒性心肌炎。

患病者常表现为发疹，主要症状为口痛拒食。手足皮肤、口咽部出现大量疱疹，局部瘙痒，还会伴随流口水、嘴巴发臭、大便干燥、烦躁不安并且哭闹不停等症状。手足口病到现在为止没有什么特效的疗法，只有对症处理。比如在急性期，你要注意让宝宝多休息，保持适当进食和补充水分。一般5～10天后，宝宝多数会自愈。

日常生活中，你要重视宝宝的卫生，增强他的体质以利于防病。有接触史的宝宝可注射丙种球蛋白3～5毫升；应该隔离患病的宝宝2周，并对接触者进行检疫，有助于阻止流行性蔓延。

如何防治女婴泌尿系统感染

在急性期应卧床休息，让孩子多饮水以增加尿量，使细菌和毒素随尿液及早排出，并在医师指导下用强力有效的抗生素，治疗要彻底。急性泌尿系感染经治疗后多能迅速恢复，但如疗程不足，可使病情反复发作，变成慢性感染，特别是肾和肾盂的慢性炎症在迁延多年后可发展至肾功能不全，应引起重视。

因此，带患儿定期随诊很重要，急性期疗程结束后，每月随诊一次，共3个月，如无复发可认为治愈。如何预防本病呢？第一，增强体质，消除各种诱发因素，注意卫生，保持外阴部清洁。第二，婴儿大便后要清洗臀部，尿布要经常用开水烫洗，并在阳光下暴晒。

怎样防治宝宝上呼吸道感染

若小儿有高热时，要降温，首先应选用非药物方法，可多喝水，夏季降低室温、脱去过多的衣服，使病儿处于凉爽通风的环境中。如仍不能降温，可用药物降温法。世界卫生组织推荐应用扑热息痛口服，每次每千克体重10～15毫克，发热持续不退时可每4小时服1次，但要在医生的指导下服药。

如有并发症，应赶快到医院诊治。平时要注意预防上感，不要给小婴儿穿衣服过多，要随天气变化增减衣服，室温不要过高，经常开窗，保证空气流通，天气好时常抱到户外活动，提高耐寒能力。此外，还要合理喂养。

六、打造聪明宝宝的亲子游戏

“拾别针”和“细绳”游戏怎么玩

方法：把曲别针放在桌上，看看宝宝是否能拿起来，再换成细绳子结成的小环，看看宝宝是否很快就拿起来。用白色纸巾铺在床上，放上几粒蒸熟的葡萄干。大人先捡一粒放在嘴里咀嚼，说“真甜”，宝宝就会去捡，如果用手掌一粒也抓不着，宝宝会学大人那样用食指和拇指去捏取。

目的：练习用食指和拇指捏取细小物件。

“投物”游戏如何进行

方法：你拿着一个小桶，宝宝手里拿着小玩具，你对宝宝说：“把你手里的玩具放到这个小桶里。”如果宝宝没有听明白，你可以给宝宝做示范，或让其他人把宝宝手里的物体投到桶里，宝宝就会模仿，把玩具放到桶里。不断拉远宝宝与桶的距离，训练宝宝投物的准确性。

目的：这个游戏能够训练宝宝手的精细动作和准确性、手眼的协调性。

什么是“钓鱼”游戏

方法：准备一个宝宝喜欢的玩具（能系绳），一根彩色纱线。在玩具上系上彩色纱线，向宝宝演示：将这个玩具从桌上扔下，又拉回，多重复几次。然后，让宝宝拉住纱线，握住宝宝的手将玩具扔下，又拉起，重复几次后，让宝宝自己试试。在扔和拉时你要注意动作幅度，不要让玩具砸着宝宝，另外也要注意时间，不要让宝宝感到疲倦。

目的：通过这个游戏，可以锻炼宝宝的观察模仿能力，从而提高宝宝的逻辑思维能力。

怎样给宝宝讲故事

方法：妈妈可给婴儿买一些构图简单、色彩鲜艳、故事情节单一、内容有趣的婴儿画册。在婴儿有兴趣时，一边翻看、指点画册上的图像，一边用清晰而和缓的语调给他讲故事。同一故事可多次反复地讲。例如：小蝌蚪找妈妈。小蝌蚪一出世就没见过它妈妈，它看别的小朋友都跟在妈妈身后玩耍，很羡慕。它想：我也要去找妈妈。于是，它游啊游啊，碰见一条鲤鱼，它就大叫："妈妈，妈妈！"鲤鱼说："我不是你妈妈。"小蝌蚪又游啊游，碰见一条泥鳅，它又大叫："妈妈，妈妈！"泥鳅说："我不是你妈妈。"小蝌蚪伤心地哭了。这时一只大青蛙跳下来，对小蝌蚪说："小蝌蚪，我就是你妈妈。"小蝌蚪说："我为什么和你长得不一样?"青蛙说："等你长大了，就会长出四条腿，尾巴也没有了，就和妈妈一个样了。"小蝌蚪高兴地说："哦，原来我会变成一只小青蛙。"

目的：给婴儿讲故事，是促进其语言发展与智力开发的好办法，无论婴儿是否能够听懂，妈妈一有时间就应绘声绘色地讲给婴儿听，培养婴儿爱听故事、对图书感兴趣的习惯。注意，婴儿实在不肯和妈妈一道看画册、听故事，妈妈也不必急躁，可以过一段时间后再试试。

如何教宝宝称呼亲人

方法：大人用夸张的口形说"爸——爸"或"妈——妈"，宝宝在前2个月已能随意地发音叫唤，并未明确称呼某人。在本月或下个月宝宝有可能学会称呼大人。例如爸爸下班回家时见到宝宝时说"叫爸爸"，宝宝会注意地学着说"爸"，爸爸要马上将宝宝举起来，以后宝宝会在爸爸回家时叫"爸"。又如妈妈准备喂奶时让宝宝叫"妈"，或者妈妈拿着香蕉让宝宝叫"妈"，宝宝想吃香蕉就会叫"妈"。不过偶然学会叫一次有时下次就不再叫了，要过几天才能再叫。只要宝宝叫过一两次，以后就逐渐会见人称呼了。

目的：让宝宝模仿大人发音，练习称呼大人。宝宝学会称呼父母是使大人十分欣慰的事，但是称呼父母的早和晚与智力并不相关。有些孩子说话早些，另一些会晚些；男孩会比女孩说话晚，因为男孩的口和喉发音的肌肉发育晚一些。

宝宝懂话在先，开口在后，只要宝宝会认人和认物，听懂大人的意思就行。不过大人用夸张的口形鼓励宝宝模仿是很重要的。宝宝喜欢模仿，如同做口部的游戏那样，越练习咽喉肌肉协调越好，对发音和说话很有帮助。

“碰碰头”游戏怎么玩

方法：面对婴儿扶着他的腋下，用自己的额部轻轻地触及婴儿的额部，并亲切愉快地呼唤他的名字，说：“碰碰头。”训练多次后，当你头稍向前倾时，他就会主动把头凑过来，并露出高兴的笑容。注意事项：在此基础上还可教些其他动作，如亲一下妈妈，亲一下爸爸等。

目的：促进语言与动作的联系，引起愉快情绪。

什么是“锅碗瓢盆交响曲”

方法：生活中，可引导婴儿在能发声的物体上有节奏地拍拍、敲敲、碰碰。可敲各种器皿，譬如用筷子敲敲盆子、碗、酒瓶、瓷盆等，可拍桌子、盆子、皮球等，让积木相碰、瓶子相碰、锅勺相碰等，都可发出有节奏的声音。注意，两物相碰或敲击时，声音不能过大，以防变成噪音；月龄小的婴儿以父母辅助为主，月龄大的婴儿以自己玩为主。

目的：训练听觉能力。

“印手印”游戏怎么玩

- 妈妈画两张画，一张画的树上只有树干及少量叶子，另一张画的树上长满了叶子。

◉ 妈妈对宝宝说："花儿开了，小草变绿了，树上长满了绿色的叶子，多漂亮呀！可是这一棵树上的叶子太少了，宝宝来加上几片好吗?"

◉ 把绿色广告颜料涂在宝宝手上，教宝宝印在树上。然后把印有小手印的画贴在墙上，让宝宝欣赏。注意事项：可用红色、黄色颜料让宝宝印手印，从而丰富宝宝对色彩的印象。

目的：让宝宝建立初步的色彩印象，并加深宝宝对手的认识。

第十章

珍惜与宝宝的每一次交流（9 ~ 10 个月）

一、记录宝宝成长足迹

宝宝的语言有怎样的变化

从这时期开始，婴儿不仅模仿自己的声音，同时也会模仿别人的声音。如果跟婴儿说话、唱歌，婴儿就会注视对方的嘴，如果是一句简单的话，婴儿就会加以模仿。每当婴儿有要求时，就会发出声音吸引成人注意，当他想喝牛奶或改变身体位置时，也会发出不同于哭泣的声音，其实他是想以语言表达，只是不会说罢了！此时期的婴儿经常会向成人发出“ma—ma”或“ba—ba”的声音。

宝宝的听觉有怎样的变化

- 这个时期的婴儿能够听懂父母说话的意思。
- 在一些语境中，婴儿能用身体语言和父母进行交流。
- 通过听、看来理解父母的意思。
- 父母要充分利用婴儿听的能力，多让宝宝听，听多了，听懂了，慢慢就开口说话了。

◉ 婴儿已经不单单是听到了什么，而是把听到的进行记忆、思维、分析、整合，运用听来认识世界。

宝宝的视觉有怎样的变化

这个月的婴儿，开始会看镜子里的形象，有的婴儿通过看镜子里的自己，能意识到自己的存在，会对着镜子里的自己发笑。眼睛具有了观察物体不同形状和结构的能力，成为婴儿认识事物，观察事物，指导运动的有利工具。宝宝的语言能模仿发出双音节如“爸爸”、“妈妈”等。女孩子比男孩子说话早些。学说话的能力并不表示宝宝的智力高低，只要宝宝能理解大人说话的意思，就说明他很正常。

宝宝的动作有怎样的变化

这个月宝宝能够坐得很稳，能由卧位坐起而后再躺下，能够灵活地前、后爬行，爬得非常快，能扶着床栏站着并沿床栏行走。这一段时间孩子的动作发育很快，有的孩子从会站到会走只需 1 个多月的时间；有的学爬只是很短的时间，孩子就不喜欢爬了，他要站起来扶着走。这段时间的运动能力孩子的个体差异很大，有的孩子稍慢些。这个月的孩子会抱娃娃、拍娃娃，模仿能力加强。双手会灵活地敲积木，会把一块积木搭在另一块积木上，会用瓶盖去盖瓶子。

宝宝的心理有怎样的变化

宝宝已经显露出个体特征的某些倾向性，有的宝宝活泼；有的宝宝沉静；有的宝宝灵活；有的宝宝呆板；有的宝宝不让别人抢走自己手中的玩具或吃的东西，显得很“自私”；有的宝宝见别人有什么玩具就想要什么玩具，不给就哭闹；有的宝宝慷慨大方，主动把自己的东西送给别的宝宝，与别的宝宝一起分享；有的宝宝整天不声不响，显得十分听话；有的则不让别人碰一下，遇到生人就会害怕得大哭。

二、关注宝宝的每一口营养

怎样给宝宝断奶

从这个月起，每天可先给宝宝减掉一顿奶，离乳食品的量也相应加大。过1周左右，若妈妈感到乳房不太发胀，宝宝消化和吸收的情况也很好，可再减去一顿奶，并再加大离乳食品量，依次逐渐断掉。这时候，宝宝对妈妈的乳汁仍然依恋，所以减奶时最好从白天喂的那顿奶开始。白天有很多吸引宝宝的事情，宝宝不会特别在意妈妈。但到早晨和晚上，宝宝会对妈妈非常依恋，需要从吃奶中获得慰藉，故不易断开，只有断掉白天那顿奶后再慢慢停止夜间喂奶，逐渐过渡到完全断奶。准备给宝宝离乳时，要先带宝宝去保健医生那里做一次全面体格检查，宝宝身体状况好，消化能力正常才可以断奶。宝宝到了离乳月龄时，若碰巧生病、出牙，或是换保姆、搬家、旅行或是妈妈要去上班，最好先不要断乳，否则会增大离乳的难度。吃惯妈妈乳汁的宝宝，不仅只是把它作为食物充饥，而且对母乳有一种特殊的感情，它给宝宝带来信任和安全感，不是说断马上就能断掉的，千万不可采用仓促生硬的方法。如让宝宝突然和妈妈分开，或是一下子停乳，以及在妈妈的乳头上涂抹苦、辣等东西吓唬宝宝，这样做只会使宝宝的情绪陷入一团糟。因缺乏安全感而大哭大闹，不愿进食，甚至促使脾胃功能紊乱，导致食欲差、面黄肌瘦、夜卧不安，从而影响生长发育，使抗病能力下降。

在断奶的过程中，妈妈不但要使宝宝逐步适应饮食的改变，还要采取果断的态度，不要因宝宝一时哭闹就下不了决心，导致拖延断奶时间。也不可突然断一次或是几天未断成，又突然断一次，接二连三地给宝宝不良情绪的刺激。这样做对宝宝的心理健康有害，容易造成情绪不稳、夜惊、拒食，甚至为日后患心理疾病留下隐患。在断奶期间，妈妈要对宝宝格外关心和照料，并花费一些时间来陪伴宝宝，以抚慰宝宝的不安情绪。宝宝断奶会引起妈妈体内的激素发生变化，出现一些负性情绪，如沮丧、易怒等，同时伴有乳房胀痛和滴奶之苦。妈妈可进行热敷并将奶水挤出，以防止引起乳腺炎，这样做还可舒缓自己的不良情绪。

在断奶后能断掉其他乳品吗

尽管宝宝的摄食方式由吸吮转化为咀嚼，但消化道功能还不完全成熟，因此摄取食物还不能完全和大人们一样，全都是需要咀嚼的食物，应该喂些牛奶类的乳品。

断奶后的宝宝依然处于生长发育的旺盛阶段，需大量的蛋白质建构组织和器官。但宝宝所能进的食物，其中含有的蛋白质却大部分是植物性蛋白质。虽然这些植物性蛋白含有宝宝所需要的9种必需氨基酸，但它们的生物学价值较低，需要进食很大的量才能满足宝宝生长发育的需要，所以对婴儿不适宜。

动物性蛋白质和猪肉、牛肉及鸡蛋等生物学价值很高，对宝宝来说是很好的食物。但刚刚断奶的宝宝，无论从咀嚼能力还是消化吸收上，都不能很快适应，因此只能适量摄取，不能作为全部蛋白质的来源。

宝宝断奶前，妈妈的乳汁是宝宝生长发育所需蛋白质的主要来源，断奶后，失去了妈妈乳汁所提供的优质蛋白质。宝宝断奶后，唯有牛乳及其制品，既含有优质的蛋白质，又能从摄食方式上适合刚刚断奶的宝宝。所以，每天还应该给宝宝至少提供250毫升的牛乳之类的乳品，同时再吃些鱼、肉、蛋类食物，这样做不但能满足宝宝生长发育的需求，而且适合宝宝的消化能力，所以，宝宝不能在断奶之后断掉一切乳品。

喂宝宝吃水果是否越多越好

大多数水果都因含有果糖而有好吃的甜味，果糖如果摄入过多，可能引起宝宝缺铜，宝宝骨骼发育因此受到影响，也是造成身材矮小的一个原因。荔枝汁多肉嫩，很多宝宝常常吃起来就没个够，但每年在荔枝收获季节，总有很多宝宝因此而得了“荔枝病”。表现为由于大量吃荔枝而饭量锐减，常常于第2天清晨突然出现头晕目眩、面色苍白、四肢无力、大汗淋漓，若不马

上治疗，就会发生血压下降、晕厥。

这是因为荔枝肉中含有的一种物质可引起血糖过低，当正常饮食吃得很少时，大量摄取荔枝就会导致低血糖休克的发生。柿子皮薄味甘，也是宝宝最喜爱吃的水果。倘若经常在饭前大量吃，就会使柿子里的柿胶酚、单宁和胶质在胃内遇酸后形成不能溶解的硬块儿。硬块儿小时可随大便排出，但是较大的硬块儿就不能排出了，停在胃里形成胃结石。表现为胃胀痛不适，呕吐及消化不良，还能诱发原有胃炎或胃溃疡的宝宝发生胃穿孔、胃出血等。

香蕉中含有多种人体必需的元素，但在短时间内吃得太多，就会引起身体内钾、钠、钙、镁等元素的比例失调，不仅使新陈代谢受到影响，还会引起恶心、呕吐、腹泻等胃肠紊乱症状及情绪波动。柑橘吃得过多会引起胡萝卜血症，宝宝腹泻时不宜吃梨，皮肤生痈疮时不宜吃桃。因为都会使病情加重。

怎样给宝宝喂稠粥

一般来说，米、面经加工煮成粥或软饭会使容积增加到2.5~3倍，对1岁的宝宝来说每餐只能吃200~300毫升，所以供给的食物既要保证营养素，还要考虑小儿胃容量是否能接受。如果体积过大，小儿会吃不下，影响营养素的吸收。

随着宝宝的长大，所需营养素量不断地增加。又由于辅食的添加使胃肠道已能适应，所以9~10个月的宝宝适应了吃稀粥后，可以食用稠粥了。稠粥用粳米烧制较好，每餐可喂食40~50克。

本月喂养宝宝要注意什么

这个时期必须给宝宝增加辅食，以满足其生长发育的需要。从本月起，母乳喂养的宝宝每天喂3次母乳（早、中、晚），上、下午各添加1顿辅食。

混合喂养的宝宝每天早6点、晚22点吃2顿奶，上午、中午、下午吃3顿辅食。10个月的宝宝仍以稀粥、软面为主食，适量增加鸡蛋羹、肉末、蔬菜之类。多给宝宝吃些新鲜的水果，但吃前妈妈要帮他去皮去核。

怎样为宝宝选择餐具

小儿的餐具应选择色泽鲜艳、样式新颖的，这样会引起小儿的兴趣，以促进他的食欲。另外，还要注意给孩子选择的餐具必须耐煮、易消毒，因为餐具的清洁是很重要的。但还要注意安全，如勺子的边不要太锐利，勺把要较圆钝，还要不易打碎，以免误伤小儿。现在市场上流行的耐高温的聚胺塑料制品是较理想的。

如何提高宝宝的钙摄入量

钙是人体骨骼发育不可缺少的重要元素。宝宝这个年龄身高增长较快，不久又要长乳齿，对钙的需求量仍要达到每月1克的标准。但由于我国的饮食配备不当的习惯，这一标准很难达到，所以宝宝在这个年龄时，仍应补充钙剂。幼儿肠道对钙的有效吸收需要一定的钙磷比例，否则肠道中的钙与磷会相互结合而排出。粮食中含磷很高，所以食物中的钙含量也有必要提高，否则钙便不能被有效吸收，易出现佝偻病。如果每日保证摄入400毫升牛奶，可增加0.4克的钙的摄入量，此外合理的烹饪也可以增加钙的摄入，到必要时也可补充钙剂。

下面介绍几种增加钙摄入的烹饪方法：

- 醋泡蛋，使蛋壳中的钙溶解在醋中，将醋和蛋全部服用。
- 炖酥鱼，用葱、姜铺底，将鱼排放在上，加醋慢火炖烂，使鱼刺和鱼头都酥了，可完全吃下。鱼鳞也是很好的钙剂，可不去。
- 压力锅炖鸡或肋软骨，可使鸡骨炖酥，在吃时可将骨头嚼碎咽下。
- 在做肉馅时可调入虾皮。

三、全新的宝宝护理技巧

为什么不宜带宝宝在路边玩

我们提倡孩子多到户外玩，多晒太阳，但不赞成常抱孩子在路边玩。马路上车多人多，孩子爱看，大人也爱看。家长们认为，只要把孩子看好，不碰着孩子，在路边玩耍很省事。其实，马路两边是污染最严重的地方，对孩子对大人都极有害。汽车在路上跑，汽车排放的废气中含有大量一氧化碳、碳氢化物等有害物质，马路上空气中含汽车尾气是最高的，污染是最严重的。马路上各种汽车鸣笛声、刹车声、发动机声等，造成噪声污染影响孩子的听力。马路上的扬尘，含有各种有害物质和病菌、微生物，损害孩子的健康。带孩子玩耍，要到公园、郊外空气新鲜的地方去。

可以带宝宝听摇滚音乐会吗

一些爸爸妈妈希望增强宝宝对音乐的欣赏能力，会经常带宝宝去听音乐会、演唱会。如果是轻音乐之类的，一般问题不会很大。但如果是摇滚类的音乐，在分贝很高的情况下（超过70分贝），就会使宝宝的听力系统受到损害，不利于宝宝的听力系统正常发育。

冬季带宝宝外出要注意什么

当气温低于4℃时，宝宝只能在室外活动一小会儿，还要注意宝宝是否发抖，一旦发抖要立刻回家，以免宝宝受冷和冻伤。长时间暴露在寒冷环境中，要时刻监测宝宝的体温，一旦下降到35℃以下，就应该立刻看医生，还要马上想方设法让宝宝暖和过来。

宝宝喜欢用左手，需要纠正他吗

1 周岁以内的宝宝用手往往左右不分，高兴用哪只就用哪只，有时两手来回用，这对宝宝都不会产生影响。在宝宝 1 岁半到 2 岁半时，好使的手就会固定下来，一般都用右手。如果宝宝用左手拿东西，现阶段可以放任观察一段时间，也可以在没有抵触的程度下让宝宝练习。例如，递给什么东西时一定拿在右手，对宝宝说："用右手拿。"不过，别过于郑重其事地教，要有耐心、循序渐进地教。即使是先天性左撇子，通过这样练习也会变得两手都好使。近代心理学的研究证明，用左手有助于右脑半球的发育。如果右手会做的，左手也能做，将能促进大脑支配手动作的中枢神经平衡发展。

宝宝常把脸抓破怎么办

有的宝宝在哭闹时会用手抓脸，其尖尖的指甲常在嫩嫩的小脸上留下一道道伤痕，甚至流血发炎。而宝宝之所以如此，往往是因为脸上长了红色的小疹子，即常见的"湿疹"。湿疹很痒，身体发热时痒感会更加严重，所以宝宝才会总是抓脸。为了防止宝宝抓脸，妈妈可用纱布缝一个小口袋套在宝宝的两只小手上，或者将衣袖加长，以免其将皮肤抓破。但这些并不是好办法，根本的问题是治疗湿疹，并注意给宝宝修剪指甲。另外，就是要经常给宝宝洗澡、洗脸，以降低湿疹的发生概率。

宝宝爱咬人是怎么回事儿

孩子到了 9～10 个月，长出乳牙时，便经常喜欢咬一些固体食物来磨牙，并且形成咬物或咬人的习惯。如果是属于这种情况的，做家长的应经常给孩子一些固体食物吃，以用来磨牙和锻炼咀嚼功能。在这个时期，孩子的情感逐渐发展，依恋家里的亲人，离不开母亲，而且情绪变化大，容易冲动，又不会用语言表达，所以常常行为表现特殊。比如，不论是高兴还是生气，都有可能在妈妈胳膊上或肩上咬一口，越让他松口，他越是咬住不放，咬得妈妈特别疼。随着月龄的增长，孩子咬人的习惯逐渐被手的动作取代，情绪趋向稳定。

怎样保护好婴儿的视力

● 平时要讲究用眼卫生，防止感染性疾病。婴儿要有自己的专用脸盆和毛巾，每次洗脸时应先洗眼睛，眼睛若有分泌物时，用消毒棉签或毛巾去擦眼睛。

● 要防止强烈的阳光或灯光直射婴儿的眼睛。婴儿到户外活动不要选择中午太阳直射的时段。家中的灯光也要柔和。

● 要防止锐物刺伤婴儿眼睛。应给婴儿玩一些圆钝的、较软的玩具，不要给孩子玩棍棒类玩具，以免刺伤眼睛。

● 防止异物飞入婴儿眼内。婴儿在洗完澡用爽身粉时，要避免爽身粉进入眼睛，还要防止尘沙、小虫等进入眼睛。一旦异物入眼，不要用手揉擦，要用干净的棉签蘸温水冲洗眼睛。

● 婴儿不要看电视。电视开着时，显像管会发出一定量的X线，婴儿对X线特别敏感，如果婴儿吸收过多的X线，会出现乏力、食欲不振、营养不良、白细胞减少、发育迟缓等现象。

● 多给婴儿看色彩鲜明（黄、红色）的玩具，经常调换颜色，多到外面看大自然的风光，有助于提高婴儿的视力。

怎样保护好婴儿的听力

● 少挖耳屎。许多妈妈喜欢给宝宝挖耳屎，并且一挖就挖得干干净净。这样做是不好的，婴儿耳屎过多，固然需要取出来，但如果经常挖并且挖的方法不正确，则很容易损害宝宝的耳朵器官组织；即使要挖耳屎也不能挖得干干净净，须知少量耳屎对婴儿耳道有保护作用，它可以黏附误入的小虫、异物等。

● 远离噪声。婴儿听力的适应性差。对突然发生的巨大响声，如爆竹、大音量的卡拉OK、电视声响等，均可能引起听力自然下降，甚至耳聋。同时，婴儿长期处于噪声环境中也会引起听力下降。所以最好为宝宝创造一个和谐、安静的生活环境，不要抱着孩子到人声鼎沸的地方去，更不可抱着宝宝在工地停留。

● 积极防治感冒。反复的感冒可使婴儿上呼吸道发生炎症、咽鼓管黏膜水肿、充血而闭塞，从而影响咽鼓管对中耳压力的调节。同时，由于婴儿的咽鼓管较成人短且位置低，呼吸道的病菌感染很容易导致中耳炎症。

● 要防止某些损害婴儿听觉器官的疾病的发生，如流脑、乙脑、风疹、中耳炎等。

● 慎用药物。链霉素、庆大霉素、卡那霉素、妥布霉素、小诺米星、新霉素等氨基糖甙类药物有较强的耳毒性，可引起听神经的损害。

噪声对宝宝有什么危害

响声太大的玩具最好不给孩子玩，它有可能危害婴儿的健康。孩子听到这种怪声音，首先的反应是惊吓，往往会做出不自然的各种动作，家长不要认为是孩子高兴的反应。噪声是指没有意义的声音，是公害之一。声音的音量在30分贝以下为很安静的耳语、翻书声，说话声为50~70分贝，70~100分贝为很大声，如公共汽车、火车声。按国家规定，托幼机构的音量不得超过55分贝。噪声可致听力减退或丧失，通过神经传导致视力减弱，可使婴儿烦躁不安、哭闹，甚至抽风。游乐园的碰碰车是高音量的玩具，其噪声音量超过100分贝。燃放爆竹瞬间出现强度130分贝以上的噪声，其震动可伤及内耳鼓膜致听觉受到损害，对这些可能伤害婴儿的噪声应该给以重视。

怎样给婴儿选择玩具

9~10个月，宝宝的手指就能相当灵活地抓东西了。给宝宝积木时，尽管他还不会垒，但却能用双手拿着把积木摆接起来，也能把滚到自己面前的橡皮球拣起来。给宝宝蜡笔，让他在纸上随便画，宝宝也会去画。宝宝把给他的纸画完后，会在墙上画，所以应多给宝宝一些纸。蜡笔不要放到玩具箱里，

有时宝宝会拣起来吃。

让宝宝画东西时，只有父母陪着时，才可给他蜡笔。该月龄宝宝常常咬玩具，因为是木制玩具，有的着色不好，涂料中可能混有铅粉，故不能让宝宝放到嘴里去。也可以让宝宝追赶上了发条的玩具汽车，练习走步。不过许多宝宝不喜欢玩现成的玩具，却喜欢玩弄家庭用品。宝宝喜欢看画册，也是从这个月龄开始的。宝宝的爱好，自小就能表现出来，有的宝宝喜欢交通工具画册，有的宝宝喜欢动物画册。最初以不给宝宝看背景复杂的画册为宜，有的宝宝对书一点也不感兴趣，对这样的宝宝，不能强迫让他看书。

厨房中存在哪些安全隐患

厨房是一个家庭里电器最多、器具最凌乱的房间，宝宝在此活动会有许多隐患，因此要特别注意安全。

- 橱柜尽量选用导轨滑动门，别用玻璃门，以防宝宝开门时被玻璃划伤。
- 刀、叉、削皮刀等锋利的餐具应放在宝宝够不着的地方，或把它们锁起来。火柴、打火机等放在安全的地方。
- 做饭时不要让宝宝在身边玩耍，如果年龄小可以用学步车、婴儿车等把他固定在一个安全区域里。
- 不要让宝宝靠近炉灶，以免绊倒时被烫伤。烧水或煎炸食物时应有人看管，锅把要转到宝宝够不到的方向。
- 热的食物和饮料不要放在宝宝的身边，以防宝宝两手抓食物时被烫到。
- 地面上溅上水渍、油渍时要及时清理，以免滑倒。
- 不要使用台布，宝宝会有意识地拉扯台布，导致桌上的东西砸在宝宝身上。
- 使用电器要严格按照说明书使用，电线要尽可能短。使用电熨斗时注意不要让宝宝靠近，以防他抓电线时把熨斗打翻或被砸到。
- 垃圾袋要放在隐蔽处，不要让宝宝取到。购物的塑料袋也要放好，以免宝宝蒙在脸上引起窒息。
- 不要给宝宝使用易碎的杯、碗、勺。
- 清洁剂、洗涤剂等用品应放在宝宝够不到的地方。

卫生间内应采取哪些安全措施

卫生间的空间很小，但它包容的东西却不少，每天家人都要在这里进行大量的活动，洗澡、如厕、洗衣、洗脸、刷牙、刮胡子……宝宝也免不了要去卫生间，这就需要我们做一些预防工作了。

- 确保卫生间的门能从外面打开，以防宝宝被锁在里面。
- 使用防滑垫或防滑地板，防止宝宝滑倒。
- 便池的盖子要盖好，预先教育宝宝那是危险和脏的地方，不要随便乱动。
- 洗澡水以温水为宜，应先兑好热水，调好温度，再把宝宝放进浴缸。浴缸旁要设置把手，浴缸垫应防滑。不要让宝宝独自待在浴池里。
- 浴室暖风机、电热加热器等电器要放在宝宝够不着的墙上。
- 化妆品不要随意乱放，剃须刀也应放在宝宝够不着的地方。
- 清洁剂、消毒剂、漂白粉、柔顺剂、洗衣粉……应锁在柜里，橱柜不要安装在便盆上，以免宝宝爬上去打开。
- 电线要布置好，以免潮湿引起短路。

四、宝宝的智能训练

如何培养宝宝的音乐感觉

准备物品：各式的锅、铲、塑料盒子和量杯，木制和塑料的勺子、调羹，漏锅，打蛋器和砧板。将所有道具一一摆设好，告诉宝宝所有这些厨房用具都能制造出有趣的声音。

首先，让宝宝自己先试着敲打各式道具，制造出音色高低不同的声响。如让他用塑料调羹敲出些柔和的“叮叮”声，或是用木制的勺子敲打出“嗵嗵”的声音。再鼓励他分辨出各种声音的特质，并用简单的词去形容这些声音。还可以试着用这些小道具模仿一些宝宝熟悉的声响。例如，用塑料量杯

拍打地板模仿马儿在奔跑的声音。

挑选一些宝宝平常喜欢的童谣或是歌曲，你可以和他一边唱一边用手边的小道具来增加特殊的音响效果。

如何训练宝宝的语言能力

小瓶盖或者其他大人能一手握住的玩意儿。宝宝和妈妈面对面坐。先当着宝宝的面把小瓶盖藏在妈妈的手里，让宝宝找。然后逐渐增加难度，把小玩意儿藏在身后、手巾下面等。宝宝虽不会说，但能听懂一些话了。

现在需要给宝宝多多练习听，同时看大人的动作，以帮助宝宝理解词语。这个游戏一定要边玩边说，用手势和动作来辅助你的语意："给我"，"给宝宝"，"放到里面"，"拿出来"等。

怎样提高宝宝的认知能力

当大人问宝宝"你几岁了"时，母亲教他竖起食指表示自己1岁。几次之后，宝宝会竖起食指表示1。如"你要几块饼干?"他会竖起食指，表示要1块。母亲只给他一块，让他巩固对"1"的认识。和小儿一起玩，训练小儿有意识模仿一些动作，如自己拿着碗喝水，拿勺在水中搅一搅等，每次可教一个动作，反复教至学会。继续认识图片卡及各种物品。待宝宝认识4～5张图片后，让他从一大堆图片中找出他熟悉的那几张，一旦找出来，你就要大加赞赏和鼓励。可在图卡中加入1～2张字卡，让宝宝找出。指认身体部位3～5处，通过镜子游戏、娃娃游戏，与大人面对面地学习，宝宝可以认识脸上五官、手、脚、肚子等部位。

怎样对宝宝进行数学启蒙教育

＊玩套环＊

方法：把一支铅笔插进一块橡皮泥或一个硬纸盒里用透明胶带固定，做成一个套环用的"柱子"。用铁丝拧3个直径为10厘米的环，每个环用不同颜色的布缠好，再用针线固定一圈。给宝宝示范将环套在“柱子”上，边套边数“1个、2个、3个”，套完后再一个个数着取出来，让婴儿学着自己动手。

目的：训练手眼协调能力，数学启蒙。注意用针线固定的圈要圆。

* 区别1、2、3 *

方法：在婴儿的注视下，用一张16开的纸包上1块糖果，打开，再包上，引导他打开纸把糖果找出来，当他打开后，你就说“1块”，并把糖果给他作为奖励。当着婴儿的面另取4块一样的糖果，边说“这是1块，这是3块”，边用2张纸分别包上1块和3块，再打开让他注视两边的糖果各5秒钟后包上（两包的位置不要变），要求他把两包糖果都打开，看他要哪一包。玩过几次后，如果他总是要3个的一包，说明他能区别“1”和“3”。然后，你再包上2块和3块，看他是否还要3块，如果是，说明能区别“2”与“3”。

目的：提高注意力、记忆力和手的技巧，诱发简单数概念的萌芽。注意不要每打开一个包都把糖果给婴儿吃，那样会对婴儿的牙齿不利。

怎样提高宝宝的社交能力

* 滑稽变脸术 *

方法：找一面稍大的镜子，梳妆镜、橱柜镜或立于桌上的镜子都可以。抱着宝宝坐在镜子前。取下约30厘米长的透明胶。对着镜子扮个鬼脸，然后用胶带把你的这个表情粘住，胶带可以使你的嘴巴扭曲、眉毛上扬、鼻子变平、眼皮下垂。说些有趣的事来配合你的表情。教会宝宝撕下你脸上的胶带。再扮个鬼脸，用胶布把这个表情留住。撕下胶带后，和宝宝一起欢笑。也可以在宝宝的脸上或手臂上等处粘胶带，再帮宝宝将胶带撕掉。

目的：培养宝宝的交流和沟通能力。注意你的鬼脸要让宝宝感到有趣，别吓到他；不要让宝宝吞下胶带；如果把胶带粘在宝宝脸上，不要贴住他的眼睛、鼻子和嘴巴，撕下胶带的时候动作要轻柔。

* 寻找小球 *

方法：用一个边长30厘米左右（正方形、长方形均可）的包装纸箱，上面开一个大约10厘米×10厘米的洞。在右下角另剪一个边长为5厘米的等边

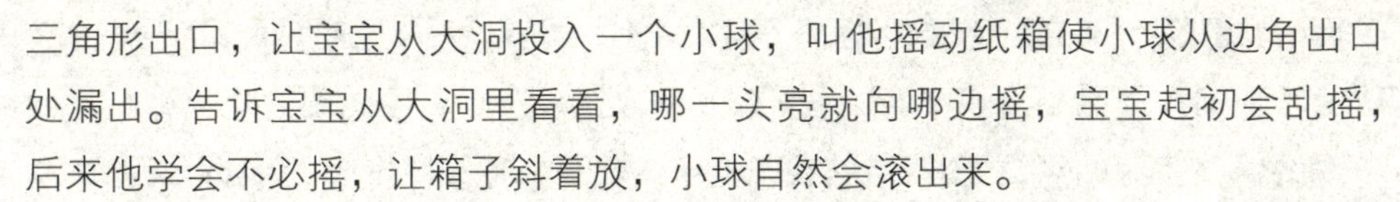

三角形出口，让宝宝从大洞投入一个小球，叫他摇动纸箱使小球从边角出口处漏出。告诉宝宝从大洞里看看，哪一头亮就向哪边摇，宝宝起初会乱摇，后来他学会不必摇，让箱子斜着放，小球自然会滚出来。

目的：让婴儿学会解决问题的办法。注意洞的边缘要整齐，防止刮伤婴儿。

怎样培养宝宝的生活自理能力

这个时期培养宝宝的自理能力，鼓励宝宝自己捧杯喝水，由洒漏渐渐熟练到不洒漏，爸爸妈妈应放手让宝宝去做；在穿脱衣服时教宝宝怎么配合，如穿上衣时知道把胳膊伸入袖内。这个时期应让宝宝逐步掌握生活自理力，增进交往中的独立性。

在培养宝宝定时睡眠，定时进食，大便坐盆，定时小便，使用小勺和用杯子喝水的基础上，进一步学会能配合大人穿、脱衣服和自己捧杯喝水的良好习惯，爸爸妈妈应放手让宝宝自己去练习。

怎样引得孩子进行动作模仿

小儿在注视大人动作的基础上，可以设计出一套包括拍手、摇头、身体扭动、挥手、踏脚等动作，并配上儿歌。开始时家长可一样一样地做示范，边做动作，边配儿歌，边教孩子学。

孩子看熟和理解后，便会很快模仿并掌握这些动作，学会和做对一种都要给予赞许和表扬。最后将这些动作串在一起，配上儿歌进行表演，从中培养了孩子观察和模仿的能力。根据这种模式，可以按孩子的实际情况，随时变换内容，扩大模仿的范围和能力。

如何让宝宝学会分享

让宝宝从盘子内拿1个橘子给爸爸，拿1个给妈妈，再拿1个给自己。有时宝宝舍不得把第1个分给别人，可以把次序倒过来，先给自己拿1个，然后再分给别人。有过多次练习后，可以递1个给爷爷，再递1个给奶奶，最后让宝宝递东西给客人。

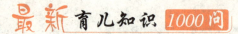

经常让宝宝给客人递食物就会养成与人分享东西的好习惯。练习递东西给别人，一来学会与人分享，养成不自私的习惯；二来学会给人递东西是当助手的基本功，以后大人做事时能与大人配合，学会当助手。

五、用心·呵护宝宝健康

滥用抗生素对宝宝有哪些危害

当孩子生病时，很多家长迷信抗生素，坚持要给孩子吃“消炎药”，或要求注射抗生素。抗生素能够杀灭或抑制危害人体的病菌，使很多的疾病得到有效的治疗，但是不能包治百病。比如，绝大多数孩子感冒发烧，都是由病毒感染引起的，抗生素对病毒性疾病没有疗效。反之，常用抗生素，还会使细菌产生抗药性，给治疗疾病带来困难，滥用抗生素还增加了发生过敏和毒性反应的机会，有的小儿就因为感冒发烧注射庆大霉素，结果造成耳聋。滥用抗生素，还可在原有疾病的基础上产生新的疾病，也就是说，大量的抗生素抑制了敏感的细菌，却使耐药的细菌乘机大量繁殖，造成机体菌群失调，发生二重感染。所以家长要切记，抗生素只能在医生的指导下使用。

咽炎和扁桃体炎有什么症状

咽炎常是感冒的一部分，是咽喉部发炎，它也是最常见的引起喉咙痛的病因。婴儿经常发生扁桃体炎与咽炎。这两种疾病为感染病毒或链球菌所致。

虽然扁桃体炎的症状通常较为严重，然而咽炎和扁桃体炎的症状非常相似。主要症状有：咽喉疼痛、发炎、发热，吞咽时会有不适感，耳痛，若扁桃体发炎会出现红肿。大多数的病例通常在 3 天内消退。少数病例扁桃体周围也可能会出现扁桃体周围脓肿，它会引起身体发热，使吞咽更加困难。

如何防治咽炎和扁桃体炎

如果咽炎持续时间超过 24 小时，甚至恶化，就应立即带孩子去医院就诊。如果医生检查是细菌性感染，就会使用抗生素治疗。化脓的扁桃体周围脓肿需在医院进行排脓治疗。医生偶尔会建议经常发生细菌性扁桃体炎（1 年超过 3 次）的孩子，接受扁桃体摘除手术。父母可给患儿服用扑热息痛溶液，饮用足量水分。大约在喉咙疼痛症状出现后的 3 天内，患儿具有传染性，病儿应该避免与其他孩子接触。随着孩子抵抗一般病毒的能力逐渐增强，扁桃体炎发生的机会越来越少。

如何预防小儿冻疮

冻疮发生于寒冷的季节，它是冬天常常在户外玩耍或到户外没有注意做防寒保护的孩子容易发生的一种皮肤病。当身体较长时间处于低温和潮湿刺激时，就会使体表的血管发生痉挛，血液流量因此减少，造成组织缺血缺氧，细胞受到损伤。冻疮主要发生于肢体远端血液循环不良的部位：手指、手背、脚趾、脚跟、脚边缘、脚背、耳轮、耳垂、面颊。被冻伤的部位一开始充血发红，形成暗红色的斑，并伴有肿、疼痛、发痒，尤其是一遇到热时，又痒又胀十分不舒服。如果未能及时控制病变，暗红色的斑会逐渐变成暗紫色，肿胀更为明显，严重者出现水疱。水疱可能会破溃，形成溃疡面，这时，疼痛加重。通常，冻疮愈合得较慢，一直等到天气暖和时才能好转。

因此，当孩子要去户外时一定要注意给孩子保暖，如衣服是否防寒，特别是经常暴露的部位，可适当地涂抹护肤油以保护皮肤。孩子患了冻疮要及时治疗，没有破溃时在红肿疼痛处涂抹冻疮软膏或维生素 E 软膏，也可请中医开一些草药煎洗。当有水疱和水疱破溃形成溃疡面时，最好请医生处理，以免处理不当加重病变而产生并发症。

小儿哮喘是怎么回事

哮喘是一种过敏性疾病。引起哮喘的物质很多，从空气中吸入的有棉絮、羽毛、动物毛屑、花粉、微生物、灰尘等；食物中有鸡蛋、鱼、虾、蟹等等。医学上把这些叫做“过敏源”。这些“过敏源”使支气管壁水肿，管腔痉挛，变得狭小，并分泌黏稠的液体，堵塞住呼吸道，造成呼吸困难、喘憋、烦躁不安、青紫、嗓子发出吹笛子样的“呼呼”声，医学上统称作“哮鸣”。严重的患儿不能平躺在床上，而且多在晚间发作。

小儿哮喘发作时该如何护理

当哮喘发作时，如果来不及带孩子到医院去，可以让孩子靠在床头，背部垫上被子，让孩子处于半坐半躺的姿势，医学上叫做半坐卧位，这样可以减轻孩子心脏负担，增加胸廓运动，改善气体交换状况，减轻缺氧程度；打开窗户，使室内空气流通；服用一些止喘镇静的药物（如非那更，鲁米那）。如经上述处理，孩子平稳下来，就可不必去医院，如情况好转不明显，还是应送医院。

如何防治口角炎

口角炎也就是人们常说的烂嘴角。多发于冬春季，宝宝发病率较高。初起时宝宝常感嘴唇发干，随后可出现裂口而引起少量的出血，以后形成结痂。如继续发展，就会形成白色糜烂区。如果合并了细菌感染，局部可出现红肿、下颌淋巴结肿大，严重的宝宝还会出现发热。对于患口角炎的宝宝，妈妈要注意给宝宝多吃含维生素 B_2 的食品（因为维生素 B_2 具有保护皮肤黏膜的作用），如瘦肉、鸡蛋、豆类、水果和新鲜的蔬菜等。口角糜烂严重的宝宝，可给流食或半流食，如豆浆、稀米粥、烂面片汤、鸡蛋汤等。

要让宝宝多喝水，最好喝些白糖水、果汁及蜂蜜水。对于糜烂严重的或已经感染的宝宝，要及时请医生诊治。妈妈要照医生的嘱咐按时给宝宝吃药。要注意宝宝的口腔卫生，在吃饭前后和睡觉前要让宝宝用温盐水漱口。可用蜂蜜、猪油或香油对上一半开水涂抹在口角和嘴唇上，以保持局部皮肤润滑。对糜烂区，可涂金霉素软膏或红霉素软膏来消炎止痛。

宝宝得了玫瑰疹怎么办

玫瑰疹又称“三日热”，平均发烧约为3天，烧退后才会全身出疹。好发于6个月至2岁的小宝宝，年龄在3个月以下的小宝宝很少患此病，可能是因为体内仍存有由母体传来的抗体，可以抵抗病毒入侵。此病一年四季均可能流行，但在春末夏初时病例较多，传染途径主要经飞沫传染，是一种传染力很强的疾病。玫瑰疹是因急性病毒感染所致，是一种第六型疱疹病毒，它是在1986年由艾滋病毒患者血中分离出来的新型病毒。后来，医学家证实了这种病毒是造成宝宝玫瑰疹的元凶。

玫瑰疹一般不会有太多的并发症，但少数患病宝宝高烧时会出现热痉挛。它基本上还算是一种良性的疾病，而且得过一次后，就可以终身免疫。宝宝玫瑰疹在治疗上并没有什么特殊的药物，主要是以支持性疗法为主，例如充足的营养和水分；发烧时的处理也与传统的退烧方法并无不同，可以用退烧药、栓剂、温水浸浴等方式。遇有热性痉挛时，需先将患病宝宝口中的呕吐物清除干净，维持呼吸道畅通，并赶紧送医院就诊。

宝宝长唇疱疹怎么办

唇疱疹是长在鼻孔与嘴唇间以及脸部其他部位的小水疱，这些水疱在结硬皮前会破裂流水然后消失。唇疱疹是由神经末端的病毒所引起。因感冒或在阳光下暴晒会使皮肤温度升高而活化病毒。最初发作的常见症状类似于口腔溃疡。每当宝宝身体不好时会有后续发作，形成小水疱。唇疱疹本身并不严重，除非长在眼睛旁边引起眼球前面的溃疡，妈妈可采取以下护理方法：

- 一旦形成水疱，要阻止宝宝触及患处，并保持双手洁净。
- 以药用酒精擦唇疱疹使其干燥，或涂抹缓和药膏如凡士林来保持潮湿。
- 如长在宝宝眼睛旁边要尽早医治。
- 如变红且开始化脓，也要尽早医治，它可能已被细菌所感染。
- 如果一再复发，要请医生提供治疗方案。
- 让宝宝用自己的毛巾和面巾。不要让宝宝亲别的宝宝，避免造成感染。
- 为防止宝宝日晒后会产生唇疱疹，当他在阳光下玩时可在鼻子和嘴巴上涂防晒膏。

小儿外耳道湿疹怎么治疗

婴儿期外耳道易患湿疹，在急性期合并感染时可使用抗生素，严重者服强的松或地塞米松。耳部应保持清洁干燥，病变部位不要用水洗，忌局部滴药，有渗出者可用生理盐水或3%硼酸水湿敷1～2天。为预防外耳道湿疹，应保持外耳道清洁干燥，及时治疗头面部湿疹。对患中耳炎者，冲洗脓液时如流到耳、面部，要用药棉擦干，以免刺激皮肤发生湿疹。

宝宝碰伤头部怎么办

- 如果孩子的头上有青肿块，就在伤处冷敷。把一块浸透冰水的毛巾拧干，或用毛巾把冰袋包好放在青肿部位，这样可以减轻疼痛和肿胀。随时检查冰袋下面的皮肤，如果出现红斑，中心区域变苍白，就要拿掉冰袋。
- 头部如有出血，可用一块清洁的布压住，然后采取止血措施。
- 碰伤后24小时严密观察宝宝的病情。如果他头部受到猛烈的撞击，每3个小时叫醒他1次，假如唤不醒，要及时就医请求急救。

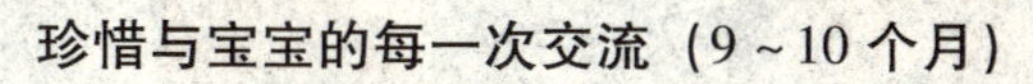

六、打造聪明宝宝的亲子游戏

怎样和宝宝玩“你追我赶”游戏

跟宝宝玩爬行追逐游戏时，可以是妈妈追宝宝，也可以是妈妈前面爬，不要让宝宝追到。如果妈妈速度加快，宝宝的速度也会加快。被抓到时，妈妈将他抱起来，同时说：“被抓到了。”

怎么玩“开关在哪里”游戏

让宝宝听音乐盒的美妙声，可以使他心情舒畅。当着宝宝的面转动音乐盒的开关，做几次后，宝宝自会知道一转动开关就会发出声音，每当音乐停止时，他会用手摸开关，做出要妈妈转动开关的动作。这个过程可帮助宝宝发展智能。

怎样和宝宝玩“移纸取物”游戏

妈妈抱着宝宝坐在桌边，桌上放一个色彩鲜艳的玩具，让他先玩一会儿。然后，妈妈用一张透明的纸或塑料袋，放在玩具前面，将玩具挡住，使宝宝看得见拿不到。宝宝会站起来伸手去拿，但只能碰到纸，这时妈妈教他将纸向左或右移开。把球、哗啷棒儿、积木、娃娃、画册等放在桌子上，让宝宝坐在中间。宝宝伸手要拿某个玩具时，就挡住他的眼睛，把玩具换个地方，再让他去拿这个玩具。这种玩法重复五六次，如果宝宝能拿到这些东西的一半时，就算很好了。需要注意的是，玩过几天后，换换玩具，再接着玩，让宝宝在寻找物体的基础上，训练初步的记忆力。

怎样和宝宝玩“百宝箱”游戏

把5~6个不同种类的玩具放在宝宝眼前，让他看着你把玩具一件一件地放进“百宝箱”里，边做边说“放进去”，再一件件拿出来。然后，让他模仿。这时你要指定他从一大堆玩具中挑出一件，如要他“把小熊放进去”。全部放完后，再让他按你的要求，把玩具一件件“拿出来”，使他学会准确地抓起东西并将它们有意放下的技巧。

怎样和宝宝玩“拿尺子”游戏

让孩子站在藤椅后面（一般的“瓦片椅”——椅背和椅座之间有大约两寸的空档），使他的手指能够自由地在空档中间出入。妈妈在椅子上竖直地（妈妈自己在前边用手不时地固定“竖直”的位置）放好一把长尺（或是一块长形木头），然后叫孩子从椅子后面通过空档把尺子拿过来。孩子抓住尺子，但不知道应该把尺子横过来才能通过空档。当孩子怎么也拿不出尺子时，妈妈再把尺子放倒，让孩子通过空档，顺利地取出尺子。第二次、第三次时就可以换上别的长形玩具（宽度要能通过空档），让孩子自己动一下小脑筋取出来。

怎么玩“变戏法”游戏

游戏时可用2种特点鲜明、容易区分的玩具和宝宝做这个游戏。你先藏起一个，再藏另一个，然后两个同时藏起来，每次藏玩具时都应注意观察宝宝的反应和表现。爸爸或妈妈也可以手执一个色彩艳丽的玩具，先在宝宝眼前放一会儿，等宝宝对这个玩具产生兴趣时，再突然把玩具藏起来，并观察宝宝有没有惊奇的表情，然后再把玩具拿出来在宝宝眼前晃晃。这个游戏只要反复几次，宝宝就会做出寻找的表现。但应注意的是，在做游戏时，爸爸或妈妈应用轻柔而愉快的语言相配合，以吸引宝宝的注意力，调动宝宝的情绪，这样就会使宝宝很兴奋，手脚也跟着动起来，从而增强游戏的效果。

第十一章 找到良好的双向交流方式（10～11个月）

一、记录宝宝成长足迹

宝宝的语言有怎样的变化

能模仿大人的声音说话，说一些简单的词。10个多月的孩子已经能够理解常用词语的意思，并会一些表示词义的动作。10个多月的孩子喜欢和成人交往，并模仿成人的举动。当他不愉快时会表现出很不满意的表情。

宝宝的感觉有怎样的变化

这段时期的婴儿好奇心逐渐加强了，他们喜欢到处摸、到处看。婴儿常常把家里的抽屉打开，把每件东西都拿出来看看、玩玩；如果有箱子，就会钻进去；他们还会把塑料袋套在自己头上，常常因为拿不下来而发急。如果忘记把墨水收起来，婴儿会把墨水泼得一塌糊涂。婴儿的这些行为是因为好奇，什么都想看个究竟，这对于开阔眼界、增长知识、探索周围世界是有很大帮助的。当然，婴儿的好奇心也会给婴儿带来不安全的一面，如婴儿由于爬楼梯而摔伤、碰倒热水瓶而烫伤等。

因此，在这段时期父母要更加留心地照顾好自己的孩子，最好把孩子活动的房间加以重新调整，把对婴儿有危险的物品放到孩子够不着的地方。不要盲目地制止婴儿的行动，当看到孩子将要干危险事情的时候，母亲就应该说“不行”来加以制止他，这对孩子是一种训练，如果孩子听从了母亲的话而停止了自己的行动，母亲应给予夸奖。

宝宝的听觉有怎样的变化

父母在这个时期，和婴儿说话，节奏要稍微放缓些，吐字要清晰，要使用普通话，一字一句的，让婴儿听懂，让婴儿能够看到父母说话的口形。每做一件事，每看到一件东西，都要配合语言，让婴儿听清、听懂，这是婴儿学习语言的基础。

宝宝的动作有怎样的变化

10~11个月的婴儿能稳坐较长时间，能自由地爬到想去的地方，能扶着东西站得很稳。拇指和食指能协调地拿起小的东西。会招手、摆手等动作。

宝宝的视觉有怎样的变化

婴儿看的能力已经很强了，从这个月开始，可以让婴儿在图画书上开始认图、认物、正确叫出图物的名称。

二、关注宝宝的每一口营养

宝宝不愿意自己动手吃饭怎么办

爸爸妈妈要分析宝宝发生这种情况的原因，如果是宝宝过于依赖妈妈或

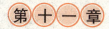

者担心失去妈妈照顾的宠爱，对于这样的宝宝，最好不要强迫。妈妈要随时让宝宝有自给自足的机会，把奶瓶、杯子、汤匙放在宝宝随手可以拿得到的地方，但千万不要迫使宝宝自己用。多给宝宝放置一些用手抓的食物，以食物来引诱宝宝自己动手吃东西，点心或正餐都一样，因为这样吃更方便。而且爸爸妈妈会发现，宝宝自己吃东西，会显得更加自信。

如何引导宝宝养成良好的饮食习惯

对宝宝要定时、定量、定场所喂食。创造心情愉快的进食气氛，可以播放一些轻松柔美的背景音乐，音量适当小些。养成良好的卫生习惯，先洗手洗脸，给宝宝带上小围嘴或垫上小毛巾，并准备1块潮湿的小毛巾随时擦净脏物。要1次喂完。不要吃一点又玩，玩一会儿又吃。掉在地上的东西不应再吃。忌食生、冷、腥、辣食品。进食时忌笑忌哭，免得呛食。

本月里，辅食可以取代母乳吗

婴儿10个月后渐渐开始长牙、学说话，会站立并行走，其大脑、身体的发育会更加快速，身体的免疫力也从此时开始由母体、母乳中获得转向自身逐步建立，需要的营养便不是母乳能满足的了。而此时的母乳营养成分也逐渐不能保证全面、足量的供给，尤其是钙、磷、铁及各种维生素的含量较低，无法满足婴儿的需求。所以从10个月开始要逐步转变到以辅食为主、母乳为辅，到1周岁时完全断掉母乳，以辅食取代母乳。

怎样让宝宝自己吃水果

可以将水果切成小片，让宝宝自己拿着吃，或让宝宝自己拿着香蕉吃，这样既可锻炼咀嚼能力又能增加乐趣。如果吃西瓜或西红柿，再健康的宝宝大便中也会排出原物，因此，吃这种水果蔬菜后，即使略带红色，并非消化不良，不必担忧。对于那些不爱吃水果或只吃很少水果、蔬菜的宝宝，每天可喂些果汁，以补充维生素之不足。

宝宝不爱吃蛋黄怎么办

宝宝不爱吃蛋黄，把妈妈好不容易喂进去的一点，也全都吐出来，以后再喂不是把头转开，就是把嘴抿住，让妈妈心里非常着急。宝宝可能是不喜欢蛋黄的味道，因为他吃惯了妈妈的乳汁，乳汁的味道稍稍有一点甜味，而蛋黄的味道和乳汁比却差得很远。喂蛋黄或其他食物之前，都可先放在盘子里一点点，让宝宝看看、闻闻、摸摸，也可以玩玩，然后用小勺沾上一点点食物，把勺放在宝宝嘴边，在宝宝张嘴时让宝宝用舌头舔一舔。这样做主要是让宝宝适应，等宝宝对食物逐渐熟悉并产生好感时便会接受，这时再增加食物的量，若在宝宝饥饿时采取这种做法效果会更佳。

怎样让宝宝接受蔬菜

宝宝喜欢吃水果，喂起来一点也不费力，但不肯吃蔬菜，妈妈担心对宝宝生长发育不利。水果的口味酸甜，宝宝都喜欢接受，因此就把水果作为宝宝的首选固体食物。可以让宝宝了解到除了奶之外还有很多好口味的食物，但在一开始喂时不能喂得太多，避免使宝宝不愿再接受别的口味的食物。蔬菜富含维生素，是宝宝生长发育不可缺少的营养之一，但宝宝对蔬菜接受的程度远不如水果或谷类食品，妈妈在制作上就要多下些工夫，在选用时最好避开宝宝不喜欢的蔬菜。喂时在小勺里先少放一点送进宝宝嘴里，若反应不错，就可以再多往嘴里送一些。有时，即使是宝宝接受了这种食物，也有可能在头几次会吐出一些，不过吃下去的会比吐出来的多。

如何用米、面制作宝宝爱吃的食品

这一时期的婴儿对周围的事物充满了好奇，并开始对食物的色彩和形状感兴趣。例如，一个外形做得像一只小兔子的糖包就比一个普通的糖包更能引起他的食欲。因此，此时期的食品应力求美观、有趣，以增进食欲。

肉松饭

【原料】软米饭1碗（婴儿用的小碗），鸡肉或其他肉末1大匙，白糖、酱油、植物油各少许。

【做法】锅内放植物油，油热后把肉末放入锅内，加入少许白糖、酱油，边炒边搅拌使其均匀混合，炒好后放在米饭上面一起焖，然后切一片花型的胡萝卜放在上面作为装饰。

肉汤煮饺子

【原料】小饺子皮（约合一般饺子皮的1/2大小）6个，鸡肉或其他肉末1大匙，切碎的青菜1大匙，鸡蛋1小匙，鸡汤或肉汤、芹菜末少许。

【做法】将青菜和鸡蛋混合均匀，用肉末和混合好的青菜做馅包成饺子，并把包好的饺子放入煮开的汤里，熟后撒入少许芹菜末，并倒入少许酱油，使其具有淡淡的咸味。

西红柿饭卷

【原料】软米饭1碗（婴儿用的小碗），切碎的胡萝卜、葱头各2小匙，碎西红柿2小匙，鸡蛋1/2个，植物油、盐各少许。

【做法】把鸡蛋调匀后放平底锅内摊成薄片；将切碎的胡萝卜、葱头用少许油炒熟，将米饭和西红柿放入，加少许盐拌匀；将混合好的米饭平摊在蛋皮上，然后卷成卷儿，切成小卷子状。

如何用鸡蛋制作宝宝爱吃的食品

荷包蛋

【原料】鸡蛋1个，肉汤1小碗，芹菜末、盐各少许。

【做法】把肉汤倒入锅中加热，开锅后放少许盐，并将火调小；把鸡蛋整个打入肉汤中，煮至蛋白已将蛋黄包好的半熟状，撒上少许芹菜末即可。

喜蛋

【原料】鸡蛋 1 个，肉末 1/2 大匙，青菜末 1/2 大匙，酱油、植物油各少许。

【做法】把鸡蛋一端打破，倒出蛋清、蛋黄，保持蛋壳完整，再将鸡蛋清、蛋黄调匀后用一半与肉末、青菜末混合，并放入少许酱油、植物油调成馅，填入蛋壳中，放入容器内，上锅蒸 15 分钟左右即可。如有条件保存，可按上述比例搭配，1 次多做几个，以后加热即可食用。

蛋饺

【原料】鸡蛋 1 个，鸡肉末 1 大匙，青菜末 1 大匙，盐、植物油各少许。

【做法】在平底锅内放入少许植物油，待油热后，把鸡肉末和青菜末放入锅内炒，并放入少许盐，炒熟后倒出；将鸡蛋调匀，平底锅内再放少许油，将鸡蛋倒入摊成薄蛋饼，待鸡蛋半熟时，将炒好的鸡肉和青菜倒在鸡蛋饼的一侧，将另一侧折向对侧重合，即成蛋饺。

如何用肉类制作宝宝爱吃的食品

浇汁丸子

【原料】肉末 2 大匙，藕末 1 大匙，肉汤半小碗，酱油、植物油、淀粉各少许。

【做法】把肉末与藕末混合，并放入少许酱油、植物油、淀粉，调和均匀，做成数个小丸子，放在容器中蒸 15 分钟左右；锅内放肉汤，并放入少许酱油，待汤开后，用淀粉勾芡，然后浇在蒸好的丸子上。

摊肉饼

【原料】肉末 2 大匙，熟土豆泥 1 大匙，西红柿 1 片，芹菜末、盐、植物油各少许。

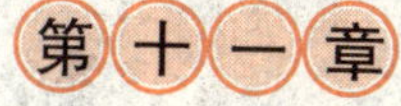

【做法】将肉末与土豆泥混合，并放入少许盐及植物油，调和均匀，做成一个肉饼；平底锅内放植物油，油热后将肉饼放入，用微火煎至双侧成焦黄色，放入盘中，将西红柿及芹菜末放在上面即可。

青菜肉末

【原料】肉末2大匙，青菜末2大匙，糖、酱油、植物油各少许。

【做法】将肉末放锅内，加2小匙水，放火上用微火煮熟，加入少许酱油、糖调匀起锅；然后锅内放植物油少许，油热后将肉末倒入，炒片刻后，再将青菜末倒入一起炒，炒熟即可。

三、全新的宝宝护理技巧

宝宝爱吮手指或脚趾正常吗

宝宝吮手指、啃脚趾是一个十分自然的现象，是其神经系统发育的必然结果。出现该现象的原因在于婴儿天生具有一种自发的好奇心理，喜欢了解外部世界，感觉新鲜的东西。婴儿期，宝宝的触觉系统发育比较成熟，特别是嘴唇，舌头、手指、脚趾等部位的触觉最为灵敏，而且婴儿手、脚运动功能发育较早，协调控制能力相对比较强，再加上此时他能够感受的东西又非常少，所以婴儿就只能通过吮吸手指或脚趾来满足自己的需要了。随着宝宝的成长，他会逐渐接触到更加广阔的外部世界，其注意力也随之转移到别的事物上，吮吸手指或脚趾的现象自然就会减少。

如何给婴儿的玩具消毒

婴儿往往有啃咬玩具的习惯，应该经常给玩具消毒，特别是那些塑料玩具要天天消毒，否则会引起婴儿消化道疾病。消毒方法如下：

● 塑料玩具可用肥皂水、漂白粉、消毒片稀释后浸泡，半小时后用清水冲洗干净，再用清洁的布擦干净或晒干。

● 布制的玩具可用肥皂水刷洗，再用清水冲洗，然后放在太阳光下暴晒。

● 耐湿、耐热、不褪色的木制玩具，可用肥皂水浸泡，然后用清水冲洗后晒干。

● 铁制玩具在阳光下暴晒6小时可达到杀菌的作用。

为什么大人不宜亲吻婴儿

大人亲吻孩子的时候，很可能把自己口腔里的病菌、病毒，尤其是通过呼吸道传播的病毒、病菌传给婴儿，使婴儿患上结核、脑膜炎、感冒等病。有些人表面上是健康的，实际上却带有乙型肝炎病毒，他们的唾液里就含有这种病毒，在亲吻孩子的时候，会在不知不觉之中将乙肝病毒传给孩子。男人长胡须，在亲婴儿时可能会刺伤婴儿细嫩的皮肤，发生感染。因此，不要随意亲吻婴儿。

给婴儿用爽身粉要注意哪些问题

婴儿洗澡后在身上用些爽身粉，可使身体滑润清爽，十分舒服，但是如果长期使用，对婴儿的健康危害较大。爽身粉中含有一定量的滑石粉，在给婴儿扑爽身粉时，吸入的少量粉末，可由气管的自卫功能排出体外。但是，如果长期使用，婴儿吸入过多的滑石粉后，可将气管表层的正常分泌物吸干，破坏气管纤毛的功能；严重者可造成气管阻塞，表现为婴儿咳嗽不止，甚者喘憋，治疗效果不好。那么，应如何正确使用爽身粉呢？涂抹爽身粉时要谨慎，勿使粉末乱飞；使用后应立即将爽身粉收拾好并妥善保存，不要让婴儿当玩具玩耍；避免在有风的地方给婴儿扑爽身粉，以防飞扬的粉末被婴儿吸入气管内。

怎样避免宝宝的眼睛受伤害

平时要讲究眼部的卫生，防止感染性疾病。要给宝宝准备专用的脸盆和毛巾，每次给宝宝洗脸时应先洗眼睛，眼睛若有分泌物时，要用消毒棉签或毛巾擦干净。要防止强烈的阳光或灯光直射宝宝的眼睛。带宝宝户外活动不要选择中午太阳直射时，要戴太阳帽。家中的灯光要柔和。要防止锐物刺伤眼睛。给宝宝玩一些圆钝的、较软的玩具，不要给孩子玩棍棒类玩具，以免刺伤眼睛。防止异物飞入眼内。宝宝在洗完澡用爽身粉时，要避免爽身粉进入眼睛，要防止尘沙、小虫进入眼睛。一旦异物入眼，不要用手揉擦，要用干净的棉签蘸温水冲洗眼睛。多给宝宝看色彩鲜明（黄、红色）的玩具，并经常调换颜色，还要多到外界看大自然的风光，以提高宝宝的视力。

如何为宝宝选择水杯

在所有材质的杯子里，玻璃杯是最健康的。玻璃杯在烧制的过程中不含有机化学物质，当人们用玻璃杯喝水或其他饮品的时候，不必担心化学物质会被喝进肚子里。而且玻璃表面光滑，容易清洗，细菌和污垢不容易在杯壁滋生，所以给婴儿用玻璃杯喝水是最健康、最安全的。玻璃杯最大的缺点是容易碎，若婴儿手拿不稳，很容易摔坏。最好选择有把手的玻璃杯，而且杯身不要过高，便于婴儿拿取。新买回来的玻璃杯用盐水煮一下，一方面可以消毒清洁，另一方面用盐水煮过的玻璃杯不易碎。

频繁抱宝宝有什么危害

在正常情况下，宝宝一天的睡眠时间都会长达十几个小时，频繁地抱起宝宝会影响他睡眠的时间和质量，使其不能进入深睡眠的状态，睡眠质量不高，就会使免疫功能下降，从而增加了患病的机会。除睡眠外，宝宝也会有适当的活动，全身的活动有利于宝宝的胃肠消化和血液循环，增加各器官的新陈代谢活力，促进宝宝的正常发育。如果宝宝总是被抱在大人的怀里，其全身和局部活动都会受到限制，使四肢活动明显减少，血液流通受阻，影响各种物质在体内的输送和代谢，严重妨碍骨骼、肌肉的正常发育。

宝宝不会说话，遇冷、热、渴、饿、痛等不适时，通常都用啼哭和活动来表示，如总是抱在怀里，就难以准确观察到宝宝的反应。如果频繁地抱着宝宝走路，还容易使宝宝大脑受到震动。因此，抱孩子是对宝宝的爱，但不适当地频繁抱宝宝则会对宝宝造成伤害。

什么时候可以背宝宝

爸爸们大都喜欢背宝宝，但在出生后的前几个月里，宝宝的身体还比较软，头也抬不起来，如果将宝宝背在身后，他的脑袋会摇摇晃晃，很容易受伤，因此此时背宝宝还为时尚早。人们常常以为，宝宝能够抬头后就可以背在身后了。其实，宝宝的头完全能够抬起来并长时间支持住，得等到4～5个月大时。因此，为了安全起见，建议背宝宝要等到宝宝4～5个月大以后。

宝宝是否对父母有依恋心理

依恋是宝宝和母亲或亲人之间的一种特殊的、持久的感情联结，是宝宝的一种重要的情感体验。它的形成与母亲或亲人经常满足宝宝的需要，给宝宝带来了愉快、安全等的感觉有关，也是宝宝在与人的交往中出现了倾向性选择的一种表现，是宝宝认知能力提高的结果。依恋的情感使宝宝喜欢同经常照料他的人接近，和他们在一起时，宝宝会表现出安静、愉快、积极的情绪，而当他们离开他时，宝宝会表现出似乎疯狂地寻找，尤其是对他最依恋的人——母亲，会出现哭闹、焦虑不安、不思饮食等消极情绪，这种现象在这个年龄阶段的宝宝尤为明显。

因此，满足宝宝的这种依恋情感对宝宝来说是非常重要的，这种依恋的情感能使他获得安全感，能给他带来勇气去探索周围的新鲜事物，帮助他在陌生的环境中消除紧张、惧怕、焦虑的情感，能使他更好地与外界交往，更好地适应环境，还能使宝宝对人产生信赖、产生自信，和同伴和睦相处，将来能产生良好的人际关系。从小缺乏依恋情感的宝宝，长大后会出现不善于与人相处，不能很好地面对现实，不适应环境的后果。要满足宝宝对父母或亲人的依恋情感，父母必须要和宝宝多相处、多交流，建立好早期的亲子关系，使宝宝保持愉快的情绪。

睡前怎样舒缓宝宝的情绪

在睡觉前，为了舒缓宝宝的情绪，你可以尝试在房间里播放一些轻柔的小夜曲或摇篮曲一类的音乐，或在床上轻拥宝宝，同他一起唱歌、朗诵、讲故事，让他慢慢进入睡眠状态。当百般相哄，宝宝依然不肯入睡时，你不要太过于急躁，言语行动更要心平气和。首先要保证宝宝不下床，你可以用图片、故事书或玩具等吸引他留在床上。

此时，你可轻声和他说话，抚摸他的背，为他轻捏脚底和脚趾等，再告诉他这是睡觉而不是玩的时间，宝宝就会逐渐安静下来，最后选择安然入睡。

为什么说适当开窗睡觉益处多

开窗睡眠不仅可以交换室内外的空气，提高室内氧气的含量，调节空气温度，还可增强机体对外界环境的适应能力和抗病能力。小儿新陈代谢和各种活动都需要充足的氧气，年龄越小，新陈代谢越旺盛，对氧气的需要量越大。

因婴儿户外活动少，呼吸新鲜空气的机会少，故以开窗睡眠来弥补氧气的不足，增加氧气的吸入量，在氧气充足的环境中睡眠，入睡快、睡得沉，也有利于脑神经充分休息。当然开窗睡眠也要注意，不要让风直吹孩子身上，若床正对窗户，应用窗帘挡一下，以改变风向。总之，不要使室内的温度过低，室内温度以18～22℃为好。

为宝宝选购外衣的基本要求是什么

这个月的宝宝生活还不能自理，经常会在衣服上留下尿液或各种汤水的痕迹，因此，宝宝的衣服要经常频繁地清洗。同时，宝宝活动能力逐月增强，衣服的磨损也比较厉害。所以，在面料的材质方面，要选择那些柔软而有弹

性，相对结实耐磨但又不能太厚，可手洗也可机洗，而且洗后不掉色的面料。至于衣服的款式要求就更简单了，最主要的就是穿脱起来方便。那些温暖舒适，有松紧带或领口宽的衣服较为理想。

怎样为宝宝选择一双合适的鞋子

这个月龄的婴儿已开始学走路，鞋要大小合适、柔软、轻便，鞋底吸水性好并且有弹性，这样的鞋子最为适宜。鞋底表面应有凹凸，可以增加阻力，防止小儿滑跌。鞋子前方要宽大，鞋帮应稍高稍硬些，这对于保护婴儿的脚踝有好处。

怎样引导宝宝穿衣盥洗

在给宝宝穿衣盥洗时，动作要轻柔，态度要和蔼，多用语言鼓励宝宝，使宝宝愉快地配合。成人要结合穿衣盥洗和宝宝讲话，发展孩子对语言的理解能力。如穿上衣时，叫宝宝“伸手”；穿袜子、鞋子时说“伸脚”；洗手时说“伸出小手”；洗脸时说“闭上眼睛”等。要教会宝宝知道各种衣服的名称，懂得动作的名称和做法。另外，还可以用游戏的方法，使宝宝乐于配合。如穿裤子时告诉他要做一个“小鸭钻山洞”的游戏：先捉住“小鸭”（小脚丫），再让“小鸭”钻“山洞”（裤筒）。

四、宝宝的智能训练

如何训练宝宝的语言能力

方法：家长可以找一些大的（16开为宜）、以彩色图片为主只有少量文字的低幼读物，内容最好是有关动物、玩具或其他宝宝比较熟悉的事物。家长应尽量以一两个简单的单词告诉宝宝每页图片中的内容。如可以用手指着图片说："这是老虎，老虎"、"小狗汪汪，汪汪"、"小汽车，这是小汽车"等等。注意：当然这里所说的读书，只是简单地"看"书而已，因为他还不可能真正"读"懂书中的文字。

目的：培养宝宝对读书的兴趣。

数学能力训练怎样进行

* 知道大小 *

方法：将孩子抱在桌前，盘子里放着大、小两种饼干，家长拿起大的饼干，给孩子看，同时告诉他"这是大的"；接着再拿一块小的饼干给孩子，同时说"这是小的"。经过几次训练后，家长可以向孩子发出"拿一块大的饼干"的要求，看他能否拿对，如拿对了，可给他以示鼓励；接着再向孩子发出"拿一块小的饼干"给我，观察他是否能拿对，如拿得正确也要给以鼓励。孩子很快就学会分辨大和小，再用玩具或日常用品分别进行类似训练，以进一步巩固大和小的概念。

目的：通过大小、上下的练习，培养对比概念。同理，还可以进行"上和下"、"前和后"的训练。

* 听数数 *

方法：在你抱着婴儿上下楼梯或扶着他学走路时，你要有节奏地从1数到10给他听，也可在他玩积木时，你帮他积木排队数数。每天至少3次，让他慢慢掌握数目的顺序。注意：开始只能数10以内数字。

目的：熟悉数字大小的顺序，为发展数学概念奠定基础。

怎样训练宝宝的社交能力

* 随声舞动 *

方法：经常给宝宝听节奏明快的婴儿音乐或给他念押韵的儿歌，让他随声点头、拍手；也可用手扶着他的两只胳臂，左右摇身，多次重复后，他能随音乐的节奏做简单的动作。

目的：训练音乐与动作的协调能力。注意音乐速度宜慢不宜快。

＊平行＊

方法：让小儿与小伙伴、家长一起玩，找出相同玩具同小朋友一块玩，培养小儿愉快的情绪。学步的小儿如在一起各拉各的玩具学走，能互相模仿，互不侵犯，加快独走进程。注意：同时教导婴儿与小伙伴们和睦相处。

目的：训练社会交往能力。

什么是空间立体能力训练

方法：准备比较结实的、底浅、面积稍大的纸盒一只，玩具数个。让宝宝将大纸盒里的玩具随意地拿进取出，开始可能要妈妈示范给宝宝看。当宝宝把大纸盒里的玩具拿出来时，你可逗引宝宝爬进纸盒里，“这是宝宝的家”，让他坐一坐，扶着站一站。当宝宝把玩具装进大纸盒里时，你可教宝宝推动大纸盒，“嘀嘀嘀，大卡车开来了，送货来啦！”要点：这是一个很有趣的综合训练游戏，宝宝非常喜欢。等宝宝懂得玩法后，可鼓励他单独玩。要注意环境安全。

目的：帮助宝宝进行空间立体能力训练。

如何训练宝宝逐步向前走

让宝宝扶物或扶手站立，训练宝宝扶着椅子或推车迈步，可将若干椅子或凳子相距1/3米让宝宝学走，也可让宝宝在爸爸妈妈之间学走，并让他走的距离渐渐加大。此外，爸爸妈妈可以在扶宝宝学走时，先用双手，然后单手领着走。以后可用小棍子各握一头，待宝宝走得较稳时，爸爸妈妈再轻轻放手，宝宝以为有人领着棍子，放心地走，渐渐过渡到独自走稳。

如何训练宝宝的拇指、食指对捏能力

宝宝经过两个月的反复训练，手的动作灵活了，抓住关键年龄这个有利时机着重练习捏取细小物品的准确性，如小药片、小绿豆、大玉米，培养捏

取的速度，扩大捏取物品的范围，提高捏取动作的熟练程度。每日可训练数次。拇指、食指对捏动作标志着大脑的发展水平，要力求做到精确完美。通过反复训练，促进拇指、食指的灵活性和精确性。

五、用心·呵护宝宝健康

婴儿得红眼病有什么症状

发病后宝宝的眼部会出现明显的红赤、发痒、怕光、眼睑肿胀、流泪、眼屎多，一般不会影响视力。宝宝感染上了红眼病之后，应及时到医院就诊，如果治疗不彻底就很可能会变成慢性结膜炎。天气暖和的时候，加强预防是防治宝宝红眼病的根本途径，最好别带宝宝到人口密集的公共场所去。

毛细支气管炎是怎么回事

肺部发生急性病毒感染可能引发毛细支气管发炎。毛细支气管炎好发于1岁以下婴儿，是一种非常危急的疾病，并常在冬季流行。一开始，患儿会出现类似普通感冒的症状。在两三天之后，会出现如下症状：

- 干咳、急咳。
- 喘息困难、呼吸急促。某些婴儿可能会出现两次呼吸间隔极长的情况（超过10秒钟）。
- 拒绝饮食。
- 口唇和舌头发育。
- 嗜睡。如患儿未满1岁，并且出现咳嗽或喘息症状，那么就应带孩子去医院就诊。如果出现呼吸困难，或口唇、舌头已经发青，或患儿出现嗜睡症状，那么就叫救护车。

怎样治疗小儿毛细支气管炎

如果孩子毛细支气管炎的症状轻微，医生可能会开出气管舒张剂，并建议父母在家照顾患儿。让患儿饮用足量的水，并且尽量让孩子少食多餐。父母拍打患儿背部可以松解患儿肺部的黏液。轻微的毛细支气管炎通常会在1周内痊愈，但需要住院治疗的患儿可能得在塑胶头套中呼吸氧气，进食也可能得通过鼻导管来进行，或偶尔需静脉输液来维持营养。

在严重的病例中，可能得利用机械呼吸。经过治疗，毛细支气管炎不会造成肺部永久损害。然而在孩子发生毛细支气管炎之后数年内，一旦发生感冒，就会出现喘息现象。

宝宝得了蛔虫病怎么办

蛔虫在幼虫期致病会出现发热、咳嗽、哮喘、血痰以及血中嗜酸性粒细胞比例增高等症状。对于蛔虫病的治疗，最好到医院就诊，同时还要处理好粪便、管好水源和预防感染。

注意宝宝的饮食卫生和个人卫生，做到饭前、便后洗手，不生食未洗净的蔬菜及瓜果，不饮生水，防止食入蛔虫卵，减少感染机会。

婴儿为什么易得肺炎

婴儿时期得的肺炎是支气管肺炎。婴儿比较容易得肺炎，是因为他们的咽喉部淋巴组织的发育还不够完善，气管壁上的纤毛运动能力差，管腔狭窄，黏液分泌少，肺部弹力组织发育差，血管丰富，容易充血，肺泡数量少，含气量也少，容易被黏液堵塞，因此，在患感冒和支气管炎时，痰液不易排出，就会发生支气管肺炎。

这些生理特点是婴儿容易得肺炎的主要原因。患肺炎的婴儿，起病可急可缓。发病急的，可骤然高热、呕吐、咳嗽、喘憋、嗓子有痰、呼吸困难、呼吸浅而快、鼻翼翕动、嘴四周青紫等。有的还表现腹泻、腹胀，也有表现烦躁不安或嗜睡的。严重的婴儿肺炎，还可出现心功能不全，甚至造成死亡，必须及时抢救。

如何防治传染性红斑

传染性红斑也称“五号病”，为轻度的接触性的病毒性疾病。一般在春季小范围流行，由于传染性红斑在发病时迅速出现鲜红色的皮疹，所以又叫做“耳光”病。传染性红斑的症状有：

- 双颊鲜红，口腔周围为白色，二者形成鲜明对比。
- 发热。
- 面部发红1～4天后出现皮疹，皮疹还可出现在双臂和腿部，偶尔也可能波及到躯干，皮疹为水疱样或带状，特别是在洗温水澡后更为明显。皮疹一般持续7～10天。
- 个别患儿还可出现关节疼痛。有时传染性红斑可使患有血液疾病的儿童病情加重。如果孕妇感染此病，可能会导致流产，这些都是传染性红斑的并发症。

如果对孩子的病情感到担心或是孩子患有血液系统疾病，请与医生联系。某些病例，医生可能会给病儿做血液学检查，以便确诊。本病没有特异性的治疗方法。父母可以给孩子服用扑热息痛，以降低体温，并给孩子饮用足量的水。皮疹出现后，虽然患儿传染的可能性不大，但为安全起见，最好还是不要让患儿与孕妇接触。经过治疗以后，皮疹会在几周或几个月后再次出现，并有所变化。一旦孩子患过此病，复发的可能性很小。

奶瓶龋是怎么回事

奶瓶龋是指宝宝的上颌乳切牙（即门牙）的唇侧面，及邻面的大面积龋坏，牙齿患龋病后不能自愈（即不能再长好）。宝宝患奶瓶龋后应到正规医院找专业医生就诊，医生会根据龋坏的程度，范围选用药物涂擦治疗或用材料修复治疗。

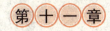

此外，在治疗的基础上，还应该对宝宝的喂养方式进行调整。增强宝宝的体质，增强其牙齿的抗龋能力。

孩子肝大是病吗

小儿摸上去肝大一般是正常生理现象，这是因为小儿腹肌松软，腹壁薄，容易在右肋下摸到肝脏。3 岁以内小儿，肝不超过肋下 2 厘米，质软、边缘清楚，均属正常。小儿生长发育迅速，代谢旺盛，血容量相对比成人更高，而肝脏是人体具有加工、合成、分解、代谢功能的重要器官，所以小儿肝脏的体积相对地比成人大。但是，当小儿患营养不良、佝偻病、贫血等疾病时，也会引起肝脏肿大。

怎样喂宝宝喝汤药

中药宜温服，加少许糖调味。喂药时让婴儿斜坐在大人腿上，头不必过于后仰，先喂一口白开水湿润口腔后再喂药。喂药时轻轻捏住婴儿下颌，另一手将药液倒入口中，咽下后放松下颌，喂完药可喂孩子几口温水，以消除口中的药味。

婴儿每次服药量一般为 5 毫升，一剂药分 4 次，最好在饭前婴儿饥饿时服用，这样便于接受。喂药时千万别用捏鼻子、撬嘴巴等方法，会造成孩子紧张、恐惧、反抗的心理，同时也会使药呛入气管，造成窒息。

六、打造聪明宝宝的亲子游戏

怎样和宝宝玩“数字游戏”

方法：在宝宝的注视下，用一张纸包上一包糖果，打开，再包上，鼓励他打开纸把糖果找出来，当他打开后，你就说“1 块”，把糖果给他作为奖励。当着宝宝的面另取4块一样的糖果，边说“这是1块，这是3块”，边用2张纸分别包上1块和3块，再打开让他注视两边的糖果各5秒钟后包上（两包的位置不要变），要求他把两包糖果都打开，看他要哪一包。

目的：反复玩后，如果他总是要3个的一包，说明他能区别“1”或“3”；然后，你再包上2块和3块，看他是否还要3块，即能区别“2”与“3”。

怎么和宝宝玩“贴贴乐”游戏

方法：先在纸上画个自己脸的轮廓，然后在别的纸上画出眼睛、鼻子、嘴巴，把它们剪下来。接着让宝宝闭上眼睛，拿起“眼睛”往纸上贴，然后贴“鼻子”、“嘴巴”。

目的：这个游戏可以锻炼宝宝的目测能力和估算能力。

“拼图”游戏怎么玩

方法：可以用杂志里面的图片，最好是结构简单些的。如人像照片，把图片剪成一块一块的，再和宝宝一起拼起来。一开始，可以只剪成三四块让宝宝拼，后来再逐渐增加块数。外面卖的拼图，大的只能玩一次，玩起来太占地方；小的又禁不起多玩。时尚杂志大都纸张考究、印刷精美，里面的广告页用来玩拼图，再适合不过。

目的：玩拼图，第一练眼力，要看颜色、线条的匹配；第二练手指的灵巧度，手笨自然吃力。

怎样与宝宝玩“对讲”游戏

方法：发展听觉是发展语言功能的前提。对宝宝的听觉训练，主要是通过让宝宝听成人讲话和日常生活中的各种声音，其中妈妈讲话最重要。和宝宝讲话要面对着他，要有声有调有高有低，亲切温和，过两三个星期他就会发出“哦哦”的声音来回答你了。刺激愈多，宝宝就讲得愈多。对讲时，要让宝宝注视着成人的脸，还要注视着成人的口形变化，以使他的视觉与听觉协调。抓住一切可以和宝宝讲话的机会，如宝宝睡醒睁眼时、换尿布时、喂奶洗澡时、逗引时、被放下睡觉时等都可以进行。

目的：这样宝宝会有很好的情绪，并且会愉快地顺从成人对他的要求。

怎样教宝宝听儿歌做动作

方法：让婴儿面对着妈妈坐在妈妈的膝上，拉住婴儿小手边念边摇："拉大锯，扯大锯，外婆家，唱大戏。妈妈去，爸爸去，小宝宝，也要去。"到最后一个字时将手一松，让宝宝身体向后倾斜。每次都一样，以后凡是念到"也要去"时宝宝会自己将身体按节拍向后倾倒。注意事项：注意婴儿身体向后的倾斜度，以免倾斜度过大摔伤婴儿。

目的：训练婴儿语言与动作的协调能力。

如何教宝宝玩"打开套杯盖"游戏

方法：拿一只带盖的塑料茶杯放在孩子面前，向他示范打开盖，再合上盖的动作，然后让他练习只用大拇指与食指将杯盖掀起，再盖上，反复练习。用塑料套杯或套碗，让宝宝模仿大人一个一个套。注意事项：婴儿做对了就要称赞他。

目的：促进宝宝的空间知觉的发展。

如何与宝宝玩"套环"游戏

方法：把一支铅笔插进一块橡皮泥或一个硬纸盒里用透明胶带固定，做成一个套环用的"柱子"，用铁丝拧 3 个直径为 10 厘米的环，每个环用不同颜色的布缠好，再用针线固定一圈。给宝宝示范将环套在"柱子"上，边套边数"1 个、2 个、3 个"，套完后再一个个数着取出来，让婴儿学着自己动手。注意事项：用针线固定的圈要圆。

目的：训练手眼协调能力，数学启蒙。

第十二章 助宝宝迈出人生第一步（11～12个月）

一、记录宝宝成长足迹

宝宝的动作有怎样的变化

此时婴儿爬行更加老练了，能用手膝协调爬行，且能爬上扶梯，爬得也很快，也能拉着东西由俯卧位坐起或从坐位站起。刚开始扶婴儿学站立时，只要一放手，孩子就会马上一屁股坐下去，以后慢慢地就可松手2～3秒，这是独立站立的开始。到了11个月，小儿扶着推车或椅子能行走几步，牵着两只手或一只手能行走，或者独自站立片刻。手的对指动作更加精细协调，能较准确地抓取或放下物品，用手指拿东西吃，且喜欢拨弄食物，想拿匙吃饭，但需帮助，此时应当鼓励小儿自己拿匙进食，不要因害怕弄脏衣物或使饭桌狼藉而禁止婴儿自食，以免以后形成依赖喂食的不良习惯。

有些家长过早地让孩子长时间地站立或行走，这有损孩子的健康，因为小儿站立与行走是小儿骨骼肌肉发育成熟的必然结果，如果尚未发育成熟而让其过早负重或行走，由于骨骼发育不健全，肌肉力量较差，势必影响小孩下肢骨骼发育及走路姿势。可导致“O”形腿，或“X”形腿，甚至行走时显鸭子步态，尤其在冬季穿衣过多时或婴儿较胖或患佝偻病时更应注意。

宝宝的睡眠有怎样的变化

11 个多月的小儿每天需睡眠 12 ~ 16 小时，白天要睡 2 次，每次 1.5 ~ 2 小时。有规律地安排孩子睡和醒的时间，这是保证良好睡眠的基本方法。

所以，必须让孩子按时睡觉，按时起床。睡前不要让孩子吃得过饱，不要玩得太兴奋，睡觉时不要蒙头睡，也不要抱着、摇晃着入睡，要给孩子养成自然入睡的良好习惯。

宝宝的心理有怎样的变化

出生 11 ~ 12 个月的宝宝喜欢到户外去玩，观察街上的行人、车辆以及小动物。宝宝爱玩搭积木的游戏，玩带盖子的瓶子，会把瓶盖拿下来再盖上去，盖上去又拿下来，反复地摆弄。他喜欢和父母一起看画书，听父母念儿歌、讲故事，会模仿大人的动作。有时他会模仿大人做家务劳动，还喜欢听大人夸他做得好。这时候家长要抓住这一阶段的孩子的心理，不失时机地培养孩子的独立生活能力。这一年龄段的宝宝，虽然会说几个常用的词汇，但是，语言能力还处在萌芽发展期，很多内心世界的需要和愿望不会用关键的词来表达，还会经常用哭、闹、发脾气来表达内心的挫折。

宝宝的智能有怎样的变化

本月，宝宝的内心世界也更加丰富起来，好奇心非常强。只要是眼睛看得到的、手抓捏得到的东西，都十分感兴趣，拿来往嘴里塞塞、咬咬，敲敲打打地玩个不停。在爸爸妈妈看来，这时的婴儿太顽皮了，只要稍不合心意就发脾气、大声喊叫、哇哇哭闹。从这儿也可以看出婴儿的个性了。

宝宝的语言与社交能力有怎样的变化

将近 1 岁的宝宝已能模仿和说出一些词音。一定的“音”开始有一定的具体意义，这是这个阶段婴儿语言发展的特点。此时的婴儿常常用一个单词表达自己的意思，如“外外”，根据情况，可能是指“我要出去”或“妈妈出去了”。“饭饭”，可能指“我要吃东西”或“吃饭”。为了促进宝宝语言的发展，成人应结合具体事物训练婴儿发音，可以用游戏形式来训练，也可结合日常生活训练。

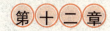

在正确的教育下，1 岁宝宝已能说出“爸爸”、“妈妈”、“阿姨”、“帽帽”、“拿”、“抱”等 5 ~ 10 个简单的词。当东西掉在地上时会发出“拿”的声音，要求成人捡起，见到爸爸、妈妈从外面回来时会叫“爸爸、妈妈”。但有时也把爸爸叫成妈妈。开始对小朋友感兴趣，愿意与小朋友接近、嬉戏。

二、关注宝宝的每一口营养

如何为宝宝制作营养蔬果汁

胡萝卜苹果汁

【原料】胡萝卜 50 克，苹果 1 个，柠檬 2 片，蜂蜜 2 匙，凉开水 100 毫升。

【做法】原料洗净切碎，榨汁，挤入柠檬汁，搅拌均匀。将果汁加入蜂蜜，凉开水调匀。

黄瓜汁

【原料】黄瓜 3 条，白糖适量。

【做法】将黄瓜洗净切碎，榨汁，加白糖。

草莓果菜汁

【原料】草莓 10 个，卷心菜 1/6 个，胡萝卜 1/3 个，苹果 1/2 个，白糖 50 克，凉开水 100 毫升。

【做法】将胡萝卜洗净，切碎，榨汁。将草莓、卷心菜、苹果洗净，切碎，榨汁。将果汁混合，加入糖、凉开水。

菠萝汁

【原料】菠萝200克，白糖50克，凉开水250毫升。

【做法】菠萝去皮，榨汁，加白糖、凉开水调匀。

葡萄汁

【原料】鲜葡萄1000克，白糖100克，凉开水500毫升。

【做法】葡萄洗净，去皮，榨汁。葡萄汁中加水、白糖混匀。

三鲜汁

【原料】鸭梨250克，荸荠250克，鲜藕250克。

【做法】原料洗净收拾好。分别切碎用榨汁机榨汁。将白糖加入果汁。

本月宝宝可以吃硬食吗

宝宝的咀嚼能力是在不断咀嚼中得到提高的，但父母一般喜欢给宝宝吃易嚼的食物，其实这是对宝宝能力的低估。宝宝此时已有8颗左右的乳牙，已经有了一定的咀嚼能力，适当给宝宝一定硬度的食物如烤薯片、干面包等，这样就给予宝宝锻炼牙齿的机会，在不断的练习中，宝宝的咀嚼能力将会变得越来越强。

应注意的是，此处所指的硬物不包括榛子、核桃等过硬的食物，这些过硬的食物容易损伤宝宝的牙齿。在让宝宝逐渐适应不同硬度的食物时要有耐心，不可过高估计他们牙齿的切磨、舌头的搅拌和咽喉的吞咽能力。固体食物应切成半寸大小，太大时很容易阻塞咽喉。硬壳食物至少要到4～5岁时才可以吃。

周岁宝宝如何吃鱼

蒸鱼丸

【原料】鱼蓉 2 大匙，胡萝卜、扁豆各 1 大匙，肉汤、酱油、淀粉、蛋清各少许。

【做法】将鱼蓉加入淀粉和蛋清搅拌均匀，做成鱼丸子，然后把鱼丸子放入碗内置锅中蒸熟。将胡萝卜、扁豆切成细丝，共放入锅中加入肉汤及酱油少许，起旺火将菜煮熟，用淀粉勾芡浇在蒸熟的鱼丸子上。

豌豆鱼肉饼

【原料】鱼蓉 2 大匙，豌豆 10 粒，调好的鸡蛋 1 小匙，面粉 1 大匙，植物油、盐各少许。

【做法】把豌豆煮后去皮研碎，与已制备好的鱼蓉混合，并放入面粉、调好的鸡蛋及少许盐、植物油，搅拌均匀后，做成饼状。在平底锅内放少许油，将做好的小饼放入，微火烙成两面呈焦黄色即可。

肉汤焖鱼

【原料】小鱼 1/2 条，葱头、西红柿各 1 大匙，扁豆 2～3 根，肉汤、植物油、盐、面粉各少许。

【做法】把鱼切成小块，涂上薄薄的一层面粉，在平底锅内放植物油，烧热后把鱼放入煎好备用。把切碎的蔬菜放入锅内，翻炒后加入肉汤，再把煎好的鱼放入锅内一起煮熟，加入少许盐，使其具有淡淡的咸味。进食时注意去除骨刺。

宝宝不宜吃哪些食品

快 1 岁的婴儿最惹人喜爱了，他已能够理解父母的一些话，模仿大人做一些事，会用手势加上发音来表示自己的要求。尤其是看到大人吃东西时，会表现出迫切的需要，这时，父母就要清楚不是所有的食品都能喂给孩子的。

为婴儿提供的食物要从易于婴儿消化吸收，有利于生长发育及安全等方面考虑。不宜喂婴儿的食品有：

- 小而滑、坚而硬的食品，如瓜子、花生、糖果等。虽然婴儿已长牙，但他的咀嚼能力还未发育好，没有能力去食用，容易发生意外。
- 刺激性太强的食物，如姜、咖啡及含香辣料较多的食品。
- 不易消化的食物，像元宵、年糕、粽子等糯米制品比较黏，又不易消化，不宜让婴儿食用。另外，水泡饭、肥肉、油炸食品等，最好不喂。
- 太咸的食物，如腌菜、咸菜等不要给婴儿吃。
- 咖啡、浓茶，因浓茶和咖啡中所含的茶碱、咖啡因等会使神经兴奋，会影响婴儿的神经系统的正常发育。
- 饮料和果酱糖类含量过多，其营养价值很低，可造成婴儿食欲不振和营养不良，不宜多喂。给婴儿选择的食品应该是营养丰富、易消化、口味不重的食品。

芋薯类食品如何制作

土豆又称马铃薯，具有高蛋白质、高糖类、维生素含量丰富的特点。土豆不仅具有食用价值，而且可入药，有补气、健脾胃、消炎止痛的药用价值，对便秘、胃溃疡和湿疹均有较好的疗效。红薯又称地瓜、白薯、番薯等，是一种药食兼用的健康食品。红薯含有膳食纤维、胡萝卜素、维生素 A、B 族维生素、维生素 C、维生素 E 以及钾、铁、铜、硒、钙等 10 余种微量元素，营养价值很高，被营养学家们称为营养最均衡的保健食品。小孩子多吃些芋薯类食品是很有好处的。

下面是相应食品举例：

- 肉土豆：将土豆泥与肉末放在锅里煮，加少许酱油、白糖，边煮边搅拌。
- 蒸地瓜：将地瓜与苹果洗净削皮去核，切成薄片，相间码放在小碗中，上笼蒸熟加少许蜂蜜即可。
- 地瓜泥：将地瓜洗净去皮蒸熟，研成泥，加少许蜂蜜即可。

如何防止食物中的营养素丢失

精米、精面的营养价值不如糙米及标准面粉，因此主食要粗细搭配，以提高其营养价值。淘大米尽量用冷水淘洗，最多3遍，并不要过分用手搓，以避免大米外层的维生素损失过多。煮米饭时尽量用热水，有利于维生素的保存。吃面条或饺子时应连汤吃，以保证水溶性维生素的摄入。

各种肉最好切成丝、丁、末、薄片，容易煮烂，有利于消化吸收。烧骨头汤时稍加醋，以促进钙的释出，利于小儿补钙。要买新鲜蔬菜，并趁新鲜洗好、切好，立即炒，不要放置过久，以防水溶性维生素丢失。注意：要先洗后切，旺火快炒，不可放碱，少放盐，尽量避免维生素被破坏。烹调肉菜时应先将肉基本煮熟，再放蔬菜，以保证蔬菜内的营养素不致因烧煮过久而破坏太多。

为什么夏季不宜给宝宝断奶

本月，有些宝宝尚未断奶，若是遇到炎热的夏季，就应推迟断奶时间，天气凉爽后再断奶。夏季，特别是七八月份，天气炎热，人体为了散发热量，保持体温的恒定，就会多出汗，汗液中除水分外，还有相当数量的氯化钠。由于出汗多，氯化钠的丢失也相应增加。

氯化钠中的氯离子是组成胃酸必不可少的物质，大量的氯离子随汗液排出，使体内氯离子减少，胃酸的生成相对不足。胃酸减少后，不但影响食物的消化，导致宝宝食欲减退，而且会使食物中的细菌相应增多，出现消化道感染。由于夏季气温高，机体新陈代谢加快，体内各种酶的消耗量增加，消化酶也会因此而减少。

由于神经系统支配的消化腺分泌功能减退，消化液的分泌量也会因此而减少，最终导致食欲下降，饮食量减少，从而影响了营养素的吸收，使宝宝身体抵抗力减弱。另外，高温有利于苍蝇的繁衍，这增加了胃肠道传染病的发生机会，容易出现腹泻，因而影响宝宝健康，所以夏季不宜断奶。

宝宝厌食怎么办

● 厌食症是指较长时期的食欲减退或消失。表现为精神、体力欠佳，疲乏无力，面色苍白，体重逐渐减轻，皮下脂肪逐渐消失，肌肉松弛，头发干枯，抵抗力差，易受各种感染。

● 有的父母片面地追求宝宝的营养，凡是认为有营养的东西都给孩子吃，孩子不知道调节自己的饮食，这样甜、黏、腻的食品吃得过多，使血液中的糖、脂肪酸、氨基酸等过多，刺激饱和中枢，从而抑制进食中枢，造成食欲下降。有的宝宝整天零食不断，胃肠得不到休息，负担太重，引起消化功能紊乱。其他因素，如家庭不和、父母责骂等，使宝宝情绪紧张；土霉素、四环素等药物反应；环境改变、气候炎热等都会影响孩子的食欲。比较起来，前两点是引起宝宝厌食的主要原因。

宝宝厌食，应先到医院请医生检查，排除器质性病变。如果不是由疾病引起的厌食，可用下列方法进行纠正。

● 科学喂养。从婴儿添加辅食起，就要做到科学、合理地喂养，使孩子养成良好的饮食习惯。家长不要把所有的营养食品都给孩子吃，更不能孩子要吃什么就给什么，使饮食没有节制。应该科学喂养，使食物品种多样化，粗细粮搭配，荤素搭配。

● 少让孩子吃零食。孩子饮食应定时、定量，少吃零食。少吃甜食以及肥腻、油煎食品。

● 让孩子轻松愉快地进食。孩子有了缺点不要在吃饭时管教。以免使孩子情绪紧张，影响消化系统的功能。孩子进食时应该有愉快、安静的环境。

● 不要过分迁就孩子。不要在孩子面前谈论他的饭量，以及爱吃什么不爱吃什么。该吃饭时，把饭菜端上桌，耐心喂，如果孩子不吃，也不要打骂，应该把饭菜端走。下顿如还不吃再照样办，使他饿上一两顿，适当的饥饿就会改善孩子的食欲。

● 适当服用保健食品或药物。轻度厌食的患儿可服保健食品，大些的孩子可吃山楂糕或单味鸡内金。较严重的患儿可服中药调解合剂、健脾丸等。

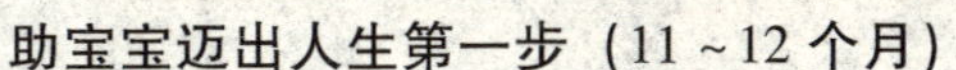

可以让宝宝和大人一起用餐吗

宝宝早些跟成人一起吃饭本是好事，容易养成良好的饮食习惯，加上父母无须多准备一份膳食，对宝宝的照顾会轻松些。只要宝宝 1 岁左右，可以安坐在椅上，就可以吃大人的饭菜。不过，腌制或过咸的食物、辣的食物，还有煎炸和太硬的食物，都是宝宝不宜吃的，且要小心有骨刺的食物，以及不要吃花生或其他整粒的果仁，以免这些硬物不慎进入气管。最好再多准备 1 份适合宝宝的菜，宜蒸或煮，质地要软，那就可以让宝宝自己吃饭了。宝宝每天要有均衡饮食，饭已含有宝宝所需的糖类，此外，每餐宜有肉、菜和水果。

三、全新的宝宝护理技巧

宝宝经常发脾气怎样办

宝宝发脾气，家长该怎么办呢？千万不要也用发脾气的方法对付孩子，应该尽量用经验和智慧来理解他的愿望，猜测孩子需要什么，尝试用不同方法来满足孩子，或者转移他的注意力，让他高兴起来，忘掉自己原来的要求。

让孩子有轻松愉快的情绪，就要对孩子不舒适的表示及时做出反应，让孩子感到随时处于关怀之中，这样孩子才会对环境产生安全感，对他人产生信任感。家长不要担心这样会把孩子“宠坏了”，其实，宝宝在家长的亲切关心下，得到安抚和愉快，有利于学习和探索新的事物。

给宝宝勤洗澡好吗

从小养成宝宝爱洗澡的习惯。洗澡是锻炼身体的办法，一方面能洗掉尘土，保持皮肤清洁；另一方面温水能刺激皮肤，增加抵抗力，不易得皮肤病。夏天常洗澡，免得生痱子、痱毒。洗澡时不要让水流进耳朵里，洗完后可用些爽身粉。

为什么外出时要给宝宝穿鞋戴帽

这个月的宝宝外出活动的时间比前几个月大大增多了，当宝宝在天冷的时候外出时，给宝宝戴顶帽子尤其重要，因为身体中大部分的热量都是从头部散发的，戴顶帽子有助于给宝宝保暖。如果宝宝不习惯戴帽子，或者在给宝宝戴帽子时遭到反抗，你决不能迁就，可以等宝宝的注意力分散时再给他戴上。

这个月宝宝还不能自己稳当地走路，外出时可以给他穿一双保暖的袜子或一双柔软的鞋子。由于此时宝宝脚上的骨头还没定型，因此袜子或鞋子不仅要柔软，而且还要稍大一些。

可以骑自行车带宝宝外出吗

骑自行车或三轮车的时候，宝宝通常坐在后面，家长很难发现宝宝在后面的状况，而宝宝对危险没有意识，也不会保护自己，因此很容易出现危险情况。

长长的围巾或是一根线连着的手套，很容易垂到车轮处被滚动的车轮卷进去，围巾围在孩子的脖子上，或是手套中间的绳子搭在宝宝的脖子上，可能因此造成从车上摔下来，或者被勒住脖子造成窒息。

宝宝爬楼梯时家长应该制止吗

孩子的天赋是让人吃惊的。1岁左右的孩子刚学会行走，还没有能力扶着栏杆走楼梯，但他遇到楼梯时，却会立刻俯身开始爬行，爬上楼梯。这真是孩子天赋能力的杰出表现。有的父母见到孩子爬楼梯就大惊小怪："乖乖，太危险了，怎么可以爬楼梯呢？”其实，父母不知道孩子在爬楼梯方面确实有着特殊的天赋，孩子不仅能手脚并用爬上楼梯，而且还会爬下楼梯。

孩子自己爬着上下楼梯，不仅可以锻炼动作的协调性，同时也能增强孩子的独立性和自信心。如果限制孩子去做他能够做的事，可能会使孩子对自己周围的环境产生恐惧心理，无形中阻碍了孩子独立性和自信心的发展。因此，父母没有必要去限制孩子的活动，完全可以让孩子爬楼梯，如果不放心，父母可在旁边鼓励并悄悄地保护。当孩子具备扶栏杆上楼梯的能力时，他爬楼梯的行为就会自然消失。

怎样避免婴儿围栏给宝宝带来的伤害

- 在使用婴儿围栏的时候，不要离宝宝太远，因为宝宝的身边随时都可能发生一些意想不到的事情。
- 不要降低网格围栏的侧面，宝宝会爬进疏松网格围栏形成的口袋，困在里面并造成窒息。
- 正在长牙的宝宝经常会咬掉大块覆盖在围栏扶手上的乙烯树脂或塑料，所以要定期更换检查上面的裂口和空洞。木质围栏条木之间的距离不能超过6.1厘米，以免宝宝的头部被夹在缝隙里。

在选择围栏的时候，应尽量选择能够调整高度的围栏，因为这样可以依据宝宝的生长速度来调整护栏的高度，或是依据其他需要随时进行调整。这样不但比较安全，还能延长使用期限。

怎样让宝宝懂得保护自己

在给宝宝喂辅食时如果碗有些烫，可以握着宝宝的手，让他轻摸一下碗的外面，告诉他“烫，不能动”。宝宝用手指感到什么是烫，烫的东西用手去摸会有热辣辣的感觉，于是懂得不能动手去摸烫的碗，以避免受伤。大人用蒜在积木上擦几下，积木有蒜的气味，宝宝动手去拿时，先让他闻一下，告诉他“臭，不能吃”。宝宝本想把积木拿来放到嘴边啃咬，听到“臭”的声音，也闻到气味，甚至舌头尝到了辣味，宝宝就不会再放到嘴里啃咬。以后凡是不该放入口的东西，听到“臭”就会拿开，不再啃咬。

哭声能促进语言的发展吗

哭是一种前语言水平的交际方式，它除了具有一定的交际作用外，对语言发展的另一个意义在于训练了发音器官。人发出语言需要各种发音器官的协调，口、舌、上下腭、喉、声带、肺等部位都与语言有关，缺一不可。这些部位的功能正常与否将直接影响语言是否能顺利地产生。婴儿刚出生时，这些部位的功能都较弱，而哭恰好起到了锻炼的作用，所以哭是有积极意义的。有的宝宝很少哭，妈妈说他很听话，长大后却发现语言有障碍。

有的妈妈心疼宝宝，宝宝一哭便把他抱起来，这同样不利于他们的语言发展。完全“剥夺”了宝宝哭的权力，不仅会影响宝宝的运动，也影响他们的发声练习，须知适量的哭是有益无害的。当然这不是说任由宝宝长时间地哭而不去理睬，过多的啼哭对其心理方面的发展也会产生不良的影响。

如何教宝宝用杯子喝水

妈妈可以尝试着在杯子里盛上一些宝宝喜欢的奶、饮料，吸引宝宝练习使用杯子。宝宝可能因为好奇把杯子里的东西倒出来，看看是什么东西。因此，每次盛入杯中的液体不要超过杯子的1/3，而且要准备好抹布以便随时清理。

宝宝很喜欢模仿成人的动作，妈妈可以自己也拿一个杯子，动作夸张地举起杯子，喝一口里面的水，然后说：“好喝，好喝！”然后把杯子放在桌子上。这样反复几遍，宝宝会乐此不疲地学着妈妈的样子喝水，很快就会掌握这一技能。

宝宝1岁了还不会说话正常吗

孩子开始说话的年龄差异较大，通常情况下宝宝1岁时就会发简单的音，如会叫“爸爸”、“妈妈”、“奶奶”、“吃饭”和“猫猫”等。但也有的孩子在这个年龄阶段还不会说话，甚至到了1岁半还很少讲话，可是不久后却突然会说话了，并且一下子会说许多话，这都属于正常现象。宝宝语言的发展是从听懂大人的语言开始的，听懂语言是开口说话的准备。

若1岁左右的孩子能听懂大人的语言，能做出相应的反应，并会发出声音及简单的音，这就可以放心，因为这表明他是能学会说话的，只是时间迟早的问题，家长此时应积极创造听说条件，促进宝宝语言的发育。另外，在影响语言发育的因素中，除了宝宝的听觉器官和语言器官健全外，还有外在的因素。大人要积极为宝宝的听和说创造条件，在照看宝宝时多和宝宝讲话，唱歌、讲故事，以促使宝宝对语言的理解和早日开口说话。

经常和宝宝交谈有什么好处

在日常生活中有必要时刻和宝宝交谈吗？时刻和宝宝交谈有什么好处呢？总的来说，多与宝宝交流有以下两大好处。

- 妈妈温柔的话语有助于宝宝的脑部成长，同时有助于沟通亲子情感。
- 通过与宝宝谈话，让宝宝熟悉语言。

对宝宝过度保护有哪些危害

过度保护不利于宝宝独立能力的培养。家长常常自主或不自主地过分保护宝宝，这是父母在家庭教育及培养宝宝独立能力上容易犯的错误之一。比如一个刚刚会走的宝宝，并不能走得很稳，常常跌跤。当宝宝走路突然摔倒时，家长就迫不及待地把宝宝抱起来，嘴里还会不断地说“把宝宝摔了，宝宝不要哭，不要哭，是谁招惹了宝宝”等，当周围有人时还会打一下那个人，责怪是此人把宝宝碰倒了。本来摔得不重，宝宝也没有哭的反应，但经过家长一番“保护”性诱导，宝宝却哭起来。这样保护几次以后，只要跌倒了或有一点委屈宝宝就哭，遇到不如意就大发脾气，久而久之养成任性的毛病。因此，当宝宝在成长过程中遇到无关紧要的“委屈”时，家长应“视而不见”，让其自己处理。比如摔倒的宝宝会回头看大人，如果大人没有反应，他就会左右看看，自己爬起来再走。如果此时家长鼓励宝宝站起来，他会有成功和自豪感，时间长了将会养成独立、坚毅的性格，遇挫折不会怨天尤人。

四、宝宝的智能训练

如何对宝宝进行触感训练

宝宝到了周岁，父母应多多对他进行触感训练，具体方法就是将玩具游戏的难度加大，使宝宝手的探索活动趋于精细化，食指分化并能伸出来做各种动作。比如，你可以引导宝宝捏起针线、拨弄豆子，用手指轻轻或重重戳东西等。因此，这个阶段宝宝的注意力会从大的玩具上转向家中的小物品，虽然这些东西会造成勿吞的危险，但是不要因此而放弃触感训练。只要在一旁悉心观察，加以鼓励就行了。

如何训练宝宝的生活自理能力

- 培养良好的进餐习惯。从小给小儿一个固定的座位，让他养成安静坐着吃饭的好习惯。
- 学习用勺子。用一个玩具勺子在玩具碗内学习盛起小球、枣、药丸、蜡壳等。有了这种练习，孩子渐渐懂得用勺子的凹面将枣或小球盛入，放到另一个小碗内。母亲表扬孩子“真能干”，为以后孩子自己吃饭打好基础。

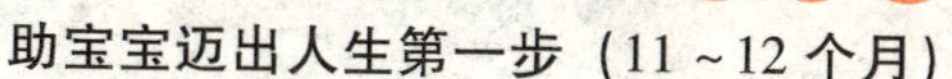

如何为宝宝选购图书

图书是小儿极好的学习工具，从小看图读书是开发智力的重要手段。通过看图书，可以培养婴幼儿视、听觉的联系，培养和提高其观察力和理解力，训练语言，丰富词汇。给婴幼儿选购图书应根据其理解能力和兴趣，选择一些以图画为主、文字简捷流畅的图书。1岁以内的婴儿应选择彩色的图片，每张图片一个内容，以便吸引他们的注意力，也有利于认识不同的事物，如一条狗、一只苹果、一只杯子等。利用画片让他们认识一些眼前看不到的东西。在看画片或图书时，家长可说出画面上物体的名称，或看小动物画片时模仿动物的叫声，让孩子跟着学好发音。

如何训练宝宝的语言能力

目的：促进婴儿的语言理解能力，丰富婴儿与妈妈的感情交往，增进亲子感情。能促进婴儿的微笑，让婴儿学会凝视。吸引婴儿的注意，以丰富的表情和温柔的语调使婴儿学会模仿，如增长婴儿的凝视时间。

内容：妈妈抱起婴儿经常性地在婴儿面前张口、吐舌、眨眼或做多种表情，使婴儿先是注意到妈妈的脸，随后注意到妈妈的多种动作和表情，引起婴儿的模仿，以丰富婴儿的面部肌肉动作能力和婴儿的注意力，使婴儿学会微笑，学会和妈妈交流感情。妈妈的脸是婴儿最喜爱的脸，妈妈的声音是婴儿最熟悉、最容易接受的声音。

所以妈妈应该经常性地和婴儿“对话”，既促进亲子关系，又给婴儿的语言发展奠定了一定的基础。妈妈在抱着婴儿与婴儿谈话时，应把自己的脸贴近婴儿的脸，距离控制在15～30厘米内，让婴儿注意妈妈的口形和面部表情，使婴儿具备一定的语音基础。

如何训练宝宝的动作能力

方法：让宝宝坐在床上，放一段他爱听的节奏明快的婴儿音乐，用手扶着他的两只胳膊，左右摇身摆动，多次重复后，逐渐让他自己随着音乐左右摆动。再将宝宝扶着站立，待他站稳后，松开手。如果宝宝只能独自站立几秒钟，在他向一边倒时，你就轻轻碰一下他，让他站直，这样，他就像一个不倒翁一样左右摇摆而不倒。如果他能独自站立20秒以上，就可以让他学习随着音乐的节奏左右摇晃身体而不跌倒。

目的：摇摆舞可以训练宝宝的大动作与平衡能力，能培养宝宝的节奏感。

怎样对宝宝进行情感培育

＊涂涂点点方法＊

方法：让婴儿坐在小桌前，你先用油画棒（蜡笔）在纸上慢慢画出一个娃娃脸或小动物，再涂上各种色彩，以激起他的兴趣。然后你把油画棒给他，教他用全手掌握笔，并扶住他的手在纸上作画，再放开手，让他在纸上任意涂涂点点。

目的：发展手指的灵活性，激发对色彩、图画的兴趣。注意不管婴儿涂成什么样子，都要表扬他。

＊自然课堂方法＊

方法：带婴儿在户外散步或逛公园、郊游时，引导他观察自然界，如天上的飞鸟、地上的家禽家畜等。带他拾各种各样的石子、树叶、松果等。让他观察你用野花野草编的一只小花篮，还可做一个小风车，让他拿在手上，在微风的吹拂下，旋转起来，使他看到大自然的力量，享受自然的美妙。

目的：培养热爱大自然的情感。注意天气恶劣时勿带婴儿外出。

如何对宝宝进行智力培育

＊认“红色”方法＊

①取一件婴儿喜爱的红色玩具，如红色积木，反复告诉他：“这块积木是

红色的。”然后你问他：“红色的呢?”如果他能很快地从几种不同的玩具中指出这块红色积木，你就要夸奖他。

②再拿出另一个红色的玩具，如红色瓶盖，告诉他：“这也是红色的。”当他表示不解时，你再拿一块红布与红积木及红瓶盖放在一起，另一边放一块白布和一块黄色积木，告诉他：“这边都是红的，那边都不是红的。”（不能说那边是白色的、黄色的）把他的注意力吸引到颜色上。

③把上述物品放在一起，要求他“把红的给我”。看他能否把红的都挑出来。如果他只挑那块红积木，你就说：“还有红的呢！”并给一定暗示（如用手指），让他把红的都找出来。

目的：理解抽象概念，提高思维能力。注意一次只能教一种颜色，教会后要巩固一段时间，再教第二种颜色。如果婴儿对你用一个“红”字指认几种物品弄不明白，甚至连第一个红色玩具都不认识时，你就再过几天另拿一件婴儿喜欢的玩具重新开始。

＊插锁眼方法＊

方法：每次进门开锁时，都要让婴儿看到，引起他的好奇心，再让他拿着钥匙，手把手地帮他把钥匙插进锁眼里。反复几次后，鼓励他自己做。如果插入，你就把锁打开，使他高兴，并理解钥匙与锁的关系。

目的：训练手眼协调能力，理解事物之间的联系。注意也可用小一些的容易插钥匙的锁，让婴儿拿着钥匙你拿着锁插锁眼。

训练宝宝的独立自主能力

● 上桌子同大人一起吃饭。上桌子同大人一起吃饭，能使宝宝感到快乐，能分享不同味道的食物，增进食欲。孩子自我意识将随之增强，无意中感到自己会吃东西了。

● 独立行走取玩具。在宝宝会走2～3步后，可让宝宝独自站稳，给他一个小玩具让其抓在手里，以增加安全感。家长先后退几步，手中拿着一件新玩具逗引宝宝，鼓励他向你走来，走到时，你再后退1～2步，直到他走不稳时才把他抱起来，要对他的勇敢、顽强给予表扬，并把玩具给他，和他玩一会儿。

如何对宝宝进行视觉训练

前面介绍过具体的视觉训练方法，本月仍需要继续，不断扩展宝宝的视野。比如教宝宝认识、观看周围生活用品、自然景观，可刺激宝宝的视觉，激发宝宝的好奇心，同时培养宝宝的观察能力。父母们还可以利用图片、动画短片、玩具等，对宝宝进行视觉激发训练。

如何训练宝宝的听觉能力

爸爸妈妈要培养宝宝的注意力和愉快情绪，这有利于语言的发展。平时可以定时用录放机或 VCD 放一些儿童非常喜欢的乐曲，为宝宝提供一个优美、温柔的音乐环境，可以提高宝宝对音乐歌曲的理解及听觉能力。

五、用心·呵护宝宝健康

宝宝得了口腔炎怎么办

平时米饭、面条、蔬菜、水果、肉等吃得很好，也很香的宝宝，突然出现了不吃固体食物，而只勉强喝点牛奶的情况，这多是因为宝宝患了口腔炎。症状常常出现在不爱吃东西的前 1 天，宝宝体温升高到 38 ~ 39℃，继而热又很快退下去，然后嘴里长出水疱。从季节方面来看，这种病在初夏最常见。平时不流涎水的宝宝，患了“口腔炎”后，也会流涎水，而且有口臭。因这种病是由病毒引起的，所以没有特效药。但不会留下后遗症，一般 4 ~ 5 天就可痊愈。在宝宝患病期间，不能给宝宝吃硬的、酸的、咸的食物，吃这样的食物会有一种刺痛感，加剧宝宝的疼痛。

此时，牛奶和奶粉是最适合宝宝喝的了，既不会引起宝宝太大的疼痛，又好消化，还有营养。如果宝宝一点也不喝牛奶和奶粉，可以给宝宝吃布丁、软一点的鸡蛋等。另外，患口腔炎后不能缺水，要多给宝宝喝水。

宝宝患溃疡性口腔炎该如何护理

溃疡性口腔炎，俗称“口疮”，多见于婴儿，以夏秋季节多见，是婴儿常见病。表现为：一开始，口腔黏膜上出现米粒大小的圆形小疱，继之破溃呈黄白色溃疡，轻者数粒，多则数十粒，有的可蔓延到咽喉部。患儿往往疼痛难忍，哭闹，不思饮食，进食困难，甚至拒食，每逢进食就哭闹不止，给婴儿带来了很大的痛苦。婴儿患了溃疡性口腔炎应加强护理。

- 多给婴儿饮温开水。可少量多次，吃一些无刺激性的流质或半流质食物。
- 锡类散。可解毒化腐，用于咽喉糜烂肿痛，将药粉少许涂于口腔糜烂处，每日 2 次。
- 六神丸。有清热解毒、止痛消炎的作用，每日 2 次，每次半粒到 1 粒，口服。
- 牛黄解毒丸有消炎解毒作用，口服，每日 2 次，每次 1/4～1/2 片。

如何为宝宝接种流脑多糖疫苗

流脑多糖疫苗是 A 群流行性脑脊髓膜炎多糖疫苗的简称，可预防流行性脑脊髓膜炎。接种流脑多糖疫苗后的保护率可达 86%～92%，并可维持 3 年左右。流脑是冬春季流行的一种急性呼吸道传染性疾病，发病很快，来势凶猛，并伴有头痛、呕吐、皮肤出现瘀点或瘀斑，发病初期与上呼吸道感染难以区别，往往会延误治疗，因此，在冬春季节来临之前，应进行流脑多糖疫苗接种，以防发病。因我国大部分地区均为流脑流行区，小儿均应接种流脑多糖疫苗，按我国规定的免疫程序，在小儿 10～22 个月期间，应及时接种流脑多糖疫苗，初种时需接种 2 次，两针之间应间隔 15～30

天，这样才能使流脑多糖疫苗充分发挥防病的作用。以后在小儿5岁时再加强接种1次。

接种流脑多糖疫苗时，一般在小儿上臂三角肌附着处，皮肤消毒后，进行皮下接种。凡有脑部疾病、过敏体质的小儿应当禁用。在发热、急性病期间应当延缓接种，病愈后再补种。接种流脑多糖疫苗后的反应极轻微，仅有少数小儿有中等强度的局部反应。可出现局部红晕、硬结等反应；全身反应仅有发热，偶尔可出现过敏反应。这些反应经过1~2天后也会自行消失，不需要做任何处理。

如何预防和护理小儿鼻出血

小儿鼻出血多在春季发生，其主要原因为：春季天地阳气上升，宝宝体内阳气也随之急剧上升，血随气涌，上冲鼻咽而易出血。气候变暖，宝宝突然获得室外活动的机会，特别兴奋，易造成鼻外伤出血。入春转暖，空气的温度增加而湿度降低，使在冬天过久收缩的鼻腔血管扩张，鼻内产生干燥、发痒等不适感，稍一抠挖，即会出血。春天是流感、麻疹、猩红热等热性病的流行期，发热之后可继发鼻腔及鼻窦感染，造成鼻出血。专家提醒，由于春天婴幼儿易发生鼻出血，家长应控制孩子的剧烈活动，避免鼻外伤。如果有春季鼻出血史者，可以服用银花、菊花、麦冬、生地水煎液以预防。

一旦婴幼儿出现鼻出血，父母应根据出血量的大小，采取指压止血法或者压迫填塞法进行急救。

- 指压止血法：如出血量小，可让小儿坐下，用拇指和食指紧紧地捏住小儿的两侧鼻翼，并压向鼻中隔部，暂让小儿用嘴呼吸，同时在小儿前额部敷以冷水毛巾。一般5~10分钟后，出血即可止住。
- 压迫填塞法：如果出血量大，用上法不能止住出血时，可采用压迫填塞的方法止血。用脱脂棉卷成如鼻孔粗细的条状，向鼻腔结实地充填。如果充填太松，则达不到止血的目的。

宝宝起水痘怎么办

水痘起病比较急，有的会伴有发热、头痛、全身倦怠等前驱症状。在发病24小时内宝宝身上会出现皮疹，迅速就变成米粒到豌豆大的圆型水疱，周围还有非常明显的红晕，有的水疱中央呈脐窝状。

如果患儿的抵抗力非常低下，皮肤有损伤时就很可能会成为全身性播散，形成播散性水痘。该病没有特效的治疗方法。主要是对症处理以及预防皮肤继发感染，保持宝宝皮肤的清洁，避免瘙痒。

宝宝畏惧打针怎么办

有的爸爸妈妈在宝宝打针时骗宝宝说："打针不疼。"这也是不对的，因为宝宝自己会感觉到疼，知道大人在骗他。正确的方法是告诉宝宝打针会有点疼，并鼓励宝宝勇敢地忍受一下。这样，宝宝虽然仍对打针有恐惧感，但却可以自我安慰。即使有的当时耐不住，哇哇地哭出来，也很快就会止住哭声。这样，宝宝就增加了一种勇敢承受痛苦的体验，这种体验是有益的。

打点滴对宝宝有副作用吗

输液打吊瓶，因其见效快、疗程短而深受青睐。实际上，大部分病症根本用不着输液就能恢复。为了宝宝好得快点，每次生病就要求医生打吊针，不但可能对病情不利，反而可能加重宝宝肺部负担和患上"输液病"。与口服药物相比，输液的过敏反应概率更高，更易产生耐药性。无论患小感冒还是其他什么病，人们总以为输液打吊针最保险又省事，但却有可能成为一种"输液病"，导致以后再得同样的病如果不输液就不太容易治愈。

人体最窄处的毛细血管是不超过10毫微米的，因此一旦输液药品微粒过大，就会在血管内造成堵塞。药品进入血液后，全身所有的静脉血都要回流到一个屏障器官，即肺脏，它能起到过滤器的作用，所以只要是直径大于毛细血管最窄处的颗粒都会被肺过滤出来，只能停留在肺里，致使肺形成纤维化，呼吸能力就会下降，同时会影响全身的氧的供应。

如何为婴儿测量脉搏

不同年龄段的人每分钟的脉搏次数也各不相同。婴儿每分钟120～140次，2岁每分钟110～120次，5岁每分钟90～100次，10岁每分钟80～90次，14岁以上每分钟70～80次。一般情况下，体温每上升1℃，脉搏加快15～20次，睡眠时脉搏减少10～20次。给小儿测脉搏时应用食指、中指、无名指按压在动脉上，其压力大小以摸到脉搏跳动为准。通常测量脉搏的部位在手腕外侧的桡动脉和头角部的颞动脉，以1分钟为计算单位。

在测量脉搏时要注意脉率（每分钟跳动次数）、脉律（脉搏跳动是否有规律）和脉搏强弱。另外要注意，给孩子测量脉搏一定要在其安静的情况下进行。发现脉搏不整齐时，要与心律作对照，以求得准确诊断，不要用拇指摸脉，因为拇指上的动脉容易和病儿的脉搏相混淆。

怎样为婴儿测量呼吸

年龄不同，每分钟的呼吸次数也不同，一般是年龄越小呼吸越快。新生儿每分钟40～44次，6～12个月每分钟30～35次，1～3岁每分钟25～30次，5岁以上每分钟25次左右。测量小儿呼吸应在小儿安静时，数其胸脯和肚子起伏的次数，一呼一吸为1次，以1分钟为计算单位。应注意呼吸的速度（每分钟的次数）、呼吸的深浅、呼吸的节律、呼吸有无困难和呼吸的气味。另外，在给小儿检查呼吸时，最好不要让孩子发觉，以防止因精神紧张而影响呼吸次数。

六、打造聪明宝宝的亲子游戏

“一呼一应”游戏怎么玩

方法：叫宝宝的名字让他回答“喂”。宝宝很喜欢爸爸的手机和家中的电话，大人可以给他一根长积木模仿打电话，同他呼应着叫“喂”“哈”或者“啊咕哥”、“咕哥”、“爸爸不”、“妈妈不”。虽然声音不代表什么意义，但宝宝喜欢一呼一应有对有答。在对答时他可以学到一些发音，也得到有呼有应的快乐。

目的：练习发音和对应。有时妈妈在厨房做事，当宝宝发出声音时，只要有大人的声音应和，宝宝就不感到寂寞，也不会哭叫着让大人快来。大家都可相安无事，宝宝又可趁机练习不同的辅音为讲话做准备。

怎样和宝宝玩“牵手走路”游戏

方法：先看宝宝是否能一手扶家具向前走，如果能，表示宝宝身体能保持平衡，可以开始牵着宝宝双手向前走步。如果宝宝仍然双手扶着家具横跨，牵手走步要等下个月才能开始练习。双手牵着走有两种走法。一种是大人与宝宝方向一致，宝宝在大人前面，两人同时迈右腿再迈左腿；另一种方法是两人相对，大人牵着宝宝双手，宝宝向前，大人后退。宝宝喜欢面对大人，两人相对的走步会让宝宝学得更加放心。最好一边走一边数数，一二三四，如同跳舞那样练习，宝宝既练了走步，又听熟了数数。

目的：让宝宝离开固定的扶持物，练习向前方迈步。宝宝的双手被大人牵着会举起，必须身体自身保持平衡才不致摔倒。这种练习比学步车有效，父母可在每天下班后或者晚饭后牵着宝宝练习几步。时间不必很长，三五分钟即可，每天练 1 ~ 2 次，让宝宝练习保持自身的平衡。

什么是“盖盖子，放积木”游戏

方法：妈妈准备一只杯子和大、中、小3个盖子，其中只有中号盖子是正好盖在杯子上的。先教宝宝盖杯子的动作，然后把3个盖子都给他，叫他“看用哪个盖子把杯子盖好”。宝宝在反复盖上盖下后，终于选中了中号盖子时，妈妈要给予表扬。

目的：给宝宝一块方积木，让宝宝掌握物体之间以及物性之间的最简单的联系，发展他最初的思维活动。

怎样和宝宝一定打球、追球

方法：让宝宝以爬的姿势俯卧在床上或干净的地板上，前面放一个球。妈妈在宝宝身边，用小木棍轻轻地击球给宝宝看，同时对他说：“看！妈妈在用小棍打球。”打出球以后，再把球打回身边，说：“看！妈妈又把球打回来了。”然后引导宝宝以手击球，使他能把球打出。进一步训练宝宝靠着栏杆站立，妈妈鼓励宝宝用脚去踢挂在他身前的球，一边在旁用“好，踢着了，再来一个”等话鼓励宝宝。球悬起的高度，应以宝宝轻轻一抬脚就可触到为准，熟练以后，可慢慢抬高。

目的：这项游戏既能促进宝宝腿部骨骼和肌肉的发育，又能为宝宝独立站立和抬腿走路奠定基础。

“取娃娃”游戏怎么玩

方法：妈妈当着宝宝的面，用纸把一个布娃娃包起来，然后交给宝宝说：“娃娃哪儿去了？宝宝，把娃娃找出来！”宝宝会翻弄纸包，把纸撕破，最终看见娃娃出现了，宝宝会非常开心。然后妈妈再用另一张纸把娃娃包好，然后又慢慢打开纸包，把娃娃拿出来。多次重复这一动作，给宝宝看，最后让宝宝学会不撕破纸，就能取出娃娃。

目的：进一步提高宝宝手的活动能力和理解语言的能力。注意，要在宝宝情绪好时做此游戏。

“滚小球”游戏怎么玩

方法：将事先准备好的布制的小球拿到旁边做好游戏的准备，然后爸爸妈妈要和宝宝一起坐在地面上，和宝宝保持着面对面的姿势。首先爸爸妈妈要把球滚给宝宝，然后拉着宝宝的手，告诉他怎样把球再滚回来。宝宝会觉得很有趣，并且只要对他稍加鼓励，他就会很快学会将球滚回来的。在游戏进行的过程中，一旦宝宝开始将东西抛出很远，就意味着他已经开始喜欢上这种游戏了。注意，教宝宝把球滚回来的时候妈妈一定要有耐心，而且注意要不时地赞许和表扬宝宝，这个时期的宝宝会听得懂妈妈说的话，而且会极大地增强自信心的。

目的：这个游戏的互动性比较强，一方面可以改善宝宝的情绪，让他更加愉悦地享受和别人互动游戏的感觉，另一方面也促进了宝宝和别人的互动交往能力。

“小小马术家”游戏怎么玩

方法：家里准备一个小木马，宝宝坐在木马上，妈妈在宝宝的身后扶好宝宝。妈妈前后摇晃木马，让宝宝感受骑马奔跑的感觉，妈妈嘴里发“得儿”声，宝宝的感觉会很刺激的。妈妈摇晃木马的时候要等到宝宝适应了再开始颠簸摇晃，由慢到快，由缓和到剧烈。注意事项：爸爸妈妈要根据宝宝的情况掌握调整动作幅度，自由发挥，尽量鼓励宝宝主动做动作，如伸屈膝盖、摇晃身体、爬上坐下，保持欢快的气氛，让宝宝玩得开心。

目的：这个游戏主要训练宝宝动作的灵活性和身体的平衡能力，而且可以锻炼宝宝的胆量，增进爸爸妈妈和宝宝之间的亲子感情。

“敲小鼓”游戏怎么玩

方法：爸爸妈妈将两只小棒和一面小鼓放在宝宝的面前。如果宝宝直接用手敲小鼓，爸爸妈妈可将棒子拿起来敲给宝宝看。然后，教他学会用小棒敲小鼓。等宝宝熟练后，可让宝宝用两只小棒来敲小鼓。注意事项：游戏时，当爸爸妈妈给宝宝做演示时，最好敲出节奏来，从而一方面提高宝宝的兴趣，另一方面培养宝宝的节奏感。

目的：通过游戏，训练让宝宝通过手的探索活动来理解事物之间的逻辑关系。

怎样让宝宝玩“坐滑梯”游戏

方法：

- 选择一个好天气带宝宝去游乐园，选一个小滑梯。
- 爸爸或妈妈扶着宝宝从侧面爬上去，再从侧面扶宝宝从滑梯滑下来。

注意事项：宝宝非常喜欢爬高爬低，因而父母选择一个适合宝宝做这种动作的环境，将是非常必要的。

目的：锻炼宝宝爬的技能；训练宝宝控制身体平衡的能力；加强宝宝对空气、阳光及周围环境的感知能力。

第十三章 从婴儿期到幼儿期（1岁1~6个月）

一、记录宝宝成长足迹

宝宝的听觉有怎样的变化

父母很难想象，一个字也不会说的宝宝，却能听懂很多话，甚至能听出妈妈的语气。如果宝宝正在那里“做坏事”，妈妈只需用一种制止的声调叫一声宝宝的名字，不用说出具体的事情来，宝宝就能从妈妈的语气中听懂妈妈的意思。当然，宝宝除了听，还会察颜观色。宝宝早在婴儿时期就会看妈妈的脸色了。

近1岁半以后，这个能力会有飞速发展。宝宝基本能够听懂爸爸妈妈的话，能够听懂电视里部分幼儿节目中说的话。如果爸爸妈妈谈话的内容是关于他的事情，他会停下来听爸爸妈妈谈论他的事情。他是有选择性地听，听他感兴趣的话题，听他愿意听的话语。

宝宝的视觉有怎样的变化

此时的幼儿已基本能区别主要物体的各种颜色、形状、大小、结构，对展开的图画感兴趣。宝宝两眼协调的动作也变得灵活，能用目光跟随落下的物体，能大致区别垂直线与横线。

当宝宝近1岁半时，不但认识了物体的外观，知道它叫什么，是干什么的，还逐渐开始认识物体的本质。比如能够分辨出玻璃和木头是两种不同的物质，玻璃摔到地上会碎，而木头摔到地上不会碎。接下来，宝宝就开始动脑筋，琢磨所观察到的事物或现象。比如看电视，为什么能够看到电视中的人，为什么能够听到电视中的人说话，却摸不着那个人……宝宝的智力就是这样一步步发展起来，学会思考，学会发现新的问题。

宝宝的语言有怎样的变化

大多数宝宝到了这个月龄，能够有意识地叫爸爸、妈妈，甚至会叫爷爷、奶奶、姥姥、姥爷、叔叔、姑姑。你的宝宝或许早在1岁前就会有意识地叫爸爸妈妈了，但直到现在仍然停留在这个水平，也是正常的。如果你的宝宝这个月龄刚刚开始会有意识地叫爸爸妈妈，也不能认为宝宝的语言发育落后。

宝宝近1岁半时，不再用哭闹的方式表达自己的需求，而是用语言的方式。宝宝的“精辟用词”，常能逗得爸爸妈妈开怀大笑。宝宝每天不但能够学习20个以上的单词，而且能学以致用。在未来的半年中，宝宝基本上能学会使用母语表达自己的要求和意愿了。宝宝基本上能够叫出家里的物品名称，并知道大部分物品的用途。比如妈妈开的是一辆红色汽车，当宝宝在路上或图画中看到红色汽车，便会认为是妈妈的汽车。

宝宝的动作有怎样的变化

1岁多的宝宝已经能够行走了，这一变化使宝宝的眼界豁然开阔。周岁的宝宝开始厌烦母亲喂饭了，虽然自己能拿着食物吃得很好，但还用不好勺子。他要试着自己穿衣服，拿起袜子知道往脚上穿，拿起手表往自己手上戴，给他一根香蕉他也要拿着自己剥皮。这些都说明宝宝的独立意识在增强。

宝宝近1岁半时，经过前一阶段的努力，能够独自走得稳当了，不但走得很好，而且很喜欢爬台阶，下台阶时知道用一只手扶着下。此时家长不要阻止宝宝，要鼓励他，同时也要注意在旁边保护他。这样的活动既锻炼了身体，又促进了智力发育，使手、脚更协调地运动。这么大的宝宝会用杯子喝水了，但自己还拿不稳，常常把杯子里的水洒得到处都是。吃饭的时候，宝宝常喜欢自己握匙取菜吃，但是还拿不稳，平衡能力还比较差。

宝宝的心理有怎样的变化

孩子的知识在增长，脾气也在增大，当不如意时，他会扔东西，发脾气，表示不服从。在日常生活中，喜欢模仿成人的动作、语气，喜欢玩球，会做把球举过头抛起来的游戏。喜欢和大人一起做认指眼、耳、鼻、口、手等认识人体器官的游戏。当宝宝发脾气时，不要呵斥他，小宝宝的注意力很容易分散，用别的事情吸引他，他会很快忘掉不愉快的事情。

1岁多的宝宝，路走得稳了，活动范围大了，随之而来的是其独立意识开始萌生。

在日常生活中，喜欢模仿成人的动作、语气。家长应尽量设置一个满足宝宝需要的活动环境，让他的好奇心得到满足。父母的温情和爱抚在1岁多的宝宝的眼中，已经不如以前那么重要了。你的关照可能变成了一种限制，会引起他的不耐烦，在安全的范围内，家长要适当地放手让宝宝自由活动。

二、关注宝宝的每一口营养

宝宝的饮食原则是什么

以菜为主。幼儿期是仅次于婴儿期的发育阶段，和婴儿期一样，要充分注意宝宝的营养。这个时期，大部分宝宝都能从食物中摄取营养，只是尚不能充分消化这些食物。因此还必须做点适合宝宝吃的食物。幼儿发育期需要大量蛋白质、脂肪、糖类、维生素、矿物质等。其中动物蛋白（牛奶、肉、鱼蛋等）比较重要，因此，宝宝每餐都应该吃一点。豆类及其制品也是很好的蛋白质来源之一。

总之，宝宝要多吃菜，每餐应相当于大人的2/3左右。

注意微量元素的补充。1岁1～3个月的宝宝最容易缺乏的微量元素是铁、锌和碘。除了每日的鸡蛋、肉类食品外，每周2次肝类食品，可以基本满足宝宝对铁的需要量。微量元素锌在海产品中含量较高，有条件者，经常吃一些海产品如紫菜、海鱼、海蛎等，就基本能满足宝宝的需要。另外，动物肝、瘦肉、粗制的米面等也是锌的较好来源。微量元素碘的缺乏，除了地区的因素外，与食用含碘盐关系极大，不是居住在碘严重缺乏的地区，只要吃上了含碘的食盐，一般不会缺碘。不过，盐中的碘很容易氧化，加热以及存放时间过久都会造成损耗，所以最好在饭菜快出锅时加入含碘盐。碘盐最好吃完一袋再买一袋，这样才能真正达到补充碘的目的。

幼儿食物的制作窍门有哪些

幼儿食物的制作要求是细、烂、软、碎，以充分适应其消化器官尚未发育成熟的状况。主要食品要软、烂，煮米饭要稍多加些水，用小碗蒸熟较好。面条、面片、馄饨是宝宝的食物，可以与肉末、碎菜一起煮吃。

肉以瘦肉为好，鱼要先将鱼刺剔除干净，禽类要去骨，切成碎末或小丁或做成肉丸子。蔬菜洗净后切成碎块，单炒或与肉末、饭同时煨煮。

宝宝吃汤泡饭有哪些害处

有的孩子不爱吃菜，却喜欢用汤或水泡饭吃。这样，很多饭粒还没有嚼烂就咽下去了，自然加重了胃的负担。而水又冲淡了胃液，影响胃的消化功能，因此经常吃汤泡饭容易得胃病。孩子活动量大，消耗的水分多，往往因贪玩顾不上喝水，吃饭时感到干渴。家长应在饭前0.5～1小时让孩子喝些水，吃饭的时候不要让他用汤或水泡饭。

宝宝为什么不能多吃零食

适量给宝宝吃一些零食，可及时补充宝宝的能量以满足生长发育的需要，也给宝宝带来快乐。但一定要适量，时间及食物选择也应恰当，否则会影响宝宝的正常饮食。宝宝的胃容量小，而活动量却很大，消化快，所以往往还未到吃饭时间就饿了，这时可给宝宝一些点心和水果，但量不要多。还需要提醒父母们的是，要掌握给宝宝吃零食的时间。可在每天中、晚饭之间，给宝宝一些点心或水果。但量不要过多，约占总供热量的10%~15%。餐前1小时内不宜让宝宝吃零食，否则影响正餐的摄入量。

睡前不要吃零食，尤其是甜食，不然易患龋齿。宝宝的饮食要以正餐为主，零食为辅。零食可选择各类水果、全麦饼干、面包等，但量要少，质要精，花样要经常变化。太甜、太油的糕点、糖果、水果罐头和巧克力不宜经常作为宝宝的零食。因为它们含糖量高，油脂多，不易被宝宝消化，且经常食用易引起肥胖。冷饮和汽水不宜作为宝宝的零食，更不能让宝宝多吃，以免消化功能紊乱。父母们一定要有计划、有节制，不能宝宝喜欢什么就给买什么，让宝宝养成无休止地吃零食的坏习惯。

哪些因素会导致幼儿厌食

幼儿厌食的主要原因有以下几方面：

- 婴儿时期未能及时添加辅食。在婴儿辅食添加的关键时期，没有给孩子适宜的锻炼，使孩子的咀嚼能力落后于同龄儿童。现在又急于添加辅食，使孩子一时无法适应。
- 饮食习惯不良。孩子挑食、偏食，或餐前零食过多。或是在孩子添加断奶食品期间，发现孩子爱吃的食物就一任多吃，使之产生厌烦；也可能是在孩子不想吃的时候强给硬塞，使孩子产生逆反。
- B族维生素、微量元素锌缺乏。B族维生素和微量元素锌的缺乏，可引起孩子味觉功能和胃黏膜消化功能的降低，使孩子没有食欲和消化能力减弱。
- 疾病原因。营养性贫血、佝偻症、慢性消化道疾病、肝炎等都可引起厌食。

◉ 精神因素。当孩子过度紧张、焦虑、惊吓、缺乏爱抚时都可引起厌食，如刚刚入托、入园，心理一时无法适应。

了解了这些可能引起孩子厌食的原因，爸爸妈妈就可以有针对性地帮助孩子来调整。

如何让宝宝有个好胃口

影响幼儿食欲的因素有很多，最重要的是要养成良好的饮食习惯。爸爸妈妈平时应注意以下几方面的问题。

◉ 小儿进食要定时，两餐之间不宜随意吃糖果和零食，尤其在饭前不能吃甜腻的零食。

◉ 吃饭时不许小儿边玩玩具边吃饭，以免分散注意力。

◉ 小儿吃饭时，成人不要聊天，大声地说笑或逗引、责训小儿，以免影响进食的情绪。

◉ 饭菜要求多样化，注意色香味，避免过分油腻，经常调换花色。

◉ 在幼儿食欲特别好时，要注意适量控制食量，避免过量进食。

什么食物有助于幼儿长高

◉ 蛋白质是构成骨细胞的最重要的材料，含蛋白质丰富的食品首推牛奶、鱼类、蛋类、动物肝脏，豆类及豆制品仅次之。每餐如有 2 种以上蛋白质食物，可以提高蛋白质的利用率和营养价值。

◉ 缺锌是影响儿童身材长高的原因之一，牛羊肉、动物肝脏、海产品都是锌的良好来源。草酸、纤维、味精等会影响锌的吸收，幼儿也不宜食用味精。吃含草酸高的菠菜、芹菜应该先用开水焯一下。

◉ 与骨骼生长最密切的矿物质是钙和磷，钙的吸收和利用要通过鱼肝油、蛋黄、乳品中的维生素 D 以及日光中的紫外线照射才能发挥作用，含钙丰富的食物有牛奶、虾皮、海带、紫菜及豆制品、芝麻酱、深绿色蔬菜。每天吃富含蛋白质及钙、锌的食物——牛奶、豆类、深绿色蔬菜等；常吃牛羊肉、海产品；每周吃一两次动物肝脏，都有助于宝宝长高。

为什么要给宝宝挑选当季的水果

给幼儿购买水果的时候应选择当季的新鲜水果。由于现在保存水果的方法越来越先进，我们经常可以吃到一些反季节的水果，例如苹果和梨，营养虽然丰富，如果储存时间太长，营养成分也会丢失很多，幼儿吸收的营养也大打折扣。因此最好的做法是购买水果时一定要首选当季的水果，每次买的数量也不要太多，应该随吃随买，防止水果霉烂或储存时间太长，使水果的营养成分降低；挑选的时候也要选择那些新鲜、表面有光泽、没有霉点的水果。

水果可以弥补蔬菜的营养吗

有些妈妈认为水果营养比蔬菜好，加上水果的口感好，宝宝更乐于接受，因此，对一些不爱吃蔬菜的宝宝，妈妈往往会用水果代替蔬菜，认为这样可以弥补不吃蔬菜而对身体造成的损失。其实，用水果代替蔬菜的做法并不科学。

水果和蔬菜的营养差异非常大，和蔬菜相比，水果中的矿物质和粗纤维含量较少，不能给宝宝的肠肌提供足够的“动力”。不吃蔬菜的宝宝经常会有饱腹感，造成食欲下降，营养摄入不足势必影响身体发育。最好的做法是蔬菜、水果都不偏废。

幼儿不爱吃蔬菜怎么办

到了1岁以后，一些孩子对饮食流露出明显的好恶倾向，不爱吃菜的孩子多起来。可是不爱吃菜会使孩子维生素摄入量不足，发生营养不良，影响身体健康。怎么才能让孩子多吃蔬菜呢？孩子的口味是大人培养出来的，小时候没吃惯的东西，有的人长大后可能会一辈子不接受。因此，培养孩子爱吃蔬菜的习惯要从添加辅食时做起。

添加蔬菜辅食时可先制作成菜泥喂孩子，比如胡萝卜泥、土豆泥。现在也有为断奶期孩子特制的蔬菜泥产品，可以根据实际情况选用。孩子慢慢适

应后，再将蔬菜切成细末，熬成菜粥，或添加到烂面条中喂给孩子。等孩子出牙后，有了一定的咀嚼能力时，就可以给孩子吃炒碎菜了，可把炒好的碎菜拌在软米饭中喂孩子。有的蔬菜的纤维比较长，注意一定要尽量切碎。这样循序渐进，孩子会很容易接受，一般情况下，长大后吃蔬菜也就不会有什么问题了。如果孩子从小吃蔬菜少，而偏爱吃肉，长大后就很可能不太容易接受蔬菜。这时就要爸爸妈妈多花些工夫了。父母要为孩子做榜样，带头多吃蔬菜，并表现出津津有味的样子。千万不能在孩子面前议论自己不爱吃什么菜、什么菜不好吃之类的话题，以免对孩子产生误导。

为什么要多给幼儿吃碱性食物

含磷、硫、氯等偏酸性的食物，称为酸性食物。酸性食物主要是谷类、肉类、鱼贝类、蛋类等；含钠、钾、镁等偏碱性的食物，称为碱性食物。碱性食物包括蔬菜、牛奶、水果等。幼儿爱吃鱼、肉，这会使酸性食物摄入过多，形成酸性体质，容易生病。要让小儿多吃海带、香菇、菠菜、大豆、栗子、小豆、胡萝卜、油菜、百合、黄瓜、西瓜、茄子、洋葱、甘蓝、白萝卜、南瓜、苹果、香蕉、柿子、梨、草莓、蛋清、牛奶、豆腐等碱性食物。碱性食物还有益于脑发育，可改善脑的结构与功能。

三、全新的宝宝护理技巧

如何纠正宝宝单侧咀嚼的习惯

有的幼儿习惯使用单侧牙齿咀嚼食物，这是一种不良的饮食习惯，时间久了，对幼儿的发育和健康不利。如果幼儿长期用单侧牙齿咀嚼食物，会使这些牙齿受到过多的磨损，并可能导致关节功能紊乱，产生酸痛，影响对食物的咀嚼，增加胃的负担，造成胃病和消化不良。而另一侧牙齿因长期不用会发生萎缩，牙周组织变得不健康，造成牙龈炎、牙周炎及牙齿松动。另外，单侧咀嚼对面部发育也有不好的影响，咀嚼侧面部肌肉比对侧发达，进而出现面部不对称。因此，无论是习惯，还是某些原因造成幼儿单侧咀嚼食物，都应及时纠正。

怎样培养宝宝早晚漱口的习惯

宝宝的乳牙应当受到精心的保护，宝宝从1岁开始就应接受早晚漱口的训练，并逐渐培养宝宝养成这个良好的习惯。需要注意的是，宝宝漱口要用温开水（夏天可用凉白开水）。为什么宝宝不能像成人一样用自来水呢？这是因为宝宝在开始学习时不可能马上学会漱口动作，漱不好就可能把水吞咽下去，所以刚开始的一段时间最好用温开水。

训练时先为宝宝准备好杯子，家长在前几次可为宝宝做示范动作，将一口水含在嘴里做漱口动作，而后吐出。这样反复几次，宝宝就学会了。在训练过程中，家长注意不要让宝宝仰着头漱口，这样很容易呛着孩子。另外家长要不断地督促宝宝，每日早晚坚持漱口，这样日子久了就能养成好习惯了。为了让孩子有一副洁白、健康的牙齿，家长们要精心护理宝宝的牙齿。

如何让宝宝健康过夏天

在夏天，由于宝宝（特别是2岁以前的婴幼儿）调节体温的中枢神经系统还没有发育完善，对外界的高温不能适应，加上炎热气候的影响，使胃肠分泌液减少，容易造成消化功能下降，很容易得病。所以妈妈要注意夏天的保健工作，让宝宝健康地过好夏天。

- 衣着要柔软、轻薄、透气性强。宝宝衣服的样式要简单，要选择像小背心、三角裤、小短裙等既能吸汗又穿脱方便、容易洗涤的衣服。衣服不要用化纤的料子，最好用布、纱、丝绸等吸水性强、透气性好的布料，这样宝宝不容易得皮炎或生痱子。

- 食物要富有营养又讲究卫生。夏天，宝宝宜食用清淡而富有营养的食物，少吃油炸、煎烹的油腻食物。给宝宝喂牛奶的饮具要消毒。鲜牛奶要随购随饮，其他饮料也一样。放置不要超过 4 小时，如超过 4 小时，应煮沸再服用。察觉到变质，千万不要让宝宝食用，以免引起消化道疾病。另外，生吃瓜果要洗净、消毒，水果必须洗净后食用。夏季，细菌繁殖传播最快，宝宝抵抗力差，很容易引起腹泻，所以，冷饮之类的食物不要给宝宝多吃。

- 勤洗澡。每天可洗 1 ~ 2 次澡。为防止宝宝生痱子，妈妈可用马齿苋（一种药用植物）煮水给宝宝洗澡，防痱子效果不错。

- 保证宝宝足够的睡眠。夏天宝宝睡着后，往往会出许多汗，此时切不要开电风扇，以免宝宝着凉。既要避免宝宝睡时盖得太多，也不可让宝宝赤身裸体睡觉。睡觉时应该在宝宝肚子上盖一条薄的小毛巾被。

- 补充水分。夏天出汗多，妈妈要给宝宝补充水分。否则，会使宝宝因体内水分减少而发生口渴、尿少。西瓜汁不但能消暑解渴，还能补充糖类与维生素等营养物质，应给宝宝适当饮用一些，但不可喂得太多以防伤脾胃。

你的宝宝是“罗圈腿”吗

宝宝是不是“罗圈腿”，家长是可以初步判断的。让宝宝仰卧，然后用双手轻轻拉直宝宝的双腿，向中间靠拢。正常情况下宝宝的两腿靠拢时，双侧膝关节和踝关节之间是并拢的，如果双侧膝关节和踝关节之间的间隙超过 10 厘米，很可能就是罗圈腿了，家长应马上带孩子就诊，在治疗原发病的同时，进行骨科矫正治疗。父母应以科学的养育方法来预防宝宝罗圈腿的发生。由于幼儿处于身体发育阶段，腿部力量常不能过度承受身体重量，容易引起腿的变形，因此不要过早、过久地站立和学步。不要过早穿较硬的皮鞋，因为婴幼儿腿部力量较弱，学行走时穿硬质的鞋，会影响下肢正常发育。

值得注意的是，有些正常情况容易被误认为罗圈腿。6 个月以内的婴儿两下肢的胫骨（膝关节以下的长骨）朝外侧弯曲是正常生理现象，6 个月到 1 岁时就会逐渐变直。一些家长用捆绑法试图让孩子腿变直是不对的，因为这样不但不能矫正腿形，还可能影响孩子髋关节的正常发育。此外，2 岁宝宝有时会有轻度膝外翻或膝内翻也属正常，大多能在生长过程中自行纠正，无须担心。

怎样防止宝宝出现意外事故

1~2岁的孩子最容易发生事故，其中最大的事故有交通事故、溺水、烫伤、误服异物等。这个年龄的孩子尚不懂得什么是交通事故，也不懂得什么红绿灯信号，更不知道什么是人行横道等，往往一不留神孩子就会挣脱妈妈的手飞跑到机动车道上去，因此必须时时警惕。所以，每逢外出，妈妈就应密切注意来往车辆，牢牢牵住孩子的手。溺水事故也经常发生于那些意外的场合，掉进小水洼、洗衣机、浴缸内都可能致命，河边、海边的溺水事故更容易发生。因此，用完洗衣机、浴缸后要将水放光。

锻炼身体对宝宝有什么好处

锻炼身体主要是为了增强体质，减少疾病，提高健康水平和生活质量。通过锻炼能使孩子的皮肤、呼吸、循环、肌肉、骨骼等系统都呈现良好的功能反应状态，增强机体对外界环境的适应力与抵抗力，同时还具有教育意义，有利于孩子在德、智、体、美各方面全面发展。对孩子的体格锻炼必须从婴幼儿开始，应遵循以下原则：

- 循序渐进。根据孩子年龄的生理解剖特点，有计划、有步骤、按顺序地逐步增加运动量，采取由易到难，由简到繁，由少量到大量逐步提高。
- 持之以恒，坚持不懈。宝宝的体格锻炼应长期坚持，不能因某种原因而时断时续。
- 区别对待。如对年龄小、体弱多病儿不能跟正常健康孩子一样对待，应有侧重点。
- 锻炼与营养相结合。体格锻炼会使能量消耗增加，新陈代谢旺盛，因此要摄取更多的能量和营养素来满足孩子生长发育的需要。否则，将导致体重减轻、营养不良、贫血等，使锻炼适得其反。
- 锻炼与合理的生活制度相结合。合理的生活制度使孩子的生活有张有弛，动静结合，使锻炼、休息和其他活动能有节奏、有规律地交替进行。锻炼反过来可以促进睡眠，充足的睡眠能恢复疲劳，保持旺盛的精神和愉快的情绪。通过锻炼也可以使孩子从中受到教育。

如何为宝宝清洗肚脐

肚脐是自然凹陷，如果不经常清洗，人体分泌的皮脂液、汗液以及灰尘就会聚集在这里，与薄薄的皮肤粘结在一起，一旦因污垢刺激皮肤而发痒，幼儿就会不自觉地搔抓，即使是很轻微的损伤，也会给细菌感染敞开方便之门。因此，宝宝肚脐宜常清洗，保持其清洁卫生十分重要。清洗宝宝肚脐时，要注意保暖，预防感冒，宜用温热水洗，以免肚子受凉。清洗时不能用肥皂、洗衣粉等刺激性的去污剂。注意千万不要边洗边用手指甲挖掏，肚脐里的污垢清除不掉时，可用消毒棉花棒蘸上芝麻油，浸于肚脐，稍候片刻再用消毒棉花棒轻轻擦拭。清洗干净后，用消过毒的纱布将整个腹部擦干，再撒上爽身粉。

宝宝能边看电视边吃饭吗

在这个阶段宝宝已经能够自己拿勺吃饭了，坐在儿童专用餐椅里，和爸爸妈妈一同进餐，其乐融融。很多家庭喜欢边看电视边吃饭，这样的进餐方式，不利于营造一个和谐的进餐气氛，会分散宝宝吃饭的注意力，影响食欲，还影响消化功能。进餐时胃肠道需要增加血液供应，但宝宝看电视，注意力集中在看电视上，大脑也需要增加血流量。血液供应首先是保证大脑，然后才是胃肠道，在缺乏血液供应的情况下，胃肠功能就会受到影响。

紫外线灯对宝宝的视力有什么影响

不论是紫外线灯照眼，还是电焊光晃眼后，都会造成电光性眼炎。有的孩子对耀眼的蓝光感到很新鲜，不由得多看几眼，就在此时，这种光线伤害了眼睛的角膜和结膜上皮组织。当时没感觉，一般 4 ~ 8 小时后，受伤的角膜、结膜上皮组织就会坏死脱落，并造成很痛苦的感觉。眼睑红肿，结膜充血水肿，强烈的异物感和疼痛感，怕光、流泪，难以睁眼并视物不清，重者痛苦难忍，坐卧不安，不能入睡。治疗办法是对症处理，可用0.5%地卡因眼药水止痛，点药5分钟后，疼痛就会消失，一般24小时后，眼组织上皮细胞就重新修复好了。

宝宝无法集中精神吃饭怎么办

这么大的宝宝，不能安静地坐在那里吃饭，不是异常表现。宝宝注意力集中时间很短，通常情况下在10分钟左右。食欲好、食量大、能吃的宝宝，能够坐在那里吃饭，一旦吃饱了，就会到处跑。食欲不是很好，食量小的宝宝，几乎不能安静地坐在那里好好吃饭。因为这么大的宝宝，对于他不感兴趣的事情，几分钟的集中注意力都没有，甚至一分钟也不停歇。帮助宝宝养成坐下来集中时间吃饭的习惯，最好的方法是让宝宝坐在专门的吃饭椅上，以免宝宝乱跑。妈妈永远不给宝宝边走边吃的机会，任何人都不要追着喂宝宝吃饭。

四、宝宝的智能训练

如何教宝宝认识周围事物

春天带孩子去看哪些叶子先长出来，什么花开得最早；认识植物的名称，树有根、茎、叶，有些会开花和结果；认识鸡和鸭有哪些不同，区分公鸡和母鸡谁会打鸣，谁会生蛋；看看风、云、雨、雪，为什么会闪电和打雷；太阳从哪边升起，又从哪边落下；带孩子看夜空的月空和星星。日常生活中许多现象是“无字书”。如果宝宝没有见过月亮，他学“月”字就不容易记住。如果他注意到月初升起弯月同这个月字十分相似，学一次就会记住。月龄小的孩子知识贫乏，对字义难以理解，就会拒绝认字。因此，大人要注意在日常生活中随时随地给宝宝讲解所见所闻，让宝宝对各种事物感兴趣，扩充他的知识面。

如何训练宝宝手指的灵活性

宝宝的手指虽然已经很灵活了，但还需继续训练，因为随着宝宝手指灵活性的进一步提高，可以促进宝宝的大脑发育。为此，你可以和宝宝一起做手指操。训练宝宝用手指拿东西，是刺激大脑最好的办法。你可以让宝宝经常拿一些小的物体，和他做些小游戏，其中搭积木就是这个时期最好的游戏。你也可以给宝宝放一段音乐，随着音乐的节奏，让宝宝的每个手指都得到运动。

怎样培养宝宝独立生活能力

随着宝宝动作技能和自我意识的发展，开始有了学习自我服务并为家人服务的愿望和兴趣。例如，一旦学会了走，他就乐意走来走去，帮大人拿东西；一旦学会了将勺子凹面装上食物，他就乐此不疲地练习自己刚刚掌握的这一技能。这正是培养宝宝独立生活能力的契机。及时鼓励和培养宝宝有规律、有条理的生活卫生习惯和能力，不仅能促进宝宝动作技能的发展，提高健康水平，还能增强宝宝的独立性、自信心，使宝宝保持愉快的情绪。宝宝一旦形成了良好的卫生习惯，将会受益终生。

如何培养宝宝的生活自理能力呢？年轻的爸爸妈妈应掌握以下两个重点：

- 独立生活的技能。学着自己的事情自己做，并在这一过程中学会适合这个年龄段宝宝的一些生活技能，如洗脸、喝水等。

- 独立解决问题的能力。父母为宝宝创造条件，使宝宝有机会与成人，尤其是与同伴相处，学会处理与人、与事物的关系。父母帮助宝宝完成一项工作，比代他做完所花费的时间要多好几倍，为此付出的劳动也大得多，因此需要极大的耐心。但是，这种付出是值得的，它能保证宝宝较早学会独立生活，并使他终生受益。

怎样提高宝宝的认知能力

这个年龄段的宝宝，大约能够认出10种以上的常见物品，并能说出其名称。当宝宝看不到这些物品时，也能想象出这些物品的样子。例如，当向宝宝询问某种不在他眼前的物品时，宝宝会拉着妈妈找到这个物品，并指给你看。这就是宝宝对客观事物从表象到抽象的认知能力。宝宝的认知能力是一点点积攒起来的，可以利用“猜一猜”的游戏提高宝宝的认知能力。把放有两个苹果的盘子端给宝宝看，拿走一只苹果，放在你的身后或衣兜里，让宝宝猜一猜，那个苹果哪里去了，盘子里怎么剩一个苹果了。如果宝宝对这个游戏不感兴趣，说明宝宝对这个现象已经认知了，再换比这复杂的游戏。

如何开发宝宝的右脑

人的左脑主管抽象的逻辑思维、象征性关系、对细节进行逻辑分析、语言理解、连续性计算及复习关系的处理能力。儿童通过语言、文字学的知识都要动用左脑。人的右脑主管形象思维、知觉空间判断、音乐、美术、文学美的欣赏。直觉的整体判断和情感的印象等都要动用右脑。所以婴儿期学习数学是最好的，也是为以后入学学习奠定了基础。

宝宝想象力的开发训练怎样进行

培养宝宝的想象力，爸爸妈妈可以通过一些技巧来提升宝宝的想象力：多给宝宝准备一些小型的成人用具的玩具，如电话、塑料盘子等等，这些可以为宝宝的想象游戏提供帮助。给宝宝另外一些多用途的玩具，比如彩色积木，拼插玩具等，这些玩具可以给予宝宝更多想象的空间，最大限度地发挥宝宝的想象力。爸爸妈妈还可以准备一个盒子盛放宝宝每日开展想象游戏的道具，方便宝宝随时可以拿到他开展游戏的各种道具。

如何培养宝宝的艺术智能

1岁多的宝宝，开始学习说话、走路，参与音乐活动的路子也更宽一些。在听音乐的过程中，一些节奏鲜明、短小活泼的歌曲或乐曲，会帮助宝宝随音乐合拍地做拍手、招手、摆手、点头等动作，然后逐步增加踏脚、走步等动作。这时，如果你给宝宝一盒蜡笔，宝宝不再抓到就往嘴里送，而是开始尝试把手里的物品拿来敲、扔、拍、舞动等等。如果这时候开始提供画具，宝宝会拿起笔在纸上涂鸦，这说明宝宝开始崭露出艺术潜能。

五、用心·呵护宝宝健康

宝宝为什么要定期健康检查

幼儿应每3~6个月进行一次健康检查，要使用小儿生长发育监测图，定期连续地测量孩子的体重、身高并在小儿生长发育监测图中画出体重、身高的曲线图，以根据体重、身高曲线的变化给予评价和判断，以早期发现生长发育的偏离（如生长发育迟缓、营养不良、肥胖等），及时找出原因，采取相应措施进行干预。对常见病（如贫血、腹泻、佝偻病、上呼吸道感染等）的预防措施要加强宣传和教育，以减少常见病的发病率及发病次数。指导口腔卫生，采取正确的刷牙方法，普及口腔保健知识以保护幼儿的乳牙。加强视力、听力的筛查，保护视力，合理用药，减少药物性耳聋的发生。按时进行预防接种，减少传染病的发生，以达到控制和消灭传染病的目的。

宝宝患急性鼻炎怎么办

急性鼻炎是鼻腔黏膜的急性炎症，本病具有传染性，俗称“伤风”或

“感冒”。急性鼻炎主要由病毒感染引起，如鼻病毒、腺病毒、流感和副流感病毒等，有1~3天的潜伏期，病程7~10天，主要症状是鼻塞、流涕，伴有轻度的发热、乏力、头痛、食欲减退等。治疗本病以支持疗法和对症疗法为主，往往在发病初期采取饮食疗法十分有效，按摩针灸亦简便易行。若有发热则应用药物治疗，滴鼻药有利于减轻症状。急性鼻炎只能以增强体质和注意卫生来预防。增强体质主要是锻炼身体，并辅以药物、食物的补养。注意卫生习惯，要从食具、毛巾、脸盆等方面做起。尽可能减少病毒接触口、鼻、眼黏膜的机会。室内常用食醋蒸汽熏一下，有利于减少空气中的病毒。

急性扁桃体炎怎样防治

急性扁桃体炎起病很急，患儿常感到喉咙痛，并且伴有发热、恶心、呕吐等症状，甚至会因为高热而抽搐。患儿张口时可以明显发现其扁桃体肿大、充血。同时，患儿颈部两侧的淋巴结肿大、疼痛。有的患儿的扁桃体会出现黄白色点状分泌物，也可融合成片状，就像假膜，拭去后黏膜不会出血。患儿要卧床休息，经常喝水。

同时，家长要特别注意不要喂患儿吃难咽的固体食物，而应让患儿吃流质食物或者饮水，这是因为若让患儿进食难咽的固体食物，会导致患儿因吞咽时咽部疼痛而不愿意进食。急性扁桃体炎可导致多种并发症，例如急性颈淋巴炎、中耳炎、咽喉脓肿，甚至急性肾炎。所以，扁桃体炎必须及时治疗。医生一般使用抗生素，以青霉素为主进行抗菌消炎治疗。

虫咬皮炎该如何预防及护理

虫咬皮炎是夏秋季节小儿易感染的皮肤病。夏季易滋生虫类，小儿皮肤娇嫩，活动量大，出汗多，容易吸引昆虫来叮咬，使局部皮肤感染而出现炎症性反应。通常见到的有蚊子、跳蚤、小飞虫等。虫咬皮炎的皮疹多见于皮肤的暴露部位，如面部、四肢、颈部、臀部。皮疹为小的出血点、丘疹、风团，皮疹中有虫咬痕迹，伴有不同程度的瘙痒或刺痛，局部红肿，经3~5日可自行消退。如果小儿抓痒将皮肤抓破，可能发生继发感染，出现发热、淋巴结肿大症状，影响恢复，给小儿带来痛苦。在虫咬后如何护理呢？首先，虫咬以后不要用手抓挠，可在叮咬处清洁后外涂1%薄荷炉甘石洗剂，也可选用利康液、风油精、蚊不叮液等其中一种涂抹。为了防止虫咬，有以下几个方面需要注意：

- 必须搞好家庭和环境卫生，消灭昆虫滋生地，大力灭虫。
- 家庭要安装纱门、纱窗，定期喷杀虫剂。
- 搞好个人卫生，勤换洗衣服、被褥，勤洗脸、洗澡等。

宝宝光脚散步有益健康吗

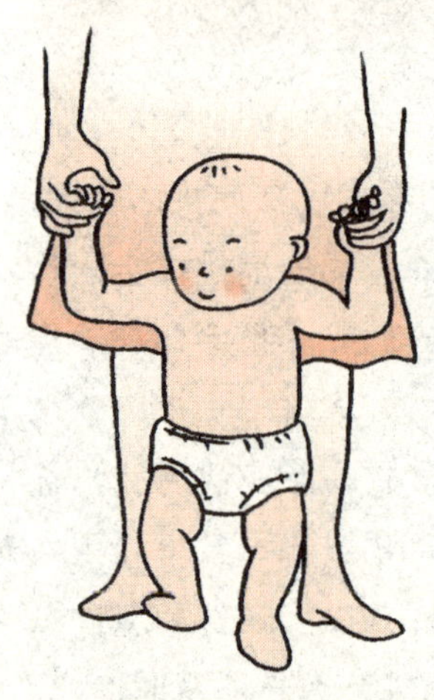

光脚散步有很多优点，特别是对弱智幼儿以及足部骨骼和肌肉发育不良而不能正常走路的幼儿，都有较大的好处。足弓是人类特有的，是在人直立、正常行走过程中产生的。而弱智儿的足弓不明显，或没有足弓。没有足弓的孩子走、跑都很慢，不能双脚同时跳起，或跳得很笨，运动反应不灵敏。光脚散步可使脚掌受到外界刺激，促进足部骨骼、肌肉的发育及足弓的形成，同时向大脑传递刺激，促进大脑的发育。在散步时注意让小儿脚跟着地走一段路以后，再用脚尖走一段路，这样既能锻炼两腿的力量，也可以锻炼小儿的平衡功能和移动身体重心的能力。

怎样让宝宝远离蚊虫叮咬

气候转暖的时候，特别是在夏季，宝宝总是会受到蚊虫的叮咬。如何使宝宝远离它们的骚扰，受到骚扰后又如何处理呢？

宝宝睡觉时，为了让他享受酣畅的睡眠，可以给他的小床配上透气性较好的蚊帐；或插上电蚊香，注意蚊香不要离宝宝太近；还可以在宝宝身上涂抹适量的驱蚊剂；睡觉前沐浴时可以在宝宝的浴盆里滴上适量的花露水，使宝宝洗澡后肌肤上留有花露水的味道，对驱散蚊虫也有一定的功效。

蚊虫叮咬后常会引起皮炎，此乃夏季小儿皮肤科常见病症，以面部、耳垂、四肢等裸露部位的丘疹或瘀点为多见，亦可出现丘疱疹或水疱；损害中央可找到刺吮点，表现为像针头大小暗红色的瘀点，宝宝常会感到奇痒、烧灼或痛感，因此会出现烦躁、哭闹；个别严重者可引起眼睑、耳郭、口唇等处明显红肿，甚至发热、局部淋巴结肿大；偶发由于抓挠或过敏引起的局部大疱、出血性坏死等严重反应。

一般性的虫咬皮炎的处理主要是止痒，可外涂虫咬水、复方炉甘石洗剂，也可用市售的止痒清凉油等外涂药物。对于症状较重或有继发感染的患儿，可内服抗生素消炎，同时及时清洗并消毒被叮咬的局部，适量涂抹红霉素软膏等。父母要监督宝宝洗手，剪短指甲，谨防宝宝搔抓叮咬处，以防止继发感染。蚊虫是传播乙型脑炎和多种热带病（如疟疾、丝虫病、黄热病和登革热等）的主要媒介，夏秋季如发现宝宝有高热、呕吐，甚至惊厥等症状时，应及时就诊。在使用驱蚊用品，特别是直接接触皮肤的防蚊剂、膏油等时，要注意观察是否有过敏现象，有过敏史的宝宝更应注意。

小儿麻疹该如何防治

麻疹是由麻疹病毒引起的一种急性呼吸道传染病，多见于秋末春初。麻疹传染性很强，主要在宝宝之间相互传染。一旦接触麻疹患儿，麻疹病毒就会通过其咳嗽、打喷嚏的飞沫经过鼻、口、咽、气管等进入易感者体内而引起发病。麻诊患者是主要的传染源，从出疹前3天到出疹后6天，这期间均有传染性，如果合并肺炎则要延长至出疹后10天。护理过麻疹患儿的人又去接触未做免疫预防的宝宝，也会使之受传染而发病，可见其传染性是很强的。

从接触麻疹患儿起，直至出现症状，需要10~11天，麻疹初起时，患儿常有发热、咳嗽、流鼻涕、眼睛发红、怕光、流眼泪，很像重感冒。宝宝发烧2~3天后，在口腔第二个臼齿附近的颊黏膜上，可以看到针尖大小的小白点，周围有红晕，这叫麻疹黏膜斑，这是麻疹早期的一个特征。第4天后，疹子出殃，先在耳后及颈部开始出殃红色的小疹子，接着很快从脸上、胸前、后背、四肢，最后到手、足心，疹子才算出齐。皮疹呈玫瑰红色，起初较稀，以后渐密，发热、咳嗽、眼睛畏光等症状也加重，疹子与疹子之间的皮肤为正常肤色。疹子一般经3~5天出透出齐。

疹子出齐后，体温逐渐下降，精神和其他症状也有好转。皮疹按出疹的顺序自上而下逐渐消退。同时皮肤有米糠样小脱屑，留下棕褐色的色素沉着。正常情况下，对患儿护理得好，7~10天就可痊愈；如果护理不当，就会并发肺炎、心力衰竭、喉炎和脑炎等，严重时可危及生命。宝宝患此病后，除了给予精心照顾外，还需要给其服用一些清热解毒、解表透疹的中药。

宝宝长热痱怎么办

夏天气候炎热，活泼好动的宝宝自然出汗多，假如这时毛细血管的出口被堵塞，皮肤就会发炎而长出热痱。热痱多生于宝宝额头、脖颈项、腋下、背部、大腿、腹股沟等容易出汗的地方，症状是皮肤发红，并长出一粒粒的小疙瘩。严重时不但会化脓，且范围逐渐扩大。妈妈应注意对长热痱的宝宝的妥善护理。

宝宝长热痱的护理要点：

- 保持宝宝的身体清洁。预防胜于治疗，妈妈平时要替宝宝勤换衣服，给宝宝洗澡时必须彻底清洗身上的污垢及汗水，以上述容易出汗的地方为清洁重点，用温水佐以不含碱性的沐浴液去除宝宝身上的污垢。温水有抑制皮肤发炎的作用，若热痱不严重，用温水勤加清洗，并小心护理，大都可以不药而愈。月龄小的宝宝通常由妈妈抱着洗，或者用坐浴。妈妈应预留清洁的温水，在洗完澡后，为宝宝冲身，将污垢彻底冲去，并用毛巾把全身擦干。

- 让背部通风。睡觉时，因为背部经常与垫被接触，较易长热痱，所以妈妈要帮宝宝更换睡姿，让背部通风干爽。使用空调调节室温，减少宝宝的流汗量也是预防热痱的方法之一。

- 善用热痱粉。使用热痱粉可使宝宝的身体保持干爽，防止热痱出现。使用时，妈妈应撒少量热痱粉于掌中，轻轻匀开，然后均匀地擦拭在宝宝身上。宝宝流汗之后，洗澡要连热痱粉一起清洗干净。但如果已经长出热痱，则热痱粉不但无治疗作用，反而会增加毛细孔上的污垢，引发新的皮肤病，必须停用。若宝宝不慎吸入大量热痱粉，粉末会经由呼吸道进入肺部，造成生命危险，热痱粉要放在宝宝拿不到的地方。

- 长了热痱的宝宝要涂专门治疗热痱的药膏，避免因发痒而抓破化脓，或导致感染形成水疱疹。搽药前一定要先把宝宝皮肤洗净，然后涂上薄薄的一层即可。

宝宝得了疥疮该如何治疗

疥疮是由疥虫引起。疥虫是一种很细小的节肢腿动物，可经由接触传染，小朋友拉手或一起游戏时的身体接触，都可以传染疥疮，而家人互相传染的机会更大。患疥疮的宝宝的手掌、脚掌会出现细小的水疱或红疹，容易被误认为皮肤炎。由于疥疮经由接触传染，故患者的家人很多亦同时受到感染而感到浑身瘙痒，需要一并接受治疗。治疗疥疮，必须先杜绝疥虫。方法主要是外涂药物，常用的包括有丙体666、硫黄及苯甲酸卡酸乳剂等。

患者必须依照以下程序用药，方可有效。第一晚，患者热水浴后将乳剂涂于头部以下之全身皮肤上。由于瘙痒是身体的反应，不代表痒的地方才有疥疮，故必须注意全身涂满乳剂，除头部及颈部外不遗漏任何部位，待乳剂干后，穿回当日之衣服。24小时后才可洗澡。过后可用止痒药膏涂擦身体上瘙痒的部分而并非全身涂擦。患者的家人不论是否感到皮肤瘙痒，均须同时接受治疗。患者的衣物可以沸水洗过或以熨斗熨过。这种疗法一般可杀死全部疥虫，皮肤瘙痒或会持续两三星期，这不代表疥虫未被铲除。反而若涂搽药物太多，可能引起皮肤敏感而感到瘙痒。

什么是外耳道炎与外耳道疖肿

外耳道炎是宝宝常见病。往往由于用不干净的手或火柴棍去掏耳朵解痒，或是眼泪、呕吐物、洗脸水流入外耳道而引起的外耳道皮肤（或毛囊）和腺体发炎，最后形成外耳道炎或疖肿。宝宝患病后常哭闹不安，有的可出现发热。如果发展成外耳道疖肿，痛得更厉害，尤其是夜间疼痛明显，宝宝常可哭闹不睡。出脓后疼痛减轻，逐渐恢复正常。病程大约1~2周，如果治疗不当可并发中耳炎。

外耳道炎与外耳道疖肿的护理要点：

◉ 早期可用热毛巾热敷患耳，每天2～3次，每次10～20分钟。流脓后，可用消毒棉花棒不断轻轻地擦去耳道里的脓液，涂些紫药水或红药水，每天涂1～2次。

◉ 给宝宝洗脸或洗头时，应防止脏水流入耳道。不能用火柴棍、发卡等未经消毒的用具给宝宝掏耳朵里的脓痂，以防加重感染。宝宝睡觉时，要采取患侧卧位，使病耳向下，以便脓液流出。

◉ 宝宝患病后，由于耳痛厉害，要吃米粥、烂面片、藕粉、面糊、菜泥、豆浆等流食或半流食，以减轻咀嚼时的疼痛。疼痛减轻后再恢复正常饮食，还应让宝宝多喝开水或果汁。

◉ 急性炎症期尽量让宝宝多卧床休息，通过控制活动量，可以减轻疼痛。此外，妈妈要遵医嘱，按时、按量给宝宝用药，不要给宝宝滥用抗生素和退热止痛药，以免引起不良反应。

六、打造聪明宝宝的亲子游戏

“配对”游戏怎么玩

方法：用宝宝看图认物的图卡练习配对。最好购买两套完全相同的图卡，让宝宝寻找相同的图相配，组成一对。无论是认图还是认字的图卡都能配上对，进而增加宝宝认图和认字的兴趣。有些孩子从出生后10个月起学认汉字，能将汉字配对；另一些孩子会给数字或汉语拼音（或英文字母）的字卡配对。

目的：增强记忆，促进认图和认字的本领。宝宝都喜欢认卡片，配上一对，手上拿起两张；再配一对又拿两张。认识十个八个图或字，手里拿一大捧就有了成功的喜悦。可以几个孩子在一起玩，看看谁拿得最多，宝宝想比别的小朋友认得多，便会加倍努力。

怎样教宝宝用钥匙开锁

方法：可以用平时家中的大锁和钥匙，也可以用一种专门为孩子做的钥匙玩具。宝宝平日看到妈妈出门和回家时都要用钥匙，宝宝对钥匙产生了浓厚的兴趣。让宝宝将钥匙放入锁眼中，顺时针方向转动，锁会打开。宝宝会详细地观看这个大锁，拿起钥匙想法塞进洞里。宝宝的手还不灵便，费很大的劲才能将钥匙塞入洞口，但塞得不够深不能将锁打开。他会认真研究、试探，偶尔将锁打开会十分高兴。

目的：练习手眼协调做精细的动作。宝宝要看准钥匙洞，把钥匙插入，而且要插到适宜的深度才能把锁打开。

怎么教宝宝玩“采蘑菇”游戏

方法：准备一个小提篮，一只玩具兔子，一些彩色硬纸剪成的蘑菇，并将蘑菇散落在地上。取出玩具小兔，说小兔子饿了，让宝宝给采一些蘑菇。然后让宝宝提着篮子拾蘑菇，再走回你身边来。在做这个游戏时，应注意蘑菇不要太多，不要让宝宝蹲的时间过长。

目的：这个游戏可以训练宝宝走和蹲的动作，从而提升宝宝的肢体协调能力。

如何教宝宝玩形板

方法：选择有五六种形块的形板，让宝宝先复习圆、方和三角形，再认识长方形（拉长了的方形）、椭圆形（拉长了的圆形或蛋形）或者半圆形（切去一半的圆形）。宝宝从形板上按大人所说的名称将形块取出，然后放入相应的空穴中。

目的：认识形块的名称，练习辨认能力，将正确的形块放入相应的空穴内。

怎么和宝宝一起玩“开商店”游戏

方法：准备一些实物、玩具和纸片（做纸币）让宝宝和你一起玩开商店的游戏，你当顾客，宝宝当售货员。让宝宝先问：“你要买什么?”你回答：“我要买铅笔。”并把“纸币”递给宝宝，宝宝就把东西拿给你。可互换角色。

目的：学说名词。

怎样教宝宝认三角形

方法：可在纸上用色彩鲜艳的笔画出几种三角形图案，并告诉宝宝：“这是三角形。”平时还要结合室内外宝宝常见的有三角形状的实物，反复教宝宝认识三角形。经过反复指认，宝宝便能分辨出三角形。

目的：发展形状知觉能力。

如何引导宝宝“按指示找物”

方法：把宝宝喜爱的玩具藏起来，让宝宝根据你的指示把东西找出来，如“在床上。”当宝宝走到床边，再告诉他：“在枕头底下。”可逐渐增加难度。

目的：训练辨别方向的能力。

第十四章 爸爸妈妈的“调皮鬼”（1岁7~12个月）

一、记录宝宝成长足迹

宝宝的听觉有怎样的变化

宝宝对听到的声音开始敏感起来，能够辨别电视或广播中说话的声音，是阿姨（女声）还是叔叔（男声）。开始通过听，接受妈妈的指令，而过去是在听的基础上，要看到妈妈的肢体语言，才能理解妈妈的指令。听妈妈说话的语音和语调，就可以判断妈妈是高兴还是生气；听到汽车驶过的声音，会告诉妈妈汽车；听到小狗叫声，宝宝知道一定有小狗在他周围。

近2岁的宝宝的听觉能力有了一个很大的提高，他不仅在很远处就能辨别出爸爸妈妈说话的声音，而且能还辨别出两三个他熟悉的人对话的声音，并能说出正在说话的人是谁。同时，宝宝还能把听到的东西“收录”下来，很快，或者过几天后，宝宝就会用自己的行动或语言“回放”出来。

宝宝的视觉有怎样的变化

宝宝盯着看的次数减少了，但盯着看的时间却延长了，这是因为宝宝注意力时间延长了，探究事物秘密的兴趣大了，“想看个究竟”是宝宝的目的。

当宝宝目不转睛地盯着看的时候，父母和看护人不要打搅，让宝宝有个连贯的观察、思维过程，这有助于宝宝注意力时间的延长。近2岁的宝宝如果认识了红、黄、蓝这三种颜色，那么他不久就会认识交通红绿灯，并在父母的教导下遵守马路交通秩序。

宝宝的语言有怎样的变化

这个时期的宝宝开始认真地学习语言，翻动书页，选看图画，能够叫出一些简单物品的名称；能够指出方向；能够说4～5个词汇连在一起的句子，如："在桌子上"。会有目的地说"再见"；能够按要求指出眼睛、鼻子、头发等。这个时期的宝宝注意力集中的时间仍很短，他不会坐下来安静地听你讲5分钟故事。

2岁左右的孩子最爱说，嘴不停地讲。喜欢同周围的人交谈，说话速度很快，听起来滔滔不绝，实际上没说出几件事来。总的看来，这个时期的宝宝已经掌握了基本的语法结构，句子中有主语、谓语。熟悉宝宝的爸爸妈妈基本上可以听懂他在说什么。将近2岁的孩子注意力集中的时间比以前长了，记忆力也加强了，大约已掌握了300多个词汇。他能够迅速说出自己熟悉的物品名称，会说自己的名字，会说简单的句子，能够使用动词和代词，并且说话时具有音调变化。他常会重复说一件事。给他看图片，他能够正确地说出图片中所画物体的名称。大人若命令他去做什么，他完全能够听得懂并且去做。

宝宝的动作有怎样的变化

这个时期的小孩已经能够独立行走了，还会牵拉玩具行走、倒退走，会跑，但有时还会摔倒。有意思的是，他能扶着栏杆一级一级地上台阶，可却常常喜欢四肢并用向楼梯上爬。让他下台阶时，他就向后爬或用臀部着地坐着下，这个时期的宝宝会用力地扔球，会用杯子喝水，洒得很少；能够比较好地用匙，开始自己吃饭。

在2岁时能用双腿一起跳着玩，并能单足独立1～2秒钟。随着幼儿游戏范围扩大，孩子能叠6～7块方积木，有目标地扔皮球并能使皮球弹回来，开始蹲在地上玩泥土、沙、坐秋千、下滑梯，会用手拉脱手套、袜子，画重叠的放射线或弧圈，并能控制乱涂画的速度。手的动作更灵巧、准确，会用匙子吃饭，学用筷子，握杯喝水，能一页一页翻书，在纸上不同位置画同方向线条或交叉线条。

宝宝的心理有怎样的变化

孩子的个性在这个时期已经明显表现出来了。喜欢听音乐的孩子在听到音乐时会竖直耳朵倾听，喜欢画画的孩子给他彩笔就会自己涂鸦，喜欢运动的孩子则会蹦蹦跳跳跑个不停。父母应尽量满足孩子某种爱好的需求。这个时期的幼儿的活动范围有了较大的提高。他们喜欢爬上爬下，喜欢模仿父母做事，如擦桌子、扫地等，喜欢模仿小哥哥、小姐姐们做广播体操等。逃避依赖、认识自我，是这个年龄段幼儿的特点。但成人常常无法及时改变以往的态度，忘记这就是正常的生长规律，以至于胡乱地愤慨惊讶。

2岁左右的孩子很爱表现自己，也很自私，不愿把东西分给别人，他只知道“这是我的”。他不能区分什么是正确的，什么是错误的。2岁左右的孩子，胆量大一些了，不像以前那样畏缩了，不再处处需要家长的保护，他不再像以前那样时刻依赖着大人，能够较独立地活动。

二、关注宝宝的每一口营养

现阶段宝宝的喂养特点是什么

1岁多的小儿，饮食正处于从乳类为主转到以粮食、蔬菜、肉类为主食的过程。随着小儿消化功能的不断完善，孩子食物的种类和烹调方法将逐步过渡到与成人相同。1岁半的孩子还应注意选择营养丰富容易消化的食品，以保证足够营养，满足生长发育的需要。

1岁半的小儿已经断奶，每天吃三餐饭，再加1～2顿点心。若晚餐吃得早，睡前最好再给孩子吃些东西，如牛奶等。给孩子做饭，饭要软些，菜要切碎煮烂，油煎的食品不易消化，小儿不宜多吃，吃鱼时要去骨除刺。给孩子吃的东西一定要新鲜，瓜果要洗干净。孩子的碗、匙最好专用，用后洗净，每日消毒。孩子吃饭前要洗手，大人给孩子喂饭前也要洗手。

现阶段宝宝吃哪些食物比较好

宝宝吃哪些食物比较好？这既要了解孩子在这一时期生长发育较快，对营养需求相对较多的特点，又要掌握此时期的孩子胃肠道消化、吸收功能尚未发育完善的特点，所以膳食以细、软、烂、易于消化、易于咀嚼为主。1～2岁小儿对谷类食物的消化吸收已没有什么问题，因此诸如米饭、馒头等主食对孩子是适宜的，带馅的包子、馄饨、饺子等食品更受小儿的欢迎，但应避免油炸食品。

辅食中，鲜鱼、奶制品及各种肉、蛋类均能提供优质的蛋白质、脂溶性维生素及微量元素，尤其是鸡蛋，营养价值高，易于消化，是婴幼儿的首选辅食。豆制品是我国传统食品，富含营养，是廉价的优质蛋白质来源。蔬菜类富含无机盐与维生素，如油菜、白菜、菠菜、芹菜、胡萝卜、土豆、冬瓜等均具较高的营养价值。水果类，如西瓜、苹果、橘子、香蕉、花生、核桃等，不仅营养价值高，还颇受孩子们喜欢。

小儿食品应该如何烹饪

烹调婴幼儿食品时，不仅营养素合理，还应兼顾小儿的生理特点，使小儿喜欢、爱吃。如何做到合理烹调呢？

● 形态各异、小巧玲珑：不论是馒头还是包子，或是其他别的食品，一定要小巧。小就是切碎做小，以照顾孩子的食量和咀嚼能力，巧就是形态各异，让孩子好奇、喜欢，增加食欲。

- 色、香、味俱佳：色，即蔬菜、肉、蛋类保持本色或调成红色，前者如清炒蔬菜、炒蛋等，后者如红烧肉丸等；香，保持食物本身的维生素或蛋白质不变质，再加上各种调料使鱼、肉、蛋、菜各具其香。但由于幼儿口清，调料不宜太浓，不宜油炸；味，幼儿喜欢鲜美、可口、清淡的菜肴，但偶尔增加几样味道稍浓的菜肴，如糖醋味、咖喱味等，有时更会引起孩子的好奇、兴趣和食欲。

- 保持营养素：如蔬菜要快炒，少放盐，尽量避免维生素C的破坏。煮米饭宜用热水，淘洗要简单，使B族维生素得以保存。对含脂溶性维生素的蔬菜，炒时应适当多放点油，如炒胡萝卜丝，使维生素A的吸收率增高，炖排骨时汤内稍加点醋，使钙溶解在汤中，更有利于小儿补钙。

孩子吃饭应注意什么

每次吃饭前用肥皂仔细洗手，让孩子坐稳，细嚼慢咽。且不可边吃边玩，边说边笑。饮食要定时，按顿吃饭，不吃零食。一般安排每天三顿正餐，上午、下午加一次点心，每顿饭间隔四小时左右，如果每天坚持按这种规律进食，孩子就会养成按顿吃饭的好习惯。教育孩子吃各种各样的食物，不挑食、不偏食。不论是鱼、肉还是豆腐，不论是水果还是蔬菜，不论是细粮还是粗粮，都应搭配着吃。

不能只吃某些食物而不吃其他食物，以保证孩子获得全面的营养。食物要多样化，食物烹调要结合小儿年龄及消化特点，注意要色、香、味俱佳，以提高孩子饮食兴趣，达到增进食欲的目的。要避免强迫孩子进食，强迫只能使孩子产生逆反心理而更加厌食。1~2岁后，孩子的食欲比1岁前婴儿期明显减退，这是规律，它受幼儿生长速度的制约，只要孩子身高、体重增长正常，家长就不要担心。饮食要定量，家长对孩子特别爱吃的食物要给予适当限制，不要一次吃得过多，如果超过了胃肠的消化能力，就会引起疾病。

同时，一种食物吃得太多，必然影响对其他食物的食欲。小儿模仿性强，在吃饭时家长不要谈论某种食物的优劣，以免养成小儿挑剔饭菜的习惯。不要在吃饭前或吃饭时责备孩子，若孩子在吃饭时心不在焉，拖延时间，经多次劝说仍不能在进餐时间（20~30分钟）内吃完，可将饭菜拿走，不让孩子继续拨弄。孩子1~2顿饭吃不饱不要紧，这顿没吃饱，下顿自然吃得好，不要因为这顿没吃饱，就在正餐之外给零食，这样会养成正餐不好好吃饭，专吃零食的坏习惯。

本阶段幼儿该如何喂养

有的孩子快2岁了，仍然只爱吃流质食物，不爱吃固体食物。这主要是咀嚼习惯没有养成，2岁的孩子，牙都快出齐了，咀嚼已经不成问题。所以，对于快2岁还没养成咀嚼习惯的孩子只能加强锻炼。2岁的孩子不要用奶瓶喝水了，从1岁之后，孩子就开始学用碗、用匙、用杯子了，虽然有时会弄洒，但也必须学着去用。有的家长图省事，让孩子继续用奶瓶，这对小儿心理发育是不利的。

孩子对甜味特别敏感，喝惯了糖水的孩子，就不愿喝白开水。但是甜食吃多了，既会损坏牙齿，又会影响食欲。家长不要给孩子养成只喝糖水的习惯，已经形成习惯的，可以逐渐减低糖水的浓度。吃糖也要限定时间和次数，一般每天不超过两块糖，慢慢纠正这种习惯。你会发现，糖吃得少了，糖水喂得少了，孩子的食欲却增加了。2岁的孩子每天吃多少合适呢？每个孩子情况不同。一般来说，每天应保证主食100~150克，蔬菜150~250克，牛奶250毫升，豆类及豆制品10~20克，肉类25克左右，鸡蛋1个，水果40克左右，糖20克左右，油10克左右。另外，要注意给孩子吃点粗粮，粗粮含有大量的蛋白质、脂肪、铁、磷、钙、维生素、纤维素等，都是小儿生长发育所必需的营养物质。2岁的孩子可以吃些玉米面粥、窝头片等。

幼儿不宜吃的食物都有哪些

注意避免一些不适宜幼儿的食物，如有刺激性的食物（生硬、粗糙、油腻、咖啡、浓茶、酒类、香料），带刺、壳、骨的食物（如鱼、虾蟹、鸡鸭等家禽或兽肉），整粒的硬果（花生、豆子、瓜子、核桃、杏仁等）。这些食物给幼儿食用时，稍有不慎可呛入气管，造成气管异物，危及生命。如将这些食品做成液体或浆制品，则成为幼儿良好的食品。油类尽量使用植物油，避免使用动物性脂肪油，因动物性脂肪油熔点高不易消化。还不宜吃油炸食品，因油炸食品一来不易消化吸收，二来热量摄入太高，影响代谢平衡。洋葱、生萝卜之类容易产生胀气的食品宜少食用。

如何控制宝宝吃零食

一日三餐形成规律，消化系统才能劳逸结合。完全控制零食是不现实的，可以给宝宝吃零食，但要控制吃零食的时间，正餐前1小时不要给宝宝吃零食，包括饮料。吃什么样的零食也要有所考虑，不要经常给宝宝吃高热量、高糖、高油脂的零食。餐前半小时以内最好不要给宝宝喝水，以免冲淡胃液，不利于食物消化吸收。边吃饭边喝水不是健康的饮食习惯，如果宝宝喜欢这样，要尽量纠正过来。大多数宝宝都爱吃甜食，甜食吃得过多也会伤胃，最好把甜食安排在两餐之间或餐后1小时。

为什么宝宝的食物宜软、碎、烂

宝宝虽然能上桌子同大人一起吃饭，但刚萌出的磨牙还不能嚼碎炒得翠绿的青菜。给宝宝吃的蔬菜要切碎，宝宝能接受做成馅的蔬菜，成条的炒菜会被宝宝拒绝。此时每天仍应保证宝宝喝400~500毫升的乳类以提供优质蛋白质和钙。

为什么宝宝容易缺锌

先天储备不良、生长发育迅速、未添加适宜辅食的非母乳喂养婴儿、断母乳不当、爱出汗、饮食偏素、经常吃富含粗纤维的食物都是造成缺锌的因素。胃肠道消化吸收不良、感染性疾病、发热患者均易缺锌。妊娠及哺乳期女性的锌营养不足是导致下一代的锌营养缺乏的重要原因。另外，如果家长在为孩子烹制辅食的过程中经常添加味精，也可能增加食物中的锌流失。因为味精的主要成分谷氨酸钠易与锌结合，形成不可溶解的谷氨酸锌，影响锌在肠道的吸收。

宝宝宜食的健脑食品有什么

国内外现代营养专家长期研究的结果表明，营养是改善脑细胞、使其功能增强的因素之一，也就是说，加强营养可使宝宝变得聪明一些。大脑主要由脂质（结构脂肪）、蛋白质、糖类、维生素及钙等营养成分构成，其中脂质是主要成分，约占60%。宝宝自出生以后，虽然大脑细胞的数目不再增加，但脑细胞的体积不断增加，功能日趋成熟和复杂化。而婴幼儿时期正是大脑体积迅速增加、功能迅速分化的时期，如果能在这个时期供给宝宝足够的营养素，为脑细胞体积的增加和功能的分化提供必要的物质基础，将对宝宝大脑的发育和智力的发展起到重要作用。因此，父母应尽量为宝宝选择下列各类益智健脑的食品。

脂质含量较多的食物：核桃、芝麻、花生、牛、羊、猪、鸭、鹌鹑、野兔肉，以及葵花子、南瓜子、西瓜子等。富含蛋白质的食物：野兔、野鸡、鹌鹑、牛、羊、鸡、鱼肉以及黄豆等。含糖的食物：小米、玉米、枣、桂圆等。含维生素B族的食物：核桃、芝麻、黄花菜、鳝鱼等。含维生素C的食物：草莓、橘子、菠菜、辣椒、龙须菜。含维生素E的食物：麦胚油、稻米、大豆、花生、芝麻、鸡蛋等。含钙较多的食物：海带、萝卜叶、黄花菜、荠菜等。另外，多吃粗粮对宝宝也很有好处。粗粮中含有人体所需要的糖类、矿物质、B族维生素和纤维素，当然也包括热量。粗粮中的营养成分是细粮无法替代的。

怎样让宝宝爱上蔬菜

● 通过适当的方法对宝宝讲解吃蔬菜的好处。例如在识字、看图、看电

视的时候，向宝宝宣传蔬菜对宝宝健康的好处。

- 通过激励的方法鼓励宝宝吃蔬菜。当宝宝吃了蔬菜后就给予表扬、鼓励，以增加宝宝吃蔬菜的积极性。

- 采用适当的加工、烹调方法。家长要把菜切得细小一点，再搭配一些有鲜味的肉、鱼等（不要加味精）一起烹调，并经常更换品种，使其成为色、香、味、形俱全的菜肴，才能提高宝宝吃蔬菜的兴趣。

- 选择宝宝感兴趣的品种。如果发现宝宝对某种蔬菜感兴趣（包括形状、颜色等），就专门为宝宝做这个菜，既满足了宝宝的好奇心，又让宝宝吃了蔬菜。

- 吃一些生蔬菜。可以给宝宝吃一些质量好、没污染的西红柿、黄瓜、萝卜、甜椒等或做成凉拌菜，它们常会因水分多、口感脆而被宝宝接受。

- 吃带蔬菜的包子、馄饨、饺子。如果宝宝乐意吃面食，就在馅料中加入切细的韭菜、荠菜等蔬菜。

- 家长带头吃蔬菜。

- 让宝宝参与做菜。家长可以鼓励宝宝与自己一起择菜、洗菜，在吃饭时向同桌的人推荐吃宝宝动手加工的蔬菜，让宝宝有成就感，使宝宝逐渐亲近蔬菜。

三、全新的宝宝护理技巧

如何培养宝宝规律的睡眠

这个年龄宝宝活动量大，为了使宝宝晚上睡得好，身体得到充分休息，家长应在晚上宝宝入睡前为孩子做好睡前准备。睡前不应让宝宝做剧烈的运动，不讲新故事或看新书，以免宝宝兴奋过度，影响入睡。可以和宝宝一起念念歌谣，听一些轻柔的音乐或者让宝宝独自玩一些安静的游戏和玩具。如果宝宝暂时还不想睡，家长不要勉强，更不要用恐吓打骂的方法强迫宝宝入睡，这种做法会强烈刺激宝宝的神经系统，使宝宝失去睡眠的安全感，容易做噩梦，影响大脑的休息。在睡前吓唬宝宝，还会形成恶性条件反射，使宝宝在成长过程中害怕猫、狗等其他小动物，不敢独睡，不敢走进黑暗的房子，性格变得胆小懦弱。如用打针来吓唬孩子，以后宝宝就会对治病形成恐惧心理，影响宝宝对治疗疾病的配合；用一些“鬼神”来吓唬宝宝，宝宝就会觉得世上真的有“鬼神”，从而产生一些谬误的观念。

在宝宝入睡前还应做好如下准备工作：室内灯光应暗一些，电视、收音机的声音要放低，大人说话的声音也要相应放轻，拉好窗帘；睡觉前应为宝宝洗手、洗脸、洗屁股，使宝宝知道洗干净才能上床，床是睡觉的地方，应保持清洁，并逐步形成洗干净就上床，上了床就想睡的条件反射；上床前要让宝宝解空大小便，以免尿床；睡眠时应给宝宝脱去外衣，最好换上宽松的衣服，使宝宝肌肉放松，睡得舒服；上床后就不能允许宝宝再玩耍嬉闹，让他知道上了床就该安静地睡觉，这样宝宝就容易进入梦乡。

怎样照料睡觉踢被子的宝宝

当小儿刚入睡还没完全熟睡，或者刚醒还没完全清醒的时候，最容易踢被子。那么怎样防止小儿在睡眠时间踢被呢？睡眠时被子不要盖得太厚，尽量少穿衣裤，更不要以衣代被。被子应选用轻而不厚的，内衣的面料不要选择化纤类，因为透气性差，不利机体散热。否则，机体内产生的热量难以散发，小儿闷热难受，出汗较多，他就会不自觉地把被子踢开透透风，凉爽一些。在睡前不要过分逗引小儿，不要恐吓他，别给小儿讲恐怖的故事和看惊险、恐怖的电视。避免白天玩得过于疲劳。否则，小儿睡着后，大脑皮质的个别区域还保持在兴奋状态，极易做梦，梦中会手脚乱动把被子踢掉。

要培养良好的睡眠姿势。头勿蒙在被子里，手不要压在胸前，最好养成向右侧睡的习惯。有些疾病也是引起小儿踢被、睡眠不安的原因，如蛲虫病、佝偻病。当小儿入睡以后肛门括约肌放松，蛲虫便从肛门口爬出，在会阴部和肛周产卵。蛲虫爬行的刺激，可使肛门口奇痒，小儿常常迷迷糊糊地用手去抓，甚至踢被，大哭大闹。佝偻病初期主要表现为神经精神症状，有夜惊、睡眠不安及踢被等现象。遇到这些情况，应该请医生诊治。家长应对照上述种种原因，结合自己小儿的情况找出原因，积极采取措施。如有可能的话，最好让小儿睡睡袋，这样不必再担心小儿踢被后着凉感冒。

怎样保护宝宝的视力

为了宝宝的视力正常发育，年轻的父母们应注意以下几点：

- 不宜让宝宝过多地看电视。宝宝每周看电视最好不多于2次，每次不超过15分钟。电视机荧光屏的中心位置应略低于宝宝的视线。眼睛距离屏幕一般以2米以上为宜。最好在座位的后面安装一个8瓦的小灯泡，可以减轻看电视时的视力疲劳。

- 宝宝居住、玩耍的房间。房间以窗户较大、光线较强如朝南或朝东南方向的房屋为最好。不要让花盆、窗帘及其他物品影响阳光直射室内。宝宝房间里的家具和墙壁最好是鲜艳明亮的淡色，如粉色、奶油色等，使房间光线明亮。若自然光线不足可加用人工照明。人工照明最好选用日光灯，一般电灯泡照明最好用如乳白色的圆球形灯泡，以防止光线刺激眼睛。灯泡和日光灯管均应经常擦净尘土，以保证照明度。

- 看图书、画画时应提醒宝宝坐姿要端正。书与宝宝眼睛的距离应保持在33厘米左右，不能太近或太远，千万不要让宝宝躺着或在坐车时看书，玩具、教具上的字不能太小和模糊，以防止眼睛紧张、疲劳。

- 要供给宝宝富含维生素A的食物。富含维生素A的食物有肝、蛋黄、深色蔬菜、水果等。经常让宝宝进行户外游戏和体格锻炼，有利于消除视力疲劳，促进视觉发育。

怎样保护宝宝的听力

听力在人的一生中起着重要的作用，从小保护宝宝的听力是非常重要的。如果宝宝听力受损，就几乎无法学习语言，所以常常由于聋而造成哑。为保护宝宝的听力，平时要注意以下几个方面：

◉ 平时不要用火柴、发夹等给宝宝掏耳垢。一般来说，耳垢能自行掉出，不需去掏。如果在耳朵内堆积太多而不掉出，可上医院让医生取出。严禁宝宝自己掏耳朵，因为宝宝的手肌肉控制力差，一不小心就会把耳朵掏坏。如发现宝宝有往耳朵里随便塞纸团等毛病，应当加以教育。

◉ 尽量避免给宝宝使用庆大霉素、奎宁、链霉素等药物，以免损伤听力。要预防上呼吸道感染、扁桃腺炎、麻疹、乙脑等传染性疾病，因为这些病可引起中耳炎。给宝宝洗头洗脸时不要让污水流入耳朵里，以免发生外耳道炎，影响听力。

◉ 不要让宝宝靠近噪音太大的地方，以免损害宝宝的听力。如果发现宝宝的耳朵疼痛，一定要去医院检查，及早治疗，避免宝宝听力减退。

如何教宝宝学会自己洗手

这个年龄的宝宝，应懂得一些卫生习惯，如饭前便后要洗手，同时这个年龄的宝宝主动性有了提高，什么事都喜欢自己动手。家长应了解孩子这些特点，让孩子学习自己洗手。也许有些家长会有顾虑，认为孩子年龄还小，不会自己洗手，不过是玩水。还会把衣服弄湿，所以不愿意让孩子自己洗手。其实不然，只要方法得当，宝宝是能学会自己洗手、洗脸的。宝宝一般喜欢玩水，因此让他自己洗手他会很感兴趣，会高兴地跑到水盆或水龙头那里。在宝宝玩水时，家长可以教他一边玩肥皂泡，一边学习洗手的动作。同时，也应教宝宝如何开关水龙头，如何用手巾擦干手，此时也不要忘记说些有关洗手的话来指导他。宝宝自己洗手时，大人要帮他挽好袖子后再洗，以免弄湿衣袖。如果开始时常常弄湿袖子，家长也不要责备孩子，以免挫伤孩子自己动手、自我服务的积极性。

怎样培养宝宝洗发的习惯

卫生习惯有很多，包括早晚要洗手洗脸，饭前洗手，睡前洗脚，定期洗头、洗澡、理发，饭后漱口、早晚刷牙，用手帕擦鼻涕，不随地乱吐等，其中培养宝宝洗头发的习惯是令一些母亲头疼的事情。因为有些宝宝害怕将头放进水里甚至害怕靠近水。如何才能找到令宝宝满意的解决方法呢？

- 在卫生间里，先让宝宝看你洗头发的过程，熟悉洗头发的一系列程序。
- 耐心细致，对于每个程序一定要反复督促，反复练习，帮助他形成较巩固的卫生习惯。如果他刚剪过头发，在洗头时，你可以先和他玩理发的游戏，假装要把你和他的头发修剪成各种发型，用这种游戏来激起宝宝洗头的兴趣。
- 可以选择任何地点来洗头，如让他站在板凳上，用洗脸盆洗，当然也可以让他在卫生间用淋浴的方式。
- 宝宝如果怕泡沫流进眼睛里，你最好用那种不会让人流泪的洗发精，也不要让他的眼睛和脸部有洗发精泡沫。
- 在洗头发时，可以给他抹上洗发精，慢慢地将热水冲到他的头顶和后部时，给他一块手帕，让他保护好鼻子和眼睛。
- 有时可以让他自己拿着淋浴器洗头发，诱导宝宝洗头发。

如何保护好幼儿的童音

童音的保护可以归纳为下面几点：

教育孩子说话心平气和，不要争先恐后，对爱大喊大叫，哭闹任性的孩子更应劝阻说服。

选择适当的歌曲，如音域窄、轻松、自然的儿童歌曲。每次唱1～2首后，应休息一会，切勿连续唱几个小时。还要教育孩子学会轻柔地唱，或会哼哼。

已有嗓音沙哑的孩子，要提醒他少说话，不要勉强发音，更要避免唱歌或大哭大闹。饮食方面注意忌吃刺激性食物，也要尽量少吃糖果、巧克力等，要多喝开水。

嗓音沙哑、经久不愈的孩子要请大夫诊治。在家里，还可以做些辅助治疗。

具体方法是：将热水倒入保温杯，让孩子口对准杯口，反复吸入水蒸气，每日1~2次，每次5分钟左右。治疗时家长最好始终守在孩子的身边，以免热水泼出烫伤孩子。

宝宝的眼睫毛能剪吗

现代人越来越爱美，甚至在孩子生下来时就考虑怎样使他将来更漂亮。有的父母为了将来孩子睫毛长得又密又长，在孩子出生后不久便将其睫毛剪掉，希望再长出的睫毛更加理想。其实，睫毛的长短、粗细、漂亮与否，主要与遗传等因素和营养状况有关，用剪睫毛的方法是没有什么作用的。人的睫毛排列成2~3行，上眼睑约有100~150根，每根长约8~10毫米，下眼睑约有50~75根睫毛，每根长约6~8毫米。人类睫毛的寿命为3~5个月，不断地脱落，又不断地生长出新的。人的睫毛不是为美丽而生的，有其特殊的作用。

上下睫毛在眼睛前方形成一个保护屏障，起到遮挡灰尘和过强光线的作用，对眼睛的保护有重要的意义。人为剪掉睫毛后，在新睫毛长出以前，眼睛暂时失去了这种天然的保护，易受到伤害。如风沙较大的天气人们要眯起眼睛，睫毛便可起到挡住风沙的作用，而人又能清楚地看到一切。没有睫毛者在这时只能闭起眼睛，才能不被风沙迷眼，但就不能看到东西了。剪掉睫毛后，刚长出的粗、短、硬的新睫毛，容易刺激眼球、结膜和角膜，会产生怕光、流泪、眼睑痉挛等异常症状，严重者会继发眼部感染，另外，在剪睫毛的过程中，如果孩子的眼睑眨动，或者头部摆动，都可能造成外伤，这些都会给孩子造成不应有的痛苦。希望孩子美是每个家长的共同心愿，但这种美建立在孩子的痛苦之上，又是每一个家长所不能接受的。为孩子剪睫毛的做法不仅使孩子受苦，而且有造成孩子终身眼疾的危险，家长千万不能用这种方法来实现自己的心愿。

如何让宝宝与宠物安全相处

如果家里所有的宠物都与宝宝能和平相处，那一定很美妙。但是有些时候却事与愿违，不要假设你家的猫、狗会立刻爱上这个新来的家庭成员。有些家庭宠物能大方地接纳新娃娃，但有些却非得争风吃醋一番才罢休。为了安全起见，不可留下宝宝与宠物单独在一起。当宝宝渐渐长大时，可以教导他温和地对待宠物，如此可以逐步地培养彼此间的信任。相关注意事项如下：

- 禁止宠物与宝宝一起睡觉，在宝宝的摇篮上加个网罩以便保护。
- 动物食用的碗盘应该保持十分干净，并防止宝宝用手触摸。
- 将猫咪的“秽物箱”放在宝宝接触范围之外。
- 预防宠物身上长跳蚤，跳蚤对宝宝具有伤害力。
- 将鱼缸、鸟笼、松鼠笼及该类的东西放置于宝宝摸不到的地方。
- 绝对不可以拿宝宝来逗宠物玩。
- 不要让宝宝喂宠物。

给幼儿买大一些的鞋子好吗

因孩子的鞋不易穿坏，脚又生长得快，因此每双鞋的使用周期较短，家长在购买鞋时往往喜欢买大些的鞋子，准备穿上几年省得年年买鞋。这种想法虽然在理论上是无可非议的，而在实际上常常是行不通的。因为太大的鞋子不仅会影响孩子的行走还容易引起跌跤，当孩子的脚还没有长到能穿上此鞋时，该鞋已经坏了，根本起不到节约的目的。购买鞋子不要选太大的鞋，比孩子的脚大约1～1.5厘米即可。

怎样教宝宝穿袜子

将两手拇指伸进袜口，将袜口叠到袜跟。提住袜跟将脚伸进袜子至袜尖，足跟贴住袜跟，再将袜口提上来。这种穿法能使足跟与袜跟相符，穿得舒服。如果随便套上，袜跟会跑到脚背上，穿得不舒服。

教宝宝穿脱衣物时要注意些什么

培养宝宝的穿脱习惯应注意以下原则：

- 培养孩子穿戴整齐和爱整洁的好习惯。教宝宝穿戴衣物时，衣裤要扯平，外衣要扣好，系好鞋带，戴正帽子。脱下的衣裤鞋袜要按顺序整齐地放在固定的地方。
- 要根据宝宝的年龄特点，逐渐培养宝宝穿戴衣物的能力。
- 要给宝宝仔细讲解每一个动作。如脱衣，要先把着孩子的手放在背后，使孩子一只手拉住另一只袖子往下拉，另一只手往上抽；解扣子，右手手指按住扣子，从扣眼里往下按，左手往下拉衣服。
- 要循序渐进。12～14个月的孩子能抓起帽子戴在头上，但过1～2个月才能戴正。宝宝在学穿鞋时开始分不清左右，穿袜时不会扯后跟。因此要仔细、耐心、循序渐进。同时应先做示范动作，然后让宝宝自己练习，并给孩子讲解衣物的名称、颜色及各种穿衣的动作，以提高宝宝独立穿衣的兴趣，及早掌握与穿衣有关的语言和技能。

四、宝宝的智能训练

怎样引导宝宝自己看图画、讲故事

如果爸爸妈妈以前常给宝宝讲故事，那么从现在开始，宝宝就可能给妈妈讲故事了。宝宝所讲的故事，大多是妈妈给他讲过的，但有些情节宝宝会根据自己的想法有所发挥。宝宝还会把故事中他喜欢的人物的名字换成他和爸爸妈妈的名字。让宝宝讲故事，对宝宝的语言表达能力有很大的帮助。宝宝会像成人一样像模像样地看书。宝宝最喜欢看画书，有的宝宝却和其他宝宝不同，非常喜欢看字书，虽然宝宝并不认识几个字。没有人知道宝宝为什么爱看字书，也不知道这些字的符号在宝宝大脑中是怎样的一种形象。

怎样帮助宝宝了解身体各个部位

1岁半至2岁左右的宝宝已经知道脸及身体各部位的名称，但要到3岁以后才知道各部位的功能。除了要宝宝说出各部位的名称外，最好将各个部分剪下来，让宝宝重新组合，这样可以帮助他了解脸、身体的结构。

怎样教宝宝用字词组句子

到了这个月龄，有30%以上的宝宝，会把不相似的字词组合成一句话，接下来，能把相互间没有相似和连带关系的几个字组合在一起成为一句话，来表达一个完整的意思。对于这个月龄的宝宝来说，说出完整的一句话可不是一件简单的事。当宝宝能够这样运用语言时，表明宝宝对母语的理解已经相当到位了。

如果你的宝宝还没有这样的能力，也不用着急，语言发育也存在个体差异。有的宝宝直到2岁才开口说话，有的宝宝早在1岁就开口说话了。同样是2岁的宝宝，有的已经基本上能够使用母语表达自己的意愿和要求，并和父母进行简单对话，有的宝宝还处于名词使用阶段，这都属正常现象。

如何教宝宝数积木

将3个形状、颜色都不同的积木，在宝宝面前摆成排，宝宝从左往右用手一个一个地指着大声数“1”、“2”、“3”。然后当宝宝数“1”时拿起1块积木，数“2”时拿起2块积木，数“3”时拿起3块积木，这样使他认识数是表示物品的多少。最后数“总共有几块积木”，使宝宝理解全部积木加起来是“3”。

父母如何正确对待宝宝的好奇心

宝宝每看到一样东西，遇到一件事情，往往会对大人提出一连串的问题，这是他肯动脑筋，积极向上，勇于求知的良好表现。因此，无论孩子提问多

么简单，多么可笑，多么难回答，父母都应该鼓励他提问，同时根据孩子对事物的理解程度，用形象的、浅显的科学道理给予直接明确的回答，给孩子一个满意的答案。如果父母实在回答不了孩子的提问，切不可对孩子的提问显得不耐烦，或不回答，或简单搪塞几句，或训斥他，撵走他，这样会打击孩子的求知欲，扼杀孩子的聪明智慧，挫伤孩子提问的积极性。父母应该和蔼地对他说明：现在父母还不会回答，等我们弄懂这件事后再告诉你。这样做，既保护了孩子的好奇心，又让孩子能学会认真回答别人提问的好品质。因此，父母应该鼓励孩子提问、思考，这将有利于孩子的智力发展。

如何和宝宝一起玩游戏

孩子最初的玩伴是父母，和孩子一起玩是父母的职责。和孩子一起玩也就是和孩子一起做游戏。有不少家长把和孩子一起做游戏看做是“哄小孩”，其实“哄小孩”只是一个方面，更主要的是通过和孩子一起游戏便于了解孩子。在游戏中帮助孩子向大人学习各种知识，激发孩子的思维能力和想象力的发展。在与孩子一起游戏的时候，要让孩子按照自己的意愿和实际能力去玩，不要强迫孩子应该这样玩，应该那样玩。不要把游戏搞得太复杂、太枯燥，要从简单一点的开始。

例如，你可以改变玩具的位置、方向，变着法地让孩子去找。如把玩具放在孩子的脚前、身后、台阶上或是放在前方稍远一点的地方，让孩子自己想法去拿，这种玩法能促进孩子的动作发育。另外，做游戏时，父母不要应付孩子，也不要指挥孩子，要作为参加游戏的一员平等地去玩。父母应该知道，在和孩子一起做游戏时，孩子可以向大人学习本领，大人也可通过游戏了解自己的孩子，而且孩子和妈妈一起玩，既可使他获得情感的满足，也给母亲带来无限的欢乐。这种对母子都有益的事情，我们何乐而不为呢！家长

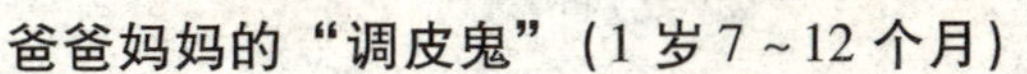

还应该精心设计一些游戏，甚至准备一些道具，以便在游戏中更好地启发孩子、教育孩子。

父母为什么不能压制宝宝的情绪

情绪是信念、价值的综合反映。宝宝慢慢地有了自己的价值指标，当这种价值指标得到实现或没有得到实现时，就产生情绪了，或高兴，或愤怒。有情绪是正常表现，一个人没有情绪反应是不正常的。就像钟摆，钟摆不动了，钟表还走吗？宝宝愤怒、伤心的情绪反应，也不能就说是“坏”的。所有情绪都有它正面的意义，包括负面情绪。无论宝宝表现出什么样的情绪，父母都不能采取压制的方法。

特别是当宝宝有负面情绪时，父母要帮助宝宝找到它的正面意义，进而让宝宝把这种负面情绪当作一种必要的经历。当再次出现这种情绪时，宝宝就有能力自己处理了。如果父母压制宝宝，不让宝宝消化这种情绪，宝宝不会因此就没了这种情绪，也不可能在今后的成长过程中不再产生这种情绪。如果当这种情绪再次出现时，宝宝仍然不能自己妥善处理，逐渐养成了某种性格缺陷，这是我们最不希望看到的。

如何对宝宝进行挫折教育

在宝宝成长的过程中，让他经历一些挫折是必要的。凡是宝宝能够做的，家长就应该敢于让他自己去做。否则，家长保护过度，使宝宝一帆风顺，缺乏挫折，缺乏独立性，以致他长大以后难以承受社会环境给予的各种压力，甚至难以适应环境。首先，家长不能一味地纵容、溺爱宝宝。不管宝宝怎么着，不管他提出多么无理的要求，家长也认为是正常的，这是不对的。宝宝犯了错误，该批评就要批评，不能纵容他的坏习惯。要让他明白，做事要有一定的规矩，不能“无法无天”。同时，家庭里不要总是把宝宝的一切放在首位，以免他养成以我为中心的习惯，必要时也可忽略一下宝宝的需要。当宝宝与小伙伴发生纠纷时，常常向父母告状，希望父母能帮助解决问题。这时候父母不要着急替他解决，而是要启发他自己去解决问题。

五、用心·呵护宝宝健康

宝宝容易误食哪些食物

*** 香烟 ***

1 岁左右的宝宝误食烟草占药物中毒事件的 1/3，而误食后的危险状态又以量来决定。若是吞食 1/3 根香烟以下，大致上并无生命危险，但是烟蒂内含有大量的尼古丁，特别是烟灰缸内的水分又常常溶有大量的尼古丁烟毒，宝宝不小心饮用之后，情形往往相当严重。

*** 除虫剂 ***

液状牛奶色的杀虫剂含有很强的毒性，误饮之后务必送到医院急救。

*** 农药 ***

具有高度危险性的药物，千万不可让宝宝接触到。

*** 药品 ***

大人服用的药品宝宝随意服用也具有危险性。

*** 水银 ***

误食填装在体温计内的水银并无严重的生命危险。

*** 洗涤剂 ***

若不是误食大量的洗涤剂则并无生命危险，但是如果是清洗厕所用的洗净剂或漂白剂则即使少量仍有生命的危险。

*** 酒类 ***

有很多父母经常让宝宝尝试饮酒，这对宝宝是相当危险的。

*** 灯油、石油 ***

误食灯油或石油则往往会引发肺炎和脑炎，发生这种情形一定要送往医院急救。

*** 火柴 ***

误食 10 根以下并无生命危险。

＊化妆水＊

饮用少量化妆水没有生命危险。

宝宝中毒时，家长应该怎么做

- 宝宝出现呕吐及腹泻。
- 无确切原因而发生抽搐。
- 在宝宝附近发现装毒物的空罐。
- 宝宝神志不清，发现其手或身旁具有毒性的植物或浆果。
- 立刻要宝宝说出或指出究竟吃了什么东西。
- 留下你认为宝宝可能已吃了的东西作样品，如几片叶子、浆果或空盆。如他吃药片，留下空瓶，有助医生诊断和治疗。
- 如果宝宝吃下漂白水、苛性碱或除草剂等腐蚀性毒物，绝不要催吐，因吃下这些东西可造成食道烧伤，再吐出来又会再刺激食道，加重原来的伤势。可让宝宝一点点地喝冷开水或冻牛奶，以冷却食道烧伤部位，并尽快送往医院。
- 如你有把握确定宝宝吃下的不是腐蚀性物品，就可对他引吐。但如神志不清或痉挛、烦躁不安时不要催吐。

中毒后神志不清应立即叫救护车或去最近的医院，并施行急救：

- 把宝宝安放在正确的体位，照神志不清的方法处理。
- 密切注视宝宝的呼吸及神志不清的程度变化。
- 如果必须进行人工呼吸，要十分小心，不要让毒物进入你口中。想办法洗掉宝宝脸上的毒物。必要时合拢宝宝的双唇，用鼻子做口对口人工呼吸。

暑热症该如何防治

炎热的夏季里，宝宝由于机体发育不健全，体温调节功能差，排汗功能不足，引起干燥灼热，食欲减退，疲乏嗜睡，形体消瘦，有时胸闷、气滞、烦躁、口渴、多尿、无汗或少汗，还伴有持久性低热。天气越热，体温越高，气候转凉后，体温就下降，中医称“暑热症”。对“暑热症”现在还没有特效药，发现宝宝患了“暑热症”，家长不要惊慌，应多给患儿喝点淡盐凉开水，或多吃西瓜汁、绿豆汤，细心护理，补充营养，预防并发症。

对于“暑热症”关键是预防，平时要注意室内通风，太阳太烈的时候不要带宝宝外出，要多喝水、多喝绿豆汤；少穿衣服；勤洗澡，每天要洗一次。预防得好，一般不会得“暑热症”。

小儿哮喘的家庭护理方法是什么

哮喘是支气管痉挛引起的疾病。此病反复发作，造成呼吸困难。哮喘病儿大多有过敏体质或家族史，如父母或家族中其他成员有哮喘、湿疹或过敏性鼻炎，其宝宝患哮喘的可能性较大。宝宝哮喘的家庭护理需注意以下问题：保持平静并使宝宝放心。如果以前有过发作，此次发作时把以前医生开的药物再给他吃。这样做如果无效，立即送医院诊治。让宝宝坐在你的大腿上并使他稍稍向前倾斜，这样呼吸会舒服些。不要把宝宝抱得太紧，让他处于最舒适的体位。如果宝宝喜欢自己坐着，要放些东西支撑他的前臂，把两臂放在桌面上，以使他能向前屈躯俯靠。

宝宝大便干燥怎么办

小儿大便干燥引起的疾病不多见，但长期大便干燥则易形成习惯性便秘，给孩子造成痛苦。因此，必须引起家长注意。引起小儿大便干燥的原因，多数是因不良的饮食习惯，如挑食，偏食，不吃新鲜的青菜；此外食量极少，也可引起大便干燥。还有不规律的排便习惯，运动量过少也是造成大便干燥的原因。

所以，家长应让孩子多吃青菜、水果，多喝水和多吃些脂肪类食品，多参加体育运动，养成定时大便习惯，这样大便干燥会有所好转。若经常便秘，可在医生指导下服一些中药调理。若小儿因便干而3～4天都排不出，家长可采取一些临时性措施，如可用小儿开塞露塞入肛门或挤入少量香油。要注意开塞露开口处应剪得光滑，以免划伤肛门。在挤入香油后一定要停留几分钟，待小儿有便意时再排便。如果没有开塞露，可把肥皂头捏成小炮弹状塞入肛门即可，但这只是在不得已的情况下所采取的方法。在对待小儿大便干燥的问题上，家长应立足于预防为主，因此提倡合理喂养，养成小儿良好的生活习惯（不挑食，不偏食，定时大便），加强体育运动等。

宝宝太瘦怎么办

以往人们认为，宝宝的体重若低于标准体重的10%，只是稍微低于标准体重，称之为“瘦”，然而整个体形匀称，就算不上“瘦”，为了分辨胖瘦，可采用标准指数，指数未达13，就算是“瘦”。产生“瘦”及营养失调症的原因，主要包括营养偏差、疾病、感冒、养育不当、体质因素等。除了体质因素所产生的“瘦”之外，其他原因引起的“瘦”都可以应对，例如，加强营养、治疗疾病，或给予适当的调理，这样宝宝就可以达到标准体重。现代医学认为，体质上的“瘦”，似乎没有治疗对策，不过这种情形的瘦，不可能达到极端，最多只少于10%，而且不容易患病，大部分精神都很好，只有食量小是最让妈妈头痛的。

有些宝宝没有任何疾病，而且也充分吸取养分，却一直无法长胖，想必这些宝宝都较活泼，能量的消耗比较多。处理体质上瘦宝宝的方法，和一般宝宝相同，不要勉强让其增胖，由于食量少，妈妈往往会强行喂食，如果过度强迫，反而会造成食欲不振。孩子虽然食量少，只要身体健康就可以了，此外不妨增加其全身运动量，以户外游戏、日光浴、按摩来促进全身新陈代谢，调整生活节奏，增加宝宝的食欲。

宝宝跌伤怎么办

这个时期的宝宝因刚刚学会走路，常常容易跌伤。家长应学会根据不同的情况，妥善处理好宝宝的跌伤。当宝宝在走路时跌伤，大多伤及表皮，有血肿形成时，可把冰块装入小塑胶袋用毛巾包好，冷敷局部以起到止血止疼的作用。表皮被擦破时，可用干净湿布擦净伤口及周围，然后涂上红药水，数日后可有血痂形成，但不能用手抠，应让其自行脱落。宝宝伤口发痒是正常的，若宝宝说伤口疼痛难忍，同时伤口确有红肿则表示有感染的可能，应去医院治疗处理；如果宝宝是从高处跌下后受伤的，千万不可掉以轻心。

有下列情况之一者要马上送医院治疗，不可耽误：

- 四肢有骨折、脱臼的可能。
- 伤及头部，宝宝出现无精神、倦怠、呕吐及抽风等严重症状。
- 伤及胸、腹、腰、背部位时，有腹部膨隆、腹疼、口渴及小便带血等。

如果弄不清宝宝跌伤什么部位时，也应观察宝宝有无上述各种情况以及宝宝的精神状况。

此外，跌伤后还应注意：不论跌伤的情况如何，都不能给小孩吃止痛药、镇静药或外敷止血药等，特别是不应马上哄宝宝入睡。因为这些做法都能掩盖病情，使病情加重；另外在送医院的路上应尽量让宝宝保持一定的姿势，如骨折后可将患肢相对固定，这样可以控制病情的发展并减轻疼痛。

宝宝夜间磨牙是病吗

夜间磨牙是一种现象，不是什么病，如同做梦、说梦话一样。情绪过度紧张或激动、不良咬合习惯、肠道寄生虫感染等，往往会增加夜间磨牙的次数。严重的夜间磨牙会加快牙齿的磨耗，出现牙齿过度敏感的症状，甚至造成牙周组织损伤、咀嚼肌疲劳及颞颌关节功能紊乱。夜间磨牙的防治应从病因入手，方能收到好的效果。

- 消除紧张情绪。
- 养成良好的生活习惯。起居有规律，晚餐不宜吃得过饱，睡前不做剧烈运动，特别是小孩应养成讲卫生的习惯。
- 怀疑有肠道寄生虫者应在医师指导下进行驱虫治疗，减少肠道寄生虫蠕动刺激肠壁。
- 纠正牙颌系统不良习惯，如单侧咀嚼、咬铅笔等。

单纯性肥胖症的护理方法是什么

限制饮食：首先保持体重不增，以后逐渐减少每日供给的热量。选用高蛋白、低碳水化合物，正常或低脂肪饮食，少吃动物性脂肪（不宜超过脂肪总量的1/3），保证足够的维生素和水分。多吃蔬菜、瓜果，限制零食和甜食。制订严格的作息制度，参加早操及跑步，饭后宜适当散步，不要立即躺在床上或睡懒觉，不要做剧烈运动，以免增加食欲而更胖。一般不需要药物治疗。家庭成员统一认识，不要以任何借口或理由破坏既定的治疗方案。

怎样防止宝宝口吃

大多数2～3岁的孩子在某一段时间内想的与讲的不一致，偶尔会重复某一音节。这种情况常出现在妈妈离开、换保姆或换环境等状况下，孩子情绪上产生焦虑不安的时候。如妈妈带孩子见到阿姨要打招呼时会“啊……啊……啊”说不上来，这时不要勉强他说，先让他坐下来吃早饭，或者玩一会儿，心情舒畅之后讲话会恢复正常。大人先不要紧张，让宝宝与别的孩子接触，多做动手操作、少讲话的游戏，大人尽可能陪孩子玩，偶尔出现的口吃现象会自然消失。如果大人逼着他说，宝宝会感到自己语言有问题，有了自卑感，大人越纠正情况会越严重。

有些家长发现孩子口吃会大惊小怪，马上带孩子找语言专家做纠正治疗，无异于给孩子戴上“语言缺陷”的帽子。其实这种偶然出现的重复发音会自然消失的，妈妈多一些关怀，生活上规律一些，就会减少宝宝紧张和压力，宝宝心情舒畅就恢复得快。

六、打造聪明宝宝的亲子游戏

“地上滚球”游戏怎么玩

方法：大人在地上滚球，宝宝会爬着去追球，如果球滚得慢些宝宝会试着走着去取。经常玩滚球的宝宝走得更稳或者会慢跑一两步将球捡到。和宝宝一起对着墙坐，将球滚向墙壁，球会返回，看看宝宝能否捡着球并学习将球滚向墙壁。宝宝只会无目的地扔球，球返回来的位置就会改变。让宝宝多次重复地向墙壁扔球，让球返回自己身边，不必爬来爬去地捡球。

目的：第一种玩法是使宝宝逐渐由爬行到行走，而且加快速度开始小跑一两步。第二种玩法是练习向目标扔球，由无目标乱扔到有目标地扔向墙壁，使球返回自己身边。

“穿珠子”游戏怎么玩

方法：找一根粗的鞋带，鞋带的两端有硬的包口容易穿入珠子的洞穴内；或者用中等硬度的尼龙线也可穿珠子。让宝宝左手拿珠子，右手拿鞋带，将硬的一端放入珠子中央的小洞内，尽量多塞进去一点儿，然后从珠子另一端开口处将鞋带拉出。有些宝宝只把鞋带塞入洞口，不会从另一端拉出，塞进去的鞋带会再掉出来。

目的：先要求宝宝学会慢慢将鞋带穿入洞内，穿上一颗之后就会较容易，多穿上几颗。穿珠子可培养手眼精确的协调技巧。

怎么教宝宝自由涂鸦

方法：给宝宝一张大纸和蜡笔，看看宝宝会画什么。最初宝宝只会乱画，毫无目的。大人看宝宝画的东西，替他说像个什么。

目的：让宝宝把无意中画的线条变成一种东西，就会引起孩子的兴趣。宝宝能画出的哪怕是一条斜线或者是一个弯，只要能代表一个轮廓就已进入绘画的范围，应当给予肯定。鼓励宝宝画出心中所想的事物，大人能加添几笔作补充就会给宝宝极大的鼓舞，以后他也会模仿着添加几笔使画变得更像。

怎样和宝宝玩“追影子”游戏

方法：可以选择晴朗天气，带宝宝到户外。妈妈先踩一踩宝宝的影子，然后说："呀，我踩到宝宝的胳膊了。"然后和宝宝互相踩影子，比一比谁不被对方踩到，踩到后可以大叫："我踩到你的胳膊了！我踩到你的腿了！"训练时，妈妈要提醒宝宝不要跑得过快，以免摔倒；并注意周围的环境，以保证安全。

目的：这个游戏可以锻炼宝宝行走的稳定性，同时还能促进视力的发展。

怎么玩"扮鸭子"游戏

方法：在宝宝吃饱一段时间之后，帮助宝宝先热热身，伸伸胳膊，蹬蹬腿，扭扭腰。然后父母扮作小鸭爸爸或妈妈，戴上鸭子头饰，让宝宝当小鸭。鸭妈妈领着小鸭边找东西边走，并发"嘎嘎嘎……"的叫声，头一摇一摆，模仿吃食的样子，可以随口念儿歌："嘎嘎嘎，我是小小鸭。"让宝宝跟着模仿。

目的：这个游戏旨在训练语言表达能力，通过训练宝宝练习念简短的儿歌，促进了语言的发展，从而提高了宝宝的语言表达能力。

怎样和宝宝玩"分蔬果"游戏

方法：妈妈准备一些干净的蔬菜和水果，先做示范，将蔬菜和水果分开。再把蔬菜和水果混合在一起，对宝宝说："妈妈不小心将蔬菜和水果混在一起了，宝宝能帮妈妈把蔬菜和水果分开吗？"当宝宝在分开的过程中出现错误时，家长可及时指出："萝卜是蔬菜，还是水果呢？"让宝宝动脑子考虑后再重新分。如果宝宝还不能分正确，家长可教宝宝："萝卜是蔬菜，应该放在蔬菜这边。"

目的：这个游戏可以促进宝宝分类能力和思维能力的发展，从而提高了宝宝的逻辑思维能力。

怎样教宝宝"给娃娃看病"

方法：准备一个玩具娃娃、一套玩具医生用具。幼儿当医生，你抱着娃娃来看病，对幼儿说："我的小孩病了，请你给看看吧。"教幼儿拿出听诊器给娃娃听听，并告诉得了什么病。如是“感冒”，让幼儿给“开些感冒药”；如是“发热”，让幼儿给“打一针”。

目的：尝试担任角色。注意，游戏中可给幼儿讲些做医生的常识，增加趣味性。

怎样教宝宝登高跳

方法：准备一个约10～15厘米高的凳子或椅子，扶宝宝登上去，然后双手拉着宝宝的手，教宝宝双脚从高处跳下，待孩子跳得熟练后，可放手让孩子自己登高跳下，并逐渐增加高度。

目的：锻炼平衡感和跳跃动作。

第十五章
向往自由自在的奔跑（2岁1~6个月）

一、记录宝宝成长足迹

宝宝的认知有怎样的变化

宝宝最先认知的颜色是红色，现在已经能分清2种以上的颜色。2岁以后宝宝对空间的理解力加强，对大和小的概念也非常明确，知道大人和小孩子的区别，也知道小盒子可以放在大盒子里面。搭积木时能砌3层金字塔。宝宝已经能辨认出1、2、3，分清楚内和外、前和后、长和短等概念，并对圆形、方形、三角形等几何图形有了认识。

2岁后有意注意开始发展，能短时间集中注意去看图书，听成人讲解，这是一种有目的而需要意志努力的注意。由于幼儿神经系统的兴奋和抑制过程发展还不平衡，自制力差，因而有意注意较差，容易受外界新奇的趣事影响，常易分散注意。因此，无意注意总是占优势。另外，凡是感兴趣的事容易记住，不感兴趣的事，眼不看，耳不听，也就不去记忆。

宝宝的语言有怎样的变化

2岁左右的幼儿已掌握很多词汇，语言中简单句很完整，会背诵简短的唐诗，会看图讲故事，叙述图片上简单突出点。能组织“过家家”游戏，扮演不同角色，如当妈妈、当娃娃、当医生等。能说出日常用品的名称和用途。如梳子梳头发，洗脸时用毛巾等。在这3个月中，宝宝词汇量快速积累着，每天可记忆20~30个单词，能学会2~3个完整的句子。

孩子学会并记住家中各个人物的称呼，如爷爷、奶奶、姥爷、姥姥、小姨等。开始学会用代词你、我。能说完整句子，如“妈妈上班了”、“我要吃香蕉”。能分辨清楚长铅笔和短铅笔。吃苹果能分辨出多少。能知道桌上桌下、身体的前面后面。能知道爸爸是男的、妈妈是女的，也知道自己的性别。喜欢和小朋友交往。有很强的自主意识，要自己穿袜子、穿鞋。穿鞋时分不清左右。

宝宝的动作有怎样的变化

这个时期的宝宝，走路稳、跑步快，会用双脚跳、向前跳，还能从矮的台阶上独立跳下并能站稳。有能跑能停的平衡能力，喜欢踢球。吃饭时喜欢学成人用筷子夹菜。开始有数的顺序和空间感知能力。这个年龄的宝宝总是不停地运动——跑、踢、爬、跳。今后的几个月，他跑起来会更稳、更协调。他也能学会踢球并能掌握球的方向，扶着栏杆能自己上下台阶，并能稳当地坐在儿童椅上。稍微帮助一下，他就能够单腿站立。

2岁的宝宝学步时踉跄的步伐逐渐变成更加成人化的脚跟脚尖运动。这个过程中，他对身体的操纵更加灵活，后退和拐弯也不再生硬。走动时也能做其他的事情，例如用手、讲话以及向周围观看。

宝宝的心理有怎样的变化

2岁后，幼儿的动作发展明显，能自己洗手、穿鞋，看书时能用手一页一页地翻。手的动作更加复杂精细，有随意性。对幼儿心理发展有积极作用。在自我意识开始发展时，出现“自尊心”，家长在教育孩子时，要耐心诱导，对待宝宝的每一点进步都要表扬。宝宝能应用简单句，使用陈述语气。喜欢学3个字的儿歌，对儿歌的记忆是自然而然的，还不会有意识、主动地去记

忆。记忆的东西不能保持很长时间，需要反复教，不断复习才能记住。

开始出现想象力，但比较简单，只是实际生活的简单的重现，如在家用娃娃当宝宝，自己当妈妈，送娃娃上幼儿园等。但想象力能使幼儿做出超越当时现实的反应，心理现象可以更为活跃丰富。此阶段，幼儿的思维方式仍明显地带着行动性，思维与行动密切联系。

二、关注宝宝的每一口营养

如何引导宝宝把饭吃干净

培养宝宝吃饭干净的习惯可以用游戏或比赛的办法，提出4个指标（脸、身、桌、手）让宝宝吃饭时注意，比赛结束后可以马上用镜子对照，看看是否干净。第一次可以比赛吃饺子，吃饺子最容易保持干净，使宝宝有信心下次再比。第二次比赛吃薄饼，可以将菜卷入薄饼中，用手拿着吃。只要吃时小心一些，也不会撒落得太多。第三次比赛吃米饭，看看宝宝能否吃得干净不撒落。经过几次比赛餐桌狼藉的现象会大有好转。

怎样培养宝宝定时、定量吃饭

为使小儿做到定时、定量、专心进食，家长应尽量促成幼儿形成进食的条件反射，建议做到以下几点：

- 进餐环境保持安静、整洁，心情愉快，思想集中。进食时不要逗玩、嬉戏或责训，不要说与进食无关的事。
- 规定进食时间，一般每日安排4~5次用膳。
- 做好进餐前的准备工作，如饭前先洗手，带上围嘴静坐片刻，但时间不宜过长。
- 幼儿应坐自己的位置进食，不要经常调换位置。

- 让幼儿有自己专用的餐具，如碗、筷、匙和自己的小椅子。
- 两餐进食之间不给幼儿吃零食。
- 每餐饭菜的量适中，不要时多时少。

为什么宝宝多吃橘子会上火

橘子味甜多汁，许多宝宝都喜欢吃，但不宜多吃。实践证明：宝宝大量进食橘子之后会“上火”，往往会口干舌燥、口腔溃烂、嘴角生疮和喉咙疼痛等。为什么让宝宝多吃橘子会“上火”呢？这是因为橘子性温味甘，容易引起燥热，而且根据测定，橘子所含的维生素C和糖等成分是水果当中最高的。食后产生的热量也很多。在食用大量的橘子之后，所产生的热量积聚在体内，又不能及时消耗，于是很容易引起“上火”。这会导致宝宝的抵抗力降低，引发口腔炎、口角炎、牙周炎和咽喉炎等各种炎症。另外，多吃橘子可使皮肤发黄，严重的还会出现恶心、呕吐、食欲不振等“橘子病”。所以，家长不应该让宝宝多吃橘子。

为什么宝宝不宜吃皮蛋

皮蛋是禽蛋经加工腌制而成，味道鲜美，很多人喜欢。但幼儿多吃皮蛋对健康不利。这是因为，在腌制的皮蛋用料中，有的含有氧化铅或盐铅。经腌制过的皮蛋含铅量比新鲜鸭蛋或咸鸭蛋都高出许多。而铅是对身体有害的金属之一。人体长期摄入微量元素铅以后，对神经系统、造血系统和消化系统都有明显的危害。儿童对铅毒更加敏感，成年人吃进铅质的吸收率为5%～10%，儿童对铅的吸收率高达50%，加上儿童的脑部和神经系统还未成熟，更容易受铅毒危害，影响智力发育。所以，家长要注意，不要给幼儿吃皮蛋。

哪些情况下宝宝不宜吃糖

糖或含糖的食品，小儿适量适当吃一些，还是可以的，但不可过多，宝宝在下列情况下不宜吃糖或食糖较多的食物。

- 饭前吃糖后会导致宝宝感到很腻，到了正餐时间不愿意吃饭，以致食物摄入量不足，造成营养缺乏，长期如此会导致宝宝发育不良，身体消瘦。
- 饱食后吃糖，会使过多的糖长期刺激胰岛素分泌，导致胰岛细胞因为分泌过度而衰弱，引发糖尿病。同时长期在饱食后吃糖可导致宝宝发胖。
- 有牙病的时候吃糖，会导致牙病更加严重。
- 睡觉前吃糖会使遗糖残留在口腔中、牙齿上和牙缝中，容易引起龋齿和细菌的繁殖，滋生牙病。

宝宝多食罐头食品有哪些危害

现在市场上罐头食品的种类很多，但不论哪种，为了能达到色味俱佳及长期储存的目的，均加入了一定的添加剂，如人工合成色素、甜味剂、香精、防腐剂等。这些物质对成人的健康影响不大，但对宝宝却是有害的。宝宝发育还不成熟，肝脏的解毒功能还不完善，如果吃罐头食品太多，就会加重肝脏的解毒排毒负担，影响宝宝身体的健康和发育，甚至还会因某些化学物质的不断积累而引起慢性中毒。另外，罐头中的食物经过加热及长时间存放，一半以上的维生素已被破坏，因此宝宝应以食用新鲜食品为主，罐头食品应该尽量少食用。

现阶段宝宝还需要补钙吗

许多家长认为，既然宝宝牙已出齐，前囟已闭合，就不需要再补钙。但是孩子还要长高，恒齿还在发育，需要从食物中摄取钙。钙最好的来源是牛奶，每天应喝400毫升牛奶。钙与磷应保持在2∶1才易于吸收，牛奶中钙磷之比为1.2∶1，膳食中含磷较高，有时会使钙磷的比例超过1∶1。因此幼儿应补充钙，使钙的比例提高。夏季幼儿外出活动能晒太阳，不必补充鱼肝油。冬季阳光不足时，尤其在北方居住的幼儿每日可补充400单位维生素D。

为什么宝宝应适当吃些猪血

幼儿可以吃猪血，并应适当多吃些。这是因为：

- 猪血是一种良好的动物蛋白资源。它的蛋白质含量比猪肉和鸡蛋都高。它含有18种人体所必需的氨基酸。
- 猪血是抗癌保健的佳品。猪血中的血浆蛋白被人的胃酸分解后，可产生一种能消毒和润肠的分解物。这种物质能与侵入人体内的粉尘和有害金属微粒起生化反应，最后从消化道排出体外。
- 猪血具有补血功能，其中所含的微量元素铬，可防治动脉硬化；钴，可防止恶性肺病。
- 猪血中还能分离出一种“创伤激素”的物质。这种物质可去除坏死和损伤的细胞，并能为受伤部位提供新的血管，从而使受伤组织逐渐痊愈。对于孩子来讲，猪血还是比较容易吸收和咀嚼的一种食品，应该适当多吃。

怎样为宝宝选购筷子

宝宝2岁以后，很想尝试像大人一样用筷子夹菜吃，尽管宝宝还不会，但从这时起，宝宝就会经常和筷子打交道，逐渐学习掌握使用筷子的技巧。妈妈此时应该为孩子选购有益健康的筷子。筷子有木制的、塑料的、金属的、竹制和骨制的等。妈妈给宝宝选购哪一种筷子好呢？塑料筷较脆，受热后易变形，对与饮食有关的塑料用品妈妈总是戒备的。金属筷导热性强，容易烫嘴。木筷和竹筷使用时间长了，容易长毛发霉，表面变得不光滑，不易洗净，造成细菌繁殖。漆筷虽然光滑，但油漆里含铅、苯及硝基等有毒物质，特别是硝基在人体内与蛋白质的代谢产物结合成亚硝胺类物质，具有较强的致癌作用。给宝宝选用骨筷比较好，骨筷不损害宝宝的身体健康。

三、全新的宝宝护理技巧

为什么幼儿不宜睡软床

● 脊柱易弯曲变形。小儿仰卧时，由于臀部对床的压力最大而过度下陷，相应部位的脊柱则呈圆弧形、胸部下塌、双肩前突，久之，影响小儿脊柱的正常发育，导致异常弯曲变形。常见的有脊柱前凸或脊柱后凸；与此同时，脊柱旁的韧带和关节负担过重，容易引起腰部的不适和疼痛，影响小儿肌肉、韧带的正常发育。同样，在侧卧时，脊柱便会向侧面过度弯曲，结果容易发生脊柱侧凸。脊柱的异常弯曲变形，不但影响形体的完美，还会影响小儿的正常活动和内脏器官尤其是肺的正常发育。

● 容易造成不良的睡眠习惯。床垫过软，小儿陷在软窝被中，身体和四肢容易蜷曲在一起，养成蒙头睡觉的坏习惯。被子盖着头部，小儿蒙在被窝里呼吸，被窝里的氧气越来越少，而二氧化碳却越积越多，使小儿在熟睡中突然感到胸闷、气急，出现做噩梦、惊叫等情况，造成睡眠障碍，这将直接影响小儿的身心健康。

如何培养幼儿整理床铺的能力

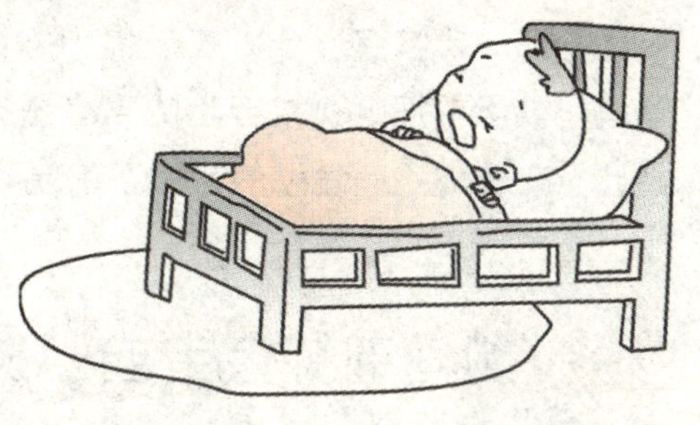

首先，要唤醒孩子的自理意识，改变孩子事事都依赖父母的习惯。要让孩子明白，自己终究是会长大的。孩子的自理意识一旦觉醒，他就愿意学着自己的事自己做，这时，家长就要及时表扬孩子的行为，以巩固孩子的正确观念。其次，应教会孩子整理床铺的方法。有许多孩子也想自己整理床铺，然而又不知如何整理，常常整来整去还是乱糟糟的，这时父母就应抓住机会教给孩子整理床铺的一般方法，而不应是责骂孩子，更不应代替孩子整理。父母可以边教边示范，孩子的模仿能力强，或许刚开始时还要父母指导，但慢慢地，孩子就可以独立整理自己床铺了。孩子在学着自己整理床铺时，如遇有困难，父母要及时给予孩子适当的帮助。尽管有些孩子的这一转变过程可能较长，但只要持之以恒，孩子就能看到自己的成功。

父母和孩子分床睡时要注意些什么

家长在孩子分床的最初阶段，要比平时更多关心和爱抚孩子。入睡前，多加爱抚，夜里常去照料，晚上可适当多陪孩子一会儿，讲些好听的故事，让孩子愉快入梦。等养成了习惯，不用陪了，再让孩子独自入睡。第二天起床时，别忘了说些鼓励的话，以强化孩子的独立心理和行为，这样可以减少孩子由于最初分床带来的孤寂情绪。有的家长分床后一见孩子哭闹，就坚持不下去了，让孩子又回来和自己睡。这样的家长往往太溺爱孩子，下不了决心。事实上，孩子和父母分床而居并巩固成习惯，不是一夜间就顺利完成的，反复也是难免的。但家长只要决心已下，就不要因为幼儿的抗拒或抵制而轻易放弃，只有持之以恒，好习惯才可能日趋巩固。

该答应宝宝“要妈妈陪睡”的要求吗

这个阶段的宝宝还有不自觉的恐惧感，希望妈妈永远陪在自己的身边，三四岁以后这种恐惧感就会开始减轻，甚至消失。因此，不要担心怕把宝宝惯坏，而非要宝宝一个人在恐惧中入睡。如果宝宝对睡眠环境比较挑剔，爸爸妈妈就不要把电视或音响的声音放得很大，或大声讲话。既然爸爸妈妈已经让宝宝养成安静睡眠的习惯了，就不要想在短时间内纠正过来。

如何训练宝宝自己洗脚

睡前让宝宝练习自己洗脚。宝宝将拖鞋、毛巾、肥皂摆好，大人将温水准备好。宝宝自己脱去鞋和袜子，先洗一只脚，用肥皂将趾缝、脚背和脚底洗净，用毛巾擦干，穿上拖鞋；再将另一只脚放进盆中洗净。让宝宝练习分别洗两只脚，是因为一只脚仍踏在地上，便于保持身体平衡。待宝宝熟练后，才可将双脚一起放进盆中。要避免活动时盆底打滑而摔倒。宝宝个子矮，手容易摸到脚，自己洗脚十分容易。有些家庭由老人照料孩子，老人弯腰帮助宝宝洗脚会使老人十分辛苦。要鼓励宝宝自己洗脚，尽早学会自我服务。

宝宝何时开始学刷牙

宝宝长到2岁后，父母就可以教他学刷牙了。这一方面是由于刷牙和进餐一样，是一项协调性很强的活动，宝宝太小很难完成；另一方面是在此之前宝宝的乳牙太少，不宜用牙刷刷牙。2岁时，宝宝已经长出16~20颗小乳牙，此时就可以并且应该使用牙刷了。同时，幼儿的口腔跟成人一样，是消化道和呼吸道的入口，此时他的饮食已经和成人相似，同样会存在许多细菌，口腔内的温度和湿度又适合细菌的繁殖，所以宝宝的乳牙很容易受到腐蚀破坏。基于以上原因，宝宝2岁时即应开始学习刷牙并坚持刷牙。

四、智能开发大课堂

怎样培养宝宝的观察能力

例如，观察蚂蚁怎样把食物搬回洞，小蝌蚪怎样变成青蛙，蚕宝宝怎样长大做茧，雨后天空出现了什么，月亮怎样跟着人走，等等。在让孩子观察时，要善于启发和诱导，让孩子带着好奇心理和浓厚的兴趣去观察。家长要以自己的兴致去影响和感染孩子。例如，带孩子到公园散步时，家长看到树上有小鸟，就可以说：“听，什么动物在叫？找一找，这声音从哪儿来的？”然后再和孩子一起观察小鸟的活动。另外，还要善于用语言指导孩子观察，让孩子观察时有一定的目的、顺序，帮助孩子学习观察的方法，使孩子通过观察有所收获。例如，指导孩子观察母鸡怎样孵出小鸡，怎样保护自己的孩子，怎样用食物喂自己的孩子，等等。还可运用各种感官结合观察，增进观察效果。

例如，观察树上结的水果时，可让孩子看看、闻闻、摸摸、尝尝，多种感官协调活动，就能使孩子对水果的认识更加全面、深刻。家长在引导孩子观察，帮助他获得某些知识的同时，还要启发孩子去体验、欣赏自然界的美。例如，观察彩虹、雪、花、草、树时，就可启发孩子欣赏自然的美；观察鸡妈妈喂小鸡时，就可启发孩子体会到鸡妈妈怎样辛苦地喂小鸡、爱护自己的孩子；观察小蚂蚁时，就要启发孩子注意小小的蚂蚁是怎样遵守纪律、懂得合作的。大自然哺育了人类，人类离不开大自然，要从小给孩子渗透这种思想感情，让孩子尽情地去观察大自然！

如何培养宝宝的冒险精神

2 岁多的宝宝，自主意识不断增强，渴望着能独立活动。这个年龄段的宝宝喜欢自己走路，家长应该多给予鼓励。宝宝看到路边成堆的沙子、石头或别的什么东西，都会有强烈的兴趣，总是想走到跟前去看一看，摸一摸。宝宝也许不会像成年人那样感到危险，因为正处于对任何事物都感兴趣的阶段——宝宝这种对环境充满好奇、积极探索的态度极其可贵，可以帮助宝宝通过对感兴趣的事物的观察，发展自己的两大项智力：注意力和认识能力。

这时候的宝宝，特别容易跌跤、闯祸，应当在注意宝宝的安全的同时鼓励冒险精神和探索兴趣。可适当采取一些安全措施，也可以通过看图片、讲故事等方式，提醒宝宝注意安全，小心跌跤。这个时期是培养宝宝的勇敢性格和冒险精神的关键时候，决不能随意阻止宝宝的行动，从而使宝宝形成胆小怕事、处处退缩的性格，从而失去对环境积极探索的可贵精神和兴趣。

为什么要反复教宝宝学习

宝宝越不具备的能力，越有浓厚的兴趣学习，不厌其烦地不断尝试，从来不在乎失败，学习劲头特别足。刚刚学会的本事，更是乐此不疲，一遍遍地去做，甚至把其他的事情都忘了。比如，刚刚学会走的宝宝，会因为对走路的兴致高，而忘记了语言的学习，语言的进步可能就会有所减缓。所以，父母不能要求宝宝事事都走在最前头，什么都是最棒的。不用说宝宝，就是我们成年人，也是一心不可二用。人的精力是有限的，尽管宝宝们的发育非常快，接受能力非常强，但宝宝的成长也是一个过程，不能一口吃成胖子。

怎样培养宝宝的方位意识

早期培养儿童的方位意识，不仅能提高孩子的思维能力和动作协调能力，而且能给以后的入学教育打下良好的基础。所谓方位意识，是指儿童对左右、上下等方向位置的认识。这种培养可以从日常生活中做起，简单易行。如早晨起床给孩子穿衣服时，可对孩子说："伸出你的左手，再伸出你的右手。"穿裤子时可说："先把右腿穿上，再穿左腿。"在取东西时，可以告诉他在桌子上边或下边、抽屉里边等。在带孩子游玩时，可教向左、向右、向后转等。这样孩子在日常生活中就轻而易举地学到方位意识。以后随着年龄的增长，可教他更为复杂的空间概念。

如何给本阶段的宝宝选择玩具

本阶段应给幼儿选择以下玩具：可玩滑梯、平衡木、秋千、跷跷板、攀登架、空心积木、沙袋、小推车、三轮自行车、球类、套圈、搭积木、拼图、拼板等发展动作能力的玩具。可选择卡车、救护车、轮船、火车、汽车、摩托车、洒水车、飞机等交通玩具以及常见的家禽、家畜、鱼、鸟、熊猫、长颈鹿、猴等动物形象玩具。还可以选择各种布娃娃、小餐具、小用具、小家具、枪、坦克、彩色数字方木、数字拼板、数字小卡片、不同几何图形的七巧板、积木等发展语言和认知的玩具。另外，除琴、摇铃、鼓外，再增加小鸡吃米、跳舞娃娃、万花筒、不倒翁、声控玩具、游戏表演的头饰、彩带、服装等。家长可根据孩子实际情况和经济条件进行适当的选择，不必把上述的玩具全部购买。

如何教宝宝辨认颜色

以往的研究指出，孩子对于基本色的掌握较好，对间色的辨认较差。一些学者指出，只要孩子能正确掌握颜色的名称，对于间色的辨别亦能掌握得很好。当我们教孩子辨认颜色时，一定要告诉孩子颜色的正确名称，不要说得笼统，例如，我们告诉孩子这是“粉红色”、“浅红色”、“深红色”等，而不应只说“红色”便算了。只要耐心地教孩子，给予明确的颜色名称，孩子辨认颜色的能力便会大大增强。孩子辨认颜色的关键在于能否掌握颜色的名称，而不是在于颜色的本身。教孩子辨认颜色的有效方法是通过对比过程，例如教导孩子辨认深红色，便应把粉红色、浅红色等一一呈现。孩子通过这种对比过程，对于颜色的掌握更为有效。在我们日常生活中，颜色的辨别能力非常重要，我们常用不同的颜色代表不同信息，例如红灯代表停步，绿灯代表通行。所以，教孩子正确辨认各种颜色十分重要。

五、用心·呵护宝宝健康

宝宝发生眼外伤怎么处理

宝宝因活动范围扩大了，接触事物更多了，胆子也越来越大，故易发生各种意外伤害，其中眼外伤为常见意外伤害之一，如放鞭炮或玩一些钝器玩具而发生眼外伤，严重的眼外伤常可导致视力下降，甚至失明，造成终生残疾。一定要教育宝宝不要玩弄火药、雷管等爆炸物，放鞭炮时要注意安全，购买质量合格的鞭炮，引线要长一些，遇有哑炮不要马上走近观察，一定要有大人带领。一旦发生炸伤眼睛事故，要立即送医院救治。宝宝会走路以后往往喜欢玩弄如石头、砖块、木棒等，在相互打斗中极易碰伤眼球，若处理不当，许多宝宝会因病情加重而失明。

因此，小儿发生眼外伤时，家长应注意下列事项：首先应及时送宝宝去医院眼科诊治，同时因眼外伤患儿大多数有眼内出血，应把患儿放在半坐位，头抬高呈垂直状。这样的体位，可避免眼内出血散开遮挡瞳孔，形成血膜而致失明。要忌给患儿热敷、睡热铺、喝热汤等，避免颜面部及眼血管扩张使眼内破裂的小血管断裂，或者凝固的小血栓脱落，造成再次出血，这种再次出血一般都很严重，可继发青光眼。在眼压高的情况下，红细胞破裂后血红蛋白积聚于角膜内皮中，会发生血染角膜，最终造成失明。此外不能擤鼻，因较重眼外伤常伤鼻旁窦，擤鼻时鼻腔内气体会反流入鼻旁窦腔导致副鼻窦炎。另外，不能用散瞳药如阿托品，因易致青光眼。

宝宝患急性肾炎该如何治疗

- 低蛋白。初期要严格限制蛋白质，每日每千克体重不超过1克，除选用少量牛奶外，一切含蛋白质丰富的食品如肉类、蛋类和豆制品，都要避免食用。只有在恢复期，病情好转时，才能逐渐增加蛋白质。
- 高糖。糖量必须供给充足，除粮食外，可增加些易消化吸收的单糖和双糖类食物，如葡萄糖、蜂蜜、白糖、果汁等。
- 禁食刺激性食品。禁食酒、茶、咖啡、可可、辛辣调味品、香料，以及含挥发油多的蔬菜如韭菜、茴香、芹菜、蒿子秆、小红萝卜，含草酸较多的菠菜、竹笋、苋菜也应少吃。
- 丰富的维生素。新鲜蔬菜和水果是碱性食物，可供给多种维生素，有利于肾功能恢复。
- 少盐。有严重水肿、高血压、少尿者，应吃无盐饮食。水肿消退，尿量增多，血压下降后，改用少盐饮食（每日2~3克）。病情稳定后，才能完全恢复正常膳食。

宝宝得了急性喉炎该如何护理

急性喉炎多见于婴幼儿，常好发于寒冷的冬春季节。由于急性喉炎会引起严重的呼吸困难，因此儿科医师常把它作为危险的急症之一。喉是人体呼吸空气的必经之路。小儿的喉比较狭窄，当感冒炎症向下发展时就能导致急性喉炎。急性喉炎时，喉部发生水肿、痉挛，引起小儿呼吸困难。典型的表现是，先是轻微的感冒，白天基本正常，夜间睡觉时突然因呼吸困难而憋醒，同时声音嘶哑，呼吸时发出吹哨般的喉鸣声，小儿哭闹或烦躁不安，可因呼吸困难而口唇发绀。病程一般为3~4天，白天轻，晚上重。

急性喉炎时，小儿的咳嗽很特别，呈“咳、咳”声，像小狗叫，医生称之为犬吠样咳嗽。由于呼吸困难造成身体缺氧，所以小儿出现以上表现时，应立即去医院急诊。急性喉炎的治疗主要是用抗生素加激素，能起到消炎和减轻喉头水肿的作用，再辅以吸氧、镇静剂等。急性喉炎的护理也特别重要，要设法让小儿保持安静，多喝开水，室内温度应适中，不宜过高，并保持一定湿度，居室要常通风，以保持空气新鲜，按时用药。如果小儿症状较重，应住院治疗。

宝宝呕吐的原因有哪些

这个年龄的孩子，如果呕吐，首先要查明是否发热。孩子傍晚前还好好的，但睡下不久，就把晚饭吃的东西全部吐出来，体温超过38℃，可考虑是发热。不发热而呕吐，则是孩子的健康有问题。虽然吐了，但吐完后，又若无其事地玩起来，就不用担心。这或许是随着咳嗽一起吐出来的，也许是因为吃得过多倒吐出来的，这样，反而会舒服些。呕吐后不发烧，只是浑身无力，打哈欠，可考虑是不是身体中毒，如果前几天玩得太欢，多半是得了这种病。

从深秋到冬天，如果突然把吃过的东西吐出来，而后稍微有点腹痛的话，就可能是“冬季腹泻”。冬季腹泻持续时间不长，大多只呕吐1天或1天半就会好的。有呕吐但不发烧，突然叫嚷肚子很痛，过一会儿又不痛了，接着又叫肚子痛，应考虑是肠套叠。不过，这种病在快到3岁的孩子中间很少见。

宝宝不小心被刺伤怎么办

- 如果刺的一端突出在皮肤外面，应用镊子取下。
- 如果深入皮肤，看得见是在皮肤下面的话，应仔细观察是从哪一个方向刺进去的。朝刺进去的方向轻轻按压皮肤，刺会从皮肤中出来。如果无效，

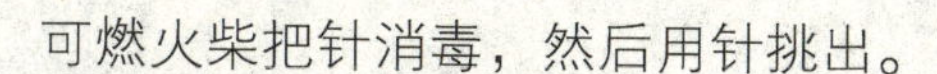
可燃火柴把针消毒，然后用针挑出。

- 刺入皮下组织，垂直进入，只看见一端时，用针去挑只会使伤口扩大。应请医生处理。被玻璃或金属物刺到，应当请医生清除。因为每一个面都很锐利，一般人处理会使伤口扩大。

宝宝被割伤后如何处理

对于较浅的、长度在0.5厘米以内的切割伤，家长可以先给宝宝的伤口压迫止血，然后用碘酒、酒精消毒，涂上红药水或外贴创可贴，几天即可愈合。较深的切割伤或手指切断，家长先要镇静，将宝宝伤指上举，捏紧其指根两侧，压迫止血，用干净纱布、手帕包扎，断下的指头也用干净纱布包好，急送医院，天热时可低温保存断指后急送医院。

一般切割伤须在医院清洗伤口后缝合。断掉的指头可在医院进行断指显微镜下再植，成活率比较高。如伤口污染严重，均应肌肉注射破伤风抗毒素，注前需做皮肤过敏试验。皮肤的伤口如果愈合得好，无明显发炎迹象，一般头面部4~5天拆线，胸腹部7~9天拆线，四肢及关节处10~14天拆线。

孩子化学烧伤该如何处理

孩子受到化学烧伤后，要先做处理，再送医院。皮肤沾了强碱或强酸等，要迅速泡入水里，越快越好。不能泡的话，可用清水冲，水要更换，水量要大。如果眼睛里溅入强酸强碱，要用手把眼皮分开，用壶冲洗10~15分钟以上。一时来不及，可将头浸入盆内，叫孩子睁开眼睛，左右晃动。这样来争取时间，再改为用壶冲洗，冲洗时孩子要不停地眨眼睛。

如果眼内进了生石灰，应先把石灰粒用棉棒擦出，再用水冲。冲后用纱布盖在眼上并送医院治疗。衣服上有强酸强碱，要将衣服脱掉，并注意不可粘在皮肤上。冲洗后请医生做进一步处理。

宝宝被猫、狗咬伤该如何处理

宝宝很喜欢可爱的小动物，见到小狗、小猫都喜欢上前去摸摸它们，很容易被猫狗咬伤或抓伤。宝宝被猫狗咬伤或抓伤后，有感染破伤风或狂犬病的可能，在皮肤上会出现一个或数个小洞样的伤口，有的发生撕裂伤。对伤口的局部处理十分重要。首先要用带子将伤口的上下方扎紧，扎的时间不超过40分钟，吸出局部血液。然后用清水、醋、肥皂水、高锰酸钾溶液或双氧水反复清洗伤口10分钟，再用纱布包扎好伤口送医院治疗。

如怀疑是狂犬所咬，应将伤口上下方用止血带紧紧勒住，将伤口稍作扩大，吸吮出局部血液，并用高锰酸钾或双氧水、肥皂水冲洗，也可用醋冲洗伤口，然后再用浓硝酸烧灼伤口。伤口处理及时得当，对预防狂犬病的发生有一定的帮助。伤口处理完后，应将被咬儿童送到医院进行治疗。

怎样防治小儿遗尿症

如孩子在3岁以后白天不能控制排尿，或睡眠中经常出现无意识的排尿，均称为遗尿症。婴幼儿遗尿症绝大部分是功能性的，是由于大脑皮层与皮层下中枢功能失调所致。常见原因为精神因素，如不合理的排尿训练、突然受惊吓、过度疲劳、骤然更换新环境等。器质性疾病所致者很少。为了明确诊断，应详细了解起病年龄、排尿习惯、有无尿频尿急、生活习惯、家庭环境等。

防治与护理：

- 消除精神因素，必要时可用激光治疗，严重者可用药物氯酯醒；
- 每晚进餐控制饮食，减少盐量，少喝水以减少膀胱尿量；
- 父母可定时唤醒孩子，逐渐建立条件反射，最终都能自觉排尿。

宝宝鸡胸怎么矫正

鸡胸是一种常见的胸廓畸形，症状表现为：胸前壁呈楔状凸起，状如禽类的胸骨。宝宝患了鸡胸不仅影响心肺功能，降低呼吸器官的抵抗力，而且影响宝宝的体型美，并会因此给宝宝造成心理上的负担，甚至成为宝宝终生的痛苦。

＊造成这种畸形的原因＊

①在胎儿或婴幼儿时期，胸骨和脊椎骨、肋骨的发育不平衡，造成了胸廓的畸形。②出生后婴幼儿得不到足够的营养，患有某些营养不良性疾病，例如小儿佝偻病，久之可影响胸骨等的发育，以致胸廓畸形。③继发于胸腔内的疾病。如某些先天性心脏病，扩大的心脏压迫胸壁，形成鸡胸畸形。如果鸡胸的程度较轻，一般可以随着年龄的增长自然消失；较重的则会终生难愈。因此，父母应带宝宝去医院，请医生诊断出病因，然后对症下药。同时应鼓励宝宝做一些有助于扩展胸廓、增强呼吸功能的矫正操。

＊具体矫正方法＊

- 呼吸起落操：两脚与肩同宽站立，身体放松，微闭双眼，两臂轻轻向前平举至头顶，同时吸气，停一会儿，两臂自然下落，伴以深呼气，每日数次，每次10分钟。
- 俯卧撑或持哑铃做两臂前平举练习，每日3~4次，每次10分钟。
- 单双杠上翻筋斗，每日清晨空腹进行，但不可过于劳累。
- 慢跑：有助于增强内脏活动，扩大呼吸量，改善胸廓发育不良状况。

怎样给宝宝滴眼药水

宝宝患眼病需要用眼药水或眼药膏时，妈妈如果用药方法得当，可以提高疗效，使宝宝迅速恢复健康。妈妈在给宝宝点眼药时，先将宝宝的头稍仰，眼睛向自己头顶的方向看，轻轻扒开下眼皮，将眼药水或眼膏滴入下眼皮内。如果用的是眼药水，滴入后让宝宝将眼睛闭上1~2分钟，待宝宝睁开眼后，用手帕擦净眼周围药水。如果用的是眼药膏，挤入后要让宝宝闭眼，然后妈妈用手帕轻轻揉几下眼皮，以便使眼药膏散于全眼，眼药水与眼药膏合用时要先滴眼药水，后涂眼药膏。点眼药时妈妈应注意不要距离宝宝眼球太近，以防刺伤眼睛。

宝宝患眼病时眼屎往往很多，妈妈在点眼药时要先把宝宝眼屎擦干净。宝宝的眼睛若被眼屎粘住睁不开，妈妈可用药棉在温开水中浸湿，在宝宝眼睛上敷一会儿，然后轻轻地从眼内角向外侧擦洗。注意不要来回擦，一块棉花只能擦洗一只眼睛，擦净后再点眼药。如果宝宝太小，不能配合，妈妈可在宝宝入睡后点眼药。

六、打造聪明宝宝的亲子游戏

“吹乒乓球”游戏怎么玩

方法：大人和孩子站在桌子的两边，用嘴吹乒乓球，看谁吹得远。要将气吹在乒乓球的正中球才能向前走，吹歪了球就会走偏，甚至掉到桌子下。

目的：练习深呼吸，当用力吹气时会将肺部剩余的气体吹出来，迫使人深呼吸。同孩子练习吹乒乓球游戏时，两人都在深呼吸。不过不宜练习过久，以免太用力吹气会使部分肺泡胀裂而成肺气肿，要适可而止。

“沙子”游戏怎么玩

方法：先将沙土筛一下，去掉杂物和石头，再用清水冲洗，去掉尘土和可溶性污垢，放在一个大盆内备用。如把沙盆放到户外，一定要用塑料布或编织袋盖上，捆扎结实，防止猫狗在沙土上大小便，也防止其他污染。让宝宝认识干沙，干沙可从手指缝中漏走，用小铲可以把沙土装入桶内再倒出来，反复地玩。干沙像水一样可以流走，没有一定形状。教宝宝用喷壶将沙土淋湿，湿沙土可以用小碗扣成沙饼。

这会使宝宝特别兴奋，宝宝会把不同形状的塑料盒子拿出来，用湿沙做出各种各样的沙饼来。教宝宝用铲子在湿沙上挖洞，或者挖一条河，河上用长积木造桥。宝宝对沙土很有兴趣，可以独自玩上半小时到 1 小时。吃饭前或午睡前一定让宝宝将玩具收拾好，大人要将沙盆盖上。

目的：丰富孩子的感知觉经验，提高动手能力。

怎样教宝宝“造房子”

方法：用大的包装箱为宝宝造个家，如果大人没有特意为宝宝去准备这样的箱子，宝宝会自己造个家。宝宝会躲在垂着桌布的桌子下面，把小板凳和小布娃娃搬进来，在桌子下面造个小家；有些孩子会在门背后、柜子间的空隙，甚至垂着床单的床底下造个家。每个2岁的孩子都想有自己的家，在一个隐蔽、别人看不见的角落安静地做自己的事，照顾小娃娃。不要批评建一个小家的男孩子，男孩子喜欢家不但不会失去男子气概，而且会学会温柔体贴地照料别人。

目的：尊重孩子的爱好，让他有一个小小的完全属于自己的小天地。使他能重演看过的、留下深刻印象的幻想游戏，总结学习所得到的经验，大人可从旁观察，不必打扰。有时他会把心中的感受演示出来，如挨打受罚、惊吓或者疼爱亲昵，利用娃娃或拟人动物做情感发泄的对象，这些只有避开成人的视线才能自由地发泄出来。

怎样和宝宝玩“学汉字”游戏

方法：大人同宝宝一起写汉字，先在小画板上写“一”，让宝宝在“一”字上面加一小横变成“二”；大人再在下面加一大横变成“三”；或者在“二”字当中加一个小竖道使“二”变成“工”；或者让宝宝在“三”字当中加一个小竖道使“三”变成“王”。再画一个小四方形，是汉字的“口”字。在“口”字中间加一横变成“日”，代表太阳。如果将“口”字拉长，中间加两横变成“目”，代表眼睛。如果把“目”字下面的一横去掉，就是月亮的“月”字。将日和月靠在一起便是“明”。这个游戏应分成许多天玩，每天变化一点儿，否则宝宝不容易记住。

目的：宝宝拿笔只能写粗大的简单的几笔，不可能要求宝宝学笔画太多的字。但这个游戏可以使形状相近的汉字“变”出来，使宝宝对变化发生兴趣，从而能区别形状相似的汉字。

"找相同"游戏怎么玩

方法：在宝宝认识的动物如兔、猫、狗、鸡或认识的用品如杯子、碗、勺子、鞋、袜子等图卡中，先摆出任意3种，在下面再摆出任意3种，两排图片中有一种完全相同，看宝宝是否能找出来。用过去配对用过的图卡再排列，宝宝就可以多次找出相同的图卡来。

目的：发展观察力。在认识的图中多次练习能找出相同的之后，再试认一些过去未见过的新图，每幅图的差别要大些，易于成功宝宝才能有兴趣。

如何玩"跳伞"游戏

方法：第一步：在室内游戏，把被子叠成10厘米左右的高度，让宝宝站到上面。然后跳下，因为直接在户外或硬地上跳有可能会受伤，而且宝宝开始可能不敢跳，所以我们先在室内预演，训练宝宝的胆量和跳的技巧。第二步：到户外，找一个有小台阶的地方。爸爸妈妈和宝宝一起唱着儿歌，做着开飞机的动作，说到要跳伞时，和宝宝一起站到台阶上，然后跳下。可以多做几次，根据宝宝的发展情况，增加台阶的高度。

目的：训练宝宝跳的能力。这个游戏是让宝宝练习双脚从高处往下跳，培养跳跃的能力和勇敢精神。

"猫抓老鼠"游戏怎么玩

方法：爸爸妈妈准备一只老鼠玩具，或者自己制作一个，由爸爸妈妈牵着老鼠跑。让宝宝扮演小猫，来捉老鼠。爸爸妈妈可以根据宝宝跑的能力来控制老鼠跑的速度。玩几次之后，可以和宝宝互换角色，把老鼠系在宝宝身上，爸爸妈妈来追小老鼠。需要注意的是，如果在家里玩这个游戏，要把场地清理干净，不要让一些物体把宝宝绊倒，甚至弄伤。

目的：训练宝宝跑的能力。

第十六章 捕捉儿童的敏感期（2岁7~12个月）

一、记录宝宝成长足迹

宝宝的语言有怎样的变化

宝宝会用简单句与人交往，不仅会用代词你、我、他，还会用连词。知道许多日常用品的名称和用途。所用简单句包括主语、谓语和宾语。所用的词汇中以名词最多，动词次之。直接用名词陈述自己或别人的行为。开始出现问句，如："我们上哪儿去玩?"

开始能说出由两个简单句组成的复合句，说3~4个词的句，能听懂近800个左右的字，能用300~500个字，并能数几个数，说短歌谣，说出自己姓名，当听到呼唤他自己名字时能够很清楚地答应；也能指出3种不同的颜色，对书中图画也能够正确地指出它们的名字，知道并不是所有长着四条腿的动物都是狗。喜欢一边玩一边自言自语，还能区别方位，说出"在上面"、"在下面"等。

宝宝的认知有怎样的变化

宝宝认识了更多的色彩，大多数幼儿可认识5种以上的颜色——红、绿、蓝、黄、黑。但这个年龄段的幼儿，如果还不能分辨颜色，并不意味着发育异常。宝宝能从动态的录像播放中认出自己和熟悉的人，而不仅仅是从静态的镜子里和照片中认识自己，这是幼儿对自我认识的又一进步。能够辨别周围人的性别、年龄，看到和妈妈差不多的人会叫阿姨，看到和爸爸差不多的人会叫叔叔。

宝宝知道妈妈和爸爸及家庭中的一些人，是从事什么工作的，比如知道妈妈是医生，爸爸是经理，小姨是老师等。宝宝还能将毛巾、牙刷、香皂、皮球、玩具猫等，按用途进行分类。总而言之，宝宝对日常生活中常常碰到的一些事和物，有了一定的辨别力，而且懂得一些物品的用途、作用。虽然比较浅显，但宝宝毕竟迈出了生活的第一步。

宝宝的动作有怎样的变化

动作随意，此阶段的宝宝，躯体动作和双手动作在继续发展，比前阶段熟练、复杂，而且增加了随意性，可以比较自如地调节自己的动作。可以自由轻松地从楼梯末层跳下。会独脚站立。双手动作协调地穿串珠，会用手指一页一页地翻书。

随着自信心和胆量的增加，孩子能无约束独立地嬉戏玩耍，走路时步子迈得更大、步伐更平稳，奔跑起来显得自如、老练、有力，并在行走时能很好地控制自己的身体避开障碍物，如让他直线行走能顺当地完成，还能用一只脚平衡地站立数秒钟。能独立上楼，在上楼时能两脚交替上楼梯，但在下楼时往往将两只脚放在同一级楼梯上然后再下一级楼梯。会自己披衣服、解纽扣、穿鞋、穿袜子，但穿得不好，同时自己洗手、洗脸，叠 9 ~ 10 块方积木，用 3 块方积木“搭桥”，喜欢玩精细、复杂操作的玩具。能画十字及能画圆圈，尽管不圆但线能吻合。

宝宝的心理有怎样的变化

由于动作和语言的发展，智力活动更精确，更有自觉性质，在感知、想象、思维方面都得到发展。儿童通过游戏活动，开始出现高级情感萌芽，懂得一些简单的行为准则，知道“洗了手才能吃东西”，“不可以打人，打人妈妈不喜欢”，这些行为准则，可使其和小朋友们和睦相处，也是为品德发展做准备。

自我意识发展，使儿童作为独立活动的主体参加实践活动。自己提出活动目的，并积极地克服一些障碍去取得吸引他的东西，或做他想做的事，这种积极行动若取得成功，能激起他愉快的情感和自己行动的自信心，从而又促进了儿童独立性的发展。此阶段儿童，喜欢自己做事，自己行动，常说“我自己来”“我自己吃”“我偏不”，成人应尊重儿童独立性的愿望和信心，同时要给予帮助。

二、关注宝宝的每一口营养

现阶段宝宝的饮食禁区有哪些

- 饮食结构不合理。过多摄入高糖、高蛋白、高脂肪等浓缩食品，如巧克力、奶糖、果奶、奶酪、干奶片等；过多食入话梅、果冻及膨化食品，损伤脾胃，都会影响正常食欲。

- 暴饮暴食。有的父母看到宝宝喜欢吃某种食品，就毫无限制地让宝宝吃个够，从而养成了宝宝暴饮暴食的不良饮食习惯。

- 偏食、挑食。宝宝天生喜欢吃甜的、香的，而不喜欢吃蔬菜和杂粮。宝宝尤其喜欢吃烧烤、油炸食品，油炸食物高温制作，其中的维生素等营养成分受到破坏，而且还会产生一些有害物质，油炸食物也不易消化吸收，会增加胃肠道负担，引起消化不良，甚至腹痛、腹泻、呕吐及食欲下降。烧烤类食物降低了蛋白质的利用率，导致宝宝营养不均衡。

- 过多摄入冷食。宝宝胃黏膜娇嫩，对冷热刺激都十分敏感，易受到冷、热食的伤害。若进食冷热不均，更易损害胃肠道功能。幼儿非常喜欢吃冷食，过多食入冷食会引起胃肠道缺氧、缺血，致使胃肠道功能受损，出现一系列胃肠道功能紊乱症状，导致食欲下降，甚至厌食。

◎ 过多饮用饮料。幼儿普遍喜欢喝酸甜的饮料，碳酸饮料、咖啡饮料、可可粉饮料等都可引起腹部胀气、嗳气和消化不良，使宝宝食欲减低。

为什么宝宝不能空腹吃甜食

不要在进餐前给孩子吃巧克力等甜食，经常空腹并在饭前吃巧克力，不仅降低孩子吃正餐的食欲，甚至不愿吃正餐，导致 B 族维生素缺乏症和营养不均衡，并还会造成“肾上腺素浪涌”现象，即幼儿出现头痛、头晕、乏力等症状。这些甜食仅在饥饿时吃一点是有益的，但这只限于偶尔的在进餐前 2 小时的情况下。

过多进食对宝宝有什么危害

虽然孩子生长发育非常快速，但也并不是吃得越多越好。只要生长发育速度正常，如身高（长）、体重的增长在正常范围内，就没必要非让他过多进食，特别是那些不容易消化的油脂类食物。幼儿经常过多进食会影响智商。因为大量血液存积在胃肠道消化食物，会造成大脑相对缺血缺氧，影响脑发育。同时，过于饱食还可诱发体内产生纤维芽细胞生长因子，它也可致大脑细胞缺血缺氧，导致脑功能下降。另外，经常过食还会造成营养过剩，引起身体肥胖。这样，不仅使幼儿易患上高血压、糖尿病、高血脂等疾患，还会导致初潮过早，增大成年后患乳癌的危险性。

为什么宝宝不宜过多食用笋类

笋类食品不适宜让宝宝多吃，原因有二：

◎ 笋类食品中如莴笋含有大量的草酸，这种物质遇到钙很容易结合成草酸钙，使钙大量流失。钙是宝宝骨骼发育最重要的物质之一，如果人体缺钙，会影响骨骼的发育和牙齿的生长，甚至会引起宝宝肌肉抽搐，严重的会造成骨骼生长畸形，患佝偻病。

◎ 草酸对于人体对锌的吸收有阻碍作用，锌是人体需要的一种重要微量元素。宝宝一旦缺锌，会引起身体发育缓慢，智力发展缓慢。所以，家长不要让宝宝多吃笋类食品。

为什么宝宝不宜过食生冷瓜果

幼儿过食生冷的瓜果容易引起腹痛、腹泻，尤其是暑季炎热气候，更会因大量进食生冷瓜果导致腹痛、腹泻，反复不愈，而大便化验往往不能发现致病原因。中医认为，幼儿脏腑娇嫩，形气未充，尤其脾胃功能处于生长发育阶段，不能适应过多的生冷瓜果。加上幼儿牙齿弱而不全，咀嚼磨碎食物功能较差，生冷瓜果更难咬碎。

幼儿的脾阳相对不足，为稚阳稚阴之体，如过食生冷瓜果，一是这些食物本属寒性之品，容易损伤脾胃阳气，使脾阳更为不足。中医认为脾主运化、吸收，这一功能受损，导致脾胃虚寒，消化、吸收不能进行。二是生冷瓜果不能嚼碎，引起食物的积滞，使胃肠的蠕动功能更弱，进而影响脾阳的伸展，阴寒更盛。现代医学指出，幼儿分泌的各种消化液中消化酶的活力较低，消化道的运动功能也不稳定，对各种食物都有一个适应消化的过程。而且幼儿的胃呈水平状，容易积食，加上胃肠蠕动功能本身较弱，所以过食生冷瓜果更容易造成消化不良，较严重的还会影响幼儿生长发育。因此，幼儿平时要注意不要过量食用生冷瓜果。

宝宝多吃鱼有什么好处

鱼是富含优质蛋白质及多种营养素的健脑佳品。婴幼儿期大脑发育迅速，多吃鱼大有益处。给小孩吃鱼，以刺少肉多的鱼为好，如黄花鱼、比目鱼、带鱼、面条鱼等。妈妈给宝宝用鱼制作菜肴时，先要把鱼骨和鱼刺去掉，品种可以任意选择，鱼糊、鱼肉

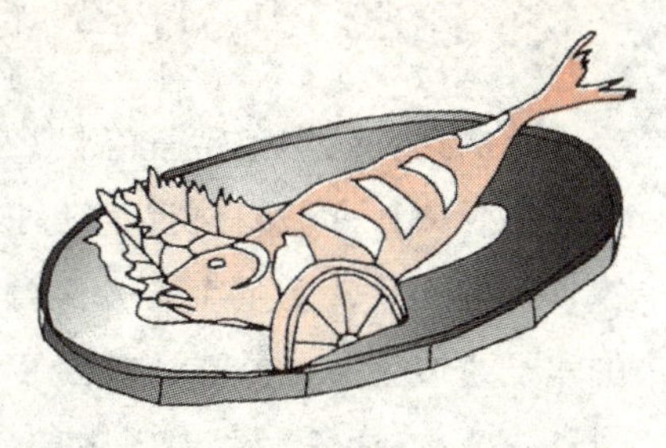

粥、鱼羹、鱼丸子、炒鱼片、清蒸鱼、红烧鱼块等。鱼肉一定要烧熟，口味清淡尤佳。俗语：“小孩子吃鱼子（鱼卵）不会识数。”这种说法很不科学。

鱼子属高蛋白质的食物，但胆固醇含量高，老年人或动脉粥样硬化的人为避免引起胆固醇增高不宜多食，小孩食用则不必有此顾忌。

宝宝喝过多酸性饮料有什么危害

大多数幼儿饮料酸碱度搭配失调，酸有余而碱不足。厂家往往注重饮料的口味和包装，却很少考虑到饮料对碱性无机盐的补充，以及均衡人体酸碱度的重要作用。正常情况下，人体血液pH值维持在7.3~7.5之间，呈弱碱性。膳食中的大多数食物，如粮食、肉类、蛋类、鱼类等，由于含硫、磷较多，在体内经过代谢转化后，最终呈酸性，故这类食物称酸性食物。如果长期单纯食用酸性食物，人的体质呈酸性，长期偏酸，易引起糖尿病和心血管疾病。蔬菜、水果中含有大量的钾、钠、钙、镁等元素，而这些元素在体内的最终代谢产物为碱性，此类食物称碱性食物。

饮食中酸性食物和碱性食物必须保持一定的比例，机体才能维持酸碱平衡，使血液保持正常的pH值。随着人们生活水平的提高，幼儿的饮食以动物性食物为主，餐餐有肉蛋，使体质多偏酸性。在这种情况下，幼儿饮料应该是偏碱性的，以适当纠正偏酸倾向。而如今，幼儿喝的饮料大多数是酸性饮料，糖、蛋、奶、香精、色素含量大，喝多了这类饮料，使幼儿体质更趋酸性，时间一长，易导致酸血症，进而出现疲乏无力等症状，对健康十分不利。因此，不宜给幼儿多喝酸性饮料。

宝宝想吃什么就缺什么吗

有的家长认为宝宝爱吃什么就是身体缺什么，尽管让他去吃。如有的宝宝爱吃肥肉，家长因为宝宝缺油就满足他的要求。殊不知宝宝爱吃什么只是饮食习惯问题，而宝宝有无良好的饮食习惯，则在于家长的影响和培养。有的家长娇惯宝宝，一味迁就宝宝，宝宝想吃什么就给什么，“让宝宝领导父母”，久而久之使宝宝养成挑食、偏食的毛病，导致宝宝营养失调。家长最不愿意看到自己的宝宝被医生诊断为缺锌、缺钙……宝宝缺什么马上想办法大量补充。在某医院曾发生过这样一件事，有个宝宝因缺钙得了佝偻病，家长立即给宝宝频繁打钙针，可宝宝还是消化不好。到后来发现宝宝的两肾完全钙化，生命已无法挽救了。在医院还经常出现宝宝吃维生素过量导致中毒的病例。可见父母疼爱不当也会导致严重后果。

高价食品就一定有营养吗

有些家长认为价格高的食品营养价值就高，常常买这些食品给宝宝吃，甚至买来补品长期服用。其实食物的营养价值并不能以价格来衡量，有的食品价格高只表明它稀有或加工程度深，如冬笋的营养价值就远不如胡萝卜。有的人认为鸡蛋有营养，每天吃五六个，而专家认为每天吃 1 个鸡蛋已基本满足需要，因为某一食品营养再好，也不能包含人体所需的全部营养素，每天所吃食物还需多样化。

宝宝可以适量吃辣味食品吗

幼儿可以适当吃辣。传统观念认为，吃辣味食品对宝宝有百弊无一利。但现代科学研究表明，辣味食品不仅对大脑没有不良影响，而且还有健脑作用。如大葱含有维生素 C、B 族维生素，以及脂肪、黏液汁等，大葱与鱼肉一起做菜，除本身的营养价值外，还具有调味解腥、增进食欲、开胃消食和抑制细菌生长的作用。大葱可以入药，可用做健胃剂、发汗剂及健脑剂等。青椒含有丰富的维生素 C 和胡萝卜素，适当吃一些可增强食欲，帮助消化，还能防治坏血病。但要注意辣味食品不可过量，以防“上火”。辣味食品刺激性大，过量食用会使味觉细胞的辨味能力下降，致使宝宝食欲下降而偏食。

哪些饮料适合宝宝喝

一般来说，凡是饮料中含有香精、糖精、色素、可可碱或咖啡因等，都不适合此时的幼儿饮用，也就是说饮用含有上述物质的饮料对孩子的健康不利。最明显的是，饮料中的色素在体内蓄积，会干扰神经递质传递信息，使神经冲动频繁，引起小儿好动或诱发多动症。过量的糖精能消耗体内的解毒物质，干扰体内正常代谢，可使小儿出现腹胀、腹痛、消化不良等症状。着色饮料则增加了肾脏过滤的负担，影响肾脏的功能。符合幼儿需要的饮料有以下几类：

- 乳酸奶饮料。乳酸奶饮料中含有少量牛奶成分，使乳酸菌发酵后大部分乳酸已被分解，易消化吸收，其味道也受孩子喜爱。这类饮料只能作为解渴之用，不宜多饮，更不能作为主食来喂养孩子，因饮料中的蛋白质等主要营养成分远不及牛奶的营养成分，一般营养成分只有牛奶的1/5，其营养素之间的比例也不能与牛奶中营养素比例相提并论，如多饮将影响孩子的食欲，当作主食来喂养就更不合适。
- 合格的矿泉水。矿泉水是一种较好的天然饮料，其中含有儿童生长发育所需要的矿物质和微量元素，是孩子解渴的一种较为理想的饮品。
- 新鲜果汁。如橙子汁、橘子汁、甘蔗汁、山楂汁、西瓜汁、木瓜汁等是儿童饮料中的佳品，新鲜果汁既卫生、安全、新鲜、味道纯正，又含有丰富的维生素和电解质，对促进儿童生长发育很有益处。
- 解暑饮料。如用金银花、菊花、绿豆等制成的不含有香精、糖精、色素的饮料，有消暑解毒之功效，当然在夏季饮用较为合适。
- 其他饮料。如蔬菜汁饮料，用西红柿汁给幼儿作为饮料，能起到补充维生素C和解渴的作用。

为何宝宝宜多吃萝卜

萝卜的营养价值很高，它含有构成脑细胞和骨髓细胞的磷质，每500克萝卜中含磷质140克，含生长骨骼和牙齿的钙质305毫克，含糖量为35克。萝卜还含有多种维生素和矿物质。萝卜不仅有营养价值，还具有某些药用作用。萝卜含有一种帮助消化淀粉的酵素，能帮助消化。北方地区民间流传：“萝卜开胃，吃了萝卜就能多吃饭，甚至能把有钱人吃穷了。”萝卜还有润肺化痰、清热止咳、解毒、利尿等功效。吃萝卜对孩子是有益的。但是，许多孩子不爱吃萝卜，在这方面突出表现出偏食、挑食的毛病。家长应该努力使孩子养成良好的习惯，鼓励孩子吃萝卜，做到以下几点：

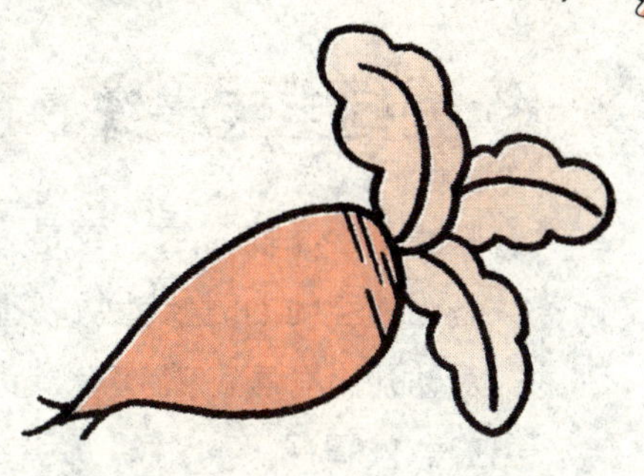

家长应该以身作则。要使孩子吃萝卜，大人首先不能在孩子面前表现出厌恶萝卜的情绪和行为。幼儿的饮食习惯主要是在家庭中养成的。而且幼儿对父母的态度非常敏感，只要大人见了餐桌上的萝卜就皱眉头，不用更多的语言，就已经足以使幼儿拒绝吃萝卜了。

幼儿已经能够接受一些道理，家长可以用浅显的语言，使幼儿明白吃萝卜对长身体有好处，养成爱吃萝卜的习惯。

佳肴的色香味是激起食欲的主要因素，对孩子尤其如此。萝卜（特别是胡萝卜）具有颜色鲜艳的特点。利用这种特点，再把萝卜切成各种形状，可以有助于吸引幼儿的兴趣，加上可口的调味，是能够使幼儿喜欢吃萝卜的。

过食肥肉对宝宝有哪些危害

脂肪是体内重要的供热物质，所供的热能约占总数的35%。脂肪还有利于脂溶性维生素的吸收，为幼儿的生长发育所必需。但是长期过量摄入肥肉，对幼儿的生长发育很不利，其主要表现如下：

- 由于脂肪约含90%的动物脂肪，而脂肪消化所需的时间较长，在胃内停留时间久，吃后容易产生饱食感。过多进食脂肪，会影响其他营养食品的进食量。

- 高脂饮食影响钙的吸收，因为脂肪消化后与钙形成不溶性的脂酸钙，从而阻碍钙的吸收。

- 脂肪摄入过多，血中胆固醇与甘油三酯含量增高。这两种物质是形成动脉硬化，导致冠心病、心肌梗死等心血管疾病的主要致病物质。据报道，10岁以内的儿童可因此而发生动脉粥样硬化。

- 脂肪进食过多，可使脂肪细胞体积增大、数量多而产生肥胖。过分肥胖的小儿，心脏的负担增加，同时，由于体重增加，两足负重也增加，容易形成扁平足（平底脚）。

为何宝宝暴饮暴食不可取

有些父母平时较节约，或是因为工作忙，饮食较马虎，在过年过节的时候，或是比较空闲的时候就猛“撮”一顿，这样暴饮暴食对成人的健康是不利的，对幼儿更有害。暴饮暴食突然加重消化道的负担，易产生消化功能紊乱，引起急性胃肠炎，对幼儿引起“伤食”，有时会使消化功能很难恢复正常，长期会导致营养不良。

三、全新的宝宝护理技巧

为什么宝宝不宜使用松紧带

松紧带是橡胶制品，属于化学物品，而宝宝的皮肤很娇嫩，使用松紧带后往往会出现接触性过敏、皮肤发痒、荨麻疹、过敏性皮炎等全身过敏反应。如果松紧带过紧还会压迫肠道，发生消化功能异常，出现腹胀、食欲下降、食量减少等症状，并造成营养障碍，影响宝宝的生长发育。如果松紧带过松，裤子系不住，常会滑脱，就容易使宝宝脐部着凉，无论是冬天还是夏天都可能导致腹泻。因此不要给宝宝买松紧带裤，可多给宝宝选择连体衣裤和背带裤。

宝宝为什么慎穿气垫鞋

许多父母为了使宝宝避免遭受运动伤害，给宝宝配备了气垫鞋。但专家表示：不是所有的宝宝都适合穿气垫鞋，尤其是刚刚能跑稳的2岁多宝宝，宝宝的脚尚在发育之中，穿薄底的鞋有利于脚部充分接触地面，令足弓和脚部肌肉长得更好。而穿厚底鞋或者有气垫的运动鞋，会令宝宝足部发育不良。并且研究证实，气垫的高度也是影响人体健康的一个不容忽视的因素。比较典型的就是鞋底过高所引发的一系列的足病，比如脚拇指外翻、平足症等。

另外，鞋底的高度还对脊柱产生间接性影响，随着高度的增加，腰椎和颈椎的受力越来越集中，形成慢性损伤，最终导致腰痛和颈椎病的发生。

怎样教宝宝清洗玩具

盆内盛水放入洗衣粉或洗涤灵液，将要洗的塑料和木质玩具放入盆内，用抹布蘸水将塑料玩具表面的泥垢擦去，用清水冲净放入另一个盆内。待所有要洗的玩具全洗净、冲净后，用毛巾将玩具擦干后排列在玩具架上。绒毛玩具可以放入洗衣机内，用洗普通衣服的办法洗净、甩干，夹在衣架上晒干。大人和孩子一起洗玩具，让他参加每个步骤。宝宝通过自己动手洗就知道在玩时要保持玩具清洁，不能扔在地上践踏或沾上食物和油腻的污秽，懂得爱惜玩具，保持清洁。

带宝宝旅游需准备哪些物品

- 晕车药是必不可少的，宝宝和大人都有可能在旅途中发生晕车。晕车药要在乘车前半小时左右服用。一旦发生晕车，再吃药就为时已晚了。如果妈妈没有预料到宝宝会晕车，当宝宝说不舒服或恶心时，要把车停在安全地方，让宝宝下车呼吸新鲜空气，吃上晕车药，再继续赶路。

- 在外面游玩，免不了磕磕碰碰，皮肤划伤、蚊虫叮咬、过敏皮疹等，带上碘酒、酒精、双氧水等消毒用品，还有消毒棉签、纱布、绷带、小镊子、红药水、抗生素药膏、风油精、创可贴等。出现问题就可以进行简单处理，不必到处找医院。准备止痒的炉甘石洗剂或肤轻松软膏，当宝宝出现痒疹时，可以涂上止痒。

- 宝宝可能会因为吃得不合适，发生呕吐、腹泻，准备几包思密达，对胃肠道黏膜有保护作用。带上几包口服补液也是很必要的，不但能及时补充由于呕吐、腹泻丢失的液体，还有止泻作用。

- 在旅游途中，一定要准备退热药，可以备用扑热息痛类的退热药，如果宝宝吃药困难，就准备几粒外用退热栓，降热快，使用也方便。

◉ 带上板蓝根冲剂或双黄连冲剂，如果宝宝出现感冒征兆要及时给宝宝吃。

另外，到了游玩地，不要忘记询问当地医院所在地，急救中心和医院电话。这样，当出现紧急情况时，可以及时和医生取得联系，迅速带宝宝上医院。

如何给宝宝选择牙刷、牙膏

一般情况下，宝宝的牙具包括牙刷、牙膏和牙杯，其中关键就是选择牙刷和牙膏。幼儿的口腔黏膜丰富而且娇嫩，因此要选用刷头较小、刷毛较软，并且刷毛尖端经过磨制处理的牙刷。牙刷的尺寸可以根据宝宝的年龄及口腔的大小来选择。一支牙刷的使用时间最长不宜超过 3 个月，应及时更换。另外，幼儿患了感冒和口腔疾病时，要对牙刷及时进行消毒和更换，以免造成病菌感染和扩散。

如何训练宝宝早晚漱口

从 1 岁多起就应开始训练宝宝早晚漱口。训练时先为宝宝准备好水杯，并预备好漱口所用的温白开水。初学时，父母为宝宝做示范，把一口水含在嘴里做漱口动作，而后吐出，反复几次，宝宝很快就会学会。需要提醒的是，不要让宝宝仰着头漱口，这样很容易造成呛咳，甚至发生意外。在训练过程中，父母要不断地督促宝宝，每日早晚坚持不断，这样天长日久宝宝就会养成习惯。

如何训练宝宝如厕自理

让宝宝学会控制大小便，看似一件小事，但每个宝宝的发育进度并不相同，父母如果操之过急，会给宝宝心理和生理的正常成熟带来不利因素，影响训练成功。

◉ 如厕自理的前提条件：①宝宝差不多 18 个月了。②和宝宝说话时，他能在椅子上独坐 3 ~5 分钟。③宝宝在便后能感觉到尿布或者纸尿裤潮了，通过语言或者动作表达不舒服的感觉，扯拉湿了的尿布或者扭来扭去。④宝宝在大小便前能通过语言、动作或者其他方式表示。⑤宝宝能在短时间内憋住大小便，能控制肠蠕动时，才能做到如厕自理。⑥宝宝能明白简单的语言指导，他对成人如厕感兴趣，并乐于模仿。⑦宝宝能理解坐便器的含义，并乐意经常坐在上面。

● 训练方法：为宝宝选择一个合适的坐便器。安全舒适最重要，款式不要太复杂。养成宝宝良好的坐便习惯。大小便的时候，不玩玩具，不吃东西。特别要注意避免宝宝长时间坐在坐便器上，以免形成习惯性便秘。父母要细心观察宝宝大小便前的信号。比如说，当看到宝宝突然涨红脸不动时，问宝宝，是不是要小便，然后带宝宝坐在坐便器上。

教宝宝用语言表达自己想大小便的意愿，教宝宝自己脱穿裤子，在训练期间不要给宝宝穿背带裤。及时表扬宝宝，让宝宝为自己能控制大小便感到自豪。应就事实本身肯定宝宝的努力，不要过于夸张。如果宝宝没能控制大小便时，态度要温和，告诉宝宝："下次要告诉妈妈"。

如何给宝宝选择护肤品

孩子的头发和头皮很娇嫩，故宜选择小儿专用洗发精、洗发膏、浴液等洗护用品。性能温和，无毒性，清洗方便，泡沫丰富，去污效果明显，对皮肤、眼睛无刺激性，洗后能使头发光洁、柔软、易梳理。一般来说，宝宝护肤霜的膏体中加有牛奶、维生素和水解蛋白等营养成分，有健肤、洁肤等功效，可保护皮肤不受外界温度变化的影响，有助于宝宝皮肤的健美。宝宝爽身粉的主要成分有硼酸、氧化锌、水杨酸、冰片、薄荷脑、樟脑、滑石粉等，滑石粉能增加爽身粉的流动性和滑爽性，氧化锌有保护、干燥、吸汗、避光作用，冰片、樟脑等有消炎、止痒和凉爽作用。因此，宝宝爽身粉具有吸汗、散热、清洁、干燥、防痱、止痒以及滑爽等功效。

怎样做好宝宝的口腔保健

口腔病是常见病。儿童生长发育时期，牙齿的好坏会影响全身健康和面部发育。因此，重视口腔卫生，预防儿童口腔病极其重要。家长要教育孩子养成早晚刷牙，饭后漱口的好习惯。许多家长只注意让孩子早上刷牙，忽视晚上刷牙。实际上，晚上比早上刷牙更重要。因入睡后口腔内处于静止状态，唾液分泌减少，缺乏冲刷作用，食物残渣滞留在口腔中，致病微生物大量生长繁殖。睡前刷牙，可将残渣和细菌刷去，使口腔较长时间处于清洁状态，对于预防龋齿、牙周病很有必要。刷牙是保持口腔卫生的主要方法，应教育孩子掌握正确的刷牙方法。正确的方法即竖式刷牙法，也就是顺牙齿的长轴刷牙缝，像刷梳子样。

刷牙时，将牙刷毛端横放在牙面上，将刷毛顺着牙龈稍压一下，然后转动牙刷柄，上牙从上往下刷，下牙从下往上刷，反复进行，约3分钟。平时不少人用横式刷牙法，牙缝里食物残渣不易刷掉，反而把牙颈部刷成三角形的缺损，造成牙痛或牙龈炎。对牙膏也应适当选择，氟化物牙膏有防龋作用，儿童用效果更佳，目前已得到各国学者的公认。此外应注意饮食习惯，为预防龋齿，应适当限制儿童食用含糖量高的食物，如蔗糖、果糖等，因这些食物有很强的致龋性。睡前或半夜不应给小儿进食可发酵糖类，如糖果、饼干、点心等。

宝宝中暑如何护理

刚刚中暑时，可出现恶心、心慌、胸闷、无力、头晕、眼花、汗多等症状。轻度中暑可有发烧、面红或苍白、发冷、呕吐、血压下降等症状。重度中暑症状不完全一样，可分以下3种：

- 皮肤发白，出冷汗，呼吸浅快，神志不清，腹部绞痛。
- 头痛，呕吐，抽风，昏迷。
- 高热，头痛，皮肤发红，说胡话，昏迷。刚中暑者可立即到通风阴凉处躺下，喝淡盐水。轻度中暑者也要到阴凉通风处，除喝淡盐水外，可用人丹、十滴水、风油精，如发热，用湿毛巾敷头部，物理降温，如血压下降，急送医院。重度中暑，迅速送医院抢救。

如何对待淘气的宝宝

小孩子喜欢爬上爬下，玩得正高兴时突然将桌上的积木推倒甚至扔在地上，吃饭时将小手放进碗中抓饭并撒一地等等，这些行为都可以被家长称为淘气。一般而言，淘气是孩子活泼好动、冲动、好奇无知等小儿特性的表现，与年龄阶段和个人特点有关，并不成为缺点。每个孩子都有淘气的时候，只要家长根据具体情况耐心教育，有时还要运用一些策略，就会取得好的效果。家长在试图纠正孩子任性的过程中往往会感到困难，因为已经习惯了被孩子征服，有诸如不忍心看孩子哭、没有时间等等理由而放弃了教养的原则，或是抱怨“孩子不听，我也没办法”。纠正孩子的任性，家长首先必须清楚地认识到对孩子不良行为的让步不是爱孩子，而是害他们，这样才能坚定纠正的决心。其次，可以采取说服、转移注意力、冷处理、奖惩等方法纠正孩子的任性。

如果孩子在商店的柜台前一定要买实际并不需要的东西，家长先设法说服，说服无效则就一直向前走直到孩子追来，但要留意孩子的哭声，哭声小了要回头看看情况。如果孩子乱扔东西不肯拣起来，就一定要坚持让他拣，否则取消孩子玩其他玩具、看电视或外出玩的机会，必要时可以握住孩子的手强制他去做，此时家长不必再多说什么了。另外还可以采取暂时隔离的方法。当孩子的任性有所改善时要及时鼓励。另一方面也应看到，任性的孩子有时所坚持的事情可能是正确的，坚持好的行为被称为有主见、执著，对此家长也要及时表扬，目的也是让孩子知道什么行为是允许的，什么行为是不允许的。

四、宝宝的智能训练

怎样培养宝宝的良好性格

细心的家长都会发现，孩子在平日的生活、玩耍、游戏、学习中，可表现出一些比较稳定的特点，如有的孩子比较合群、忍让；有的比较任性、自私；有的比较大胆、勇敢；有的比较胆小、怯懦；有的孩子能自己做的事自己做；有的处处依赖于家长等。这些孩子在生活和活动中表现出来的特点，就是心理学上所说的性格。孩子的性格与其日后成长有着十分密切的关系。

幼儿时期是培养孩子性格的最佳时期之一，应从以下几个方面抓起：

＊教育孩子做一个诚实的人＊

①给孩子树立诚实的榜样。幼儿模仿性强，家长平时的言行对孩子诚实性格的形成至关重要。②正确对待孩子的过错。孩子做错事是很自然的，家长要态度温和地鼓励孩子说出事情的真相，承认错误，帮助孩子找出做错的原因，鼓励孩子改正错误。③满足孩子的合理要求与愿望。对孩子提出的合理要求家长要尽量满足，如一时无法满足，也要向孩子说明原因。相反，如一味拒绝或迁就，容易造成孩子说谎和背着家长干坏事的习惯。

＊培养孩子的自信心＊

①创造和谐、愉快的家庭氛围，建立良好的亲子关系，这可以给孩子带来安全感和家庭的爱护。②帮孩子获得成功的体验，家庭应提供能发展孩子独立能力的练习机会，如系扣子、搬椅子等。③对孩子的优点和进步要及时给予表扬和鼓励。

＊培养孩子勤奋的品质＊

①多让孩子从事一些力所能及的劳动，根据孩子身体发育的情况安排简单的劳动，让孩子逐步认识到劳动的价值与乐趣，懂得尊重家长和他人的劳动成果，避免孩子养成无所事事的不良性格。②用人物传记、历史故事中勤奋的例子启发、教育孩子，让孩子向勤奋者学习。③家长以身作则，给孩子树立勤奋的榜样。

如何培养宝宝的礼仪观念

很多父母看到别人家的宝宝乖巧又有礼貌，很是羡慕。其实自家的宝宝也可以这样的。只要你马上行动起来，积极而又耐心地培养宝宝的礼仪观念。

- 学会打招呼。宝宝回到家，要教宝宝对家人说“回来了”，出门时教他说“我出去了，爷爷（奶奶）再见”；教会宝宝第一次后。督促宝宝做第二次、第三次，久而久之宝宝的好习惯就养成了。

- 学会礼貌用语。宝宝学说话的时候，你可以教宝宝一些“你好”、“谢谢”等礼貌用语，并在平时的日常生活中，教宝宝学会使用这些礼貌用语。

- 学会良好的行为。一些良好的行为在家就要训练好。你要训练宝宝说话时不要大声喧哗，说话要清楚；与人讲话时要看着对方的眼睛，注意倾听。当大人正在谈话时，宝宝不要随便乱插嘴。坐的姿势要端正，站立的时候不能东倒西歪。

- 学会待客。客人到家，正是训练宝宝礼貌待客的好机会。客人进门，宝宝甜甜地问声好，将客人领进来，稍大一点的宝宝，你不如放手让他摆摆糖果、放放饮料等。如果朋友带着自己的小宝宝来访，除了热情招待外，你还要让宝宝学做小主人，领着小朋友到处看看，拿出心爱的玩具和小客人一起分享。

- 学会和小伙伴相处。告诉宝宝和小伙伴交往要谦和。小朋友有自己的交往方式，懂礼貌的小朋友见了面会拉拉小手，碰碰身体，点点头。碰到矛盾，你要引导宝宝轻松解决，小朋友一起商量，学会一些自己解决问题的方法和交往的法则，这样，宝宝交往起来会觉得很轻松，性格也会更温和。

- 学会做客。宝宝出门做小客人，这也是宝宝礼貌训练的好时机。出门前，先和宝宝定好目标，做个受人欢迎的小客人。事先告诉宝宝到谁家如何称呼主人。如果是节假日，鼓励宝宝想一些祝福的话，要是主人家也有小朋友，让宝宝准备一件礼物送给那家的小主人。

- 学会礼貌用餐。餐桌是最能看出宝宝有没有礼貌的了。你要教宝宝饭前要洗手，不能随便乱跑，听从主人的安排，与家人坐在一起，不可挑食，不能将东西随便乱吐，更不要在餐桌上随便乱说话。

如何培养宝宝的创造力

这个年龄的宝宝，对独立有强烈的欲求。鼓励宝宝独立的最好方法是让他们感受到创造的喜悦。因此，这个年龄宝宝的培养，应以自由游戏为主。但是，仅是自由游戏，宝宝的游戏水平就会永远提不高。应从丰富宝宝的智慧和发展他们的双手的灵活性着眼，去指导宝宝全神贯注地持续游戏。这就是要采取某些类似“上课”的形式。

指导宝宝“上课”的游戏，妈妈们要把几个宝宝聚集在一起玩，这样多次后，即使妈妈们不在，宝宝们也能自由游戏到一定的时间。2~3岁宝宝的游戏多半是用玩具来表现日常生活。推着玩具轿车的宝宝是在表现急驰的小轿车；让布娃娃睡觉的宝宝，是在表现自己的妈妈哄自己睡觉的场面；用积木摆斜坡的宝宝，是在表现滑梯。为了使自由游戏充满乐趣，必须要有充足的玩具（布娃娃、布动物玩具、手推车、坐垫、背带、买东西的小篮子、积木），不要总是玩同一个玩具，要不断更换，使宝宝总是感到新奇，可刺激他的创造力。不仅要有供个人游玩的小玩具，还要有能够培养合作精神的大积木等。

最好选择可围成圈的圆形场地。还要准备一些家庭杂物玩具和家具玩具，供不久就要开始玩的“模仿游戏”使用。最有趣的自由游戏是玩沙子和玩水，应备有能容纳所有宝宝的宽阔沙场，以及铁铲、筛子、小桶、翻斗车等。在水池子里进行玩水游戏是最有趣的。夏天可在上午进行。这个年龄的宝宝在水深20~30厘米的池子里较安全。水温25℃，可玩5分钟；28℃以上可玩10分钟。开始时，玩一次就可以了。习惯后，每玩一次，休息5分钟，可连续玩2~3次。宝宝解手后，让他穿上裤衩，然后做准备体操。在进水池之前和出了水池之后，应用淋浴把身体洗干净。午后睡得很香可解除疲劳。仅是在水池里玩玩就能起到类似体育的作用，宝宝会得到了满足。“上课”每天可上1~2次，每次七八分钟到15分钟左右，如果在单独的小房间里“上课”，宝宝会集中精神。“上课”的内容是问答练习、同妈妈或同伴对话、听童话、看画册以理解画上画的东西、听音乐、了解自然（草、花、树木、虫、动物）、绘画、用黏土做手工、练习用剪刀、唱歌等。这样的“上课”也要从“目的”和“指导要点”出发，先给宝宝发教材。正如有了工具后才创造了人类文明一样，宝宝也是如此，有了游戏工具才使游戏水平得到提高。为了使宝宝的创造能力在大人的指导下不走斜路，就得根据每个宝宝的能力做个别指导。这是大人的创造性工作。

怎样提高宝宝的语言能力

训练这个月龄的宝宝的口语表达能力，尽可能要求宝宝会听、会说，并且养成良好的说话习惯。具体地说，会听，是要培养宝宝安静、有礼貌地注意听别人讲话，不打断别人的讲话，不在别人说话时乱闹。能够听得准确，对于简单的话和简单的意思能够复述。会说，一是能对话，培养宝宝能按要求回答问题，不论回答得对不对，但都要切题，不能说东道西。二是要有讲述能力，能够把自己的要求和事情经过表达清楚。培养良好的说话习惯也很重要。培养宝宝喜欢说话，能在众人面前开口说话。讲话时，语速合适，语句中没有过多的停顿和重复，不说脏话。家庭训练宝宝的语言能力，看图说话、描述表达都是较好的训练方式。

- 看图说话：与宝宝一起看生活用品图片，一边看画片，一边讲述各种物品的特点和用途，让宝宝模仿家长的语言，边指着画片边练习说。
- 描述表达：和宝宝一起看图画，讲出画面上的内容，让宝宝回答图画内容，如“这是什么动物”，能用语言描述和表述出动物的特点。

怎样让宝宝记住父母的名字及家庭住址

自从宝宝会做自我介绍以来，认识的事物渐渐增多，介绍就会更详细，他知道爸爸、妈妈在什么单位，做什么工作。平时这种教育十分有必要，因为万一遇到走失、拐骗、火警、水灾等意外情况时，宝宝就能自己清楚地说出父母姓名、单位和家庭住址。只要宝宝学会了背诵儿歌和唐诗，就能记住父母姓名、单位和家庭住址。会复述3~4位数，两岁半以后的儿童就应当经常接受这种教育。由于地址不容易记忆，或者父母职业宝宝不理解，所以要经常重复教才能记住。记住父母姓名、单位及自己的住址，是安全教育之一。

如何培养宝宝的判断能力

你把闹钟定时，告诉宝宝，现在是中午12:00，我们开始睡觉，把闹钟拿给宝宝看，然后告诉宝宝当时针走到14:00时（让宝宝看着钟表，并指给宝宝看），闹钟就会响铃，响铃后我们就起床出去做游戏。在父母帮助宝宝理解和判断因果关系的过程中，能加深宝宝对父母的信任，宝宝会认为父母很神奇，能够知道尚未发生的事情，这样就培养了宝宝对结果的判断能力，同时也培养了宝宝的思考能力，宝宝就是这样一步步认识世界的。

怎样教宝宝认识冬天和夏天

取表现季节的图片或挂历让宝宝区分哪张是冬天的，哪张是夏天的。冬天人们都穿得很厚，有棉衣、羽绒衣、厚毛衣、棉鞋、帽子、手套等。夏天人们穿得很单薄，女孩子穿裙子，男孩子穿背心和裤衩。冬天北方下雪刮大风。夏天常常有雷雨，正午时天气炎热，人们常吃冰棍、吃西瓜。冬天天气寒冷，家家都愿意吃火锅涮羊肉等等。

宝宝们仅能分出两种差别最大的季节。待冬天过后，河里的冰化开，柳树长出叶子，桃树开花时认识春天。到夏末、秋初天气开始凉爽，穿上毛衣，看到山上有了红叶或者树叶发黄时才认识秋天。在3岁之前，宝宝基本上只认识两季。可以通过食物如水果、蔬菜出现的季节和穿的衣服来区分两大季节。

五、用心·呵护宝宝健康

宝宝遗尿怎么办

遗尿是一种很伤脑筋的症状，家长常常忙于洗衣裤，晒被褥，孩子自感羞愧，沉默寡言，有时吃药、针灸还难以奏效。这是什么缘故呢？大多数遗尿症找不出明确的原因。往往从小开始遗尿，一直延续到5岁以上还不见好转。大多数小儿一夜遗尿1次，多数发生在上半夜；少数小儿一个晚上遗尿2~3次，甚至白天午睡时也会遗尿。晚上不易叫醒，即使叫醒起床排尿也是糊里糊涂，随地小便。要治愈遗尿症必须采取综合性措施，训练膀胱容量和膀胱括约肌功能十分重要，平时可嘱咐小儿白天多饮开水，要等到非不得已时才撒尿，使膀胱容积逐渐增大。研究发现，膀胱容积达到每次尿量相当于每千克体重10毫升（如一个20千克重的小儿，一次尿量要达到200毫升）才算达到要求。一次排尿过程要训练：排尿—停止—排尿—停止，如此反复3~4次，以训练括约肌的功能。

在无明确原因的小儿遗尿症中，膀胱容量过小往往是主要原因（约占80%），因此，反复训练常可取得满意疗效。与此同时，晚餐吃干食，少喝汤，菜肴略咸但不能饮水，这样便可减少晚上的尿量。如果小儿有蛲虫、包茎或尿道口炎，应予治疗，以减少因局部刺激因素而引起的反射性排尿。此外，还可以用报警器，一有少量尿液滴出，即报警唤醒起床排尿。亦可采用在每晚遗尿之前半小时用闹钟唤醒，嘱其排尿，以后逐渐延长时间，最终达到自己起床排尿。针灸、中药、西药也可使用。

如何对宝宝进行糖尿病防治

患糖尿病的小儿，会有多尿、经常口渴、疲倦或无精打采、食欲不振、体重大幅度减轻等症状。在生化过程混乱较为严重的病例中，可能会出现呕吐、腹痛、呼吸急促、困倦和神智不清，若不加以治疗，随后可能会出现意识丧失或昏迷。处理方法：为孩子检验尿液，以判断尿中的含糖浓度，也可以做血糖浓度测试进行确诊。如果孩子的血糖浓度异常升高，那么马上让孩子住院，并且开始进行胰岛素治疗。如果患儿因为大量排尿而发生脱水症状，那么除了接受胰岛素注射之外，可能还得通过静脉注射补充水分。孩子糖尿病病情的长期控制需在医疗人员的监督下进行。治疗的主要目标在于供给足够的胰岛素，以使患儿的血糖浓度维持在正常的范围内，让他能够过正常的生活。

宝宝如何防治胃病

近年来，幼儿患胃病的情况比较常见，家长必须注意。诱发幼儿胃病的原因较为复杂，主要有遗传因素、感染因素、消化系统发育不成熟、食物刺激等。要预防胃病，就要培养宝宝良好的进食习惯，进食要定时、定量，不要吃得过饱，以七八分饱为宜。不要吃粗糙、过辣、过酸、过冷和变质的食物。因为这些食物会刺激胃黏膜，长期进食会对胃黏膜造成损害。小儿胃病要采取综合性措施进行治疗，比较常见的有饮食疗法，让患儿的饮食以软食或易消化食物为主，少量多餐，少吃辣、酸、冷等刺激性食物。同时，可以在医生的指导下服用一些药物进行治疗。

如何防治“鬼风疙瘩”

“鬼风疙瘩”又称荨麻疹。首先要尽可能找出发病的原因，并去除这些因素。如家长要记住孩子吃了某种食物后出过“鬼风疙瘩”以后一定要避免吃这些食物。另外，要检查食物中是否有寄生虫虫卵，如果见到过孩子拉过虫子，应进行驱虫治疗。有龋齿、扁桃体炎、鼻窦炎等慢性病灶，应进行相应的治疗。

要调整消化道功能，及时治疗消化系统疾病。有药物过敏史的小孩，一定要提醒医生，孩子对什么药过敏，以免再引药物起过敏而发病。在发病时一般可服用扑尔敏，非那根、酮替芬等抗组织胺药物及维生素C，如有发热、呕吐、腹痛、腹泻等全身症状，要及时去医院检查治疗。严重者也可采取激素和钙剂、脱敏剂联合应用。

细菌性痢疾的防护措施是什么

细菌性痢疾简称菌痢，是由痢疾杆菌引起的小儿较常见的肠道传染病，夏秋季节发病率高，病人和带菌者是主要传染源，主要病变是结肠黏膜充血、水肿、溃疡等。传染途径通常是菌痢患者的粪便污染了食物、饮用水和手而使人感染。小儿的免疫功能差，消化系统及神经系统发育不完善，很容易通过被污染的食物感染，也可以通过接触物品感染痢疾杆菌，还可能通过苍蝇携带细菌污染食物、食具而传播。菌痢的潜伏期为2~24小时，一般为1~2天，根据病程的长短可分为急性菌痢和慢性菌痢。

急性菌痢病程在2周以内。普通型典型菌痢起病急，寒战伴高热，随即出现腹痛、腹泻，每日大便几次到几十次，初为稀便，很快转为脓血便。患儿便前因腹痛而出现哭闹，排便后可有短时间的安静。严重者可出现脱肛、大便失禁等。由于腹泻，再加上饮水量不足，患儿有口渴、少尿、精神萎靡等脱水症状。中毒型菌痢多见于体质较好的小儿，病初肠道症状较轻，甚至无腹痛、腹泻，但全身中毒症状严重，绝大多数于24小时内出现高热，体温高达39~41℃，出现反复惊厥、嗜睡、昏迷、休克、心力衰竭、呼吸衰竭等。此现象为中毒症状，应立即送医院抢救。若抢救不及时，可能会很快死亡。

慢性菌痢病程大于2个月，由于长时间腹泻，患儿可出现营养不良、贫血、佝偻病及多种维生素缺乏症。发生菌痢后，要马上带患儿到医院进行积极治疗，同时护理极为重要。患儿应卧床休息，以流质或半流质食物为主，如米汤、豆浆、藕粉等，饮食应清淡，待症状控制后改为软食，如面条、稀饭等，少量多餐。

饮水量应视患儿的发热及腹泻程度确定，急性菌痢患儿忌油腻，少蛋白，以后再逐渐过渡到普通饮食。呕吐、腹泻严重的患儿应积极控制感染，选用抗生素治疗，还可以静脉注射补充体液。另外，注意患儿用过的食具要煮沸消毒，玩具及图书要暴晒，换下的衣服要煮沸灭菌等。为预防菌痢的发生，宝宝应该从小就养成良好的卫生习惯，饭前便后要洗手，不喝生水，不吃不干净的食物，熟食要有防蝇设备。尤其在夏天吃水果前，应将水果彻底洗净消毒，剩饭剩菜最好不吃，平时适宜吃些醋以杀菌灭毒。菌痢患儿应该隔离，连续3次大便培养呈阴性方可解除隔离，污染的物品必须及时消毒。一定要做到早发现，早诊断，早治疗。

“红眼病”的防治方法是什么

“红眼病”流行期间，不要带幼儿去有传染源的公共场所，如幼儿园，也不要带幼儿去游泳。每次带幼儿外出回来以后，一定要先用消毒皂清洗双手。给幼儿勤洗手，剪指甲，不要让幼儿用手揉眼睛，经常携带干净卫生的手帕。大一点的幼儿自己洗脸时，让他们先洗净手，然后再洗脸。夏天去游泳池游泳后，回来一定要给眼睛滴氯霉素或利福平眼药水。家里要做到每人一盆一巾，不要混合使用。

如果有一只眼睛患病，要先擦洗无病的眼睛，然后再洗患眼。家中有人患病，必须对患者的日用品严格消毒。可用开水煮沸15分钟，或者从市场上买消毒液，把患者的日用品进行浸泡。妈妈检查幼儿眼睛时一定要先洗净双手，避免交叉感染。眼部有分泌物时，要用消毒棉球浸泡盐水擦洗干净，每天2次，擦洗时从眼的外侧向内侧（鼻侧）擦洗，以免将细菌带到眼睛里。

宝宝脚扭伤的处理方法是什么

孩子活动量大，不小心踏空，脚向内翻，发生扭伤较常见。扭伤后，外踝可出现肿胀、皮下瘀血、皮肤发青等。受伤后可冷敷，使肿胀减轻。让孩子卧床，不要再下地活动。足要抬高，垫上棉垫，使伤脚高过心脏。如脚下垂，会加重肿胀。可请医生诊治，外敷药并内服七厘散、跌打丸等。如无骨折，只是部分韧带撕裂，可用手指轻轻按揉伤处至小腿。如韧带撕裂较重或完全断裂，或出现骨折，要固定1~1.5个月。

有过脚扭伤的孩子，注意不要再次扭伤。

为什么宝宝不宜穿拖鞋

宝宝不宜穿拖鞋，2岁多的宝宝，骨骼还没有发育完全，如果在这个时候让他穿拖鞋，会影响正确的走路姿势。这是因为穿拖鞋时脚趾要用力，很容易形成“八字脚”，走起路来相当不方便，因为脚关节受力不均匀，很可能导致成年时患关节炎等疾病。给宝宝选择鞋子的时候，不要买软而且滑的鞋子。因为这种鞋子对宝宝来说不实用，而且会对宝宝双脚的发育有不利影响。一双好的幼儿鞋需要柔软、透气，最好鞋底的前1/3可以弯曲，后2/3固定不动，这种鞋子才适合给宝宝穿。每个幼儿的脚或胖或瘦，脚背或高或低，都不尽相同，有鞋带的鞋子最能适合脚形，能固定鞋子。另外，千万不要为了省事省钱而给宝宝买太大的鞋，一般每3个月就要给宝宝换一双鞋，否则，就会影响宝宝脚部的发育。

如何防治先天性幽门狭窄

此病是由于胃下端与十二指肠相连接的幽门内环肌肥厚、增生，使幽门管腔狭窄而引起的不全性、机械性梗阻，为新生儿常见病。主要临床表现是呕吐，多发生于生后2~3周，呈喷射性，几乎每次喂奶后即刻或数分钟后即吐。随年龄增长呕吐次数减少，但每天呕吐量反而增加，呕吐物为奶和胃液，无胆汁，吐后仍有很强的食欲。由于长期呕吐，可有营养不良或脱水表现，有时在右肋下可以触及橄榄形包块。做上消化道钡餐，可见幽门管狭窄、排空延迟。防治与护理：

- 本病一经确诊，应尽早手术，手术简单，效果好。
- 如患有其他疾病短期内无法手术，可喂稠厚奶汁（奶内加1%糕干粉或米粉），食后不易吐出；镇静解痉，即用1∶1000阿托品溶液于喂奶前15分钟滴服，每次2~3滴。
- 纠正脱水、酸中毒，预防感染。

什么是维生素过多症

主要指脂溶性维生素，如维生素A、维生素D、维生素K，因其能在体内蓄积，过多时就可导致中毒。

- 维生素A过多症。大量服用维生素A，数小时后就会出现颅内压增高症，表现为头痛、呕吐、嗜睡、复视等，一般1~2天后症状消失。长期过量服用维生素A，会表现食欲不振、手脚肿胀、脱毛、肝肿大等慢性症状。婴幼儿维生素A中毒量个体差异较大，婴儿日剂量超过90毫克（30万单位）就会发生急性中毒。常见的原因是误服或口服鱼肝油剂量过大。如有人曾把1滴、2滴的单位误以为1毫升、2毫升等。维生素A过多症，只要停止服用，症状会逐渐消失。
- 维生素D过多症。长期服用维生素D数万单位以上，就会发生中毒，主要症状是血中钙质增高、食欲不振、体重停止增加、喝水多、便秘，从X射线片上可见骨端有大量的钙质沉积现象。

如何防治接触性皮炎

接触性皮炎是皮肤黏膜由于接触外界物质，如化纤衣物、化妆品、药物等而发生的炎性反应。症状特点为在接触部位发生边缘鲜明的损害，轻者为水肿性红斑，较重者有丘疹、水疱甚至大疱，更严重者则可有表皮松弛，甚至坏死。如能及早去除病因和做适当处理，可以治愈，否则可能转化为湿疹样皮炎。如果患了接触性皮炎应注意以下护理要点：

- 护理中应首先找出发病原因，避免再次接触。
- 局部皮炎处用温水或硼酸水、双氧水、醋酸铝溶液清洗，如有油脂应用植物油清洗，如皮炎处在肢端，可用温热高锰酸钾溶液浸泡或湿敷，每日3～4次，第一次清洗可用少许碱性肥皂或中性肥皂，肥皂水洗后即用大量清水冲洗干净。
- 避免再刺激，严禁用热水烫洗、摩擦、搔抓或进食刺激性食物。妈妈一定要说服患病宝宝不去搔抓。较小患病宝宝在睡觉时可适当约束手或戴上手套。
- 皮炎处红肿或有少量丘疱疹而无破皮或溢液化脓时，可用炉甘石洗剂涂擦，使患处保持干燥，并有止痒的功效，炉甘石洗剂在皮肤上堆积时，必须用冷水冲掉后再上药。炉甘石洗剂还具有散热作用，可使皮肤温度降低，对一般炎性反应有效。
- 皮炎如有大量渗液、糜烂，可用高锰酸钾溶液（1：5000）浸泡或湿敷，经湿敷后，皮肤可干燥，待皮肤干燥后可涂皮层激素类霜剂或其他安抚止痒剂。对患病宝宝可适当使用脱敏药物。
- 要为患病宝宝创造良好休息环境。
- 多给宝宝食维生素含量高的食物，如水果与蔬菜类，保证体内维生素的供给，对皮损康复有一定的辅助作用。

如何让宝宝乖乖地吃药打针

要想让宝宝乖乖地打针吃药，父母应该做到：首先要消除宝宝对打针吃药的惧怕心理，平时不要动不动就拿打针吃药来吓唬宝宝。当宝宝吃药或打针时，事先对宝宝要亲热一点，使他心情愉快。只要药里能够添加白糖的，就尽量添加一些白糖。

怎样带宝宝看医生

小儿自己不会叙述病情，所以要由父母叙述。父母在叙述病情时要简明扼要、准确。宝宝疾病发生的时间、主要症状、病情发展变化的过程，原来是否有过类似的病史，是否在家中做过某些处理或用过某些药物，家族中有无药物过敏史及遗传病等，都应在叙述之列。看病时，应主动告诉医生宝宝过去的身体情况，如肝、肾、心脏、胃等疾病，以及血液疾病等。

在带腹泻患儿就诊前，家长应用干净的小玻璃瓶或塑料袋准备好大便标本，以备化验之用。有水肿或尿路异常的宝宝，就诊前应留出尿液标本（最好是早晨起床后的第一次排尿），用小瓶盛好带去医院，以便医生化验尿常规。一定要注意防止因交叉感染而使宝宝患其他疾病。

什么情况下应立即送宝宝去医院

当宝宝出现下列情况时，父母应立即送宝宝去医院治疗：

- 宝宝脸上没有任何笑容。
- 高热，下痢，剧烈呕吐。
- 突然元气顿失，脸色改变，筋疲力尽，而且眼光不安定。
- 痉挛。
- 腹泻的粪便中混有大量的黏液。
- 表情痛苦，手脚紧缩，长久哭闹不止。
- 呼吸困难，呼吸次数增加伴有高热。
- 突然眼光无神，脸色发青，四肢冰冷。
- 看上去异常安静，嗜睡。
- 拒食，连续6小时以上无进食要求，并伴有烦躁不安。

六、打造聪明宝宝的亲子游戏

“捡豆”游戏怎么玩

方法：在地上或桌上撒一些蚕豆，让宝宝帮忙把地上的蚕豆捡起来。要求宝宝把蚕豆一一捡到盘中。

目的：锻炼宝宝的手指精细动作。

“看谁捡得快”游戏怎么玩

方法：把各种彩色纸或小玩具撒在地面，每样东西相距1～2米，让宝宝捡起来，放在小篮里。可让宝宝和其他小朋友比赛，看谁捡得最多。

目的：练习走、蹲、弯腰动作。

怎样和宝宝玩“走斜坡”游戏

方法：准备一条宽35～40厘米，长1米左右的厚木板，一端垫高约10厘米做成斜坡，或利用户外的自然斜坡。开始时你可用一只手扶着宝宝走上斜坡，待宝宝走稳后，可鼓励宝宝不借助外力独自走斜坡。

目的：锻炼四肢协调和平衡能力。

怎样和宝宝一起串项链

方法：买一些木制的小珠子或纽扣，再给宝宝一根细纸绳或玻璃丝绳，让宝宝把珠子或纽扣都串起来，做成项链。

目的：训练手指的小肌肉运动，增加灵活性。

什么是“手代脚”游戏

做法：让孩子爬好，两臂撑起前身，大人在后面轻握两腿腕抬起，使两前臂吃力，支撑前身。这时大人稍用力向前推孩子驱使两臂向前挪动前进。大人可喊：“小狗爬爬，小狗爬爬。”可间歇进行。

目的：锻炼孩子的臂力。

什么是“包剪锤”游戏

方法：这是很受宝宝喜爱的游戏。3岁左右的宝宝已会学着用手指比作剪刀、布包和锤子。也慢慢从玩中懂得了输赢。学懂了这种循环制胜的道理是一种进步，往往在一些不易解决的问题上用这个游戏就易于解决。当两个宝宝都想玩一种玩具时，先进行此游戏，谁赢了可以先玩，输了的后玩。

目的：理解循环游戏。

注意：如果口袋中只剩一块糖果，该给谁吃呢？也可以通过此游戏决定，谁赢了就给谁吃。

怎样让宝宝了解交通信号

- 给孩子看画片，并说明：“和小朋友、哥哥一起过人行横道时，要看什么信号？”“对，是绿色信号，可以过！”“那么红色信号呢？对，是停止的信号。黄色呢？对，是叫人注意。”就这样在散步和购物时，让孩子看路上行人和车辆是怎样通过交通信号的。并让孩子注意车辆安全，不看信号横穿马路是十分危险的。

- “这个孩子在没有交通标志的地方横穿马路，实在太危险了，被车撞倒，轻则受伤，重则有生命危险。”“这个小哥哥在马路上玩，太不安全了，叫车撞倒会头破血流，不省人事。”“在汽车停留的地方玩，也会发生意外，因为孩子小，司机叔叔走时看不见，汽车一启动会酿成大祸。”妈妈就要这样不厌其烦地给孩子讲交通安全知识。

目的：指导孩子怎样走路和横穿马路。

什么是“赢大小”游戏

方法：先选用写有“1”、“2”、“3”的纸卡，每个数4张，一共12张。将纸卡混在一起，每人取6张。妈妈先出一张1，如果宝宝出2，就能把妈妈的牌赢过来；宝宝出一个3，如果妈妈出1，宝宝再赢；宝宝出一张2，如果妈妈出3，妈妈赢。用这三个数字先玩几天，熟练之后，可加上4和5，再玩几天，熟练后加6和7，最后可加到10。逐渐可以用扑克牌去掉K、Q、J，玩赢大小的游戏。

目的：通过游戏分清谁比谁大。孩子们通过背数、点数虽然已经认识数和数字，但仍不理解谁比谁大。赢牌游戏可让孩子逐渐理解大小的顺序。

“问答”游戏怎么玩

方法：父母可以这样问宝宝：“如果我忘记关上水龙头，让它开了一整夜，你想会发生什么事?”“如果没有了太阳，那么世界会变成什么样?”等。和宝宝玩因果游戏时，父母也可以和宝宝交换角色，由父母想象原因，宝宝回答结果。

目的：对宝宝进行因果关系的训练，即训练宝宝思考某个行为带来的可预测的后果。